河南省战略性新兴领域"十四五"高等教育教材

智能工业机器人技术

Intelligent
Industrial Robot
Technology

刘永奎
张　霖
[加] 王力翚
Lihui Wang
平续斌

编著

化学工业出版社

·北京·

内容简介

本书从工业机器人的基础概念出发，深入探讨了工业机器人的机械系统、感知系统、控制系统以及运动学与动力学等核心内容；详细介绍了支撑工业机器人智能化发展的关键技术，包括智能感知、边缘计算与云计算、人工智能、大数据、数字孪生 AR/VR/MR、工业互联网和物联网、知识图谱等。此外，本书还涵盖了智能感知、智能控制、智能操作、智能监控、人机共融智能制造、云机器人以及工业机器人数字孪生等前沿技术，并对智能工业机器人的未来发展趋势进行了展望。

本书为读者提供了较为全面的技术视野和应用指导，适合机器人及智能制造相关专业教师及学生作为教材使用，也可为工业机器人相关领域的专业技术人员提供系统的学习参考。

图书在版编目（CIP）数据

智能工业机器人技术 / 刘永奎等编著. -- 北京：化学工业出版社，2025. 4. --（河南省战略性新兴领域"十四五"高等教育教材）. -- ISBN 978-7-122-48131-3

Ⅰ. TP242.2

中国国家版本馆CIP数据核字第202515ES43号

责任编辑：贾　娜
文字编辑：张　琳
责任校对：李　爽
装帧设计：史利平

出版发行：化学工业出版社
　　　　　（北京市东城区青年湖南街 13 号　邮政编码 100011）
印　　装：河北延风印务有限公司
787mm×1092mm　1/16　印张 16$\frac{1}{2}$　字数 406 千字
2025 年 4 月北京第 1 版第 1 次印刷

购书咨询：010-64518888　　　　售后服务：010-64518899
网　　址：http://www.cip.com.cn
凡购买本书，如有缺损质量问题，本社销售中心负责调换。

定　　价：59.00元　　　　　　版权所有　违者必究

随着制造业的智能化升级，工业机器人作为智能制造的核心装备，正深刻改变着生产模式与产业格局。工业机器人已经逐步从传统的自动化设备向智能化、柔性化和协同化方向发展转变，广泛应用于生产、装配、检测等领域，成为推动制造业升级、实现智能制造的重要力量。智能工业机器人不仅能够在复杂环境中执行高精度、高效率的任务，还具备感知、学习、决策等能力，逐渐成为未来工业生产的重要组成部分。

智能工业机器人在制造业中的应用场景日益增多，尤其是在自动化生产线、智能装配、物联网等环境下的应用愈加广泛。然而，工业机器人技术领域的知识体系庞大，涵盖内容多样，而且发展迅速。为满足从业人员、学术研究者以及学生的学习需求，迫切需要一本系统、全面、易于理解的教材。本书应运而生，旨在为读者提供一个从基础到应用的完整框架，帮助读者掌握智能工业机器人相关技术的基本原理和最新进展。

本书共11章，较为全面地介绍了智能工业机器人理论体系。第1章为概论，阐述了工业机器人的发展历史、定义以及关键技术等；第2章为工业机器人基础，包含工业机器人机械系统、感知系统、控制系统、机器人运动学与动力学等；第3章为智能工业机器人支撑技术，讲解智能感知、边缘计算与云计算、人工智能、大数据、数字孪生、AR/VR/MR、工业互联网和物联网、知识图谱等相关前沿技术；第4章为工业机器人智能感知，包含视觉、力觉、多传感器信息融合等技术；第5章为工业机器人智能控制，包含智能运动控制、接触操作控制等；第6章为工业机器人智能操作，包含单臂和双臂智能操作、自主装配案例等；第7章为工业机器人智能监控，包含智能监控关键技术与案例等；第8章为人机共融智能制造，包含感知识别、人机协作认知决策、安全问题及案例等；第9章为云机器人，包含云机器人关键技术、系统架构及应用研究等；第10章为工业机器人数字孪生，包含数字孪生技术基础、系统架构、开发手段及案例等；第11章为智能工业机器人未来展望。

本书具有以下特点：一是内容全面系统，构建了完整的知识体系；二是注重理论与实践结合，通过实际案例帮助读者理解应用；三是紧跟技术前沿，涵盖了最新的研究成果与发展方向；四是条理清晰，便于教学与自学。希望本书能为智能工业机器人领域的人才培养和技术发展贡献一份力量。

智能工业机器人领域涉及范围较广，且发展迅速，由于编著者水平有限，难免会出现疏漏之处，恳请广大读者批评指正。

编著者

第 3 章

048

智能工业机器人支撑技术

第 9 章　　　　　　　　　　　　　　　　　　196

云机器人

第 10 章　　　　　　　　　　　　　　　　　215

工业机器人数字孪生

第1章

概论

1.1 工业机器人的产生和发展

1.1.1 工业机器人产生历史

"机器人"一词最早起源于1920年捷克作家Karel Capek的戏剧《罗素姆万能机器人》（*Rossum's Universal Robots, R.U.R*），剧中把捷克语"Robota"（奴隶）写成了"Robot"。该剧描写了Robot从只会劳动没有思维的奴隶发展到消灭人类，然后又进化为人类的"社会悲剧"。1956年，美国发明家乔治·德沃尔（George Devol）和物理学家约瑟·恩格尔伯格（Joe Engelberger）成立了世界上第一家机器人公司Unimation。1959年，世界上第一台工业机器人（图1-1）于这家公司诞生，命名为Unimate，意思是"万能自动"。因此，德沃尔和恩格尔伯格也被称为"工业机器人之父"。

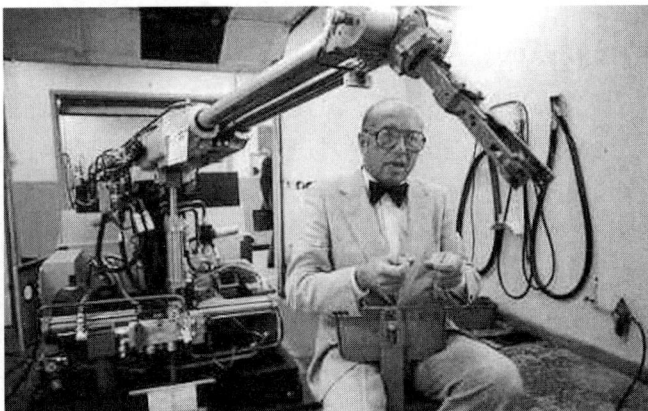

图1-1　第一台工业机器人Unimate

1973年，德国库卡公司（KUKA）将Unimate机器人改造成其第一台产业机器人，命名为Famulus，这是世界上第一台机电驱动的六轴机器人。1974年，瑞典通用电机公司（ASEA，ABB公司的前身）开发出世界上第一台由微处理器控制的全电力驱动工业机器人IRB-6。IRB-6使用的S1控制器是英特尔8位微处理器，内存容量为16KB，有16个数字I/O（输入/输出）接口，通过16个按键编程。1978年，美国Unimation公司推出通用工业机器人

PUMA，并且应用于通用汽车装配线，标志着工业机器人技术已经成熟。当前PUMA仍然工作在工厂生产线，并且一些高校依然在使用PUMA系列的工业机器人作为教具。

1.1.2　发展现状

（1）国外发展现状

目前工业机器人技术日趋成熟，已经成为一种标准设备被广泛应用于制造、医疗和农业等多个行业，并且相继产生了一批具有影响力的工业机器人公司。其中，工业机器人领域"四大家族"垄断了全球绝大部分市场，包括瑞士的ABB、日本的FANUC（发那科）和YASKAWA（安川）、德国的KUKA。国外专家预测机器人产业是继汽车、计算机之后出现的一种新的高技术产业。据联合国欧洲经济委员会（UNECE）和国际机器人联合会（IFR）统计，世界机器人市场前景广阔。2022年，全球机器人市场规模达到了513亿美元，其中工业机器人市场规模达到了195亿美元，服务机器人达到了217亿美元，特种机器人超过了100亿美元。

在发达国家，工业机器人自动化生产的全套设备已成为目前自动化装备的主流。当前国外汽车行业、电子电器行业和工程机械等行业已经大量使用工业机器人自动化生产线以保证产品质量，提高生产效率，同时避免了大量的工伤事故。例如，国际著名公司ABB、Comau、KUKA、BOSCH、NDC、SWISSLOG和村田等都是机器人自动化生产线及物流与仓储自动化设备的集成供应商。目前，日本、意大利、德国、欧盟和美国等国家或地区人均拥有工业机器人数量位于世界前列。全球众多国家近半个世纪的工业机器人使用实践表明，工业机器人的普及是实现自动化生产、提高生产效率、推动企业和社会生产力发展的有效手段。

（2）国内发展现状

我国工业机器人起步于20世纪70年代初，其发展过程大致可分为三个阶段：20世纪70年代的萌芽期、80年代的发展期，以及90年代的实用化期。经过"七五""八五""九五"期间的科技攻关计划和国家高技术研究发展计划（863计划）对智能机器人研发的支持，我国工业机器人发展已经初具规模，生产出了部分机器人核心零部件，研发出了弧焊、点焊、码垛、装配、搬运、注塑、冲压、喷漆等工业机器人。进入21世纪以后，国内越来越多的高校、科研院所开展了与工业机器人相关的科研项目，涌现出了一大批如南京埃斯顿、沈阳新松、上海新时达等高精尖工业机器人公司，其产品如图1-2所示。随着科学技术的不断发展，我国工业机器人技术水平逐渐与世界接轨，许多核心技术与关键零部件实现了国产化。

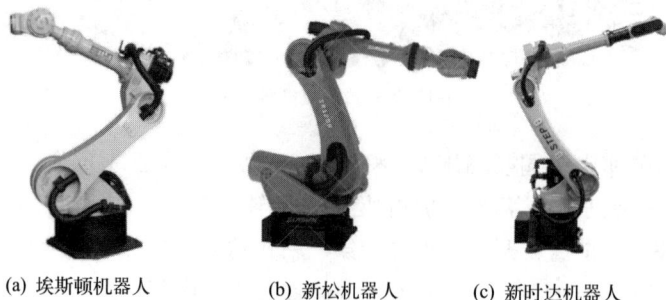

(a) 埃斯顿机器人　　　　(b) 新松机器人　　　　(c) 新时达机器人

图1-2　国产工业机器人

在政策和市场需求的推动下，我国工业机器人出货量持续增长。2021年，全国工业机器人实现出货量26.82万台，占全球出货量的51.88%，位居全球第一；全国工业机器人实现产量36.60万台，产量规模位居全球第一，产量同比增长54.37%。2022年，我国工业机器人总产量为44.31万台，同比增速超21.07%。根据工业和信息化部、国家发展改革委等十五部门联合印发的《"十四五"机器人产业发展规划》，未来几年我国工业机器人行业仍将保持高速发展态势，机器人产业营业收入年均增速超过20%。

1.1.3　相关政策

机器人作为国家战略性新兴产业之一，是国家从制造大国发展成为制造强国的重要抓手。在"十五"规划、"十一五"规划和"十四五"规划等国务院各部委发布的关于机器人与智能制造的相关产业政策中均提到了"培育先进制造业集群，推动机器人产业创新发展"，加速了高端装备产业的发展。在当今国家制造业人口红利逐渐消失、产业迫切需要转型升级的背景下，推动产业智能化升级将有助于提高制造效率和品质，从而增强企业的综合竞争力。

《中国制造2025》提出通过努力实现中国制造向中国创造、中国速度向中国质量、中国产品向中国品牌三大转变，推动中国到2025年基本实现工业化，迈入制造强国行列。机器人被誉为"制造业皇冠"，而工业机器人则是这颗皇冠上的明珠。因此，工业机器人的研发、制造、应用是衡量一个国家科技创新和高端制造业水平的重要标志。后续出台了引导我国机器人产业协调健康发展的规范性文件，如《关于促进机器人产业健康发展的通知》等。国家层面对于智能机器人领域如工业制造、医疗康复、养老服务等都进行了行动部署。

《"十四五"机器人产业发展规划》中指出，到2025年我国成为全球机器人技术创新策源地、高端制造集聚地和集成应用新高地。要加强核心技术攻关，推进人工智能、5G、大数据和云计算等新技术融合应用，提高机器人智能化和网络化水平，强化功能安全、网络安全和数据安全。在工业领域，重点研制面向汽车、航空航天和轨道交通等领域的高精度、高可靠性的焊接机器人；面向半导体行业的自动搬运、智能移动与存储等应用的真空（洁净）机器人，AGV（automated guided vehicle，自动导向车）、无人叉车和分拣、包装等物流机器人；面向3C（computer, communication, consumer，计算机、通信、消费类电子产品）、汽车零部件等领域的大负载、轻型、柔性、双臂、移动等协作机器人，以及可在转运、打磨、装配等工作区域内任意位置移动、实现空间任意位置和姿态可达、具有灵活抓取和操作能力的移动操作机器人。为落实《"十四五"机器人产业发展规划》重点任务，加快推进机器人应用拓展，工业和信息化部、教育部、公安部等十七部门联合发布《"机器人+"应用行动实施方案》，提出深化制造业等重点领域"机器人+"应用，聚焦典型应用场景和用户使用需求，开展从机器人产品研制、技术创新、场景应用到模式推广的系统推进工作。

1.2　工业机器人的定义和分类

1.2.1　定义

到目前为止，国际标准化组织（ISO）对工业机器人的定义：一种能够实现自动控制、可重复编程、多自由度以及多功能的机械设备，可以搬运物料、工件或者操持工具来完成各种工作。工业机器人既能够按照人们的指挥来执行动作，也可以根据提前编制好的程序内容来运行，还可以根据人工智能技术拟定的原则来执行动作。

美国机器人协会（RIA）对工业机器人的定义：一种用于移动各种材料、零件、工具或专用装置的，通过可编程序动作来执行各种任务的，并具有编程能力的多功能机械手。

日本工业机器人协会（JRA）对工业机器人的定义：一种装备有记忆装置和末端执行器的，能够自动完成各种移动来代替人类劳动的通用机器。

1.2.2　分类

工业机器人可按坐标结构、应用场景和驱动方式等进行分类。

（1）按坐标结构分类

按坐标结构分类是最传统的分类方式，可分为笛卡儿坐标机器人（3P）、圆柱坐标机器人（PRP）、球面坐标机器人（P2R）和关节坐标机器人（3R）。

① 笛卡儿坐标机器人（图1-3）也称为直线机器人或龙门机器人，具有矩形结构。该类型工业机器人具有三个棱柱形关节，通过在其三个垂直轴（X、Y和Z）上滑动来提供线性运动。该类机器人可能还附有手腕以允许旋转运动。笛卡儿机器人具有高定位精度、高负载等特点，在工业生产中得到了广泛应用。

② 圆柱坐标机器人（图1-4）在底座处具有至少一个旋转关节和至少一个连接连杆的棱柱形关节。这种机器人有一个圆柱形工作空间，带有一个枢轴和一个可垂直和滑动的可伸缩臂。因此，圆柱形结构的机器人提供垂直和水平线性运动以及绕垂直轴的旋转运动。手臂末端的设计使工业机器人能够在不损失速度和可重复性的情况下到达工作范围，因此主要用于拾取、旋转和放置材料的简单应用。

③ 球面坐标机器人（图1-5）像坦克的炮塔一样，机械手能够做里外伸缩移动、在垂直平面内摆动以及绕底座在水平面内转动。因此，这种机器人的工作空间形成球面的一部分，被称为球面坐标机器人。球面坐标机器人的设计和控制系统比较复杂，美国Unimation公司的Unimation系列机器人为球面坐标形式的代表。

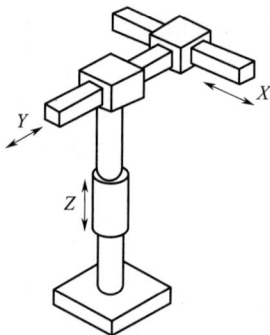

图1-3　笛卡儿坐标机器人　　　图1-4　圆柱坐标机器人　　　图1-5　球面坐标机器人

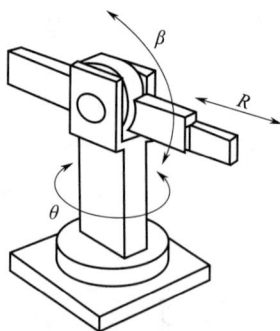

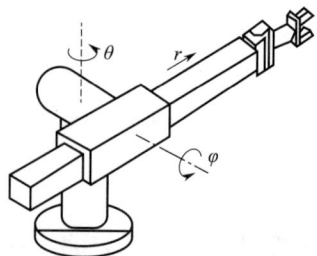

④ 关节坐标机器人（图1-6）也称关节机械手臂或多关节机器人，其各个关节的运动都是转动，与人的手臂类似。关节坐标机器人是当今工业领域中最常见的工业机器人的

形态之一，适合用于诸多工业领域的机械自动化作业，如自动装配、喷漆、搬运和焊接等。关节坐标机器人一般具有较高的自由度和灵活性，但是编程控制较为复杂，且精度较低。

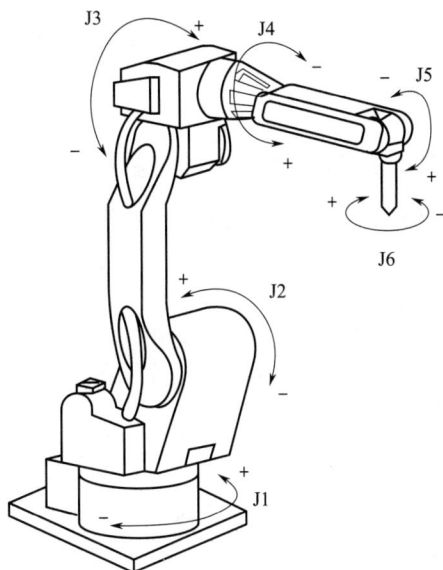

图1-6　关节坐标机器人（J表示关节）

（2）按应用场景分类

工业机器人按应用场景主要可分为搬运机器人、焊接机器人、装配机器人和协作机器人等。

搬运机器人主要负责运输、搬运、码垛、机床上下料等作业。根据是否可移动，可以分为不可移动搬运机器人和自主移动搬运机器人，其中，不可移动搬运机器人更适用于工厂流水线作业，而自主移动搬运机器人更适用于仓储和物流作业。

焊接机器人包括机械臂、焊接系统、变位机、机器人控制系统等。目前，点焊机器人和弧焊机器人比较常见。焊接机器人的主要优点是能够降低人力成本和提高焊接质量，同时降低了人工焊接的危险性。

装配机器人作为柔性自动化装配系统的核心设备，十分适用于大件、多品种、小批量的产品装配作业。目前，装配作业在现代化工业生产过程中工作量和成本占比大，但装配自动化水平较低，因此装配作业亟须提高自动化水平。

协作机器人可以满足机器人与操作者在生产线上的协同作业需求，从而充分发挥机器人的效率及人类的智能。协作机器人不仅性价比高，而且安全方便，能够极大地促进制造业的发展。协作机器人作为一种新型的工业机器人，避免了人机协作的障碍，可以让机器人彻底摆脱围栏等安全约束的束缚。协作机器人开创性的产品性能和广泛的应用领域为工业机器人的发展开启了新时代。

（3）按其他方式分类

① 按驱动方式分为液压、气动和电动机器人。

② 按编程方法可分为在线编程机器人和离线编程机器人。

③ 按程序输入方式可分为编程输入机器人和示教输入机器人。

1.3 工业机器人关键技术

机器人作为机械、电子、控制、计算机、通信、人工智能等多学科交叉融合的产物，需要众多关键技术的支撑。本书将重点从感知、规划、控制、运动学、动力学、人机交互等方面介绍工业机器人的关键技术。

（1）感知

工业机器人感知系统类似人的神经系统。它将机器人各种内部状态信息和环境信息从信号转变为机器人自身或机器人之间能够理解和应用的数据、信息甚至知识，为机器人的决策系统和控制系统提供了数据支撑。

（2）规划

工业机器人的规划是指在特定时间及工作区域内，为机器人自动生成从初始作业状态到目标作业状态的动作序列、运动路径和轨迹的规划，并且能够监督和调整规划任务的实际执行。

（3）控制

工业机器人控制系统是使用相应的软硬件系统，使工业机器人的某一参数量（如位置、速度、力等）保持在预设的理想状态的系统。工业机器人控制系统一般是具有多变量、非线性、强耦合特性的复杂动态系统。

（4）运动学

工业机器人运动学主要研究机器人在空间中的运动规律，重点研究各关节位置（包括平移关节的位移和旋转关节的转角）与末端位姿之间的关系。通常运动学可分为正运动与逆运动学，正运动学即给定机器人各关节的位置，计算机器人末端的位置姿态；而逆运动学即已知机器人末端的位置姿态，计算机器人各关节的位置。

（5）动力学

工业机器人动力学主要研究机器人运动与各关节驱动力（力矩）的关系问题。动力学同样分为正问题与逆问题：动力学正问题研究机器人各关节在驱动力（力矩）下的动态响应；而动力学逆问题研究为达到某运动状态，机器人各关节需要提供的驱动力（力矩）。

（6）人机交互

工业机器人人机交互技术指通过机器人输入、输出设备，以有效的方式实现人与机器人对话的技术，包括VR（虚拟现实）技术和脑电、眼动、视觉等新一代非侵入性人体状态识别技术。高效的人机交互能够使机器人更精准地识别人类意图，从而提高工业生产效率。

习题

1. 工业机器人按坐标结构分可分为哪几种？分别有什么特点？
2. 世界上第一台工业机器人诞生于哪一年？
3. 工业机器人"四大家族"指哪四家公司？

第2章
工业机器人基础

2.1 工业机器人机械系统

2.1.1 基本构成

自机器人诞生以来，工业机器人一直充当着工业领域的生力军，主要用于自动化生产线，能够高效完成一些流程简单、批量大、重复性高的工作，如点焊、组装、切割、码垛和搬运等，从而替代人类劳动，提高生产效率。

工业机器人可分为串联机器人和并联机器人。早期的工业机器人主要采用串联机构。机器人机构的基本元素是连杆和关节/铰链，由多个连杆通过运动副以串联的形式连接成首尾不封闭的机构，称为串联机构，如果为封闭结构则称为并联机构。与串联机器人相比较，并联机器人具有刚度大、结构稳定、承载能力大、微动精度高等优点。但是在运动位置求解上，串联机器人的正解容易，但反解困难；而并联机器人则相反，其正解困难，反解却非常容易。

目前典型的串联机器人通常由臂部、腕部以及手部（末端执行器）组成，如图2-1所示。

图2-1　典型串联机器人的组成结构

（1）臂部

手臂（臂部）是机器人本体的核心。在设计手臂部分时，不仅需要考虑抓取物体的重量和手臂本身的重量，还需要考虑抓取工件后机器人运动时产生的动态载荷和转动惯量。手臂机构的主要功能是支撑手腕和手部，以及调整手部在空间中的位置，从而将末端执行器所抓取的物体准确运送到目标位置。一般而言，串联机器人手臂通常具有3～6个自由度，以实现多种方向的运动和灵活性。这些自由度允许机器人手臂在三维空间内进行伸缩、回转、升降和倾斜等运动，使其能够适应不同的任务和工作环境。手臂的结构、工作范围、灵活性、承载能力和定位精度直接影响着机器人的性能。

根据结构形式，机器人臂部可分为单臂式和双臂式，分别如图2-2和图2-3所示。臂部主要由臂杆以及与其伸缩、屈伸或自旋等运动相关的构件构成，包括转动机构、驱动装置、导向定位装置、位置检测元件以及配管配线等。根据臂部不同的运动方式，臂部结构可以分为伸缩型、转动伸缩型和屈伸型等。

| 图2-2　单臂式机器人 | 图2-3　双臂式机器人 |

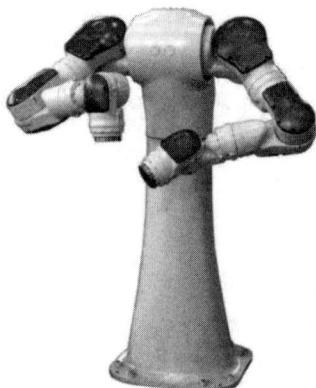

臂部的回转运动主要依赖回转机构来实现，即臂部绕铅垂轴的转动，使手部能够更顺利地达到预定位置。实现工业机器人臂部回转运动的方式有很多种，一般常用的机械结构有叶片式回转缸、齿轮传动机构、齿轮齿条传动机构、链轮机构和连杆机构等。

臂部的俯仰升降运动通常利用活塞气缸与连杆机构来实现。臂部的俯仰运动用的活塞一般位于臂部的下方，其活塞杆和臂部之间用铰链的方式进行连接，缸体采用尾部耳环或中部销轴等方式与立柱连接。此外，有些俯仰机构可能会采用无杆活塞缸驱动齿轮齿条或采用四连杆机构。

臂部一般与控制系统和驱动系统一起安装在机座上，其机身可以是固定式的，也可以是移动式的。臂部的结构形式根据机器人的具体工况因素来确定。同时，考虑到臂部的受力情况、气（油）缸的内部管路以及导线的布置等因素，臂部（手臂）的设计要求和特点如下：

① 手臂的结构能满足机器人的动作需求。

② 手臂的刚度大，为了防止手臂在运动过程中产生较大的几何变形，手臂的截面形状要合理。一般常用金属钢管作臂杆和导向杆，而用工字钢和槽钢作支撑板。

③ 尽量减小手臂的重量和整个手臂相对于转动关节的转动惯量，来减小运动时的动载荷和冲击。

④ 合理地设计与腕部和机身的连接部位，使手臂便于安装。

⑤ 为了保证运动过程中的平稳性，可以采取一定的缓冲措施。

⑥ 导向性要好，可以设计导向装置或设计方形、花键形式的臂杆来约束手臂的运动。

（2）腕部

腕部也称为机器人的手腕机构，是连接工业机器人手臂与末端执行器（手部）的元件，主要作用是改变和调整末端执行器的方位和姿态。因此，手腕机构也通常被称为定向机构或调姿机构，具有独立的自由度，从而使末端执行器能够到达任意位置。对于一般的机器人来说，与末端执行器相连的腕部都具有自转的功能。若腕部能在空间中自由运动，那么其手部就可在空间中达到任意姿态，从而使运动更加灵活。

从驱动形式上看，腕部的驱动方式一般有两种，即直接驱动和间接驱动。直接驱动是指将驱动机构安装在腕部运动关节的附近，直接驱动方式动力传输路线短、传动刚度大且动力强劲。然而，直接驱动方式的腕部尺寸与其他驱动方式相比会变大，惯量也会增大，从而增大机器人运动时的负载和控制难度。图2-4为一种液压直接驱动的腕部，其中液压马达直接驱动腕部的偏转、俯仰和翻转3个自由度轴。间接驱动方式的驱动机构安装在机器人的下臂、基座或上臂远端上，通过连杆、链条、带、齿轮和传动轴等传动机构间接驱动腕部关节运动。间接驱动方式能够改善机器人的整体动态性能，提高机器人整体结构的平衡性，然而传动方案设计难度较大。

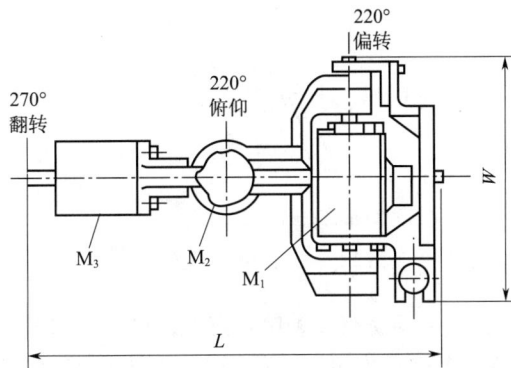

图2-4　液压直接驱动的腕部

一般工业机器人需要6个自由度才能使手部达到目标位置和姿态。通常要求腕部能够实现绕空间坐标系三轴的转动，即具有翻转、俯仰和偏转3个自由度，如图2-5所示。

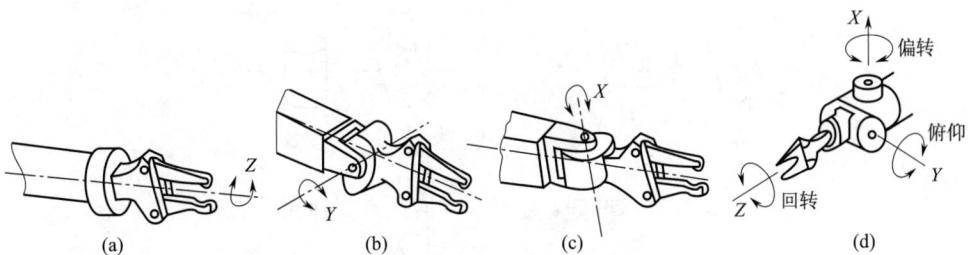

图2-5　工业机器人腕部自由度

手腕各回转方向的定义如下：

① 绕小臂轴线方向的旋转称之为臂转；

② 使末端执行器相对于手臂进行的摆动称为腕摆；

③ 手部（末端执行器）绕自身轴线方向进行的旋转称为手转。

手腕按照自由度的个数来划分可分为单自由度手腕、二自由度手腕和三自由度手腕。一般手腕的3个自由度分别称为手腕的回转、手腕的俯仰、手腕的摆动。手腕实际所需要的自由度数目应根据机器人具体的工作要求来确定，一些专用的机械手甚至没有手腕。根据转动的特点，手腕关节的转动又可细分为滚转和弯转两种。滚转的特点为相对转动的两个零件的回转轴线重合，因而可以实现360°无障碍旋转的关节运动，滚转通常用R来标记。弯转的特点为两个零件的转动轴线相互垂直，这种结构会受到限制，通常相对转动角度小于360°，弯转通常用B来标记。下面分别介绍不同自由度手腕的结构。

① 单自由度手腕。图2-6（a）所示为R关节，其旋转角度可达360°。图2-6（b）为B关节，由于其特殊的组成结构，其旋转角度小，方向角大大受限制。图2-6（c）为T关节，主要作用为实现手腕的水平移动。

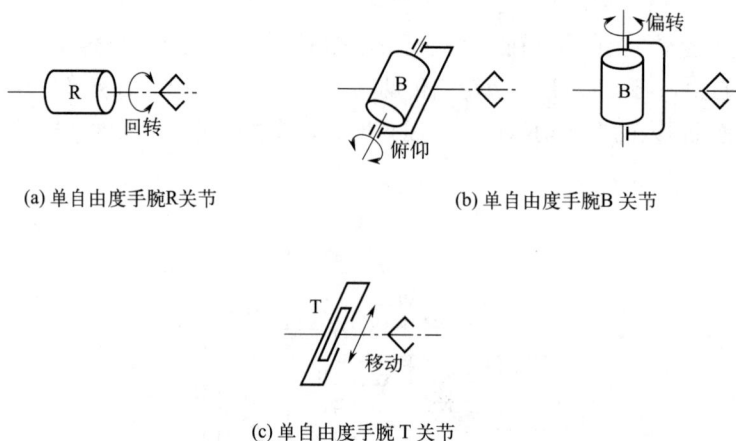

(a) 单自由度手腕R关节

(b) 单自由度手腕B 关节

(c) 单自由度手腕 T 关节

图2-6　单自由度手腕关节

② 二自由度手腕。二自由度手腕有多种组合方式，可以是如图2-7（a）所示的由一个R关节和一个B关节组成的BR手腕，也可以是如图2-7（b）所示的由两个B关节垂直组成的BB手腕，但是不能由两个R关节组成RR手腕，因为两个R关节会共轴线，从而减少1个自由度，结果会构成如图2-7（c）所示的单自由度手腕。在二自由度手腕中，最常用的是BR手腕。

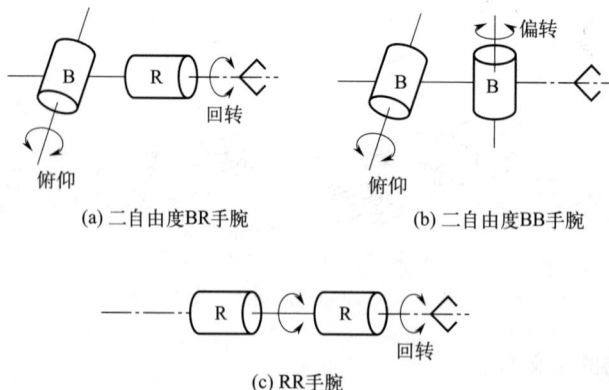

(a) 二自由度BR手腕

(b) 二自由度BB手腕

(c) RR手腕

图2-7　二自由度手腕

③ 三自由度手腕。三自由度手腕相比于二自由度手腕有更多的组合方式。图2-8（a）所示是通常见到的BBR手腕，该组合方式可以使手部具有俯仰、偏转和翻转运动，即RPY运

动。这种结构的手腕多用于大型、重载的工业机器人。图2-8（b）是由三个R关节组成的RRR手腕，它也可以实现手部RPY运动，其三个回转轴的回转范围通常不受限制，其结构紧凑、动作灵活，可最大限度地改变执行机构的姿态，但其操控难度较大，故在一般的工业机器人上使用得相对较少。图2-8（c）是由一个B关节和两个R关节组成的BRR手腕。为了保持该组合方式的自由度，第一个R关节必须进行如图所示的偏置。图2-8（d）为RBR手腕，其操作简单、控制容易，且结构紧凑、动作灵活，是目前工业机器人最为常用的手腕结构。这种手腕结构在中小型规格的工业机器人上应用较多，其中直接驱动结构的应用较少，间接驱动结构适合各种规格的机器人。

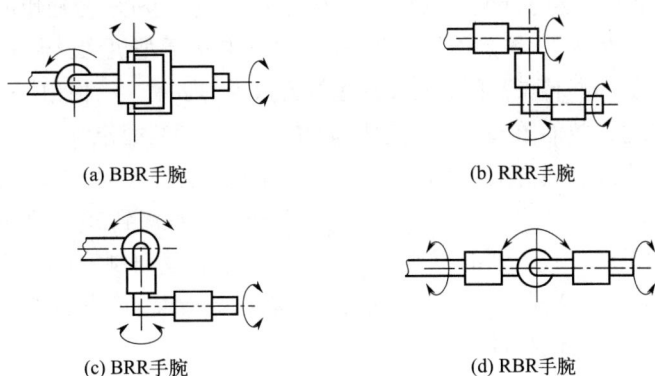

(a) BBR手腕   (b) RRR手腕

(c) BRR手腕   (d) RBR手腕

图2-8　三自由度手腕

在设计工业机器人手腕的过程中，也要遵循一些基本的设计要求：
① 结构紧凑、重量轻。
② 动作灵活、平稳，定位精度高。
③ 布局合理，驱动装置的安装方式和位置合理。
④ 适应当前工作环境的需要。
⑤ 强度、刚度高。

（3）手部

工业机器人的末端执行器又称为手部，主要安装在机器人的末端，根据工况来选取不同的末端执行器（手部），用于实现对工件的处理、夹持、运送、释放等作业。工业机器人的末端执行器既可以是简单的纯机械结构，也可以是复杂的集成机构（包括传感器、换件装置等）。工业机器人的手部的结构种类繁多、形式多种多样，要根据其具体工况来决定。通常工业机器人手部的典型结构有如下几种。

① 机械夹爪。机械夹爪通常采用气动、液动、电动和电磁来驱动手指的开闭。在一般的工业机械夹爪中，气动的机械夹爪应用最为广泛。因为其采用的动力源为空气，能源环保，具有容易获取、结构简单、易维修、开合迅速和重量轻等特点。但是由于空气具有可压缩性，故夹爪的具体位置控制比较复杂。相比于气动方式，液压驱动（液动）的夹爪由于需要采用一系列的液压元件，故成本较高。电动夹爪的手指开合和电动机的驱动可以由一个系统来控制，但是相比于液压驱动和气动夹爪，电动夹爪的夹紧力要小很多。电磁夹爪的控制简单，但是电磁夹紧力的工作行程不确定，一般只能用于开合距离小的情形。

② 磁力吸盘。磁力吸盘有电磁吸盘和永磁吸盘两种。电磁吸盘的特点是体积小、自重轻、吸力强、可以在水中使用等，而永磁吸盘大多应用在钢铁、模具等搬运过程中的吊取作

业。磁吸方式一般在机器人的手部装上电磁铁，通过磁场吸力进行工件的夹取和放置。在线圈通电的瞬间，通过产生磁性吸力把工件牢牢吸住，待工件移动到指定位置后，电流消失，磁吸力消失，工件松开到指定位置。若采用永久性磁铁作为吸盘，在工作过程中会产生很多问题。由于磁力不会凭空消失，故必须强迫性地取下工件，这无疑会增加工作耗时。磁力吸盘的缺点包括吸取工件时会产生剩磁，吸盘上常会附有一些铁屑，故其只能用于工件要求不高或剩磁对整体加工工作影响不大的场景。对于不允许有剩磁的场景，不能选用磁力吸盘，可选用真空吸盘。磁力吸盘要求工件表面必须干燥整洁，同时磁力的设定大小要根据具体的安全系数等因素来决定。

③ 仿生手。除了上述的机械夹爪和磁力吸盘外，还有一种较为通用的末端执行器，即仿生多指灵巧手（仿生手）。这是一种典型的多自由度仿人手型机构，通常具有3到5个多关节手指，具备人手的一些特点，同时其设计也符合人手的运动学结构和灵巧性。因其具有灵活性和快速反应能力，故能像人手一样完成复杂的作业，如装配作业、维修作业、设备操作以及其他特殊的动作。有些仿生手可以根据具体的工况，针对不同的物体进行抓取，其驱动源可以为电机驱动、液压驱动、气压驱动。仿生手研究可追溯到20世纪70年代，经过多年的发展和完善，目前最具代表性的为美国研制的R2手、德国研制的DLR系列手以及我国研制的BH手等。随着研究人员的不断深入研究，目前已经出现了能够感知周边环境的智能化手爪，提高了工业机器人作业的灵活性和可靠性。

工业机器人手部的特点如下。

① 手部的通用性一般较差。一般的手部只能执行特定的作业，只能抓住形状相近、重量较轻的工件。

② 手部一般指的是抽象的概念，其可以像人手一样具有手指，也可以采用一些特定的工具当作手指，例如焊枪、喷漆枪、吸盘等。

③ 手部一般与腕部相连，当机器人切换作业对象时，可以方便地对手部进行拆卸，更换合适的机械手。

在设计手部（末端执行器）时应注意的问题如下。

① 需要考虑和机器人腕部的匹配。一般的手部采用法兰和手腕连接，而手部和法兰的重量增加了机械手臂的负载，在设计时需要考虑负载对整个机械手臂稳定的影响。在更换手部时，要保证其与手腕的机械接口相同，同时手部的自重不能太大。

② 考虑被抓取物件的几何参数和机械特性。几何参数包括其尺寸、抓取位置和力、夹持距离等。机械特性包括被抓物体的质量、材料、刚度、工件温度等。

③ 考虑作业环境。一些环境因素比如水、灰尘、温度等都会影响手部的工作状态，要根据具体的实际工况选取合适的手部结构。

2.1.2 机械系统

工业机器人的机械系统（图2-9）通常包括基座、立柱、腰关节、臂关节、腕关节和末端执行器等，多个机械结构加上运动副的约束，构成了一个完整的机械系统。其中，基座是整个机器人的支撑部分，并且动力源、手臂和其他执行机构部件主要安装在基座上。基座的形式主要有固定式和移动式两种，除了能够支撑机器人外，基座还需具有一定的刚度和稳定性。

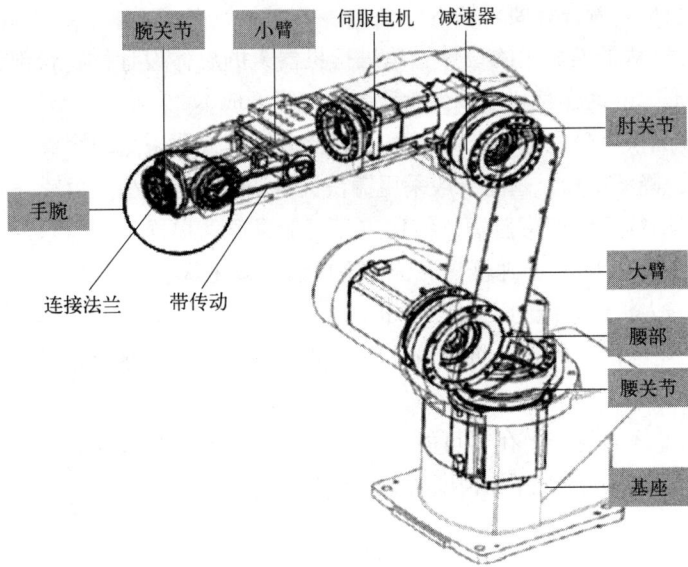

图 2-9　机器人机械系统

　　工业机器人的机身一般与基座形成一体，主要实现回转、升降和俯仰运动。在机身设计时要注意下列问题：

　　① 为了运动过程中的平稳性，机身要有足够的刚度、强度和稳定性；

　　② 运动要灵活，升降运动的导向套不宜过短，避免机身卡死；

　　③ 机身的驱动方式要保持合理。

　　目前市场上绝大多数六轴机器人，其机械结构基本一致，如图 2-10 所示，特点如下：

　　① J_1、J_2 和 J_3 为三个确定机器人位置的基本轴，且电机轴线与减速器轴线可以同轴或偏置；

　　② J_4、J_5 和 J_6 为三个确定机器人姿态的辅助轴，且驱动电机可内藏于小臂或后置；

　　③ J_1、J_4 和 J_6 为三个回转轴，而 J_2、J_3 和 J_5 为三个摆动轴。

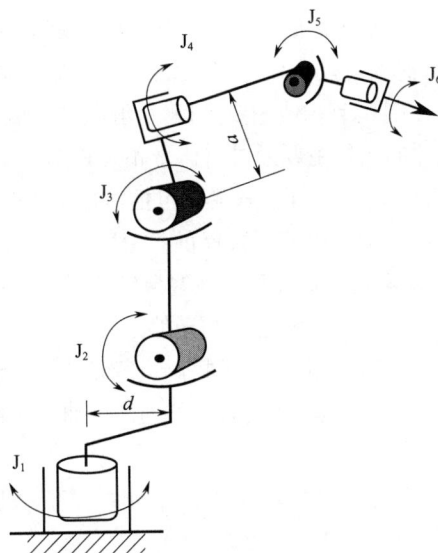

图 2-10　六轴机器人简图

工业机器人机械系统设计要求如下：

① 机械系统应基于模块化的设计思想进行机器人的总体设计，将臂部、手腕和手部分别设计成模块的形式，这样有利于减少设计周期，降低成本。

② 小臂和腕部采用轻型材料，如高强度铝合金等。大臂采用组合焊件，在保证精度和稳定性的前提下，降低重量。基座一般采用铸铁材料，吸振和成型效果较好。

③ 总体的传动行程应尽可能短，结构应尽可能紧凑。根据不同需求，可采用不同类型的减速器，如前三轴采用RV减速器，后三轴采用谐波减速器。

未来工业机器人机械系统的发展方向如下：

① 采用多物理场耦合仿真分析等设计方法进行机械系统的性能分析，从而提高设计阶段的效率。

② 采用高强度轻质材料，在尽可能减轻机器人自身重量的情况下，提高机器人的承载能力，进一步提高机器人的速度、精度和稳定性。

2.1.3 驱动系统

（1）动力系统

工业机器人的动力系统是将电能或流体能转化为机器人运动所需机械能的动力装置。根据控制器发出的指令信号，借助动力系统中的动力元件来完成指定的任务，动力系统主要为整个机器人的运动提供能源。

一般工业机器人的动力源主要有三种类型，即液压驱动、气压驱动和电机驱动。液压装置在同等功率下，体积小、重量轻、结构紧凑。在同等体积下，能产生更强的动力。液压结构易于标准化，节流效率高，且可承受高额的负载，但液压油容易泄漏，从而对机器人产生干扰，且液压驱动响应较慢，一般用于大负载的工作场景。气压驱动（气动）的机器人响应速度快，结构相对简单，易于标准化，且安装的成本较低。但系统整体气压在高于10个标准大气压❶后会有爆炸的危险，且由于气体的可压缩性，导致气压驱动方式的精度有限。目前气动机器人一般用于点位控制的领域。电机驱动（电动）的机器人控制简单灵活、效率高、精度高，被广泛应用于各类精度要求高的工作中，如弧焊、装配等。

① 气动机器人。气动机器人的动力装置（系统）主要由气源、控制调节元件、辅助元件、气动执行机构等组成。控制调节元件主要是指气动阀、制动器等。气动执行机构一般为气动缸或气动马达。气动元件的执行主要通过电信号和X-D图（信号-动作状态图）来实现。

② 液压机器人。液压机器人的动力装置主要包括液压动力源、液压控制元件、液压执行元件和液压辅助元件等。液压动力由液压泵提供，液压泵是一种将电能转化为液压能的装置，主要包括内（外）啮合齿轮泵、叶片泵、柱塞泵等，其中柱塞泵所能提供的压力最大。在工业机器人中，为了保证控制精度，液压控制元件主要为电液伺服阀。通过放大器来控制电液伺服阀内阀芯的开口大小来控制流量，进而控制执行元件的运动速度。液压执行元件一般为单（双）作用液压缸和液压马达，其辅助元件主要为液压油箱、各类传感器、温度计以及液位计等。

③ 电动机器人。电动机器人的动力装置主要由电源、电动机、电动驱动器、位置比较

---

❶ 1atm（标准大气压）= 101325Pa。

器、速度比较器、信号和功率放大器、各种传动比的减速器等机构组成。

（2）传动机构

① 带传动和链传动。带传动和链传动一般用于传递平行轴之间的回转运动，或把回转运动转换为直线运动。带或链传动要求两个轴之间的距离不能过大，否则会极大地影响传动效率。工业机器人中的带传动和链传动分别通过带轮或链轮来传递回转运动，如图2-11和图2-12所示。

② 丝杠传动。丝杠传动（图2-13）也称为螺旋传动，其原理为将回转运动转化为直线运动，或将直线运动转化为回转运动。丝杠传动的原理类似于螺栓螺母。普通的丝杠传动是由一个旋转的精密丝杠驱动一个螺母沿丝杠轴向移动，但普通的丝杠传动容易产生爬行现象，且其精度低，回差大。一般情况下，采用滚珠丝杠的方式进行传动，滚珠丝杠的摩擦力小，且运动响应速度快，是回转运动与直线运动转换的理想装置。丝杠传动一般在运动轨迹为直线的机械臂上应用较多。

图2-11　带传动　　　　　　　图2-12　链传动　　　　　　　图2-13　丝杠传动

③ 齿轮传动。齿轮种类繁多，通常根据齿轮轴的类型分类，一般分为平行轴、相交轴及交错轴三种类型。平行轴齿轮包括正齿轮、斜齿轮、内齿轮、齿条等。相交轴齿轮有直齿锥齿轮、弧齿锥齿轮、零度齿锥齿轮等。交错轴齿轮有交错轴斜齿轮、圆柱蜗杆齿轮等，具体分类如表2-1所示。直齿轮或斜齿轮传动可用于机器人手腕。大直径的转盘齿轮可用于大型机器人的基座传动。在一些传动中，如果传动距离较长，还会使用齿轮链进行传动。这种传动方式不但可以传动角位移和角速度，还可以传递力和力矩。

表2-1　齿轮分类

齿轮轴类型	种类	齿轮轴类型	种类
平行轴	正齿轮	相交轴	直齿锥齿轮
	齿条		弧齿锥齿轮
	内齿轮		零度齿锥齿轮
	斜齿轮	交错轴	交错轴斜齿轮
	人字齿轮		圆柱蜗杆齿轮

④ 谐波传动。谐波传动是由波发生器、柔轮、刚轮3个基本构件组成的机械传动。该传动方式是在波发生器的作用下使柔轮产生弹性变形并与刚轮相互作用达到传递运动或动力的目的，可以满足大传动比的要求。图2-14为谐波减速器的实际外观。谐波减速器通常由凸轮或偏心安装的轴承构成，其刚轮为刚性齿轮，柔轮为能产生弹性变形的齿轮。当波发生器连续旋转时，产生的力使得柔轮发生变形，变形曲线为一条对称的谐波曲线。由于具有传动比

大、传动效率高、节省空间等特点，谐波传动被广泛地应用在工业机器人领域。

⑤ 凸轮机构。凸轮机构是由凸轮、推杆、固定机架组成的高副（点接触）机构，如图2-15所示。凸轮机构是一个具有曲线轮廓或凹槽的构件，一般凸轮为主动件，做回转运动，推杆为从动件，做往复直线运动。其通过凸轮的连续转动实现推杆的往复直线运动，即将回转运动转化为直线运动。在工作过程中，为了使推杆与凸轮始终保持接触，可以采用弹簧或施加重力的方法。凸轮机构在自动机床、内燃机、纺织厂中的应用较多。由于凸轮机构是点接触的机构，易产生磨损，在工作时有较大的噪声等原因，故在工业机器人中的应用较少。

图2-14　谐波减速器　　　　　　　　图2-15　凸轮机构

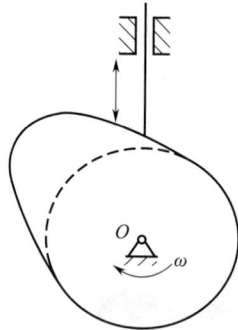

⑥ 连杆机构。根据构件之间的相对运动，连杆机构可分为平面连杆机构和空间连杆机构。平面连杆机构由若干个构件通过低副（转动副）连接而成。根据机构中构件数目的多少分为四杆机构、五杆机构、六杆机构等，其中，四杆机构是日常生活中最为常见的平面连杆机构。由于连杆机构的运动副为面接触，故其承载的压强小，承载能力大。连杆机构广泛应用于内燃机、搅拌机、牛头刨床等。在工业机器人中，一般在机器人的手部应用较多。

2.1.4　技术参数

（1）自由度

自由度可被定义为确定机械系统的位形或位姿所需要的独立变量的坐标数。在机构学中，不存在相对运动的部分称之为构件，两个以上构件相互约束且能够相对运动时，就形成了运动副。运动副又有高副和低副之分。常见的低副主要是指构件之间是面接触，其应力相对较低，例如转动副、移动副等。常见的高副主要是指构件之间是点或线接触，其应力较高，同时也容易遭受损坏。常见的高副主要有滚动副、凸轮副和齿轮副等。

工业机器人的自由度是衡量机器人能力的重要技术指标，由机器人的机械结构决定。一款机器人所具备的自由度也直接影响了该机器人的机动性和灵活性。六自由度机器人能够在三维空间内灵活地定位和执行任务。例如，一个六自由度机器人可以在空间中的任何位置平移和旋转，从而实现复杂的工作，如物体抓取、装配、焊接等。机器人的每个自由度都需要一个独立的执行机构（如伺服电机）以及相应的传感器和控制器来实现精确的运动控制。图2-16为UR5型机器人，共有6个旋转关节，称其为六自由度机器人。

在平面机构中，一个自由的构件具有3个自由度。但当该构件与其他构件之间用运动副连接后，彼此间便有了约束。假设一个构件系统由 N 个自由构件组成，其自由度为 $3N$，系统

图2-16 UR5型机器人

需要选定其中一个构件作为机架，该机架与地面接触，自由度为0，故该系统剩下的自由度为3（N-1）。对系统加上自由度为f_i的运动副连接其中的两个构件，此时这两个构件之间相对运动的自由度为3，但是整个系统的自由度由于增加的约束减少了$3-f_i$，将剩下的运动副约束全部引入，则整个系统损失的自由度为：

$$（3-f_1）+（3-f_2）+（3-f_3）+\cdots+（3-f_n）=\sum_{i=1}^{g}\left(3-f_i\right)=3g-\sum_{i=1}^{g}f_i \tag{2-1}$$

式中，g为运动副数；f_i为第i个运动副的自由度。

同时，由于系统的自由度F等于所有运动构件的自由度减去系统损失的自由度，故系统的总自由度为：

$$F=3（N-1）-(3g-\sum_{i=1}^{g}f_i)=3(N-g-1)+\sum_{i=1}^{g}f_i \tag{2-2}$$

式（2-2）可作为计算平面机构自由度的通用公式。考虑到高副和低副的差异，即在平面中，高副一般引入1个自由度约束，低副一般引入2个自由度约束，式（2-2）化为

$$F=3（N-1）-(2 P_{\mathrm{L}}+P_{\mathrm{H}})=3n-2 P_{\mathrm{L}}-P_{\mathrm{H}} \tag{2-3}$$

式中，n为该系统的活动构件数；P_{L}为低副数量；P_{H}为高副数量。

将平面情况引入空间中后，每个自由的空间构件具有6个自由度。根据类似平面机构自由度的计算方法，得到普遍表达的Grübler-Kutzbach(G-K)公式：

$$F=d（N-1）-\sum_{i=1}^{g}(d-f_i)=d(N-g-1)+\sum_{i=1}^{g}f_i \tag{2-4}$$

式中，d为机构的阶数。在一般情况下，空间机构$d=6$，平面机构或球面机构的$d=3$。但传统的G-K公式所反映的仅仅是机构构件与运动副之间的关系。若一个机构系统存在局部自由度和存在过约束，则该公式并不适用。考虑到冗余约束和局部自由度的影响，式（2-4）

可进一步完善为：

$$F=d(N-g-1)+ \sum_{i=1}^{g} f_i +v- \gamma \qquad (2\text{-}5)$$

式中，v为冗余约束数；γ为局部自由度数。

对于一般的机械臂来说，3个自由度足以完成一般的生产工作，如3个自由度足以完成将空间中的一个物体移动到空间中的另一个位置。同时，三自由度机器人不仅具有更高的成本效益，在运动速度上也具有更大的优势。在工业生产中，一般不要求机器人具有6个以上的自由度，但是可以具有更多的机动性。工业机器人要想在一个三维空间内实现任意操纵物体的位姿，至少需要具有6个自由度。机器人的自由度并不是越多越好的。虽然随着轴数的增加，机器人的灵活性得到了提高，但是在目前的工业应用中，应用较多的是三轴、四轴、五轴双臂和六轴的工业机器人。轴数的选择还是要根据具体的生产要求来决定。过多的自由度既加大了对机器人的控制难度，同时也产生了冗余自由度。冗余自由度主要是用来进行空间中的躲避障碍物的工作，对于一般的加工生产并没有太大的帮助。加工生产一般都是在较为空旷的空间中进行，冗余自由度无疑加重了工业生产的负担。但在学术研究领域，目前仍然有人在研究具有更多自由度的机器人，以求其能达到更大的机动性。

（2）分辨率和精度

工业机器人的分辨率是指在终端控制器作用下每根轴能够实现的最小移动距离或最小转动角度。工业机器人的精度是机器人选型的重要技术参数，通常是指其定位精度和重复定位精度。定位精度是指工业机器人在控制器的作用下到达的实际位置与控制器规划的理论到达位置之间的差异，通常定位精度用反复测试的定位结果的平均位置与目标位置之间的距离来表示，典型的工业机器人定位精度一般在±0.02～±5mm。重复定位精度是指工业机器人在控制器多次输入同一指令下末端机构到达同一实际位置的能力，是精度的统计数据，以实际位置的分散程度来表示。除此之外，机器人还具有轨迹精度。轨迹精度表示机器人在编程的轨迹上运动的能力，即在从同一起点到同一终点的过程中，机器人关节指令运动轨迹与实际运动轨迹平均值之间的偏差。工业机器人的分辨率和精度要求是根据其使用要求来决定的。除了与控制器相关，工业机器人本身所能达到的最大精度主要取决于操作结构的刚度、运动速度、缓冲和定位等因素。

（3）工作范围

机器人的工作范围主要是指机器人的手部安装点在控制器的作用下所能到达的三维空间区域，或者说该安装点可以到达所有点的空间体积。因为工业机器人的末端执行器（手部）会根据不同的工况而发生变化，会时常更换末端执行器，故工作范围通常指不安装末端执行器时机器人末端的工作区域。机器人工作范围的形状和大小十分重要，是选购机器人时的重要技术参数，同时也是设计工业机器人机构的重要指标。在实际的加工任务中，常常会存在手部不能到达的死区而导致任务无法按规划进行的情况。在设计机器人的工作范围时，一般研究人员会采用图解法或解析法来对工业机器人的工作范围进行求解。

（4）最大速度

最大速度是指在各轴联动的情况下，机器人手腕中心所能达到的最大线速度，最大速度通常并不是一个独立的数据。对于长距离的运动，最大速度会受到伺服电机的电压和最大允许转速的限制。最大速度直接影响到机器人的工作效率，所以提升最大速度有利于提高工作效率。但是最大速度越高，对于机器人加速和减速的要求就越高，这就需要更好的控制方法和策略以满足整体稳定性和可靠性的要求。

（5）承载能力

承载能力是指工业机器人在工作范围内，任何位姿上可承受的最大质量，一般以kg（千克）为单位。机器人的承载能力不仅取决于负载的质量，还与末端执行器的质量有关。机器人实际的运行负载还与机器人的运行速度和加速度有关，机器人的承载能力以机器人高速运动时的最大负载能力为准。

（6）运动速度

运动速度是指机器人在带载的条件下，机械接口的中心点在单位时间内所移动的距离或转动的角度。机器人的运动速度影响了机器人的工作效率和运动周期，其与具体的工作状态有密切的关系。若机器人的运动速度较高，则在运动过程中所承受的动载荷增大，必将承受着巨大的惯性力，这对于机器人整体的平稳性和位置精度有着巨大的影响。目前小负载工业机器人运动速度可做到 $1.0 \sim 1.5$m/s，运动速度高的小型机器人可达 $5 \sim 6$m/s。

2.2 工业机器人感知系统

随着人工智能技术的发展和工业4.0时代的到来，现阶段智能制造对工业机器人的自适应、自决策和自学习能力提出了更高的要求，而这些都依赖于机器人对所处工作环境的感知和理解，因此机器人感知系统的设计是实现机器人智能的基础。随着近年来各种高性能传感器技术和多传感器信息融合技术的发展，工业机器人在智能感知方面已经取得了很大的进步。例如计算机视觉和自然语言处理等人工智能技术的发展已经使机器人具有拟人的视觉和听觉，目前很多协作型机器人上已经集成了摄像机和听觉传感器，从而能够在操作人员的手势、表情、语音等控制下为人类提供相应的协助或自主为人类提供所需的协助，并且保证共享工作空间下协作过程的安全。机器人感知系统设计已经成为智能机器人技术发展的一个重要方向，除视觉、力觉、听觉外，近年来在嗅觉、味觉、触觉等方面的感知也有所研究，本节主要对工业机器人常用传感器的工作原理、特点及其应用进行介绍。

2.2.1 常用传感器

机器人工作时需要检测自身的状态和其所处工作环境的状态，据此可将机器人所用传感器分为内部传感器和外部传感器两大类。

（1）内部传感器

内部传感器是用于测量机器人自身状态参数（如关节角度等）的功能元件。内部传感器通常和机器人电机、轴等机械部件或手臂、手腕等机械结构安装在一起，以实现位置、速度、力度的测量，从而闭环地调整和控制机器人的行动，实现高精度的伺服控制。内部传感器通常包括位置、速度及加速度传感器，用来检测关节的线位移、角位移等几何量和速度、加速度和角速度等运动量。

（2）外部传感器

外部传感器用于感知机器人所处工作环境状况的外部信息，这些外部信息通常与机器人的目标识别、运动规划、作业安全等相关。智能机器人对外部环境的感知使其具备理解周围环境和与环境交互的能力，是其实现自适应、自决策、自学习的基础。

外部传感器进一步可分为末端操作器传感器和环境传感器。末端操作器传感器主要用于在进行微小而精密工作情况下感知并处理感觉信息，如触觉传感器、力觉传感器、接近觉传感器和滑觉传感器等。环境传感器主要用于机器人对环境理解，并做出相应的决策。环境传感器主要包括视觉传感器、超声波传感器、激光传感器等。

2.2.2 要求和选择

为评价或选择传感器，通常需要确定传感器的性能指标。传感器一般有以下几个性能指标。

（1）量程

量程是传感器的测量范围，即被测量的上下极限允许值之差。一般要求传感器的测量范围必须覆盖机器人有关被测量的工作范围。如果无法达到这一要求，可以设法选用某种转换装置，但这样会引入某种误差，使传感器的测量精度受到一定的影响。

（2）灵敏度

灵敏度是指传感器的输出信号达到稳定时，输出信号变化量与输入信号变化量的比值。假如传感器的输出和输入呈线性关系，则其灵敏度可表示为：

$$s = \frac{\Delta y}{\Delta x} \tag{2-6}$$

式中，s 为传感器的灵敏度；Δy 为传感器输出信号的增量；Δx 为传感器输入信号的增量。

假设传感器的输出与输入呈非线性关系，其灵敏度就是传感器输出与输入关系曲线的导数。传感器输出量的量纲和输入量的量纲不一定相同，如果输出量和输入量具有相同的量纲，则传感器的灵敏度也称为放大倍数。一般来说，传感器的灵敏度越大越好，这样可以使传感器的输出信号精确度更高、线性更好。但是过高的灵敏度有时会导致传感器的输出稳定性下降，所以应该根据机器人的要求选择适中的传感器灵敏度。

（3）线性度

传感器的线性度是指传感器的输出与输入之间的线性程度。理想的传感器输入-输出关系应该是线性的，这样使用起来才最为方便。但实际中的传感器只有少数情况才具备这种特性，大多数都是近似地把传感器的输入-输出关系看成是线性的，在其量程范围内可以用一条拟合直线来近似其输入-输出关系，如图2-17所示。实际特性曲线与拟合直线之间的偏差称为传感器的非线性误差 δ，其最大值与满量程输出值 Y_{FS} 的比值即为线性度 r_L：

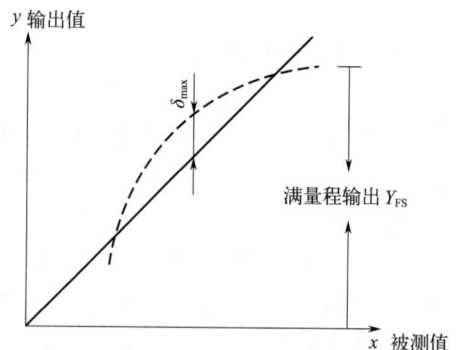

图2-17　传感器非线性特性

$$r_L = \frac{\delta_{max}}{Y_{FS}} \times 100\% \tag{2-7}$$

常用的线性化方法有割线法、最小二乘法、最小误差法等。机器人控制系统应该选用线性度较高的传感器。

（4）精度

精度是指传感器的测量输出值与实际被测量值之间的误差。误差主要有系统误差和随机误差两种。引起系统误差的原因诸如测量原理及算法固有的误差、仪表标定不准确、环境温度影响、材料缺陷等，可以用准确度来反映系统误差的影响程度。引起随机误差的原因有传动部件间隙、电子元件老化等，可以用精密度来反映随机误差的影响程度。在机器人系统设计中，应该根据系统的工作精度要求选择合适的传感器精度。应该注意传感器精度的使用条件和测量方法，使用条件应包括机器人所有可能的工作条件，包括不同的温度、湿度、运动速度和加速度，以及在可能范围内的各种负载作用等。此外，用于检测传感器精度的测量仪器应该具有比传感器更高的精度，进行精度测试时也需要考虑最坏的工作条件。

（5）重复性

重复性是指传感器在工作条件不变的情况下，输入信号连续多次按同一方向做满量程变化时，所得到测试结果的变化程度。测试结果的变化越小，传感器的测量误差就越小，重复性越好。一般情况下传感器的重复性指标都会优于精度指标，也就是传感器的精度不一定很高，但是重复性可以较好，因为只要温度、湿度、受力条件和其他参数不变，其测量结果就不会有较大变化。同样，对于传感器的重复性，也应考虑使用条件和测试方法的问题。尤其是对于示教再现型机器人来说，传感器的重复性至关重要，它直接关系到机器人能否准确地再现示教轨迹。

（6）迟滞性

通常在同一个工作条件下，输入量正行程和反行程所得到的传感器输出曲线是不重合的，会有一个差值 ΔH，这种现象称为传感器的迟滞。产生迟滞现象的主要原因包括传感器敏感元件的材料特性、机械结构特性等，例如运动部件的摩擦、传动机构间隙、磁性敏感元件的磁滞等。

（7）分辨率

分辨率是指传感器在整个测量范围内所能检测到的被测量的最小变化值。被测量的最小变化值越小，则分辨率越高；反之，则分辨率越低。对于一些采用离散计数方式工作的传感器，例如光栅尺、旋转编码器等，它们的工作原理决定了其分辨率的大小。而对于采用模拟量变化原理工作的传感器，例如热电偶、倾角传感器等，它们在内部集成了A/D（模数转换）功能，可以直接输出数字信号，因此，其A/D的分辨率也就限制了传感器的分辨率。有些采用模拟量变化原理工作的传感器，例如电流传感器、电涡流位移传感器等，其输出为模拟信号，从理论上来讲，它们的分辨率为无限小。但实际上，当被测量的变化值小到一定程度时，其输出量的变化值和噪声是处于同一水平的，已没有实际意义，这也相当于限制了传感器的分辨率。

无论是示教再现型机器人，还是可编程型机器人，都对传感器的分辨率有一定的要求。传感器的分辨率直接影响机器人的可控程度和控制品质，一般需要根据机器人的工作任务规定传感器的分辨率最低限度要求。

（8）响应时间

响应时间是传感器的动态特性指标，是指传感器的输入信号变化后，其输出信号相应变化并达到一个稳定值所需要的时间。在某些传感器中，输出信号在达到某一稳定值以前会发生短时间的振荡。传感器输出信号的振荡对机器人控制系统来说非常不利，它有时可能会造成一个虚设位置，影响机器人的控制精度和工作精度，所以传感器的响应时间越短越好。实际上，还需要规定一个稳定值范围，只要输出信号的变化不再超出此范围，即可认为它已经达到了稳定值。在具体系统的设计中，还应规定响应时间容许上限。

（9）抗干扰能力

机器人的工作环境是多种多样的，在有些情况下可能相当恶劣，因此对于机器人用传感器，必须考虑其抗干扰能力。由于传感器输出信号的稳定是控制系统稳定工作的前提，为防止机器人做出意外动作或发生故障，设计传感器系统时必须采用可靠性设计技术。通常抗干扰能力是通过单位时间内发生故障的概率来定义的，因此它是一个统计指标。

在选择工业机器人传感器时，需要根据实际工况、检测精度、控制精度等具体的要求来确定所用传感器的各项性能指标。同时还需要考虑机器人工作的一些特殊要求，比如重复性、稳定性、可靠性和抗干扰能力要求等，最终选择出性价比较高的传感器。

2.2.3 内部传感器

（1）位置和位移传感器

对工业机器人关节的位置控制和检测是工业机器人最基本的控制要求。位置和位移传感器根据其工作原理和组成的不同有多种形式，常见的有电位器式位移传感器、电阻式位移传感器、电容式位移传感器、电感式位移传感器、编码式位移传感器（光电编码器）、霍尔元件位移传感器和磁栅式位移传感器等。这里介绍几种典型的位移传感器。

① 电位器式位移传感器。电位器式位移传感器通过电位器元件将机械位移转化成与之成线性关系或者其他函数关系的电量输出，由电阻和可动电刷组成。可动电刷通过机械装置受被检测量的控制，被检测量变化时可动电刷与电位器各端之间的电阻值随之改变，输出的电压值也相应地改变，从而检测出机器人关节的位置和位移量。

电位器式位移传感器按照结构不同可分为直线型电位器式位移传感器和旋转型电位器式位移传感器，分别用于直线位移和角位移测量。

a.直线型电位器式位移传感器。直线型电位器式位移传感器主要用于测量直线位移，其电阻器采用直线型螺线管或直线型碳膜电阻，可动电刷沿电阻的轴线方向做直线运动，其工作原理如图2-18所示。直线型电位器式位移传感器的电阻器长度会影响其工作范围和分辨率，线绕电阻本身的不均匀性会影响其输入-输出关系的非线性程度。

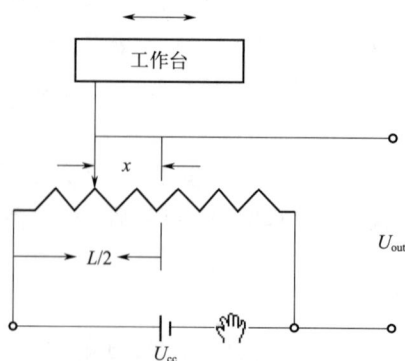

图2-18 直线型电位器式位移传感器原理图

假定输入电压为U_{cc}，电阻长度为L，触头从中心向左端移动x，电阻右侧的输出电压为U_{out}，则根据欧姆定律，移动距离为：

$$x = \frac{L\left(2U_{out} - U_{cc}\right)}{2U_{cc}} \tag{2-8}$$

b.旋转型电位器式位移传感器。旋转型电位器式位移传感器主要用于测量角位移，其电阻元件呈圆弧状。在应用时机器人的关节轴与传感器可动电刷的旋转轴相连，可动电刷随关节旋转而沿电阻元件圆弧做圆周运动。如图2-19所示，当传感器电阻两端加上输入电压U_{cc}时，即可根据所测量到的输出电压U_{out}值来计算得到机器人关节的旋转角度。此外，不难看出，其原理限制了这种传感器的工作范围只能小于360°。

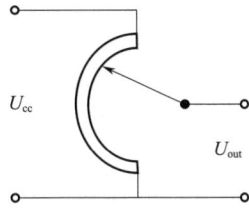

图2-19　旋转型电位器式位移传感器原理图

电位器式位移传感器具有性能稳定、结构简单、使用方便、尺寸小、重量轻等优点。它的输入/输出特性可以是线性的，也可以根据需要选择任意函数关系的输入/输出特性；它输出信号的范围随着电阻器两端基准电压的改变而改变，因此可以根据需要选择合适大小的输出电压信号。这种位移传感器不会因为失电而丢失位置信息，因为当电源因故障断开时，电位器的可动电刷的位置不会变，当电源重新接通时其原有的位置信息就会重新获得。电位器式位移传感器由于其工作原理的限制，主要缺点就是可动电刷与电阻器接触面之间容易磨损，因而会使传感器的工作可靠性和寿命受到一定的影响。也正因此，电位器式位移传感器在机器人上的应用受到了极大的限制，近年来逐渐开始被光电编码器取代。

② 光电编码器。光电编码器是一种利用光电转换原理将输出轴上的旋转位移量转换成脉冲信号或者数字信号的传感器。光电编码器一般由光栅盘、发光元件和光敏元件组成。光栅盘实际上是一个刻有规则透光和不透光线条的圆盘，在伺服系统中，光栅盘与电动机同轴连接，电动机的旋转带动光栅盘的旋转，经光敏元件检测输出相应波形，经整形后变为脉冲信号，每转一圈，就输出一个脉冲。根据输出脉冲的变化，可以精确测量和控制设备位移量。光电编码器具有检测精度高、测量范围大、价格便宜等优点，在机器人的位置检测及其他工业领域得到了广泛应用。一般把该传感器装在机器人各关节的转轴上，用来测量各关节转轴转过的角度。

目前机器人中较为常用的光电编码器根据检测原理可分为绝对式和增量式两种。

a. 绝对式光电编码器。绝对式光电编码器是一种直接编码式的测量元件，它可以直接把被测转角或位移转化成相应的代码，指示的是绝对位置而无绝对误差，在电源切断时不会失去位置信息。但其结构复杂、价格昂贵，且不易做到高精度和高分辨率。

绝对式光电编码器主要由多路光源、码盘和光敏元件等组成。码盘上有n个同心圆环码道，码道以一定的编码形式分为若干等份的扇形区段。码盘处在光源与光敏元件之间，其轴与电动机轴相连，随电动机的旋转而旋转，然后利用光电转换原理由光敏元件输出脉冲电信号，以用于检测被测位置。

图2-20所示为4位二进制编码的绝对式光电编码器的结构及各个码道对应输出的脉冲信号。码盘上的码道数就是它的二进制编码的位数，4位绝对式光电编码器即其圆形码盘上沿径向有4个同心码道，每个码道上由相间的透光和不透光的扇形区组成，分别代表二进制数

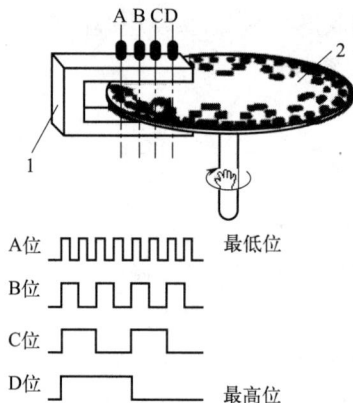

图2-20　4位绝对式光电编码器的结构与脉冲信号

1—光遮断器；2—光电编码器码盘

的1和0，最外层码道分成 $2^4 = 16$ 个扇形区，相邻码道的透光和不透光扇形区数目为双倍关系。码盘结构如图2-21所示。

图2-21　4位绝对式光电编码器码盘

4个光敏元件沿码盘径向直线排列，分别与各自对应的码道对准，当码盘处于不同位置时，各光敏元件根据受光照与否转换出相应的电平信号，输出代表被测位置的脉冲信号，形成二进制数。码盘每转一周产生0000～1111共16个二进制数，对应于转轴的每一个位置均有唯一的二进制编码，因此可用于确定旋转轴的绝对位置。

绝对位置的分辨角 α 取决于二进制编码的位数，即码道的个数 n。分辨角 α 的计算公式为：

$$\alpha = \frac{360^\circ}{2^n} \tag{2-9}$$

如有10个码道，则此时分辨角可达 0.35°。显然，码道越多，其分辨率就越高，所能区分的最小角度（分辨角）就越小。目前市场上使用的光电编码器的码道数为4～18。在应用中通常要考虑伺服系统要求的分辨率和机械传动系统的参数，以选择码道数合适的编码器。

绝对式光电编码器可以直接读出角位移的绝对值，不会累积误差，突然断电时不会丢失记录的位置信息，具有较强的抗干扰性能，适用于长期的定位控制。但是二进制编码的绝对式光电编码器由于其码盘的透光区和不透光区变化大，容易造成误读。实际应用中可以采用格雷码，两相邻的十进制数之间只会变化一位二进制数，从而降低其误读的概率，提高可靠性。

b.增量式光电编码器。增量式光电编码器可以测出转轴相对于某一基准位置的角位置增量，此外还能测出转轴的转速和旋转方向，但是它不能直接测量出转轴的绝对角位置信息。增量式光电编码器主要由光源、码盘、检测光栅、光电检测器件和转换电路等组成。码盘上刻有节距相等的辐射状透光缝隙，相邻两个透光缝隙之间的区域代表一个增量周期；检测光栅上刻有A相、B相和C相三个同心光栅，A相光栅与B相光栅上有与码盘相对应的透光缝隙，用以通过或遮挡光源与光电检测器件之间的光线。

如图2-22所示，A相和B相光栅在码盘上错开半个节距，当码盘随着转轴转动时，检测光栅不动，光线透过码盘和检测光栅上的透光缝隙照射到光电检测器件上，使得光电检测器件输出的信号在相位上相差90°，产生近似正弦的电信号，经过转换电路的放大、整形处理，输出脉冲信号。根据输出脉冲的个数可以确定转轴的相对角位移，根据脉冲的频率可以确定转轴的转速，根据A相和B相输出脉冲的相序可以确定转轴旋转方向。比如当码盘随转轴逆时针方向旋转，

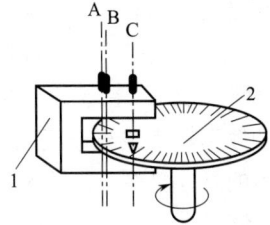

图2-22　增量式光电编码器的结构
1—光遮断器；2—码盘

A相光栅先于B相光栅透光导通，A相输出的脉冲会超前B相90°相位。而C相光栅的输出为标志信号，码盘每旋转一周，发出一个标志信号脉冲，用来指示机械位置或对积累量清零。

光电编码器的分辨率即编码器轴每转动一周所产生的输出信号的脉冲数，它取决于透光缝隙数目的多少，码盘上透光缝隙越多，则编码器的分辨率就越高。在工业应用中，根据不同的应用对象，通常可选择分辨率为500 ~ 6000脉冲/转的增量式光电编码器。此外，用倍频逻辑电路对光电转换信号进行处理，可以得到两倍频或四倍频的脉冲信号，从而可以进一步提高分辨率。增量式光电编码器具有原理构造简单、机械平均寿命长、分辨率高、抗干扰能力较强、可靠性较高、价格便宜等优点。但是它不能直接读出转轴的绝对角位置信息。增量式光电编码器目前广泛应用于数控机床、伺服传动和机器人等需要检测角度的装置和设备中。

（2）速度传感器

速度传感器在机器人中主要是用于测量机器人关节的运行角速度。这里主要介绍两种目前在机器人中应用较为广泛的速度传感器，分别是测速发电机和增量式光电编码器。

① 测速发电机。测速发电机是一种用于测量转速的电磁装置，其输出电压与旋转轴的转速成正比。测速发电机按输出信号的形式，可分为交流测速发电机和直流测速发电机。在机器人中多数情况下用的是直流测速发电机，其原理就是在恒定的磁场下，旋转的电枢线圈切割磁通使线圈两端产生与线圈转速成正比的感应电动势，改变旋转方向时，输出电动势的极性也相应改变，即

$$U = kn \tag{2-10}$$

式中，U为测速发电机的输出电压，V；n为测速发电机的转速，r/min；k为比例系数，V/(r/min)。

测速发电机不仅用于测量角速度，还广泛用于各种速度控制系统，在速度控制系统中作为检测速度的元件，以调节电动机转速或通过反馈来提高系统稳定性和精度。如图2-23所示，在机器人实际应用中通常将测速发电机的转子与机器人关节驱动电动机轴相连，这样不仅能测出机器人运动过程中的关节转动速度，还能用在机器人速度闭环系统中作为速度反馈元件，因此其在机器人控制系统中得到了广泛的应用。

图 2-23 速度控制系统

② 增量式光电编码器。如前文所述，增量式光电编码器在机器人中既可以作为位置传感器测量关节相对位置，又可以作为速度传感器测量关节速度。作为速度传感器时，既可以在模拟方式下使用，又可以在数字方式下使用。

a.模拟方式。在这种方式下，必须有一个频率-电压（F/V）变换器，用来把编码器测得的脉冲频率转换成与速度成正比的模拟电压。F/V变换器必须有良好的零输入、零输出特性和较小的温度漂移，这样才能满足测试要求。

b.数字方式。数字方式测速是通过公式计算速度，若单位时间 Δt 内编码器转过的角度为 $\Delta \theta$，则转轴在该时间内的平均转速为：

$$\omega = \frac{\Delta \theta}{\Delta t} \tag{2-11}$$

单位时间值取得越小，所求得的转速越接近瞬时转速。但是如果时间太短，所产生的脉冲数太少，会导致求得的速度误差变大。在实践中通常采用时间增量测量电路来解决这一问题，通过计数器记录一定发射频率的高频脉冲源发出的脉冲数来获得时间增量。

（3）惯性传感器

加速度计和陀螺仪都是工业机器人的惯性传感器，它们通过测量机器人的加速度和角速度来提供机器人的姿态和动态信息，从而实现精确控制和运动调整。

加速度计用于测量机器人的加速度。它通过使用微小的弹簧或质量块在机器人内部进行振动，并根据惯性作用力来测量机器人的加速度。加速度计可以测量机器人在 x、y 和 z 轴上的线性加速度。通过积分加速度信号，可以计算出机器人的速度和位置。

陀螺仪用于测量机器人的角速度。它通过使用旋转部件（如飞轮或光纤）或基于微机电系统（MEMS）的技术来检测机器人的旋转。陀螺仪可以测量机器人绕三个轴的旋转速度：Roll（翻滚，绕 x 轴）、Pitch（俯仰，绕 y 轴）和 Yaw（偏航，绕 z 轴）。

由于惯性传感器有可能存在漂移或误差问题，通过定期校准和使用其他传感器的数据进行补偿，可以保持惯性传感器的准确性和稳定性。

工业机器人中的惯性传感器主要应用于以下方面：

a.姿态测量与控制。惯性传感器可以提供机器人的姿态信息，包括机器人的姿势、姿态角（如欧拉角或四元数）等。通过监测加速度计和陀螺仪的输出，机器人可以实时获取自身的姿态，并根据需要进行动态姿态调整和控制。

b.运动与导航。惯性传感器可帮助机器人进行准确的运动和导航。通过测量加速度和角速度，机器人可以确定其当前的运动速度和方向，实现精确的定位和路径规划。

2.2.4　外部传感器

（1）接近觉传感器

接近觉传感器是一种感知在一定距离内是否有物体存在的器件，它利用位移传感器对接近的物体具有敏感特性来识别物体的接近，并输出相应开关信号，因此通常又把接近觉传感器称为接近开关。在机器人中，其主要用于物体抓取、装配或运动避障等工作场景。下面主要介绍目前广泛应用的接近觉传感器，包括电感式与电容式、光电式、霍尔效应式和超声波式。

① 电感式与电容式接近觉传感器。电感式接近觉传感器是一种利用电磁场涡流感知物体接近的接近开关，因此这种接近开关只能检测金属物体，它由高频振荡电路、检波电路、放大电路、整形电路及输出电路组成，如图2-24所示。振荡电路在传感器检测面产生一个交变电磁场，当金属物体接近检测线圈时，金属物体中就会产生涡流而吸收振荡能量，使振荡减弱直至停振。振荡与停振这两种状态经检波电路转换成开关信号输出，从而实现对物体的感知。电感式接近觉传感器所能检测的距离会因被测金属物体的尺寸、材料，甚至表面镀层种类和厚度的不同而不同。

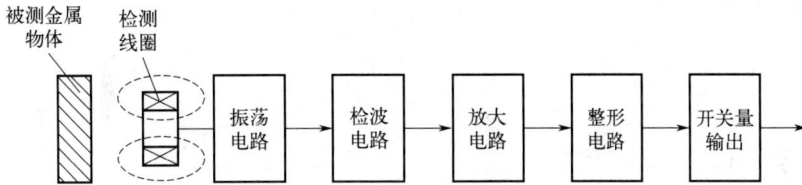

图2-24　电感式接近觉传感器原理

电容式接近觉传感器由高频振荡器（电路）和放大器等组成，传感器的检测面与被测物体之间构成一个电容器，电容器极板连接到振荡器、施密特触发器和输出放大器。当目标进入感应区时，两个板的电容增加，从而引起振荡器振幅变化，进而改变施密特触发状态，并产生输出信号。这种传感器的检测对象并不限于金属导体，也可以是绝缘的液体或粉状物体。

② 光电式接近觉传感器。光电式接近觉传感器又称为红外线光电接近开关，简称光电开关，它可利用被检测物体对红外光束的遮挡或反射，由同步回路选通来检测物体的有无。其检测对象不限于金属材质的物体，而是所有能遮挡或反射光线的物体。红外线属于电磁射线，其特性等同于无线电和X射线。人眼可见的光波波长是380～780nm，发射波长为780nm～1mm的长射线称为红外线。光电开关一般使用的是波长接近可见光的近红外线。光电开关一般由发射器、接收器和检测电路三部分构成，如图2-25所示。

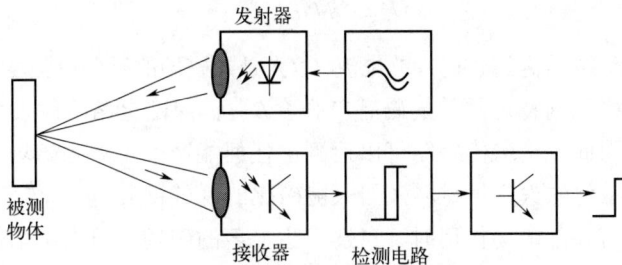

图2-25　光电开关的结构与工作原理

发射器对准目标发射光束，发射的光束一般来自半导体光源，如发光二极管（LED）、激光二极管及红外发射二极管。工作时发射器不间断地发射光束，或者改变脉冲宽度。接收器由光电二极管、光电三极管、光电池组成，在接收器的前面装有光学元件，如透镜和光圈等。根据检测方式的不同，光电开关可分为漫反射式、镜反射式和对射式。

a.漫反射式光电开关。漫反射式光电开关是一种集发射器和接收器于一体的传感器，当有被检测物体经过时，光电开关的发射器发射的具有足够能量的光线被反射到接收器上，于是光电开关就产生了开关信号，如图2-26（a）所示。当被检测物体的表面光亮或其反射率极高时，漫反射式是首选的检测模式。

b.镜反射式光电开关。镜反射式光电开关亦是集发射器与接收器于一体的传感器，光电开关的发射器发出的光线被反光镜反射回接收器，当被检测物体经过且完全阻断光线时，光电开关就产生开关信号，如图2-26（b）所示。

c.对射式光电开关。对射式光电开关由在结构上相互分离且光轴相对放置的发射器和接收器组成，发射器发出的光线直接进入接收器。当被检测物体经过发射器和接收器之间且阻断光线时，光电开关就产生开关信号，如图2-26（c）所示。当检测物体不透明时，采用对射式检测模式是最可靠的。

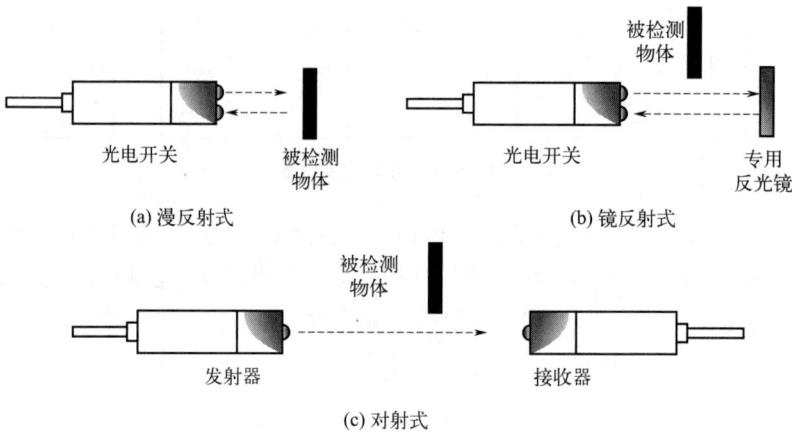

图2-26 不同检测方式的光电开关

③ 霍尔效应式接近觉传感器（以下简称霍尔传感器）。霍尔传感器是基于霍尔效应，由霍尔元件及其辅助电路组成的集成传感器。所谓霍尔效应，即当一块通有电流的导体或半导体薄片垂直地放在磁场中时，薄片的两端会产生电位差，这个电位差也称为霍尔电势U，其表达式为：

$$U = kiB / d \qquad (2-12)$$

式中，k为霍尔系数；i为通过薄片的电流；B为外加磁场的磁感应强度；d为薄片的厚度。

当霍尔传感器检测到特定阈值的磁感应强度B时，内部电路将触发状态转换，导致输出电平发生变化。因此，霍尔传感器可以检测出任何能产生足够强磁场的物体，例如永磁体。然而，对于非磁化的铁磁性材料（如未被磁化的铁或钢），霍尔传感器无法直接检测，因为这些材料在没有外部磁场作用时不自产生显著的磁场。但当霍尔传感器与一个永磁体结合使用时，永磁体提供了一个稳定的背景磁场环境，使得霍尔传感器始终处于一定的磁场条件下。此时，若存在铁磁体接近传感器，由于铁磁体具有较高的磁导率，它会重新分布周围的磁力线，即引导或集中磁力线，从而改变霍尔传感器所处的有效磁场强度，这种磁场变化会引起霍尔传感器输出的霍尔电势相应地改变，进而可以用来间接检测铁磁体的存在。

值得注意的是，虽然上述配置提高了对铁磁性材料（铁磁体）的敏感度，但实际检测效果还依赖于多个因素，包括但不限于铁磁体的尺寸、形状、与传感器的距离以及相对于永磁体的位置等。因此，在实际应用中，应考虑这些变量以确保最佳性能。

④ 超声波式接近觉传感器（超声波接近开关）。超声波接近开关由超声波发送器、超声波接收器、控制电路及电源部分组成。控制电路主要控制发送器循环发射超声波脉冲；接收器由换能器与放大电路组成，换能器接收被物体反射的超声波并产生机械振动，然后将振动转换成电信号作为接收器的输出，从而实现对发送的超声波的检测。超声波接近开关按照反射波传播原理工作，即测量超声波脉冲从发出到经目标物反射后返回接收器所需的时间，然后根据超声波在介质中的传播速度即可计算得到传感器与被测物体的距离。传感器的结构可使超声波波束以锥形的形式发射，只有位于此声锥中的反射物体才能得到检测。在传感器表面与感应范围之间的盲区内，反射波因物理原因而无法被评价。

（2）力觉传感器

力觉传感器是用来检测机器人手臂和手腕所产生的力或其所受反力的传感器。它可以提供机器人与环境之间的接触力反馈，帮助机器人实时感知和控制力度，以实现精确控制和安全操作。工业机器人力觉传感器根据不同的测量原理主要有应变式和压电式。

应变式传感器通过测量物体表面产生的应变来获得力的信息。这种传感器通常由金属薄片或弹性元件组成，当施加力在物体上时，元件会产生应变，传感器测量这种应变并将其转换为电信号，从而量化力的大小。

压电式传感器利用了压电材料的特性。压电材料能够将机械应力转化为电荷的累积，或者反过来，将电压转化为机械位移。当施加力或压力到压电式传感器上时，它会产生相应的电信号，可以用来测量力的大小。

目前使用最广泛的力觉传感器是电阻应变片式六维力和力矩传感器，它能同时获取三维空间的力和力矩信息，帮助机器人实现精确控制，提高其操作安全性和交互能力，以适应各种工业应用需求。

力觉传感器主要应用包括：

① 力控制。力觉传感器使机器人能够感知和控制施加在操作物体上的力。通过实时测量接触力或压力，机器人可以调整自身的力度，以适应不同的任务要求，例如精密电子元件装配、高精度轴孔装配、柔性夹取或精确研磨等应用。

② 安全监测。力觉传感器可以用于监测机器人与人体或其他物体之间的接触力度，以确保机器人的操作安全且避免造成损害。例如，在人机协同环境下或在不规则环境中使用时，力觉传感器可以帮助机器人避免过度施加力或引发危险情况。

③ 碰撞检测。力觉传感器可以用来检测机器人与环境或物体之间的碰撞。当机器人碰撞到障碍物时，力觉传感器可以检测到突然增加的力度，并触发相应的动作，以停止机器人的运动，避免进一步的损坏。

（3）接触觉传感器

接触觉传感器（触觉传感器）可以检测机器人与外界物体是否发生了直接接触，广泛应用于自动化制造、装配和协作机器人等领域，例如精密操作、碰撞检测、安全保护和自适应控制等方面。接触觉传感器在工作时与目标物体彼此接触，一般具有柔性，易于变形的接触觉传感器会具有较好的感知能力。下面简要介绍几种常用的接触觉传感器。

① 微动开关。微动开关是一种最简单的接触觉传感器，由弹簧和触头构成。触头接触

外界物体后离开基板，造成信号通路断开，从而测到与外界物体的接触。微动开关的优点是使用方便、结构简单、动作迅速。缺点是易产生机械振荡和触头易氧化。

② 导电橡胶传感器。它以导电橡胶为敏感元件，当触头接触外界物体受压后，压迫导电橡胶，使它的电阻发生改变，从而使流经导电橡胶的电流发生变化。由于导电橡胶的材料配方存在差异，因此这种接触觉传感器出现的漂移和滞后特性也不一致，优点是具有柔性。

③ 气压式触觉传感器。气压式触觉传感器主要由体积可变的轴向密闭容腔、位于轴向密闭容腔底部的压力传感器、信号放大电路组成。当轴向密闭容腔上端部与外界发生直接接触受压时产生轴向移动，内部气体受到压缩引起容腔内压力变化，于是通过容腔底部的压力传感器检测压力的变化值，便可判断出传感器是否与外界物体发生接触。这种传感器具有结构简单、成本低、柔性好等优点，但是由于轴向密闭容腔受压时还存在横向的膨胀，所以会影响输出信号的线性度。

④ 电子皮肤。随着新兴材料的出现以及传感器制备工艺的发展，触觉传感器一直在向柔性化、生物相容性、高灵敏度等方向发展。电子皮肤又称新型可穿戴柔性仿生触觉传感器，是一种可以让机器人产生触觉的系统，其结构简单，可被加工成各种形状，能像衣服一样附着在设备表面，能够让机器人感知到物体的位置以及硬度等信息。它既融合了传统触觉传感器感受外界机械刺激的能力，又具备与生物皮肤相似的柔性和可延展性。

电子皮肤（图2-27）由三维界面应力检测单元、局部点微应力检测单元和外围电路组成。三维界面应力检测单元由新型平板电容压力传感器组成，用于实时检测三维界面应力的大小，包括与界面垂直的正向应力和与界面相切的剪向应力。微应力检测单元由新型声表面波压力传感器组成，用于检测局部点的微应力大小。

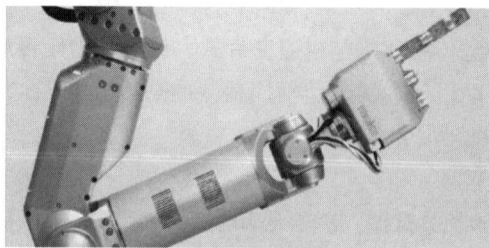

图2-27　电子皮肤

新型平板电容压力传感器相互连接组成传感器阵列，将新型声表面波压力传感器嵌入需要检测微压力的指定点，然后将传感器阵列与外围电路相连，组成完整的电子皮肤。电子皮肤能够实时检测各个传感器单元处的三维界面应力大小和指定点的微应力大小，将各个点的检测数据输出到外围电路，以达到实时检测作用于电子皮肤的界面应力分布的目的。

电子皮肤覆盖在机器人的机械手臂上，可以使机器人拥有和人类、动物一样的触觉，使其更加人性化、智能化。电子皮肤包含数百个独立的传感器，借助传感器收集的信息，机器人可以利用所谓的"触觉"来控制走向，识别周围的情况，找出最佳的行进路线。通过电子皮肤和数据的计算，机器人能够实时对障碍物进行反应，实现其自主灵活的运动。

（4）视觉传感器

在当前智能制造快速发展的背景下，工业机器人正朝着更加智能化方向发展。机器人的自主决策和自主学习能力都依赖于机器人对其所处工作场景的实时感知与理解，而随着深度学习图像处理等人工智能技术的发展，机器人视觉感知已成为其获取环境信息的最重要来源。机器视觉主要指用计算机来模拟人的视觉功能，使计算机能够从客观事物的图像中提取信息，然后进行处理并加以理解，最终用于控制机器人做出实时决策。一个典型的机器视觉系统包括视觉传感器、光源系统、图像数字化模块、数字图像处理模块、智能决策模块和机械控制执行模块。这里主要介绍视觉传感器的相关概念和原理，有关机器视觉技术和视觉感知应用将在第4章详细介绍。

视觉传感器是指利用光学元件和成像装置获取外部环境图像信息的仪器，它是整个机器视觉系统信息的直接来源，主要由一个或者两个图像传感器组成，有时还要配以光投射器及其他辅助设备。一般机器视觉系统的工作流程包括图像采集、图像处理和图像识别等步骤。

① 图像采集。视觉传感器通过镜头和图像传感器将光学信号转换为电信号。图像传感器通常采用CMOS（互补金属氧化物半导体）或CCD（电荷耦合器件）技术，它们将光线转化为电荷，并将电荷转换为数字信号。目前，主要的图像传感器有CCD和CMOS等固态图像传感器，其具有体积小、重量轻等优点。

CMOS即互补金属氧化物半导体，是利用硅和锗两种元素所做成的半导体，通过CMOS上带负电和带正电的晶体管来实现基本的功能，这两个互补效应所产生的电流可被处理芯片记录和解读成影像。CMOS传感器采用一般半导体电路最常用的CMOS工艺，由集成在一块芯片上的光敏元阵列、图像信号放大器、信号读取电路、A/D转换电路、图像信号处理器等组成，具有集成度高、功耗小、宽动态范围和输出图像几乎无拖影、成本低等特点，最近几年在宽动态、低照度方面发展迅速。

CCD图像传感器即电荷耦合器件，它集光电转换、电荷存储与转移、信号读取功能于一体，是目前机器视觉系统中最常用的图像传感器。CCD图像传感器由许多感光单位组成，通常以百万像素为单位，这些感光单位由一种高感光度的半导体材料制成。当CCD表面受到光线照射时，感光单位能把光线转变成电荷，通过模数转换器芯片转换成数字信号，数字信号经过压缩以后由相机内部的闪速存储器或内置硬盘卡保存，因而可以轻而易举地把数据传输给计算机进行处理。CCD图像传感器具有高解析度、工作电压低、低影响失真和弱光下灵敏度高等特点，广泛应用于工业机器人视觉系统。

② 图像处理。采集图像后，视觉传感器会对图像进行处理，包括图像的预处理、滤波、增强和数字化等操作，目的在于提高图像的质量，消除噪声和干扰，增强有效信息。

③ 图像识别。视觉传感器通常使用计算机视觉算法，如图像处理技术、模式识别算法、机器学习等方法来解析和理解图像，从而实现对物体、场景和行为的识别与理解。

视觉传感器在工业机器人、自动驾驶、安防监控等领域都有广泛的应用。在工业领域中，它们主要用于产品缺陷检测、外观检测、仓储物流自动分拣、自动化装配等。

（5）其他外部传感器

传感器技术的发展日新月异，除上述介绍的比较常用的外部传感器外，工业机器人还可根据需要装备听觉、嗅觉、味觉等传感器。

听觉传感器是用于检测和识别声波或声音的传感器。它利用语音信号处理技术，赋予机器人能够与人通过语音交互的功能。机器人不仅能够听懂操作者发出的语音指令，而且能够主动发出人能听懂的语言，前者为语言识别技术，后者为语音合成技术。随着近年来自然语言处理等人工智能技术的发展，以及未来智能制造对人机多通道交互能力需求的不断提高，听觉传感器将逐渐成为智能工业机器人不可缺少的传感器件。

近年来，随着嗅觉和味觉生物机理研究的愈发深入以及工程生化信号识别和解析技术的发展，嗅觉和味觉仿生传感器也取得了突破性的进展，并且开始在基础研究和实际应用中崭露头角。嗅觉和味觉仿生传感器主要由生物功能部件和微纳传感器两部分组成。其中，生物功能部件作为敏感元件，与目标分子或离子结合并产生特异性的响应；微纳传感器作为换能器，将响应信号转化为更易于处理和分析的光、电等物理信号。与传统气相和液相检测仪器相比，嗅觉和味觉仿生传感器继承了生物化学感受系统具有的优点，在灵敏度、响应时间、特异性等指标上都略胜一筹，未来在食品质量检测、环境监测等领域具有广阔的应用前景。

2.3 工业机器人控制系统

2.3.1 控制系统概述

工业机器人的控制系统（图 2-28）是机器人的重要组成部分，如果没有控制系统，机器人就只是单纯的物理机械结构，无法按照程序的指令来完成任务。机器人控制系统的作用相当于人类的大脑，仅拥有肌肉和感官而没有大脑的控制，人类的四肢无法正常运动，这对于机器人来说也是如此。机器人控制系统根据操作任务的要求，接收来自传感器的信息和程序的指令，生成控制指令，产生驱动电流和电压控制电机的旋转，从而控制机器人的运动。

广义上来讲，控制系统的功能是使被控对象达到预定的状态，而工业机器人控制系统的基本功能是控制机器人的位姿、轨迹、不同操作的时间顺序等。根据工作环境的不同，工业机器人也应该能够表现出不同的工作行为。但从本质上来讲，工业机器人控制系统是根据任务规范来控制执行器处的力或力矩来实现对机器人运动的控制。

图 2-28 典型控制系统组成示意图

工业机器人本体一般都为多自由度的机械结构，在完成任务的过程中需要协同不同的驱动电机来控制机器人的运动，因此机器人控制系统必须能够实现对机器人的多轴实时控制。想要准确控制工业机器人的位姿，机器人的控制系统应该具备在不同坐标系中描述机器人不同部位位置的功能，并且能够进行适当的坐标变换。一个简单的机器人通常有 3～6 个自由度，一般每个自由度包含一个伺服机构。为了完成一个共同的任务，它们必须协调运动，组成一个多变量控制系统。由于机器人的高自由度，控制机器人运动的变量往往存在耦合现象，因此机器人的控制系统是一个非线性的、多变量的耦合系统。

把多个独立的伺服系统有机地协调起来，使其能够按照人的意志规划机器人的运动，甚至赋予机器人一定的"智能化"，这个任务通常需要计算机来完成。因此机器人控制系统必然是一个计算机控制系统，实现计算机软件重要的计算任务。

2.3.2 控制系统分类

工业机器人的控制系统作为完整的电气控制系统，且一般都由各自厂商自主研发、设计和制造，因此不同机器人的控制系统不尽相同。按照不同的标准可以对机器人控制系统进行分类。

按照机器人控制系统的反馈方式分类：

（1）开环控制系统

开环控制系统不产生反馈信号，被控对象一般为步进电机。想要依靠开环控制系统实现对机器人运动的控制，需要知道被控对象的精准模型，并且要保证在控制的过程中被控对象数字模型保持不变。在机器人运行过程中，程序向驱动电机发送一次性指令脉冲信号，开环控制系统通过控制脉冲信号的频率和脉冲数实现对步进电机的转速和转角的控制，从而控制机器人运动。开环控制系统的精度取决于系统中各环节的精度。

（2）半闭环控制系统

若想实现半闭环控制，系统中的伺服电机需要配备旋转编码器。半闭环控制系统可以对伺服机构驱动环节进行监测，获取电机的转速、转角等信号，反馈到驱动装置的比较器后与原指令预定目标进行比较，对比较后产生的差值进行控制，减小直至消除误差。这类系统控制灵敏度适中，稳定性好且精度较高。

（3）闭环控制系统

闭环控制系统监测的是执行器的最终执行结果。控制装置与受控对象之间不但有顺向作用，而且还有反向联系，因此闭环控制系统能够对系统中任意环节出现的误差进行补偿，使机器人的运动始终保持在误差精度范围之内。这类系统可以抑制系统内扰动和外扰动对系统控制产生的影响，因此对扰动不敏感，抗干扰能力强。闭环控制系统采用了反馈的结构，控制精度较高，但结构相对于开环控制系统更加复杂，控制参数较难确定。

按照机器人控制系统的结构分类：

（1）集中型控制系统

集中型控制系统又被称为中央控制系统，是使用直接数字控制方法分时控制大量回路的计算机控制系统，使用一台计算机就可以实现全部的控制功能，可以实现控制的高度集中。基于PC（个人计算机）的集中控制系统充分利用了PC资源开放性的特点，可以实现很好的开放性。多种控制卡、传感器设备等都可以通过标准PCI（协议控制信息）插槽或通过标准串口、并口集成到控制系统中。集中型控制系统的优点在于硬件的成本较低，并且结构简单，便于信息的采集和分析，但在实际应用中事故风险也集中了计算机上，主控计算机故障时会造成大面积瘫痪，并且因为系统在进行大量数据运算时实时性较差，难以保证机器人对实时性的要求，同时存在难以扩展的问题。早期的机器人控制系统中经常使用这种结构，后来逐渐被取代。

（2）分布式控制系统

分布式控制系统也叫集散控制系统，从名字上就能很明显地看出分布式控制系统与集中型控制系统的根本不同之处，即多机对多个对象进行集中管理、分散控制。分布式控制系统的研制得益于以大规模集成电路为基础的微处理器的出现，微处理器可靠性高，价格便宜，功能丰富，一经问世就受到了控制界的大量关注。

分布式控制系统将系统整体按照性质和方式分为几个不同的子模块，不同的子模块有不同的控制任务和控制策略，同时各个模块之间保持紧密的联系。在这种结构中，子模块是由控制器和不同被控对象或电机构成的，各个子模块之间通过网络等相互通信。分布式控制系统灵活性好，控制系统的危险性降低，采用多处理器的分散控制，有利于系统功能的并行执行，提高系统的处理效率，缩短响应时间。分布式控制结构提供了一个开放、实时、精确的机器人控制系统。

分布式控制系统中常采用两级控制方式：上位机可以对机器人进行控制算法的开发、坐标变换、轨迹规划等，将期望的任务转化成运动轨迹或适当的操作，并随时检测机器人各部分的运动及工作情况，处理意外事件；下位机对机器人的运动进行控制优化、插补细分等，驱动机器人机构完成指定的运动和操作。上位机和下位机之间通过通信总线进行数据传输，协调工作。

机器人具有多自由度的机械结构，可以采用分布式控制结构，由单个控制器控制单个运动轴，避免轴间耦合过大或系统重构性过高。系统采用功能单一的小型或微型专用计算机，在提高可靠性的同时具有维护简单、方便的特点。当某一局部或某个计算机出现故障时，可以在不影响整个系统运行的情况下在线更换，迅速排除故障，保证了系统的容错性。

2.3.3 控制系统软硬件构成

工业机器人是一种非常典型的软硬结合、机电一体的产品，其控制系统也由硬件和软件两部分构成，硬件决定了机器人的性能边界，软件能够发挥硬件的性能并定义机器人的行为。不同厂商的工业机器人软硬件构成也存在差异，以下分析了工业机器人控制系统比较普遍的软硬件组成部分。

（1）硬件

机器人控制系统的硬件构成可以分为控制器、执行器、示教器、磁盘存储器和传感器等部分。

① 控制器。控制器是机器人系统的核心，该模块需要配备网络、通信等接口来实现机器人与网络、其他设备以及其他机器人的信息交互。常见的运动控制器主要有PLC（可编程逻辑控制器）、独立式运动控制器、运动控制卡、专用运动控制器等，常用工业机器人运动控制器分类见表2-2。

近年来随着微电子技术的发展，微处理器的性能越来越高，但价格则越来越便宜，高性价比的微处理器为机器人控制器带来了新的发展机遇，使开发低成本、高性能的机器人控制器成为可能。为了保证系统具有足够的计算与存储能力，目前机器人控制器多采用计算能力较强的ARM系列、DSP系列、POWER PC系列、Intel系列等芯片。

表2-2 常用工业机器人运动控制器分类

分类	组成	特点
单片机为核心	单一芯片集成 基本计算机系统	系统集成度高，电路原理简洁，系统成本低，但系统运算速度、数据处理能力有限且抗干扰性差，难以满足高性能机器人控制系统的要求
PLC系统为核心	自控技术与计算机集成工控系统	系统可靠性高、体积小、环境适应性强，但不支持先进的、复杂的算法，不能满足机器人系统的多轴联动等复杂的运动轨迹需求
IPC❶+运动控制器	计算机通用平台与实时软件系统集成	系统通用性强，速度快，能够满足复杂运动的算法要求，抗干扰能力和开放性强

❶ IPC—工业个人计算机。

② 执行器。执行器即机器人控制系统中的驱动装置，用来驱动机器人关节和末端执行器运动。执行器按照机器人控制系统发出的指令信号使机器人进行动作，它可以接收输入的电信号，输出线、角位移量。

机器人最常见的驱动装置是电动机，如直流电动机、步进电动机、伺服电动机、无刷电动机等。此外，还有电动推杆、电磁铁、液压元件（如液压杆等）、气动元件（如气缸等）。大型机器人也有用内燃机的，如汽油机、柴油机等，部分无人机使用航空发动机，也有些特殊的机器人使用生物驱动、记忆金属驱动等。

③ 示教器。示教器是进行机器人手动操纵、人机交互操作、程序编写、参数配置以及监控使用的手持装置。示教器拥有独立的CPU（中央处理器）以及处理单元，一般通过串行通信的方式实现与控制器处理单元的信息交互。示教器可以用来监控机器人和工作单元中的所有设备是否存在行为错误并报警。在程序运行时，示教器是了解机器人操作以及整个程序控制位置的窗口。

④ 磁盘存储器。磁盘存储器是利用磁记录技术在旋转的圆盘介质上进行数据存储的辅助存储器。这是一种应用广泛的直接存取存储器，用来存放机器人的工作程序。

⑤ 传感器。传感器能感受到被测量的信息，并能将感受到的信息，按一定规律变换成为电信号或其他所需形式的信息输出，以满足信息的传输、处理、存储、显示、记录和控制等要求。在机器人控制系统中常用的传感器有旋转编码器、视觉传感器、力传感器、力矩传感器、角度传感器、距离传感器等。

（2）软件

工业机器人控制系统软件部分主要是控制算法和二次开发等，分为硬件驱动层、核心层和应用层，负责实现记忆、示教、与外围设备联系、坐标设置等功能。操作人员可以开发机器人的控制算法，如路径规划算法、力控算法等，也可以借助视觉传感器等来开发环境感知算法。近年来，深度学习技术在机器人路径规划、视觉方面有不少应用案例，这些技术不仅增强了机器人在面对非结构化环境时的应用水平，同时也解决了之前通过固定编程方式不能解决的一些应用问题，对于扩展机器人的应用范围有着积极的意义。在相对成熟的市场中，当用户使用的硬件趋于一致时，通过软件来进行产品差异化并创造价值是常见做法。工业机器人行业经过几十年的发展，硬件进步速度已经大为减缓，主流厂家的硬件配置基本相同，因此机器人自身的控制算法是生产厂商的研究重点，主要目的在于提高机器人控制系统的稳定性、快速性和精确度。

当工业机器人控制系统自带的控制功能满足不了工作的要求时，可以选择某些特定行业的应用层软件模块开发包，如焊接、搬运、打磨等。这些应用层软件在工业机器人控制系统的基础上扩展了应用范围，提升了用户的使用体验。随着工业机器人技术的不断革新，涌现了很多优秀的机器人控制系统应用层软件开发公司。通过开发新技术，研究新工艺，在某个方向上成功拓展了机器人的应用范围。这些公司有的独立成长为了某个工艺领域的应用专家，利用与机器人厂家定制的专用机器人加自己独到的应用软件包在某些特定领域大放异彩，例如喷涂的DURR，焊接的CLOOS等；有的则成功被机器人整机厂商收购，其应用技术并入机器人控制系统的框架中。

2.3.4　工业机器人示教与编程

在使用工业机器人执行特定任务时，工作人员应该提前规定好机器人应该完成的动作和工作具体内容，并且以指令的形式传递给机器人控制系统来实现对机器人的控制。这些指令就属于机器人程序，编写机器人程序的过程称为机器人编程（robot programming）。机器人编程是为了控制机器人完成任务而提前设定的动作执行顺序描述。

自从机器人诞生以来，对机器人编程语言的研究也随之开始。WAVE语言是由美国斯坦福大学于1973年研制出的机器人动作语言，同时也是世界上第一种机器人语言，WAVE语言以描述机器人的动作为主。在此基础上，次年，斯坦福大学的人工智能实验室研发出了AL语言。AL语言是一种编译形式的语言，带有指令编译器，可以实现多台机器人的协调控制。1975年，美国IBM公司针对机器人的装配作业研制出ML语言。因为机器人编程语言多是针对某一特定类型的机器人而开发，所以通用性欠佳。采用不同机器人编程语言编写的程序，在程序的形式和命令的表示上有一定的区别，但程序本身的结构和命令的功能大都相同。

常见的机器人编程方法可分为两种：示教编程方法和离线编程方法。

① 示教编程。示教编程是通过作业现场的人机对话操作，完成程序编制的一种方法。所谓示教，就是操作者对机器人所进行的作业引导。它需要由操作者按实际作业要求，通过人机对话操作，一步一步地告知机器人需要完成的动作。这些动作可由控制系统，以命令的形式记录与保存。示教操作完成后，程序也就被生成。如果控制系统自动运行示教操作所生成的程序，机器人便可重复全部示教动作，这一过程称为"再现"。

示教编程需要有专业经验的操作者在机器人作业现场完成，故又称在线编程。示教编程简单易行，所编制的程序正确性高，机器人的动作安全可靠，它是目前工业机器人最为常用的编程方法，特别适合于自动生产线等重复作业机器人的编程。然而，示教编程需要通过在机器人作业现场的实际操作完成，时间较长，高精度、复杂轨迹运动也很难示教，因此对于作业变更频繁、运动轨迹复杂的机器人，一般使用离线编程。

② 离线编程。离线编程是通过编程软件直接编制程序的一种方法。离线编程不仅可编制程序，而且还可进行运动轨迹的离线计算，并模拟机器人现场，对程序进行仿真运行，验证程序的正确性。

离线编程可在计算机上直接完成，其编程效率高，且不影响现场机器人的作业，故适合于作业要求变更频繁、运动轨迹复杂的机器人编程。离线编程需要配备机器人生产厂家提供的专门编程软件，如安川公司的 MotoSim EG、FANUC公司的 ROBOGUIDE、ABB公司的 Robot Studio、KUKA公司的 Sim Pro 等。离线编程一般包括几何建模、空间布局、运动规划、动画仿真等步骤，所生成的程序需要经过编译，下载到机器人，并通过试运行确认。由于离线编程涉及编程软件安装、操作和使用等问题，不同的软件差异较大，本书不再对其进行专门介绍。

2.3.5　典型控制方法

为了实现对机器人运动的控制，开发者需要规定一种算法来确定机器人各关节的驱动力矩。根据机器人运动学和动力学的相关知识，可以根据对机器人进行轨迹规划的结果（关节角、角速度、角加速度）以及机器人动力学和运动学的模型来计算各关节角的驱动力矩，从而实现对各关节的伺服控制。然而，从控制系统的角度来讲，机器人控制系统是一个非线性、耦合程度很高的系统，用一般的伺服控制技术可能无法满足控制要求，因此经典控制理论和现代控制理论也不能照搬使用。研究人员对机器人的控制方法和策略进行了广泛的研究，但是到目前为止，机器人控制理论仍然不完整、不系统。现如今机器人控制方法多种多样，大致可以分为三类：线性控制 [PID（比例、积分、微分）控制、LQR（线性二次型调节器）控制等]、非线性控制 [MPC（模型预测控制）、滑模控制等] 以及智能控制（模糊控制、人工神经网络控制等）。

线性控制是一种基于线性数学模型的控制方法，利用该方法实现对机器人的稳定控制的首要工作是要对机器人的数学模型进行线性化处理。此类控制方法结构简单，易于实现，在底层的机器人系统中获得了大量的应用。但由于控制模型的线性化，导致理论控制效果与实际控制效果存在一定的偏差。

如果一个系统的状态和输出变量在外部条件的影响下不能用线性关系来描述，就称这种系统为非线性系统。非线性控制是针对非线性系统产生的控制理论和方法。非线性控制从非线性动力学的角度对系统进行研究。与线性控制相比较而言，非线性控制不需要在平衡点处进行线性化处理，因此能够有效弥补线性控制方法的不足。但是，非线性控制的局限在于实现途径比较复杂，理论体系远未建立起来，也远远不能满足工程技术及各种其他领域中出现的问题需要。

从控制本质来看，目前工业机器人在大多数情况下还处于比较底层的空间定位控制阶段，智能化水平较低。近十几年来，得益于人工神经网络、遗传算法、专家系统等人工智能技术的迅速发展，智能控制迅速走向各种专业领域，应用于各类复杂被控对象的控制问题，如工业过程控制系统、机器人系统、现代生产制造系统、交通监控系统等。智能控制技术在国内外已有了较大的发展，已进入工程化、实用化的阶段。随着人工智能技术、计算机技术的迅速发展，智能控制必将迎来它的发展新时期（详见第5章）。

机器人控制算法多种多样，下面对其中几种算法做简要的介绍。

（1）PID控制

PID控制是将误差信号利用比例（P）、积分（I）、微分（D）控制规律综合起来的一种控制方式，从诞生到现在已经有了很长时间的历史，是发展较早的一种基本控制方法。PID控制器简单易懂，稳定可靠，调整方便，使用中不需精确的系统模型等先决条件，因而成为应用最为广泛的控制器。PID控制的算法思想如式（2-13）。

$$u(k) = k_\mathrm{p}e(k) + k_\mathrm{i}\sum_{i=0}^{k}e(k) + k_\mathrm{d}\left[e(k) - e(k-1)\right] \tag{2-13}$$

式中，$u(k)$为控制输入信号；k_p为比例控制参数；$e(k)$为控制目标值与实际值的差值；k_i为积分控制参数；k_d为微分控制参数。

PID控制算法的实质是线性延时反馈控制。虽然很多工业过程是非线性或时变的，但通过对其简化可以变成基本线性和动态特性不随时间变化的系统。若想在机器人系统的控制过程中使用PID控制算法，需要将机器人数学模型在平衡点处进行线性化处理。

比例（P）、积分（I）、微分（D）控制算法各有作用。根据不同的被控对象的控制特性，又可以分为P、PI、PD、PID等不同的控制模型。比例控制，反映系统的基本（当前）偏差，系数大，可以加快调节，减小误差，但过大的比例会使系统稳定性下降，甚至造成系统不稳定。积分控制，反映系统的累计偏差，使系统消除稳态误差，提高误差度，因为有误差，积分调节就进行，直至无误差。微分控制，反映系统偏差信号的变化率，具有预见性，能预见偏差变化的趋势，产生超前的控制作用。在偏差还没有形成之前，已被微分调节作用消除，因此可以改善系统的动态性能。但是微分对噪声干扰有放大作用，加强微分对系统抗干扰不利。积分和微分都不能单独起作用，需与比例控制相配合。

如何选取PID控制器的参数，这是设计PID控制器的核心内容。参数的选择，要根据受控对象的具体特性和对控制系统的性能要求进行。工程上，一般要求整个闭环系统是稳定的，对给定量的变化能迅速响应并平滑跟踪，超调量小；在不同干扰作用下，能保证被控量在给定值；当环境参数发生变化时，整个系统能保持稳定等。这些要求，对控制系统自身性能来说，有些是矛盾的。必须满足主要方面的要求，兼顾其他方面，适当地折中处理。PID控制器的参数整定，可以不依赖于受控对象的数学模型。工程上，PID控制器的参数常常是通过实验、试凑或者通过经验公式来确定。目前常用的PID控制器参数的选取方法有两大类：理论计算方法和工程整定方法。限于篇幅，本书不做详细介绍。

（2）MPC

MPC（model predictive control）即模型预测控制，是一种进阶的过程控制方法。通过模型来预测系统在某一未来时间段内的表现来进行优化控制，本质上也是基于模型的控制方法，可应用于线性和非线性系统。但需要注意的是，尽管模型预测控制是基于模型的控制，但该方法对模型的要求并不高。相比于传统模型对结构的强调，模型预测控制更加注重控制模型在控制过程中的功能。MPC多用于数位控制，因此使用系统的离散状态空间表达形式。

MPC是一类算法总称，包含着各种各样的算法。模型预测控制（MPC）的作用机理可以描述为：在每一个采样时刻，根据获得的当前测量信息，在线求解一个有限时间开环优化问题，并将得到的控制序列的第一个元素作用于被控对象；在下一个采样时刻，重复上述过程，用新的测量值作为此时预测系统未来动态的初始条件，进行滚动时域优化控制问题求解。目前提出的模型预测控制算法主要有基于非参数模型的模型算法控制（MAC）和动态矩阵控制（DMC），以及基于参数模型的广义预测控制（GPC）和广义预测极点配置控制（GPP）。

虽然模型预测控制算法的种类有很多，但它们的基本原理是一样的。

① 预测模型。在MPC算法中，需要一个描述对象动态行为的模型，这个模型的作用是预测系统未来的状态，即能够根据系统k时刻的状态和控制输入，预测到$k+1$时刻的输出。这里k时刻的输入正是用来控制系统$k+1$时间的输出，使其最大限度地接近$k+1$时刻的期望值。故强调的是该模型的预测作用，而不是模型的形式。

② 滚动优化。模型预测控制属于优化和控制两个领域的交叉。因为受外部干扰和模型失配的影响，系统的预测输出和实际输出存在着偏差。如果测量值能测到这个偏差，那么在下一时刻就能根据这个测量到偏差的测量值在线求解下一时刻的控制输入，即优化掉了这个偏差值。若将求解的控制输出的全部序列作用于系统，那么$k+1$时刻的测量值不能影响控制动作，也就是说测量值所包括的外部干扰或模型误差信息得不到有效利用。故将每个采样时刻的优化解的第一个分量作用于系统，在下一个采样时刻，以新得到的测量值为初始条件重新预测系统的未来输出并求解优化解，继续将这个采样时刻的优化解的第一个分量作用于系统，此过程重复进行。因此，预测控制不是采用一个不变的全局优化目标，而是采用时间向前滚动式的有限时域优化策略。这也就意味着优化过程不是一次离线进行，而是反复在线进行的。

③ 反馈控制。从预测控制的结构上看，MPC首先需要建立被控对象的非参数数学模型，然后利用反馈环节组成系统的闭环负反馈控制。通过预测误差反馈，修正预测模型，提高预测精度。尽管MPC只将计算得到的最优控制序列的第一个元素作用于系统，但是在目标函

数的构造和优化求解过程中，使用到了未来预测时域内的参考输出量，并将参考输出量与实际输出量之间的误差作为目标函数的一部分去优化求解该目标函数的最小值，并将求解出来的第一个控制量返回来再作用于系统，影响系统下一步的行动。所以，在这个过程中不仅有基于未来参考输入的前馈补偿，同时也有基于系统当前状态的反馈补偿。

近年来，MPC在各类机器人中的应用越来越多。比如，MPC在自动驾驶中一直在普遍应用，在无人机飞行控制中可作为核心算法，平衡车的控制中可以用MPC来处理整机的定位与平衡控制，MIT开源的四足机器人控制也是以MPC为基础。随着计算能力的进一步提升，MPC后续会在各类机器人系统中继续大放异彩。

2.4 工业机器人运动学和动力学

2.4.1 运动学

（1）位姿描述

在世界坐标系中，三维空间任意一点 P 的位置可用 3×1 矢量表示，即

$$\boldsymbol{p} = (p_x, p_y, p_z)^{\mathrm{T}} \tag{2-14}$$

当物体为非质点时，需要引入姿态矩阵来描述物体状态。对于空间物体而言，其姿态可用坐标系 $\{B\}$ 的三个单位主矢量 $({}^B\boldsymbol{x}, {}^B\boldsymbol{y}, {}^B\boldsymbol{z})$ 分别在参考坐标系 $\{A\}$ 中三个坐标轴上的投影组成的 3×3 矩阵描述，即

$$
{}^B_A\boldsymbol{R} = {}^B_A\boldsymbol{x}, {}^B_A\boldsymbol{y}, {}^B_A\boldsymbol{z} = \begin{pmatrix} r_{11} & r_{12} & r_{13} \\ r_{21} & r_{22} & r_{23} \\ r_{31} & r_{32} & r_{33} \end{pmatrix} \tag{2-15}
$$

其中，${}^B_A\boldsymbol{R}$ 为 $\{B\}$ 相对于 $\{A\}$ 的姿态矩阵，也称旋转矩阵；${}^B_A\boldsymbol{x}$ 为 ${}^B\boldsymbol{x}$ 在坐标系 $\{A\}$ 的 x 轴上的投影；${}^B_A\boldsymbol{y}$ 为 ${}^B\boldsymbol{y}$ 在坐标系 $\{A\}$ 的 y 轴上的投影；${}^B_A\boldsymbol{z}$ 为 ${}^B\boldsymbol{z}$ 在坐标系 $\{A\}$ 的 z 轴上的投影；r_{11}、r_{21}、r_{31} 为坐标系 $\{B\}$ 的 x 轴主矢量分别在坐标系 $\{A\}$ 三个轴上的投影大小；r_{12}、r_{22}、r_{32} 为坐标系 $\{B\}$ 的 y 轴主矢量分别在坐标系 $\{A\}$ 三个轴上的投影大小；r_{13}、r_{23}、r_{33} 为坐标系 $\{B\}$ 的 z 轴主矢量分别在坐标系 $\{A\}$ 三个轴上的投影大小。

由于坐标系 $\{B\}$ 的 x、y、z 轴相互正交，所以 ${}^B_A\boldsymbol{x}$、${}^B_A\boldsymbol{y}$、${}^B_A\boldsymbol{z}$ 间也相互正交，同时单位主矢量的性质也决定了其模长为1，即

$$
{}^B_A\boldsymbol{x}^{\mathrm{T}} \cdot {}^B_A\boldsymbol{y} = 0, \quad {}^B_A\boldsymbol{x}^{\mathrm{T}} \cdot {}^B_A\boldsymbol{z} = 0, \quad {}^B_A\boldsymbol{y}^{\mathrm{T}} \cdot {}^B_A\boldsymbol{z} = 0 \tag{2-16}
$$

$$
\left| {}^B_A\boldsymbol{x} \right| = 1, \quad \left| {}^B_A\boldsymbol{y} \right| = 1, \quad \left| {}^B_A\boldsymbol{z} \right| = 1 \tag{2-17}
$$

（2）坐标变换

① 平移变换。若坐标系 $\{B\}$ 仅由坐标系 $\{A\}$ 经过平移而来，无旋转过程，则点 P 在 $\{A\}$、$\{B\}$ 中的位置矢量可表示为

$$
{}^A\boldsymbol{p} = {}^B\boldsymbol{p} + {}^{B_O}\boldsymbol{p}_{A_O} \tag{2-18}
$$

其中，${}^A\boldsymbol{p}$ 和 ${}^B\boldsymbol{p}$ 为 P 在 $\{A\}$ 和 $\{B\}$ 中的位置表示；${}^{B_O}\boldsymbol{p}_{A_O}$ 表示坐标系从 $\{A\}$ 到 $\{B\}$ 的平移

矩阵。若坐标系 $\{B\}$ 是由 $\{A\}$ 分别沿 x,y,z 方向平移 d_x、d_y、d_z 而来，则平移矩阵 ${}^{B_O}\boldsymbol{p}_{A_O}$ 可表示为

$$
{}^{B_O}\boldsymbol{p}_{A_O} = (d_x, d_y, d_z)^{\mathrm{T}} \tag{2-19}
$$

为简化运算，将矩阵的复合运算变成矩阵连乘形式，引入了齐次变换概念，平移变换的齐次表达形式为

$$
{}^{B_O}\boldsymbol{p}_{A_O} = (d_x, d_y, d_z, 1)^{\mathrm{T}} \tag{2-20}
$$

② 旋转变换。若坐标系 $\{B\}$ 仅由坐标系 $\{A\}$ 经过旋转而来，无平移过程，则点 P 在 $\{A\}$ 中的位置矢量可表示为（注：沿参考坐标系运动则左乘变换矩阵，沿运动坐标系运动则右乘变换矩阵）

$$
{}^{A}\boldsymbol{p} = {}^{B}_{A}\boldsymbol{R} \cdot {}^{B}\boldsymbol{p} \tag{2-21}
$$

其中，${}^{B}_{A}\boldsymbol{R}$ 为坐标系 $\{A\}$ 到 $\{B\}$ 的旋转矩阵，见式 (2-15)。

【例2-1】如图2-29所示，将坐标系 $\{A\}$ 绕 z 轴旋转 γ 角，得到坐标系 $\{B\}$，则 $\{B\}$ 的旋转矩阵可表示为

$$
\boldsymbol{R}_z(\gamma) = \begin{pmatrix} {}^{B}_{A}\boldsymbol{x}, {}^{B}_{A}\boldsymbol{y}, {}^{B}_{A}\boldsymbol{z} \end{pmatrix} = \begin{pmatrix} \cos\gamma & -\sin\gamma & 0 \\ \sin\gamma & \cos\gamma & 0 \\ 0 & 0 & 1 \end{pmatrix} \tag{2-22}
$$

同理可得

$$
\boldsymbol{R}_x(\alpha) = \begin{pmatrix} {}^{B}_{A}\boldsymbol{x}, {}^{B}_{A}\boldsymbol{y}, {}^{B}_{A}\boldsymbol{z} \end{pmatrix} = \begin{pmatrix} 1 & 0 & 0 \\ 0 & \cos\alpha & -\sin\alpha \\ 0 & \sin\alpha & \cos\alpha \end{pmatrix} \tag{2-23}
$$

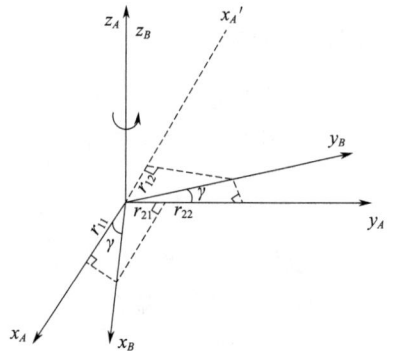

图 2-29　坐标系旋转示意图

$$
\boldsymbol{R}_y(\beta) = \begin{pmatrix} {}^{B}_{A}\boldsymbol{x}, {}^{B}_{A}\boldsymbol{y}, {}^{B}_{A}\boldsymbol{z} \end{pmatrix} = \begin{pmatrix} \cos\beta & 0 & \sin\beta \\ 0 & 1 & 0 \\ -\sin\beta & 0 & \cos\beta \end{pmatrix} \tag{2-24}
$$

旋转矩阵也存在齐次表达形式，即

$$
{}^{B}_{A}\boldsymbol{R} = \begin{pmatrix} r_{11} & r_{12} & r_{13} & 0 \\ r_{21} & r_{22} & r_{23} & 0 \\ r_{31} & r_{32} & r_{33} & 0 \\ 0 & 0 & 0 & 1 \end{pmatrix} \tag{2-25}
$$

③ 复合变换。若坐标系 $\{B\}$ 为 $\{A\}$ 同时经过平移和旋转得到，则称 $\{A\}$ 进行了复合变换。这时有

$$
{}^{B}\boldsymbol{p} = {}^{B}_{A}\boldsymbol{R} \times {}^{A}\boldsymbol{p} + {}^{B_O}\boldsymbol{p}_{A_O} = \begin{pmatrix} r_{11} & r_{12} & r_{13} & d_x \\ r_{21} & r_{22} & r_{23} & d_y \\ r_{31} & r_{32} & r_{33} & d_z \\ 0 & 0 & 0 & 1 \end{pmatrix} \tag{2-26}
$$

【例2-2】 沿坐标系 $\{A\}$ 的 z 轴旋转 $30°$，再沿 $\{A\}$ 的 x 轴移动 5 个单位，y 轴移动 7 个单位，得到坐标系 $\{B\}$，设点 P 在坐标系中的位置为（2，0，1），求它在坐标系 $\{A\}$ 中的位置，以及复合变换矩阵。

解：

$$_A^B\boldsymbol{R} = \boldsymbol{R}_z\left(30°\right) = \begin{pmatrix} 0.866 & -0.5 & 0 & 0 \\ 0.5 & 0.866 & 0 & 0 \\ 0 & 0 & 1 & 0 \\ 0 & 0 & 0 & 1 \end{pmatrix}$$

$$^{B_O}\boldsymbol{p}_{A_O} = (5,7,0,1)^{\mathrm{T}}$$

$$_A^B\boldsymbol{p} = {}^{B_O}\boldsymbol{p}_{A_O} \cdot {}_A^B\boldsymbol{R} = \begin{pmatrix} 0.866 & -0.5 & 0 & 5 \\ 0.5 & 0.866 & 0 & 7 \\ 0 & 0 & 1 & 0 \\ 0 & 0 & 0 & 1 \end{pmatrix}$$

$$^A\boldsymbol{p} = {}_A^B\boldsymbol{p} \cdot \boldsymbol{p} = \begin{pmatrix} 0.866 & -0.5 & 0 & 5 \\ 0.5 & 0.866 & 0 & 7 \\ 0 & 0 & 1 & 0 \\ 0 & 0 & 0 & 1 \end{pmatrix}\begin{pmatrix} 2 \\ 0 \\ 1 \\ 1 \end{pmatrix} = \begin{pmatrix} 6.732 \\ 8 \\ 1 \\ 1 \end{pmatrix}$$

复合变换矩阵为

$$\begin{pmatrix} 0.866 & -0.5 & 0 & 5 \\ 0.5 & 0.866 & 0 & 7 \\ 0 & 0 & 1 & 0 \\ 0 & 0 & 0 & 1 \end{pmatrix}$$

其中，坐标为 $(6.372,8,1)^{\mathrm{T}}$。

（3）欧拉角

3×3 的旋转矩阵中各列向量间存在正交关系，并非相互独立。因此，描述物体在空间中的姿态无须 9 个元素。事实上，3 个元素便可描述空间刚体姿态。欧拉角是用来唯一地确定定点转动刚体位置的一组独立角参量，由章动角 θ、进动角 ψ 和自转角 φ 组成，为欧拉首先提出，故得名。它们有多种取法，最常见的一种为翻滚 - 俯仰 - 偏航（Roll-Pitch-Yaw, RPY）角，其中，Roll 角描述物体绕参考坐标系 x 轴旋转角度，Pitch 角描述物体绕 y 轴旋转角度，Yaw 角描述物体绕 z 轴旋转角度。

将坐标系 $\{B\}$ 依次绕参考坐标系 $\{A\}$ 的 x 轴、y 轴、z 轴旋转 γ、β、α 角（翻滚、俯仰、偏航角），得到旋转矩阵

$$_A^B\boldsymbol{R}_{xyz}\left(\gamma,\beta,\alpha\right) = \boldsymbol{R}_z\left(\alpha\right)\boldsymbol{R}_y\left(\beta\right)\boldsymbol{R}_x\left(\gamma\right) = \begin{pmatrix} \cos\alpha & -\sin\alpha & 0 \\ \sin\alpha & \cos\alpha & 0 \\ 0 & 0 & 1 \end{pmatrix}\begin{pmatrix} \cos\beta & 0 & \sin\beta \\ 0 & 1 & 0 \\ -\sin\beta & 0 & \cos\beta \end{pmatrix}\begin{pmatrix} 1 & 0 & 0 \\ 0 & \cos\gamma & -\sin\gamma \\ 0 & \sin\gamma & \cos\gamma \end{pmatrix}$$

$$= \begin{pmatrix} \cos\alpha\cos\beta & \cos\alpha\sin\beta\sin\gamma - \sin\alpha\cos\gamma & \cos\alpha\sin\beta\cos\gamma + \sin\alpha\sin\gamma \\ \sin\alpha\cos\beta & \sin\alpha\sin\beta\sin\gamma + \cos\alpha\cos\gamma & \sin\alpha\sin\beta\cos\gamma - \cos\alpha\sin\gamma \\ -\sin\beta & \cos\beta\sin\gamma & \cos\beta\cos\gamma \end{pmatrix}$$

（2-27）

（4）D-H坐标建模

D-H坐标法是Denavit和Hartenberg在1955年提出的一种通用方法。这种方法在机器人的每个连杆上都固定一个坐标系，然后用4×4的齐次变换矩阵来描述相邻两连杆的空间关系。通过依次变换可最终推导出末端执行器相对于基坐标系的位姿，从而建立机器人的运动学方程。D-H坐标建模的步骤如下。

① 确定各关节坐标系。D-H坐标法中每个关节都建立有独立的坐标系，第一步便是根据机械臂结构特征建立各自坐标系。

a.确定各坐标系z轴。若关节为旋转关节，则z轴沿关节的旋转轴线；若关节为平移关节，则z轴沿关节的平移方向，z轴方向朝向第$i+1$个轴线，第$i+1$个关节的z轴定义为z_i。

b.确定各坐标系x轴。若z_i轴与z_{i+1}轴平行，则x_{i+1}轴为经过第i个关节原点、指向z_{i+1}轴的公垂线；若z_i轴与z_{i+1}轴相交，则x_{i+1}轴方向为z_i轴与z_{i+1}轴的叉积方向；若z_i轴与z_{i+1}轴既不平行也不相交，则两轴之间存在距离最短的一条公垂线，即为x_{i+1}轴，其指向z_{i+1}轴方向。

c.确定各坐标系原点。z_{i+1}轴与x_{i+1}轴的交点即为原点O_{i+1}。

d.确定各坐标系y轴。根据右手定则，确定y轴。

② 定义D-H参数（图2-30）。

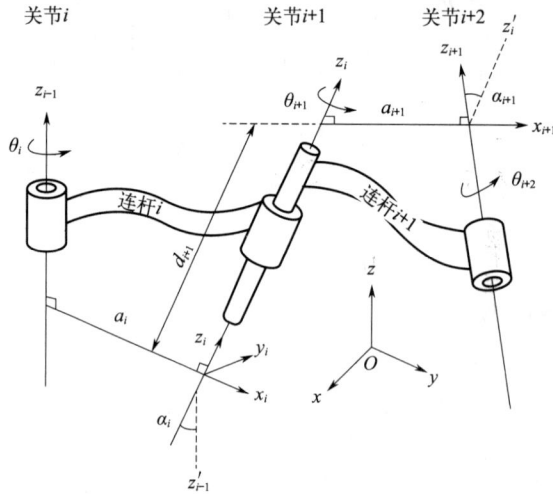

图2-30　连杆D-H参数图

a.连杆长度a_{i+1}为沿x_{i+1}轴从z_i轴移动到z_{i+1}轴的距离，由于a_{i+1}表示连杆长度，因此规定$a_{i+1} \geqslant 0$；

b.连杆扭角α_{i+1}为从z_i轴旋转到z_{i+1}轴的角度，并规定绕x_{i+1}轴逆时针为正；

c.连杆偏距d_{i+1}为沿z_i轴从x_i轴移动到x_{i+1}轴的距离；

d.关节转角θ_{i+1}为从x_i轴旋转到x_{i+1}轴的角度，并规定绕z_i轴逆时针为正。

③ 相邻坐标系变换。关节参数也可通过从坐标系$\{i\}$到$\{i+1\}$的坐标变换来理解：

a.将坐标系$\{i\}$绕z_i轴转动，使x_i轴与x_{i+1}轴平行，转动角度为θ_{i+1}；

b.沿z_i轴移动，使x_i轴与x_{i+1}轴共线，移动距离为d_{i+1}；

c.沿x_{i+1}轴移动，使O_i与O_{i+1}重合，移动距离为a_{i+1}；

d.绕x_{i+1}轴转动，使z_i轴与z_{i+1}轴重合，转动角度为α_{i+1}。

经过以上四步变换，坐标轴$\{i\}$与$\{i+1\}$完全重合。从$\{i\}$到$\{i+1\}$的坐标变换矩阵可表示为

$$^{i+1}_iT = \mathrm{Rot}_z\left(\theta_{i+1}\right)\mathrm{Trans}\left(0,0,d_{i+1}\right)\mathrm{Trans}\left(a_{i+1},0,0\right)\mathrm{Rot}_x\left(\alpha_{i+1}\right)$$

$$= \begin{pmatrix} \cos\theta_{i+1} & -\sin\theta_{i+1} & 0 & 0 \\ \sin\theta_{i+1} & \cos\theta_{i+1} & 0 & 0 \\ 0 & 0 & 1 & 0 \\ 0 & 0 & 0 & 1 \end{pmatrix} \begin{pmatrix} 1 & 0 & 0 & 0 \\ 0 & 1 & 0 & 0 \\ 0 & 0 & 1 & d_{i+1} \\ 0 & 0 & 0 & 1 \end{pmatrix} \begin{pmatrix} 1 & 0 & 0 & a_{i+1} \\ 0 & 1 & 0 & 0 \\ 0 & 0 & 1 & 0 \\ 0 & 0 & 0 & 1 \end{pmatrix} \begin{pmatrix} 1 & 0 & 0 & 0 \\ 0 & \cos\alpha_{i+1} & -\sin\alpha_{i+1} & 0 \\ 0 & \sin\alpha_{i+1} & \cos\alpha_{i+1} & 0 \\ 0 & 0 & 0 & 1 \end{pmatrix}$$

$$= \begin{pmatrix} \cos\theta_{i+1} & -\sin\theta_{i+1}\cos\alpha_{i+1} & \sin\theta_{i+1}\sin\alpha_{i+1} & a_{i+1}\cos\theta_{i+1} \\ \sin\theta_{i+1} & \cos\theta_{i+1}\cos\alpha_{i+1} & -\cos\theta_{i+1}\sin\alpha_{i+1} & a_{i+1}\sin\theta_{i+1} \\ 0 & \sin\alpha_{i+1} & \cos\alpha_{i+1} & d_{i+1} \\ 0 & 0 & 0 & 1 \end{pmatrix} \tag{2-28}$$

以上所有变换都相对于当前坐标系，因此所有变换矩阵都是右乘。当得到了相邻2个坐标系变换的递推关系，则n个关节坐标从基座开始经历的坐标变换总矩阵为 $^n_0T = {}^1_0T\,{}^2_1T\,{}^3_2T\cdots{}^n_{n-1}T$。

2.4.2　动力学

机器人动力学是对机器人机构力和运动之间关系与平衡进行研究的学科。动力学的研究是所有类型机器人发展过程中不可逾越的环节。动力学的本质是对牛顿三定律（惯性定律、力与加速度的关系、作用力与反作用力）的分析。所以，在机器人动力学中一般研究的是机器人各关节连杆的加速度、负载、质量以及惯量等相关问题。

（1）雅可比矩阵

在向量微积分中，雅可比矩阵是一阶偏导数以一定方式排列成的矩阵。设有6个函数，每个函数有6个独立变量，即

$$\begin{cases} y_1 = f_1\left(x_1,x_2,x_3,x_4,x_5,x_6\right) \\ y_2 = f_2\left(x_1,x_2,x_3,x_4,x_5,x_6\right) \\ \quad\quad\vdots \\ y_6 = f_6\left(x_1,x_2,x_3,x_4,x_5,x_6\right) \end{cases} \tag{2-29}$$

以矢量的形式表示为

$$Y = f\left(X\right) \tag{2-30}$$

应用多元函数微分法对其求微分，则

$$\begin{cases} \mathrm{d}y_1 = \dfrac{\partial f_1}{\partial x_1}\mathrm{d}x_1 + \dfrac{\partial f_1}{\partial x_2}\mathrm{d}x_2 + \dfrac{\partial f_1}{\partial x_3}\mathrm{d}x_3 + \dfrac{\partial f_1}{\partial x_4}\mathrm{d}x_4 + \dfrac{\partial f_1}{\partial x_5}\mathrm{d}x_5 + \dfrac{\partial f_1}{\partial x_6}\mathrm{d}x_6 \\[2mm] \mathrm{d}y_2 = \dfrac{\partial f_2}{\partial x_1}\mathrm{d}x_1 + \dfrac{\partial f_2}{\partial x_2}\mathrm{d}x_2 + \dfrac{\partial f_2}{\partial x_3}\mathrm{d}x_3 + \dfrac{\partial f_2}{\partial x_4}\mathrm{d}x_4 + \dfrac{\partial f_2}{\partial x_5}\mathrm{d}x_5 + \dfrac{\partial f_2}{\partial x_6}\mathrm{d}x_6 \\[1mm] \quad\quad\vdots \\[1mm] \mathrm{d}y_6 = \dfrac{\partial f_6}{\partial x_1}\mathrm{d}x_1 + \dfrac{\partial f_6}{\partial x_2}\mathrm{d}x_2 + \dfrac{\partial f_6}{\partial x_3}\mathrm{d}x_3 + \dfrac{\partial f_6}{\partial x_4}\mathrm{d}x_4 + \dfrac{\partial f_6}{\partial x_5}\mathrm{d}x_5 + \dfrac{\partial f_6}{\partial x_6}\mathrm{d}x_6 \end{cases} \tag{2-31}$$

表示成矢量的形式

$$\mathrm{d}\boldsymbol{Y} = \frac{\partial \boldsymbol{F}}{\partial \boldsymbol{X}} \mathrm{d}x \qquad (2\text{-}32)$$

式中，偏导数矩阵 $\dfrac{\partial \boldsymbol{F}}{\partial \boldsymbol{X}}$ 即为雅可比矩阵。

① 速度雅可比矩阵。对于六关节机器人，定义广义关节变量 $\boldsymbol{\theta} = (\theta_1, \theta_2, \cdots, \theta_6)^{\mathrm{T}}$，机器人末端位姿 $\boldsymbol{X} = (x, y, z, \varphi_x, \varphi_y, \varphi_z)^{\mathrm{T}}$，其满足如下关系

$$\begin{cases} x = f_1\left(\theta_1, \theta_2, \theta_3, \theta_4, \theta_5, \theta_6\right) \\ y = f_2\left(\theta_1, \theta_2, \theta_3, \theta_4, \theta_5, \theta_6\right) \\ \qquad\qquad \vdots \\ \varphi_z = f_6\left(\theta_1, \theta_2, \theta_3, \theta_4, \theta_5, \theta_6\right) \end{cases} \qquad (2\text{-}33)$$

对其求微分，得

$$\begin{cases} \mathrm{d}x = \dfrac{\partial f_1}{\partial \theta_1}\mathrm{d}\theta_1 + \dfrac{\partial f_1}{\partial \theta_2}\mathrm{d}\theta_2 + \dfrac{\partial f_1}{\partial \theta_3}\mathrm{d}\theta_3 + \dfrac{\partial f_1}{\partial \theta_4}\mathrm{d}\theta_4 + \dfrac{\partial f_1}{\partial \theta_5}\mathrm{d}\theta_5 + \dfrac{\partial f_1}{\partial \theta_6}\mathrm{d}\theta_6 \\ \mathrm{d}y = \dfrac{\partial f_2}{\partial \theta_1}\mathrm{d}\theta_1 + \dfrac{\partial f_2}{\partial \theta_2}\mathrm{d}\theta_2 + \dfrac{\partial f_2}{\partial \theta_3}\mathrm{d}\theta_3 + \dfrac{\partial f_2}{\partial \theta_4}\mathrm{d}\theta_4 + \dfrac{\partial f_2}{\partial \theta_5}\mathrm{d}\theta_5 + \dfrac{\partial f_2}{\partial \theta_6}\mathrm{d}\theta_6 \\ \qquad\qquad \vdots \\ \delta\varphi_z = \dfrac{\partial f_6}{\partial \theta_1}\mathrm{d}\theta_1 + \dfrac{\partial f_6}{\partial \theta_2}\mathrm{d}\theta_2 + \dfrac{\partial f_6}{\partial \theta_3}\mathrm{d}\theta_3 + \dfrac{\partial f_6}{\partial \theta_4}\mathrm{d}\theta_4 + \dfrac{\partial f_6}{\partial \theta_5}\mathrm{d}\theta_5 + \dfrac{\partial f_6}{\partial \theta_6}\mathrm{d}\theta_6 \end{cases} \qquad (2\text{-}34)$$

两边同时除以时间的微分，得

$$\begin{cases} \dfrac{\mathrm{d}x}{\mathrm{d}t} = \dfrac{\partial f_1}{\partial \theta_1}\times\dfrac{\mathrm{d}\theta_1}{\mathrm{d}t} + \dfrac{\partial f_1}{\partial \theta_2}\times\dfrac{\mathrm{d}\theta_2}{\mathrm{d}t} + \dfrac{\partial f_1}{\partial \theta_3}\times\dfrac{\mathrm{d}\theta_3}{\mathrm{d}t} + \dfrac{\partial f_1}{\partial \theta_4}\times\dfrac{\mathrm{d}\theta_4}{\mathrm{d}t} + \dfrac{\partial f_1}{\partial \theta_5}\times\dfrac{\mathrm{d}\theta_5}{\mathrm{d}t} + \dfrac{\partial f_1}{\partial \theta_6}\times\dfrac{\mathrm{d}\theta_6}{\mathrm{d}t} \\ \dfrac{\mathrm{d}y}{\mathrm{d}t} = \dfrac{\partial f_2}{\partial \theta_1}\times\dfrac{\mathrm{d}\theta_1}{\mathrm{d}t} + \dfrac{\partial f_2}{\partial \theta_2}\times\dfrac{\mathrm{d}\theta_2}{\mathrm{d}t} + \dfrac{\partial f_2}{\partial \theta_3}\times\dfrac{\mathrm{d}\theta_3}{\mathrm{d}t} + \dfrac{\partial f_2}{\partial \theta_4}\times\dfrac{\mathrm{d}\theta_4}{\mathrm{d}t} + \dfrac{\partial f_2}{\partial \theta_5}\times\dfrac{\mathrm{d}\theta_5}{\mathrm{d}t} + \dfrac{\partial f_2}{\partial \theta_6}\times\dfrac{\mathrm{d}\theta_6}{\mathrm{d}t} \\ \qquad\qquad \vdots \\ \dfrac{\delta\varphi_z}{\mathrm{d}t} = \dfrac{\partial f_6}{\partial \theta_1}\times\dfrac{\mathrm{d}\theta_1}{\mathrm{d}t} + \dfrac{\partial f_6}{\partial \theta_2}\times\dfrac{\mathrm{d}\theta_2}{\mathrm{d}t} + \dfrac{\partial f_6}{\partial \theta_3}\times\dfrac{\mathrm{d}\theta_3}{\mathrm{d}t} + \dfrac{\partial f_6}{\partial \theta_4}\times\dfrac{\mathrm{d}\theta_4}{\mathrm{d}t} + \dfrac{\partial f_6}{\partial \theta_5}\times\dfrac{\mathrm{d}\theta_5}{\mathrm{d}t} + \dfrac{\partial f_6}{\partial \theta_6}\times\dfrac{\mathrm{d}\theta_6}{\mathrm{d}t} \end{cases} \qquad (2\text{-}35)$$

定义笛卡儿速度 $\boldsymbol{V} = (\dfrac{\mathrm{d}x}{\mathrm{d}t}, \dfrac{\mathrm{d}y}{\mathrm{d}t}, \dfrac{\mathrm{d}z}{\mathrm{d}t}, \dfrac{\delta\varphi_x}{\mathrm{d}t}, \dfrac{\delta\varphi_y}{\mathrm{d}t}, \dfrac{\delta\varphi_z}{\mathrm{d}t})^{\mathrm{T}}$，其由一个 3×1 的线速度矢量与一个 3×1 的角速度矢量构成；关节速度 $\dot{\boldsymbol{\theta}} = (\dfrac{\mathrm{d}\theta_1}{\mathrm{d}t}, \dfrac{\mathrm{d}\theta_2}{\mathrm{d}t}, \dfrac{\mathrm{d}\theta_3}{\mathrm{d}t}, \dfrac{\mathrm{d}\theta_4}{\mathrm{d}t}, \dfrac{\mathrm{d}\theta_5}{\mathrm{d}t}, \dfrac{\mathrm{d}\theta_6}{\mathrm{d}t})^{\mathrm{T}}$，则上式可写为

$$\boldsymbol{V} = \boldsymbol{J}\dot{\boldsymbol{\theta}} \qquad (2\text{-}36)$$

其中

$$\boldsymbol{J} = \begin{pmatrix} \dfrac{\partial f_1}{\partial \theta_1} & \dfrac{\partial f_1}{\partial \theta_2} & \dfrac{\partial f_1}{\partial \theta_3} & \dfrac{\partial f_1}{\partial \theta_4} & \dfrac{\partial f_1}{\partial \theta_5} & \dfrac{\partial f_1}{\partial \theta_6} \\ \dfrac{\partial f_2}{\partial \theta_1} & \dfrac{\partial f_2}{\partial \theta_2} & \dfrac{\partial f_2}{\partial \theta_3} & \dfrac{\partial f_2}{\partial \theta_4} & \dfrac{\partial f_2}{\partial \theta_5} & \dfrac{\partial f_2}{\partial \theta_6} \\ & & & \vdots & & \\ \dfrac{\partial f_6}{\partial \theta_1} & \dfrac{\partial f_6}{\partial \theta_2} & \dfrac{\partial f_6}{\partial \theta_3} & \dfrac{\partial f_6}{\partial \theta_4} & \dfrac{\partial f_6}{\partial \theta_5} & \dfrac{\partial f_6}{\partial \theta_6} \end{pmatrix} \qquad (2\text{-}37)$$

其为机器人速度雅可比矩阵，表征笛卡儿速度与关节速度的关系。机器人速度雅可比矩阵的行数等于机器人在笛卡儿空间的自由度数目，列数等于机器人关节数量。J的前三行表示末端线速度与关节速度的传递比，后三行表示末端角速度与关节速度的传递比。J的第i列表示第i个关节速度对末端笛卡儿速度（线速度、角速度）的传递比，可以由其算出第i个关节运动引起的末端笛卡儿速度，总的末端笛卡儿速度可由6个关节分别引起的速度矢量合成。

② 力雅可比矩阵。机器人末端力F由端点力f与力矩τ_n组成，即

$$F = \begin{pmatrix} f \\ \tau_n \end{pmatrix} \tag{2-38}$$

其中，力f与力矩τ_n均为一个3×1的矢量。将机器人6个关节力矩合写成一个6×1维矢量，即

$$\tau = \begin{pmatrix} \tau_1 \\ \tau_2 \\ \vdots \\ \tau_6 \end{pmatrix} \tag{2-39}$$

机器人处于静态时，末端力F与关节力矩保持平衡。移动时，机器人在笛卡儿空间做的功等于在关节空间做的功，即

$$F^{\mathrm{T}} \mathrm{d}X = \tau^{\mathrm{T}} \mathrm{d}\theta \tag{2-40}$$

将上文推导的$\mathrm{d}X = J\mathrm{d}\theta$代入，得

$$F^{\mathrm{T}} J \mathrm{d}\theta = \tau^{\mathrm{T}} \mathrm{d}\theta \tag{2-41}$$

即

$$F^{\mathrm{T}} J = \tau^{\mathrm{T}} \tag{2-42a}$$

整理，得

$$\tau = J^{\mathrm{T}} F \tag{2-42b}$$

其中，J^{T}为机器人力雅可比矩阵。它联系了机器人末端广义力与各关节驱动力矩。同时，机器人力雅可比矩阵与速度雅可比矩阵互为转置关系。

（2）机器人动力学建模

为了使机器人以预计的速度和加速度运动，关节驱动器需要提供足够的力或力矩。和机器人运动学不同的是，机器人动力学不仅与其速度、加速度等运动学量有关，还与其质量、惯量、外部载荷等有关，且存在严重的非线性关系。

建立动力学方程的方法有很多，如牛顿-欧拉（Newton-Euler）方程法、拉格朗日（Lagrange）方程法、凯恩（Kane）方程法等，其中，Lagrange方程法能以显式的结构描述动力学方程，便于理解动力学中的各个组成部分，而Newton-Euler方程法的实际求解效率更高。本节以Lagrange方程法为例，介绍机器人动力学建模方法。

Lagrange方程法是一种基于能量的动力学方法，力学系统的拉格朗日函数$L(\theta, \dot{\theta})$定义为整个系统的动能与势能之差，即

$$L(\theta, \dot{\theta}) = E_{\mathrm{k}}(\theta, \dot{\theta}) - E_{\mathrm{p}}(\theta) \tag{2-43}$$

式中，E_k 为系统动能；E_p 为系统势能；$\boldsymbol{\theta}$ 为广义关节位置；$\dot{\boldsymbol{\theta}}$ 为广义关节速度。

运动方程可用拉格朗日函数表示如下（推导过程略）：

$$\boldsymbol{F}_i = \frac{\mathrm{d}}{\mathrm{d}t} \times \frac{\partial L}{\partial \dot{\boldsymbol{\theta}}_i} - \frac{\partial L}{\partial \boldsymbol{\theta}_i} \tag{2-44}$$

式中，$\boldsymbol{F}_i$ 为第 i 个关节的广义驱动力（矩）。

下面以一个平面二连杆（图2-31）为例，介绍 Lagrange 方程法的应用。

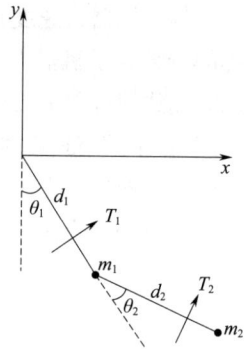

图 2-31　平面二连杆

首先，根据几何法求出各关节点的位置和速度。

$$\begin{bmatrix} x_1 \\ y_1 \end{bmatrix} = \begin{bmatrix} d_1 \sin\theta_1 \\ -d_1 \cos\theta_1 \end{bmatrix} \tag{2-45}$$

$$\begin{bmatrix} x_2 \\ y_2 \end{bmatrix} = \begin{bmatrix} d_1 \sin\theta_1 + d_2 \sin(\theta_1 + \theta_2) \\ -d_1 \cos\theta_1 - d_2 \cos(\theta_1 + \theta_2) \end{bmatrix} \tag{2-46}$$

$$\begin{bmatrix} \dot{x}_1 \\ \dot{y}_1 \end{bmatrix} = \begin{bmatrix} d_1 \cos\theta_1 \\ d_1 \sin\theta_1 \end{bmatrix} \tag{2-47}$$

$$\begin{bmatrix} \dot{x}_2 \\ \dot{y}_2 \end{bmatrix} = \begin{bmatrix} d_1 \cos\theta_1 + d_2 \cos(\theta_1 + \theta_2) & d_2 \cos(\theta_1 + \theta_2) \\ d_1 \sin\theta_1 + d_2 \sin(\theta_1 + \theta_2) & d_2 \sin(\theta_1 + \theta_2) \end{bmatrix} \begin{bmatrix} \dot{\theta}_1 \\ \dot{\theta}_2 \end{bmatrix} \tag{2-48}$$

根据位置和速度求系统动能与势能（设机械臂质量主要集中于关节处）。

$$E_{k1} = \frac{1}{2} m_1 v_1^2 = \frac{1}{2} m_1 (\dot{x}_1^2 + \dot{y}_1^2) = \frac{1}{2} m_1 d_1^2 \dot{\theta}_1^2 \tag{2-49}$$

$$E_{k2} = \frac{1}{2} m_2 v_2^2 = \frac{1}{2} m_2 (\dot{x}_2^2 + \dot{y}_2^2) = \frac{1}{2} m_2 \left[d_1^2 \dot{\theta}_1^2 + d_2^2 (\dot{\theta}_1 + \dot{\theta}_2)^2 + 2 d_1 d_2 (\dot{\theta}_1^2 + \dot{\theta}_1 \dot{\theta}_2) \cos\theta_2 \right] \tag{2-50}$$

$$E_{p1} = m_1 g y_1 = -m_1 g d_1 \cos\theta_1 \tag{2-51}$$

$$E_{p2} = m_2 g y_2 = -m_2 g \left[d_1 \cos\theta_1 + d_2 \cos(\theta_1 + \theta_2) \right] \tag{2-52}$$

机械臂的总动能和总势能为两个连杆的动能与势能之和。

$$K = E_{k1} + E_{k2} = \frac{1}{2} m_1 d_1^2 \dot{\theta}_1^2 + \frac{1}{2} m_2 \left[d_1^2 \dot{\theta}_1^2 + d_2^2 (\dot{\theta}_1 + \dot{\theta}_2)^2 + 2 d_1 d_2 (\dot{\theta}_1^2 + \dot{\theta}_1 \dot{\theta}_2) \cos\theta_2 \right] \tag{2-53}$$

$$P = E_{p1} + E_{p2} = -m_1 g d_1 \cos\theta_1 - m_2 g \left[d_1 \cos\theta_1 + d_2 \cos(\theta_1 + \theta_2) \right] \tag{2-54}$$

根据定义，拉格朗日函数为系统动能与势能之差。

$$\begin{aligned} L = K - P &= \frac{1}{2} m_1 d_1^2 \dot{\theta}_1^2 + \frac{1}{2} m_2 \left[d_1^2 \dot{\theta}_1^2 + d_2^2 (\dot{\theta}_1 + \dot{\theta}_2)^2 + 2 d_1 d_2 (\dot{\theta}_1^2 + \dot{\theta}_1 \dot{\theta}_2) \cos\theta_2 \right] \\ &\quad + m_1 g d_1 \cos\theta_1 + m_2 g \left[d_1 \cos\theta_1 + d_2 \cos(\theta_1 + \theta_2) \right] \end{aligned} \tag{2-55}$$

根据式（2-44）对拉格朗日函数求偏导：

$i=1$ 时，对 θ_1 求导，得到 F_1，也就是 T_1，表示连杆1的关节扭矩与关节变量之间的关系；

$i=2$ 时，对 θ_2 求导，得到 F_2，也就是 T_2，表示连杆2的关节扭矩与关节变量之间的关系。

分别代入，得

$$T_1 = \frac{\mathrm{d}}{\mathrm{d}t} \times \frac{\partial L}{\partial \dot{\theta}_1} - \frac{\partial L}{\partial \theta_1} = \left[(m_1 + m_2)d_1^2 + m_2 d_2^2 + 2m_2 d_1 d_2 \cos\theta_2 \right] \ddot{\theta}_1 + \left(m_2 d_2^2 + m_2 d_1 d_2 \cos\theta_2 \right) \ddot{\theta}_2$$

$$-2m_2 d_1 d_2 \sin\theta_2 \dot{\theta}_1 \dot{\theta}_2 - m_2 d_1 d_2 \sin\theta_2 \dot{\theta}_2^2 + (m_1 + m_2)g d_1 \sin\theta_1 + m_2 g d_2 \sin(\theta_1 + \theta_2)$$

（2-56）

$$T_2 = \frac{\mathrm{d}}{\mathrm{d}t} \times \frac{\partial L}{\partial \dot{\theta}_2} - \frac{\partial L}{\partial \theta_2} \tag{2-57}$$

$$= (m_2 d_2^2 + m_2 d_1 d_2 \cos\theta_2)\ddot{\theta}_1 + m_2 d_2^2 \ddot{\theta}_2 + m_2 d_1 d_2 \sin\theta_2 \dot{\theta}_1^2 + m_2 g d_2 \sin(\theta_1 + \theta_2)$$

将式中的关节变量提出，表示成如下形式

$$T_1 = D_{11}\ddot{\theta}_1 + D_{12}\ddot{\theta}_2 + D_{111}\dot{\theta}_1^2 + D_{122}\dot{\theta}_2^2 + D_{112}\dot{\theta}_1\dot{\theta}_2 + D_{121}\dot{\theta}_2\dot{\theta}_1 + D_1 \tag{2-58}$$

$$T_2 = D_{21}\ddot{\theta}_1 + D_{22}\ddot{\theta}_2 + D_{211}\dot{\theta}_1^2 + D_{222}\dot{\theta}_2^2 + D_{212}\dot{\theta}_1\dot{\theta}_2 + D_{221}\dot{\theta}_2\dot{\theta}_1 + D_2 \tag{2-59}$$

将上式表示成矩阵的形式

$$\begin{bmatrix} T_1 \\ T_2 \end{bmatrix} = \begin{bmatrix} D_{11} & D_{12} \\ D_{21} & D_{22} \end{bmatrix} \begin{bmatrix} \ddot{\theta}_1 \\ \ddot{\theta}_2 \end{bmatrix} + \begin{bmatrix} D_{111} & D_{122} \\ D_{211} & D_{222} \end{bmatrix} \begin{bmatrix} \dot{\theta}_1^2 \\ \dot{\theta}_2^2 \end{bmatrix} + \begin{bmatrix} D_{112} & D_{121} \\ D_{212} & D_{221} \end{bmatrix} \begin{bmatrix} \dot{\theta}_1\dot{\theta}_2 \\ \dot{\theta}_2\dot{\theta}_1 \end{bmatrix} + \begin{bmatrix} D_1 \\ D_2 \end{bmatrix} \tag{2-60}$$

其中，D_{11}、D_{22} 为有效惯量，表征关节 i 的加速度在关节 i 上产生的惯性力；D_{12}、D_{21} 为耦合惯量，表征关节 i、j 的加速度在关节 j、i 上产生的惯性力；D_{111}、D_{122}、D_{211}、D_{222} 为向心力加速度系数，表征关节 i、j 的速度在关节 j、i 产生的向心力；D_{112}、D_{121}、D_{212}、D_{221} 为哥氏力加速度系数，表征关节 j 的速度在关节 i 上产生的哥氏力；D_1、D_2 为重力项，表征关节 i、j 的重力。

上式反映了动力学中较复杂的形式，对于一般的机械臂，可以表示为

$$\tau = M(\theta)\ddot{\theta} + V(\theta,\dot{\theta}) + G(\theta) \tag{2-61}$$

式中，τ 表示关节扭矩；M 表示惯性力项；V 表示向心力和哥氏力项；G 表示重力项，所有项都与姿态有关。

以上仅为平面二自由度机器人动力学公式的推导。对于复杂的多自由度机器人，其动力学方程和推导过程更为复杂。

习题

1. 什么是机器人逆运动学？

2. 请简述工业机器人中内部传感器与外部传感器的主要区别，并各举一个具体应用实例。

3. 请描述工业机器人感知系统中常用的三种传感器类型，并简要说明每种传感器的主要功能及应用场景。

4. 在选择工业机器人传感器时应考虑哪些关键因素？请结合实际应用场景进行说明。

5. 已知坐标系 {B} 初始与坐标系 {A} 重合，现将 {B} 先绕 ^Ax 转 α 角，再绕 ^By 转 β 角，求旋转后得到的旋转矩阵。

第3章

智能工业机器人支撑技术

3.1 智能感知

3.1.1 智能感知概述

智能感知是通过各种智能传感器获取外部环境信息，在获取到这些信息后，通过对其进行加工处理，将抽象信息转化为人类能够理解的语义信息。除了感知环境信息外，智能感知更重要的是通过记忆、学习、判断和推理等过程，达到对环境及对象类别与属性的认知能力。感知作为提取信息的第一步，首先需要获取环境信息，并将经过预处理的环境信息传递给认知系统。认知系统通过分析、学习与推断环境信息，找出低层环境信息中所包含的高层语义信息。通过感知与认知，智能体具备了对环境的分析与理解，这种高层语义信息为下一步的行为决策提供了依据。经过行为决策所得到的行为信息再反馈给感知系统，从而形成一个感知、认知、决策的循环过程。通过对三个过程的不断优化，提升智能体在完成某项特定任务时的性能。

现代智能感知的首要任务是获取足够多的传感器信息以及由这些信息所产生的特征信息，这些特征信息对理解对象的抽象概念起到了至关重要的作用。通过各种传感器获取的信息具有不同的特征，智能感知的另一个重要任务是从各种传感信息中抽取对象的各种特征，这些特征中包含着对象最深层的信息。只有将这些高度抽象的深层信息进行汇总与融合，才能得到对对象最有效的理解。实现从低层信息到特征信息的转换，实际上是一种记忆和学习的过程，现如今飞速发展的深度学习方法是实现记忆和学习功能的一种有效手段。深度学习的概念源自对人类神经网络的研究，通过仿效人类脑神经元的结构，组合低层特征形成更加抽象的高层表示特征，以发现数据的分布式特征。智能感知的另一个重要任务是判断和推理，任何智能体最终需要面对任务来驱动，所有的感知与认知都是为智能体的行为决策提供依据。

智能感知系统为整个工作系统提供了必要的信息，以供后续认知系统对获取到的信息进行特征转换。实际应用中，需要对传感器获取的大量信息进行加工处理。由于这些信息中包含大量冗余信息，对于最终的决策系统没有较大的意义，因此必须对冗余信息进行抽取，从中提取出对决策系统至关重要的物理信息。

以工业机器人的抓取操作为例，我们的任务是通过相机拍摄待抓取的工件，对获取的图像进行处理，以识别和定位目标工件的位置，并将位置信息传递给机器人控制系统，从而实现对目标工件的抓取。相机拍摄的图像作为感知系统获取的信息，包含成千上万的像素点。其中，只有与目标工件相关的像素信息对机器人而言才是最重要的，其他背景信息则构成冗余，干扰机器人控制环节。因此，需要通过图像处理算法将彩色三通道图转换为灰度图像。获取灰度图像后，进行边缘检测，利用检测算法提取目标工件的边缘信息，并整合这些边缘信息以获得工件的最大外接矩形，从而实现对目标工件的定位。然而，这只是二维信息，而机器人运动空间是三维空间，因此还需要通过深度相机获取目标工件的深度信息。将二维信息与深度信息相结合，就可以实现对目标工件的准确定位。最后，将这一信息传递给工业机器人控制系统，以控制机器人实现对目标工件的抓取。

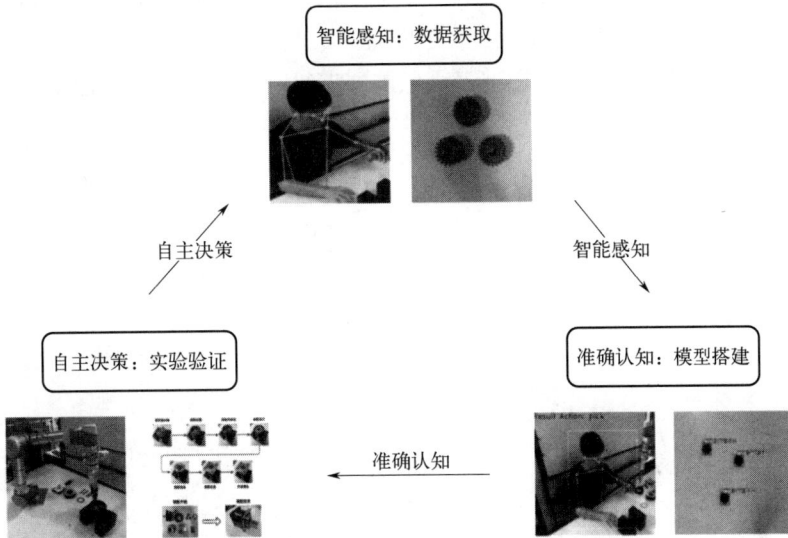

图3-1　智能工业机器人三大要素

智能工业机器人应具备智能感知、准确认知及自主决策三个要素，其结构如图3-1所示。智能体通过感知系统不断感知外部环境信息，这些环境信息为认知系统提供了分析依据。认知系统解析环境信息后，将运动规划结果传递给运动控制系统。当运动控制系统完成一个循环周期的操作后，感知系统会再次感知上一周期中运动系统的实际物体运动情况。基于上一轮运动控制的结果，感知系统进行新的场景感知，从而形成一个持续迭代和循环的运动周期。在这一不断更新的循环中，整个智能体的智能性将不断提升，最终高效地完成特定的工作任务。

3.1.2　智能传感器

（1）Kinect 2.0智能视觉传感器

Kinect 2.0智能视觉传感器通过捕捉人体行为动作和语音，实现人机自然交互。作为一款3D体感技术摄像机，Kinect 2.0弥补了2D体感相机缺乏深度信息的不足，同时解决了传统深度相机无法实现的人机交互技术。Kinect 2.0能够实时捕捉人体动作，支持多模式影像识别、多角度麦克风输入，并提供全面的交互技术。

Kinect 2.0的硬件结构可以形象地描述为"三只眼睛"和"四只耳朵"。其中，三只眼睛分别是彩色摄像头、深度（红外）摄像头和红外投影机。彩色摄像头用于拍摄视角范围内的彩色视频图像。红外投影机主动投射近红外线，照射到物体表面或穿透磨砂玻璃后形成随机的反射斑点（称为散斑），这使得深度（红外）摄像头能够读取深度信息。深度（红外）摄像头通过分析红外光谱，生成可视范围内的人体和物体的深度图像。四只耳朵则是由四个麦克风组成的阵列，声音信号通过这四个麦克风进行采集，内置数字信号处理（DSP）组件，可以过滤背景噪声，并定位声源方向。

Kinect 2.0具有如下功能（图3-2）：

① 具备1080p高分辨率彩色图像拍摄功能，同时能够在黑暗环境中获取清晰的红外图像。基于高保真图像数据和优化的噪声处理技术，Kinect 2.0能够获得准确的深度信息。

② 能够实时检测人体行为动作，其中包括人体25个骨骼关键点，通过自定义手势进行手势识别，并利用人脸识别技术检测出丰富的人脸信息。

③ 具有麦克风收声功能，在通过麦克风阵列进行收声的同时可以检测声音来源方向，并支持语音识别功能。

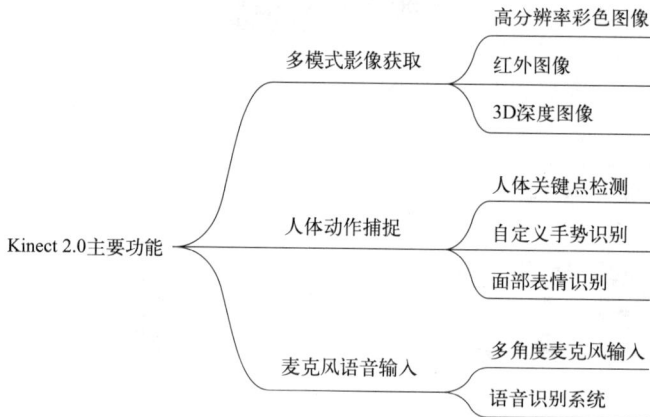

图3-2　Kinect 2.0主要功能

深度检测是Kinect 2.0的核心技术，它通过获取深度信息来判断目标物体的三维位置。Kinect 2.0采用了"飞行时间"（time of flight）的深度检测方法，通过红外摄像头投射红外线，形成反射光并根据光线飞行时间判断物体位置，从而形成深度图像。

为了实现用户的骨骼关键点识别，需要构建用户的骨骼图，并跟踪相应的骨骼节点。首先，从深度图像中识别出"人体"目标，这一过程也会标定与人体相似的大字形物体，如衣物。接着，逐点扫描这些区域的深度图像像素点，以判断哪个部位属于人体。此时，相机捕获到人体的25个骨骼关键点，并将人体区域与背景分离。需要注意，被遮挡的人体部位将以细线形式展现，与未被遮挡的部位进行区分。此外，不同的手势状态将以不同的颜色进行展示，如图3-3所示。识别过程还包括边缘检测、噪声阈值处理等计算机图形学技术，最终实现将人体从背景环境中分离的目标。

在人脸识别方面，机器学习起着重要作用。首先需要定位人脸的存在，然后基于面部特征对输入的人脸图像或视频进行进一步分析，包括人脸的位置、大小以及各个面部器官的位置信息。依据这些信息，系统进一步提取每个人脸所蕴含的身份特征，并与已知的人脸进行比较，以识别每个人的身份。

　　Kinect 2.0 的语音识别技术涵盖多个层面，包括简单的"语音命令"、声音特征识别和语种识别等。Kinect 2.0 的麦克风阵列能够捕获音频数据流，并通过音频增强效果算法来屏蔽环境噪声。在较大的空间中，即使用户与麦克风有一定距离，也能准确识别语音命令。麦克风阵列技术结合了有效的噪声消除和回波抑制算法，并采用波束成形技术，通过每个独立设备的响应时间来确定声源位置，以最大程度地减少环境噪声的影响。

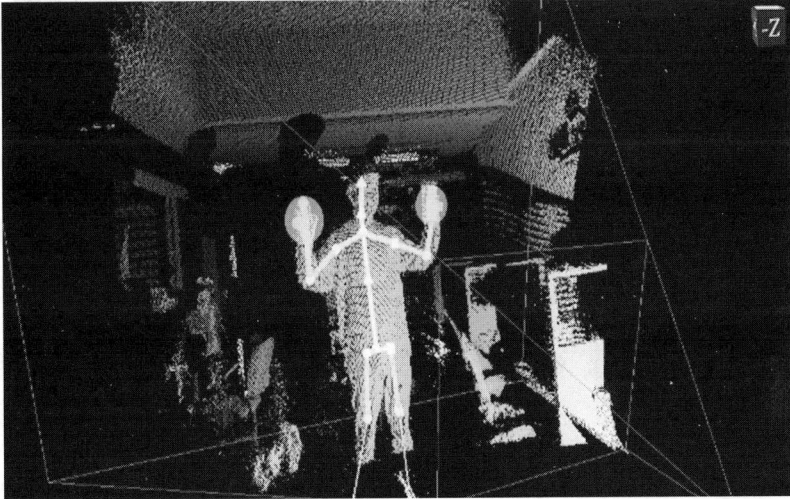

图3-3　手势状态检测

（2）六维力/力矩传感器

　　六维力/力矩（force/torque）传感器常被称为多轴力/力矩传感器、多轴加载单元或六维加载单元，其测量并输出在笛卡儿直角坐标系中各个坐标（X、Y和Z）上的力和力矩。这种传感器能够提供三轴力和三轴力矩反馈，广泛应用于机器人控制、力学实验及科研等不同场景。与其他常见的测力仪器相比，六维力和力矩传感器可以测量完整的六自由度环境力数据，适用于汽车制造、机器人、电子设备制造等更多领域。

　　力/力矩传感器被用于检测关节间或者末端工具与接触物间的力或力矩大小，常用于打磨、抛光、装配及碰撞检测等，是实现机器人智能化力觉感知的重要工具。多维力传感器在机器人、手部研究、机器人外科手术、指力研究、牙齿研究、力反馈、刹车检测、精密装配、切削、复原研究、整形外科研究、产品测试、触觉反馈和示教学习等领域有着广泛应用，覆盖了机器人、汽车制造、自动化流水线装配、生物力学、航空航天和轻纺工业等领域。

　　随着机器人力控技术的发展，基于六维力/力矩传感器系统的力控技术问世，以机器人为主体的现代化制造加工技术得到发展。六维力/力矩传感器在机器人上的应用，使得机器人有了感知，提高了精度并增加了柔性。机器人力控能迅速而精确地适应加工材料或零件的表面轮廓及连贯性，有效改善加工效果，提升产品质量，缩短节拍时间，进而提高生产效率，降低生产成本。

　　六维力/力矩传感器是智能机器人重要的传感器，它能够同时检测三维空间（笛卡儿坐标系）中的全力信息，即三个力分量和三个力矩分量，且具有高灵敏度、良好刚性和较小的维间耦合等特点。通过对解耦桥路信号的综合处理，可以获得三维空间的6个分量，并直接用于力控制。该产品可通过标准串口和并口进行输入输出，既可以与控制计算机组成两级计算机系统，也可以连接终端，构成独立的测试装置。

常见的六维力/力矩传感器如图3-4～图3-6所示。

图3-4　丹麦Onrobot公司六维力/力矩传感器

图3-5　加拿大ROBOTIQ公司六维力/力矩传感器

图3-6　丹麦NordboRobotics公司六维力/力矩传感器

3.2 边缘计算与云计算

3.2.1 云计算

云计算（cloud computing）是一个广泛的概念，并不是某项具体的技术与标准，因此不同的人对其理解可能有所不同。对于工业界和学术界来说，大家对云计算的看法基本是一致的，即云计算是一种新的计算模式或服务模式，它将动态可扩展的虚拟化的计算资源（网络、云服务器、存储功能等）以服务形式提供给终端用户。

云计算这一新的模式，对于服务提供者和终端用户都有极大的好处。服务提供者对用户的需求进行按需服务，不会浪费各种资源，大幅度降低了运营成本。对于终端用户来说，云计算屏蔽了提供服务的技术细节，用户不需要关注云端所提供技术的基础设施，只需关注结果即可。

云计算的历史最远可追溯到1965年，Christopher Strachey发表了一篇论文，论文中正式提出了虚拟化的概念。而虚拟化正是云计算基础架构的核心，是云计算发展的基础。在20世纪90年代，计算机行业出现了爆炸式的发展，以思科为代表的通信公司飞速发展；2006年，IBM和谷歌联合推出云计算概念；2007—2009年，Salesforce发布了Force.com，即PaaS（平台即服务），Google推出了Google App Engine；随后，云计算服务逐渐完善。在云计算的发展历程中，亚马逊公司扮演了一个重要的角色，在当时互联网泡沫破裂时，亚马逊公司的数据中心的利用率仅为10%，如此低的利用率使亚马逊公司思考采用新的统一的云架构，从而使数据中心的利用率显著提升。亚马逊公司首先在公司内部实行Web服务计算模式，成功之后，便决定将自己的云计算提供给外部的客服，这标志着云计算这种新的商业模式诞生。云计算的演进之路如图3-7所示。

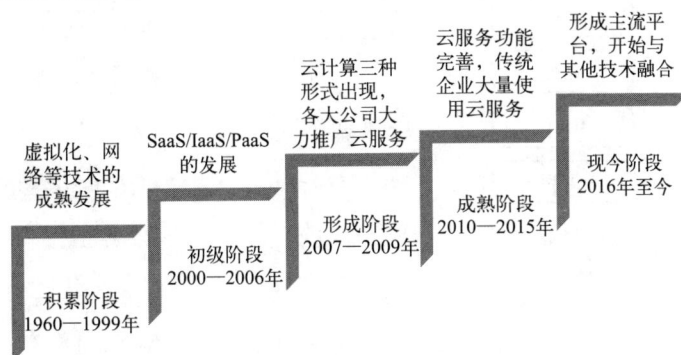

图3-7 云计算发展历程

Gartner数据显示，2019年全球公有云服务市场规模达到2143亿美元，同比增加17.5%。2022年，全球公有云服务市场规模达到3312亿美元，云服务行业的市场规模与增幅将会是整体IT（信息技术）服务的近三倍。云计算的飞速发展得益于它的突出优势，与传统的服务相比，云计算服务（云服务）突出优势与特点如下：

① 资源池化。资源以共享资源池的方式统一管理。利用虚拟化技术，将资源分享给不同用户，资源的放置、管理与分配策略对用户透明。

② 弹性服务。服务的规模可快速伸缩，以自动适应业务负载的动态变化。用户使用的资源同业务的需求相一致，避免了因为服务器性能过载或冗余而导致的服务质量下降或资源浪费。

③ 可扩展性。用户可以利用云计算环境中应用软件的快速部署，轻松扩展现有业务和新业务。例如，当计算机云系统中的某个设备出现故障时，用户无论是在计算机层面还是在具体应用上，都不会受到影响。用户可以利用云计算的动态扩展功能，有效地将其他服务器进行扩展，从而确保任务的有序完成。在动态扩展虚拟化资源的过程中，还能够高效提升应用性能，提高云计算的操作水平。

④ 按需服务。以服务的形式为用户提供应用程序、数据存储、基础设施等资源，并可以根据用户需求，自动分配资源，而不需要系统管理员干预。

⑤ 可靠性高。"云"使用了数据多副本容错、计算节点同构可互换等措施来保障服务的高可靠性，使用云计算比使用本地计算机更可靠。

此外，依据云计算的服务模式可以将云分为三种服务类型：基础设施即服务（IaaS）、平台即服务（PaaS）、软件即服务（SaaS）。三者之间的差异如图3-8所示。

（1）基础设施即服务

基础设施即服务（IaaS），是指企业或个人可以使用云计算技术来远程访问系统供应商提供的计算、存储、网络等基础硬件资源，并且是按量付费的，通过租用这些基础硬件资源来部署和运行各种软件。

在传统IT部署模式下，企业部署非常复杂，如果企业需要云服务，那企业就需要购买云服务的所有硬件资源，同时还需培训员工来进行部署、后期的运营、维护等。在IaaS模式

图3-8 云计算3种服务模式

下，企业按需租用，充分利用资源，专业的事情让专业的人去干，这样就大大避免了资源的浪费。IaaS 用户可以根据业务需求的变化，动态地获取或释放 IT 资源，无须预先为日后的业务处理高峰过度预置资源，在需求不足时也可以快速完成部署，确保了按需使用，防止资源浪费。

按照部署方式的不同，IaaS 可分为公有云、私有云和混合云。三者各有不同的特点，如表3-1所示。

表3-1 公有云、私有云和混合云的特点

项目	公有云	本地私有云	托管私有云	混合云
硬件部署	服务商	客户	服务商	服务商与客户
扩展性	高	有限	高	高
低成本	是	有时	有时	有时
灵活性	是	有限	有限	是
定制化功能	不行	是	取决于服务商	部分
即时配置	是	是	是	是
虚拟化资源	是	是	是	是

（2）平台即服务

平台即服务（PaaS）是一种由第三方提供硬件和应用软件平台的云计算形式。PaaS 主要面向开发人员和程序员，它允许用户开发、运行和管理自己的应用，而无须构建和维护通常与该流程相关联的基础架构或平台。PaaS 实际上是指将软件研发的平台作为一种服务，以SaaS 的模式提交给用户，因此，PaaS 也是 SaaS 模式的一种应用。IaaS 已经在底层硬件资源和平台提供了 PaaS 的远程订购服务，开发人员只需在 PaaS 上开发应用。过去，许多企业都会自己开发应用程序，这需要开发人员和服务器等。软件开发出来以后，还需要频繁地更新、维护硬件，以及投入大量资金开发本地环境。这样看来，有点"捡了芝麻丢了西瓜"。PaaS将帮助开发人员和企业用户把目光放到开发出色的应用程序上，专注于开发企业的核心业务，无须关注基础架构和基础环境等。通过PaaS可以轻轻松松得到开发工具、服务器和编程环境等。

PaaS与传统的服务相比有很多优势，可以总结为如下：

① 多样的开发环境。在多样的开发环境中，开发人员可以迅速进行变更和部署，轻松扩展系统，全权控制应用程序的各个组件并对它们进行扩容和单独扩展。PaaS系统还会提供许多捷径，以及全面的开放式API（应用程序接口）和数据库，包括详细的企业内部或外部创建的代码，更好地为企业服务。

② 完全托管式云数据库。优秀的PaaS为企业提供完全托管式的基础架构，这意味着企业无须担心环境的安全问题，企业的数据是绝对安全的。

③ 点击式应用程序构建。PaaS的目的是为更多企业和个人提供服务，为了能为更多人提供服务，点击式应用程序创建方式的出现为没有编程技巧的企业用户提供了便利，他们也能够开发自己的解决方案。

④ 多语言开发。多语言开发意味着拥有不同编程技能的开发人员都能在平台中为企业开发应用程序。Salesforce Heroku等平台可处理多种语言，如Java、C++、Python、Scala等。

⑤ 云应用程序市场。在应用程序市场中，有许多商家能够为企业提供服务。企业可以从中找到提供定制化服务的平台即服务（PaaS）供应商，这样一来，企业或个人就无须自行开发应用程序。

（3）软件即服务

软件即服务（SaaS，也称为云应用程序服务）代表了云市场中企业最常用的选项。SaaS利用互联网向其用户提供应用程序，这些应用程序由第三方供应商管理。大多数SaaS应用程序直接通过Web浏览器运行，不需要在客户端进行任何下载或安装。SaaS公司提供的各种应用程序产品，如客服关系管理（CRM）、人力资源管理、数据库管理和企业资源计划（ERP）等。

与IaaS和PaaS一样，SaaS也按需收费，用户按照需求进行租用。用户不用再购买软件，而改用向提供商租用基于Web的软件，来管理企业经营活动，且无须对软件进行维护，服务提供商会全权管理和维护软件，软件厂商在向客户提供互联网应用的同时，也提供软件的离线操作和本地数据存储，让用户随时随地都可以使用其订购的软件和服务。

3.2.2 边缘计算

边缘计算，是指在靠近物或数据源头的一侧，采用网络、计算、存储、应用核心能力为一体的开放平台，就近提供最近端服务。边缘计算将大型任务分割成各个小型的任务，并卸载到各个边缘节点进行处理，边缘节点更靠近用户端，这使得传输距离变短、处理速度变快，大大降低了传输时延。

边缘计算的服务模式靠近客户或数据源，而云计算则是远离了用户，将数据集中到云端进行处理，两者的关系是互补协同，也可以将边缘计算描述为云计算的扩充发展。

思科公司在2016—2021年的全球云指数中指出：接入互联网的设备数量从2016年的171亿增加到271亿；每天产生的数据量也在激增，全球的设备产生的数据量从2016年的218ZB

增长到2021年的847ZB。传统的云计算模型是将所有的数据通过网络上传到云计算中心进行处理，但是这样的处理模式会带来一些问题：

① 实时性不足。随着边缘设备的不断增加，网络带宽逐渐成为云计算的一个瓶颈。在一些对实时性要求较高的应用场景中，这一问题尤为突出。例如，在自动驾驶汽车的辅助驾驶功能中，激光雷达每秒会收集大量数据。如果将这些数据传输到云计算中心进行处理，再返回到汽车，可能会产生较大的延迟，这将无法满足驾驶所需的实时性要求。

② 数据安全与隐私易泄露。随着智能家居的普及，许多智能家居设备基于物联网技术，产生大量数据。如果将这些数据上传到云数据中心，用户隐私泄露的风险将随之增加。

③ 能耗大。随着云服务器上运行的用户应用程序数量不断增加，未来大规模数据中心对能耗的需求将面临挑战。如果能够在用户附近处理一些数据，将有助于减轻云计算中心的数据处理负担和能耗。

边缘计算的出现为5G、高性能计算以及新一代物联网（IoT）技术的落地提供了必要的计算能力、边缘服务能力、端侧感知能力及各部分的协同能力。各个物联网行业可以基于边缘计算的技术特点，构建基础赋能平台，实现与边缘计算技术的深度融合，从而将行业服务能力扩展到"云边端"各个层面，进一步提升行业的服务能力。

边缘计算技术在与其他技术融合中主要体现出以下特点。

① 协同能力：自从边缘计算出现以来，"云边端"已经成为各个行业服务框架的基本范式。边缘计算为云计算与终端设备建立了桥梁，为"云边端"提供了高效的协同数据处理能力，端侧负责数据的采集和控制指令的执行，边侧负责边侧数据处理和数据的上传，云端负责大规模数据处理与存储。

② 端侧感知技术：端侧设备常见的有工厂产线的机器、物联网设备、智能机器人等。端侧设备复杂繁多，并且设备间的传输协议大不相同，但边缘计算支持种类繁多的通信协议，正好满足了端侧设备采集的数据上传到边缘计算平台的需求。

③ 边缘服务能力：边缘计算平台通过结合边缘计算的特性，为各类应用与服务部署提供边缘化的服务供给能力。将服务下沉到边缘侧可以减少数据传输带来的带宽消耗、减小服务的延迟等，提高用户的满意度。

以提供边缘计算能力服务为目标，将边缘计算与其他技术融合，产生新的服务模式与能力，各类边缘计算正在不断地创新与发展。常见的边缘计算核心技术有边缘原生、计算卸载、云边端协同等。

① 边缘原生。云原生概念于2015年提出，它从技术理念和核心架构等多个方面，助力企业实现平滑、快速和渐进式的云迁移。当云原生技术与边缘计算相结合时，便形成了边缘原生。边缘计算具有广泛分布、互联网传输、网络波动和体量小等特点，这些特点在一定程度上限制了云原生技术在边缘的应用与发展。面对这些挑战，需要实现云中心与边缘之间的内容协同调度，并对整体架构进行优化调整，以便更轻松地将云原生技术应用到边缘环境中。

② 计算卸载。计算卸载是指终端设备将部分或全部计算任务交给云计算环境处理的技术，以解决移动设备在资源存储、计算性能以及能效等方面存在的不足。计算卸载包括卸载决策、资源分配和卸载系统实现三个方面。卸载决策是指用户设备（UE）在决定是否进行卸载、卸载多少以及卸载哪些任务时所面临的问题。卸载决策主要可以分为以下几类：以降低时延为目标的卸载决策、以降低能量消耗（能耗）为目标的卸载决策、在能耗和时延之间

进行权衡的卸载决策，以及以最小化用户费用开销为目标的卸载决策。资源分配则通过资源调度器，根据当前网络资源状况及不同用户的时延需求来进行，这包括单节点资源分配和多节点资源分配等不同方式。

③ 云边端协同。对于云计算模式中的一些不足，边缘计算的出现与结合，可以很好地弥补这些不足。如图3-9所示是"云边端"协同的基本框架。边缘计算在云与端之间起到连接两者的作用。边缘计算的功能包括数据处理、数据存储和边缘智能等。

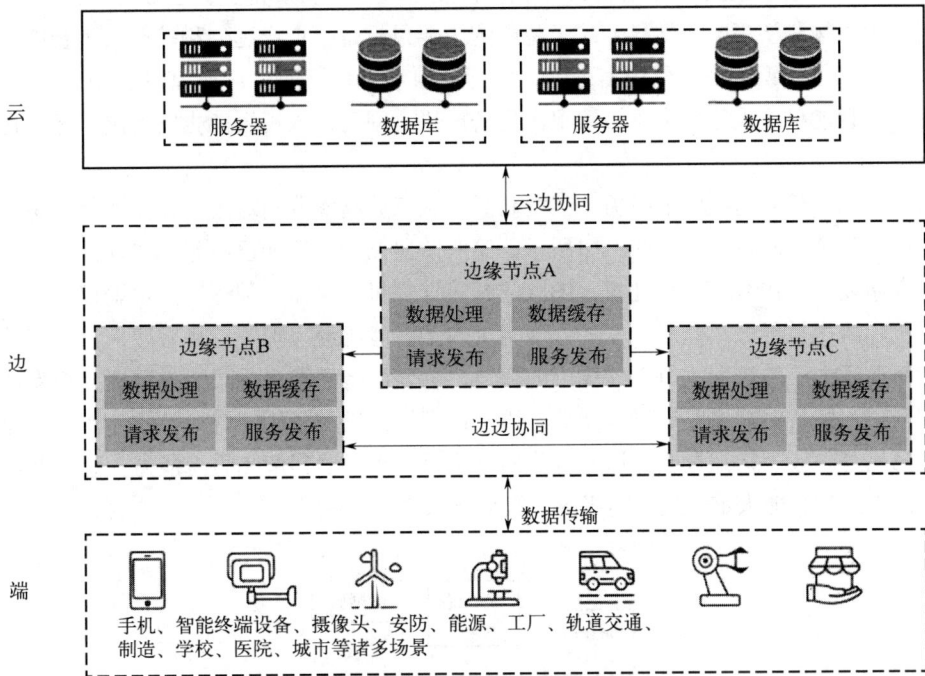

图3-9 "云边端"协同基本框架

a. 数据处理：边缘计算平台与边缘设备连接，接收边缘设备的数据传输。对于上传的各类数据，边缘计算平台通过规则引擎进行筛选、过滤和抽取等处理。此外，针对从端部采集的数据，需要进行审查和校验，以过滤掉错误数据并删除重复数据。由于边缘计算层位于中间位置，这些处理后的数据还需上传至云端，因此，有效的数据处理至关重要。

b. 数据存储：边缘计算平台数据存储能力主要包括数据存储和数据备份。数据存储的类型主要分为：

· 时序数据。时序数据是边缘计算节点中保存和处理最多的数据类型，智能制造、智慧城市、自动驾驶等行业都产生巨量的时序数据，如生产线上生产产品的信息以及机器的状况。

· 业务数据。存储现场操作人员的登录信息、非实时的业务状况信息等。

· 云端下发数据。云端和边缘计算平台实时地进行数据的交流，边缘计算平台存储云端下发的数据以及一些控制指令等。

c. 边缘智能：边缘计算平台具有数据处理能力，但是处理能力远小于云计算端。边缘计算平台可以部署小型的数据处理的人工智能算法，实现边缘的智能化，以减少云端的数据处理负载，如在边缘端部署故障检测算法，实现对现场设备的智能检测。此外，边缘计算平台与现场设备结合下发控制指令，实现智能控制。

3.3 人工智能

3.3.1 人工智能概述

人工智能（artificial intelligence）是一门综合性很强的技术学科，专注于研究机器智能和智能机器。该领域起源于20世纪50年代，涉及心理学、认知科学、思维科学、信息科学、系统科学和生物科学等多个学科。人工智能的主要目标是模拟、延伸和扩展人类智能，已经在知识处理、模式识别、自然语言处理、博弈、自动定理证明、自动程序设计、专家系统、知识库以及智能机器人等多个领域取得了显著成果。同时，人工智能也发展出了多元化的研究方向。

人工智能学科自诞生以来经历了三波高潮，这三波高潮分别对应于计算智能、感知智能和认知智能三个不同阶段，如图3-10所示。第一阶段的计算智能已经基本实现，也就是快速计算和存储能力。1997年5月11日，IBM的超级计算机"深蓝"创造了一项里程碑——战胜了当时国际象棋世界冠军卡斯帕罗夫，证明了人工智能已经实现了计算智能，而且在某些情况下有不弱于人脑的表现。由于计算机的普及、物联网传感器可采集大量数据、边缘计算的算力提升，人工智能能够实现机器视觉、语义识别等，进入了感知智能阶段，目前正处于此阶段。第三个阶段为认知智能，认知智能的目标是赋予机器理解和思考能力，让机器具有一个真正意义上的智能大脑，是更高级的、类似于人类的智能。

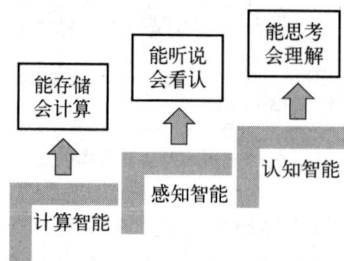

图3-10　人工智能的三个发展阶段

基于大数据和深度学习的新一代人工智能技术，在智能制造应用需求的牵引下，正在推动全球新一轮工业革命向智能化方向发展。数据驱动的工业智能新理论和新技术，作为国际前沿研究热点，在国内外掀起了新一轮研究高潮。

3.3.2 机器学习

机器学习（machine learning）是实现人工智能的一种重要手段，也被认为是实现人工智能较为有效的手段。机器学习本质上是通过数学算法分析数据的规律，学习相关规律，并利用这些规律进行预测和决策。机器学习按照学习方式的不同，可以分为监督学习、无监督学习和半监督学习三种。在算法方面，主要有贝叶斯分类、决策树、线性回归、随机森林、主成分分析、流形学习、k均值聚类、高斯混合模型等。

（1）线性回归

线性回归（linear regression）属于机器学习中的回归预测模型，其试图学得一个线性模型以尽可能地预测实值输出。

给定数据集 $D = (x^{(n)}, y^{(n)})_n^N$，其中 $x_i = \{x_{i1}, x_{i2}, \cdots, x_{ip}\}$，$p$ 为特征个数，$y_i \in \mathbb{R}$，线性模型的目标是学得一个通过属性的线性组合来进行预测的函数 $f(x)$，即

$$f(x) = w_1 x_1 + w_2 x_2 + \cdots + w_p x_p + b = w^{\mathrm{T}} \cdot x + b \tag{3-1}$$

通过对样本学习，调整参数使得 $f(x_i) \simeq y_i$，得到最优参数 w 和 b 后，模型 $f(x)$ 即可用于预测。为了让 $f(x_i)$ 接近于 y_i，可以采用均方误差来作为衡量二者之间差异的指标，通过最小化均方误差来获得最优参数，即

$$w^*, b^* = \underset{(w,b)}{\arg\min} \sum_{i=1}^{N} [f(x_i) - y_i]^2 = \underset{(w,b)}{\arg\min} \sum_{i=1}^{N} (w^{\mathrm{T}} \cdot x + b - y_i)^2 \tag{3-2}$$

将基于均方误差最小化来进行模型求解的方法称为"最小二乘法"（least square method）。在线性回归中，最小二乘法就是试图找到一条直线，使所有样本到直线上的欧氏距离之和最小，对于一个一维数据集其线性回归模型如图3-11所示。

求解 w 和 b 的过程被称为线性回归模型的最小二乘"参数估计"。以一维数据 $x \in \mathbb{R}$ 为例对线性回归模型进行参数估计，我们令 $L(w,b) = \sum_{i=1}^{N} (w^{\mathrm{T}} \cdot x + b - y_i)^2$，其中 $L(w,b)$ 是关于

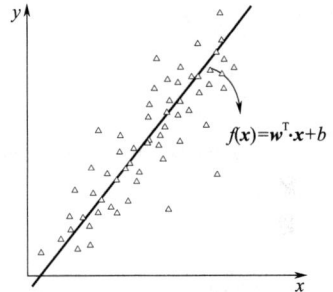

图3-11　线性回归模型

$w \in \mathbb{R}$ 和 $b \in \mathbb{R}$ 的凸函数，当它对 w 和 b 的导数为零时，得到 w 和 b 的最优解使得 $L(w,b)$ 最小。将 $L(w,b)$ 对 w 和 b 求导，得到

$$\frac{\partial L(w,b)}{\partial w} = 2 \left[w \sum_{i=1}^{N} x_i^2 - \sum_{i=1}^{N} (y_i - b) x_i \right] \tag{3-3}$$

$$\frac{\partial L(w,b)}{\partial b} = 2 \left[mb - \sum_{i=1}^{N} (y_i - w x_i) \right] \tag{3-4}$$

其中，m 为 x_i 中样本的数量。

然后让上面两式等于零，可得到 w 和 b 最优解的解析解

$$w = \frac{\sum_{i=1}^{N} y_i (x_i - \bar{x})}{\sum_{i=1}^{N} x_i^2 - \frac{1}{m} (\sum_{i=1}^{N} x_i)^2} \tag{3-5}$$

$$b = \frac{1}{m} \sum_{i=1}^{N} (y_i - w x_i) \tag{3-6}$$

式中，$\bar{x} = \frac{1}{m} \sum_{i=1}^{N} x_i$，为 x 的均值。

推广到更一般的形式，假设样本由 p 个属性构成，求取上面定义的数据集 D 的回归模型 $f(x) = w^{\mathrm{T}} \cdot x + b$，我们称之为"多元线性回归"。

（2）支持向量机

支持向量机（support vector machine, SVM）作为经典二分类算法，因分割超平面鲁棒性强，广泛应用于各类任务并表现出显著优势。

给定一个二分类器数据集 $\mathcal{D} = (\boldsymbol{x}^{(n)}, y^{(n)})_n^N$，其中 $y^{(n)} \in \{+1, -1\}$，如果两类样本是线性可分的，即存在一个超平面

$$\boldsymbol{w}^{\mathrm{T}} \cdot \boldsymbol{x} + b = 0 \tag{3-7}$$

将两类样本分开，假设超平面 $(\boldsymbol{w}, b)$ 能将训练样本正确分类，即对于 $(\boldsymbol{x}^{(n)}, y^{(n)}) \in \mathcal{D}$，若 $y^{(n)} = +1$，则有 $\boldsymbol{w}^{\mathrm{T}} \cdot \boldsymbol{x}^{(n)} + b > 0$；若 $y^{(n)} = -1$，则有 $\boldsymbol{w}^{\mathrm{T}} \cdot \boldsymbol{x}^{(n)} + b < 0$，那么对于每个样本都有 $y^{(n)}(\boldsymbol{w}^{\mathrm{T}} \cdot \boldsymbol{x}^{(n)} + b) > 0$。

数据集 $\mathcal{D}$ 中的每个样本 $\boldsymbol{x}^{(n)}$ 到分割超平面的距离为

$$\gamma^{(n)} = \frac{\left| \boldsymbol{w}^{\mathrm{T}} \cdot \boldsymbol{x}^{(n)} + b \right|}{\|\boldsymbol{w}\|} = \frac{y^{(n)}(\boldsymbol{w}^{\mathrm{T}} \cdot \boldsymbol{x}^{(n)} + b)}{\|\boldsymbol{w}\|} \tag{3-8}$$

定义间隔（margin）γ 为整个数据集 $\mathcal{D}$ 中所有样本到分割超平面的最短距离，即

$$\gamma = \min_n \gamma^{(n)} \tag{3-9}$$

如果间隔 γ 越大，其分割的超平面对两个数据集的划分越稳定，不容易受噪声等因素影响。支持向量机的目标是寻找一个超平面使得 γ 最大，即

$$\max_{\boldsymbol{w}, b} \gamma \qquad \text{s.t.} \quad \frac{y^{(n)}(\boldsymbol{w}^{\mathrm{T}} \cdot \boldsymbol{x}^{(n)} + b)}{\|\boldsymbol{w}\|} \geqslant \gamma, \forall n \in \{1, 2, \cdots, N\} \tag{3-10}$$

由于 $\|\boldsymbol{w}\|$ 和 γ 都是标量，我们可以放缩 $(\boldsymbol{w}, b) \rightarrow (k\boldsymbol{w}, kb)$ 且限制 $\|\boldsymbol{w}\| \times \gamma = 1$，这些操作不会改变样本 $\boldsymbol{x}^{(n)}$ 到分割超平面的距离，则优化问题等价于

$$\max_{\boldsymbol{w}, b} \frac{1}{\|\boldsymbol{w}\|^2} \qquad \text{s.t.} \quad y^{(n)}(\boldsymbol{w}^{\mathrm{T}} \cdot \boldsymbol{x}^{(n)} + b) \geqslant 1, \forall n \in \{1, 2, \cdots, N\} \tag{3-11}$$

数据集中所有满足 $y^{(n)}(\boldsymbol{w}^{\mathrm{T}} \cdot \boldsymbol{x}^{(n)} + b) = 1$ 的样本点都称为支持向量（support vector）。对于一个线性可分的问题，其分割超平面有无数个，但是间隔最大的超平面有且仅有一个，图3-12为支持向量机的最大间隔分割超平面，加粗的三角和圆形数据点为支持向量。

接着将此问题转化为凸优化问题，并利用拉格朗日乘子法求解（具体证明过程省略），最终可得到最优权重 $\boldsymbol{w}^*$ 和最优偏置 b^*，最优参数的支持向量机的决策函数为

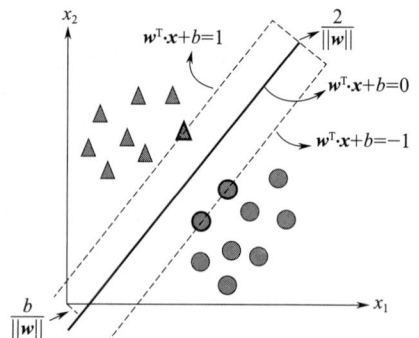

图3-12　支持向量机

$$f(\boldsymbol{x}) = \mathrm{sgn}(\boldsymbol{w}^{*\mathrm{T}} \cdot \boldsymbol{x} + b^*) = \mathrm{sgn}\left[\sum_{n=1}^N \lambda_n^* y^{(n)}(\boldsymbol{x}^{(n)})^{\mathrm{T}} \cdot \boldsymbol{x} + b^* \right] \tag{3-12}$$

式中，λ_n^* 为拉格朗日乘子，每个 λ_n^* 对应一个训练样本。

支持向量机是线性模型，可以引入核函数（kernel function）来处理非线性问题，核函数

将原始特征空间隐式地映射到高维特征空间，并解决原始特征空间中线性不可分问题。例如，高维特征空间中的一个转换函数 φ 将原决策函数变为

$$f(\boldsymbol{x}) = \text{sgn}[\boldsymbol{w}^{*\text{T}} \cdot \varphi(\boldsymbol{x}) + b^*] = \text{sgn}\left[\sum_{n=1}^{N} \lambda_n^* y^{(n)} k(\boldsymbol{x}^{(n)}, \boldsymbol{x}) + b^*\right] \tag{3-13}$$

其中，$k(\boldsymbol{x}, \boldsymbol{y}) = \varphi(\boldsymbol{x})^{\text{T}} \cdot \varphi(\boldsymbol{y})$ 为核函数。一般来说，$\varphi(\boldsymbol{x})$ 由于维度过高，显性地写出映射关系 $\varphi(\boldsymbol{x})$ 计算量过大，可以引入核技巧，通过构造 $k(\boldsymbol{x}, \boldsymbol{y})$ 以避免求解 $\varphi(\boldsymbol{x})^{\text{T}} \cdot \varphi(\boldsymbol{y})$。常见的核函数如表3-2所示。

表3-2　常见核函数

线性核	$k(\boldsymbol{x}, \boldsymbol{y}) = \boldsymbol{x}^{\text{T}} \cdot \boldsymbol{y} + c$
多项式核	$k(\boldsymbol{x}, \boldsymbol{y}) = (a\boldsymbol{x}^{\text{T}} \cdot \boldsymbol{y} + c)^d$
径向基核	$k(\boldsymbol{x}, \boldsymbol{y}) = \exp\left(-\dfrac{\|\boldsymbol{x} - \boldsymbol{y}\|^2}{2\sigma}\right)$
拉普拉斯核	$k(\boldsymbol{x}, \boldsymbol{y}) = \exp\left(-\dfrac{\|\boldsymbol{x} - \boldsymbol{y}\|}{\sigma}\right)$

注：多项式核中 a 表示线性组合系数，控制了多项式核中线性组合的权重；径向基核与拉普拉斯核中的 σ 为标准差，控制了径向基核和拉普拉斯核的宽度。

例如，已知 $\boldsymbol{x}, \boldsymbol{y} \in \mathbb{R}^2$，可以构造一个多项式核函数 $k(\boldsymbol{x}, \boldsymbol{y}) = (\boldsymbol{x}^{\text{T}} \cdot \boldsymbol{y} + 1)^2$ 代替 $\varphi(\boldsymbol{x})^{\text{T}} \cdot \varphi(\boldsymbol{y})$，这相当于隐式地计算 $\boldsymbol{x}$，$\boldsymbol{y}$ 的高维映射 $\varphi(\boldsymbol{x})$，$\varphi(\boldsymbol{y})$。通过多项式核函数可以反向求出 $\varphi(\boldsymbol{x}) = [1, \sqrt{2}x_1, \sqrt{2}x_2, \sqrt{2}x_1 x_2, x_1^2, x_2^2]^{\text{T}}$，能够看出 $\varphi(\boldsymbol{x})$ 是一个很高维的向量，且随 $\boldsymbol{x}$ 的维数的提升呈爆炸式增长。

（3）决策树

决策树（decision tree）是一种树形结构，如图3-13所示。每个非叶节点表示对特征属性的测试，每个分支代表该特征属性在某个值域上的输出，而每个叶节点存储一个类别。使用决策树进行决策的过程始于根节点，测试待分类项的相应特征属性，并根据其值选择输出分支，直到到达叶节点，将叶节点存储的类别作为最终决策结果。决策树最重要的是决策树的构造，构造决策树的关键在于属性选择度量，以确定各个特征属性之间的拓扑结构。分裂属性是构建决策树的重要步骤，指的是在某个节点处根据特定特征属性的不同值划分出不同的分支，其目标是使各个分裂子集尽可能"纯"，即让每个分裂子集中待分类项尽量属于同一

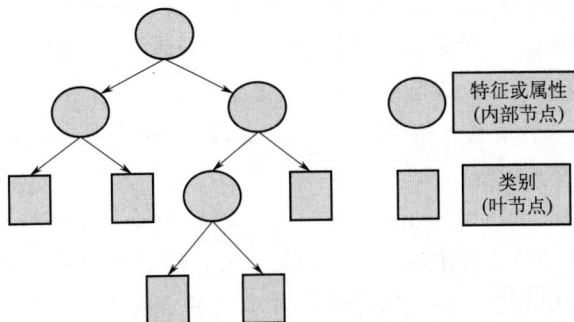

特征或属性
(内部节点)

类别
(叶节点)

图3-13　决策树

类别。分裂属性可以分为三种情况：①属性是离散值且不要求生成二叉决策树，此时用属性的每一个划分作为一个分支；②属性是离散值且要求生成二叉决策树，此时使用属性划分的一个子集进行测试，按照"属于此子集"和"不属于此子集"分成两个分支；③属性是连续值，此时确定一个值作为分裂点，按照大于分裂点和小于等于分裂点生成两个分支。

ID3（第3代迭代二分法）作为一种经典的决策树算法，是基于信息熵来选择最佳的测试属性，其选择了当前样本集中具有最大信息增益值的属性作为测试属性。样本集的划分则依据了测试属性的取值进行，测试属性有多少种取值就能划分出多少子样本集；同时决策树上与该样本集相应的节点"长出"新的叶节点。ID3算法根据信息论理论，采用划分后样本集的不确定性作为衡量划分样本子集的好坏程度，用"信息增益值"度量不确定性——信息增益值越大，不确定性就越小，这有助于找到一个好的非叶节点来进行划分。

设 D 为用（输出）类别对训练元组进行的划分，则 D 的熵表示为

$$\text{info}(D) = -\sum_{i=1}^{m} p_i \log_2(p_i) \tag{3-14}$$

其中，m 表示数据集中的类别数；p_i 表示第 i 个类别在整个训练元组中出现的概率，一般来说会用这个类别的样本数量占总量的比例来作为概率的估计；熵的实际意义是 D 中元组的类标号所需要的平均信息量。

如果将训练元组 D 按属性 A 进行划分，则 A 对 D 划分的期望信息为

$$\text{info}_A(D) = \sum_{j=1}^{v} \frac{|D_j|}{|D|} \text{info}(D_j) \tag{3-15}$$

式中，v 为划分后得到的子集数量。

于是，信息增益就是两者的差值

$$\text{gain}(A) = \text{info}(D) - \text{info}_A(D) \tag{3-16}$$

ID3决策树算法就用到上面的信息增益，在每次分裂的时候贪心选择信息增益最大的属性，作为本次分裂属性。每次分裂就会使得树长高一层，这样逐步生产下去，就可以构建一棵决策树。

3.3.3 深度学习

深度学习（deep learning）是一种重要的机器学习算法，因其在当今机器学习领域的显著影响和价值，常常被单独提及。深度学习网络主要通过神经网络解决特征层分布问题。我们通常所指的前馈神经网络、卷积神经网络、循环神经网络等，均属于深度学习的范畴，这些是现代机器学习中使用最广泛的技术手段。借助这些先进的技术，深度学习在视觉识别、语音识别和自然语言处理等领域取得了显著成就，超越了传统机器学习算法的表现。

（1）前馈神经网络

前馈神经网络（feedforward neural network, FNN）是最早发明的简单人工神经网络。在前馈神经网络中，各神经元分别属于不同的层，每一层的神经元可以接收前一层神经元的信号，并产生信号输出到下一层。第零层称为输入层，最后一层称为输出层，其他中间层称为隐藏层，整个网络中无反馈，信号从输入层向输出层单向传播，可用一个有向无环

图（图3-14）表示。

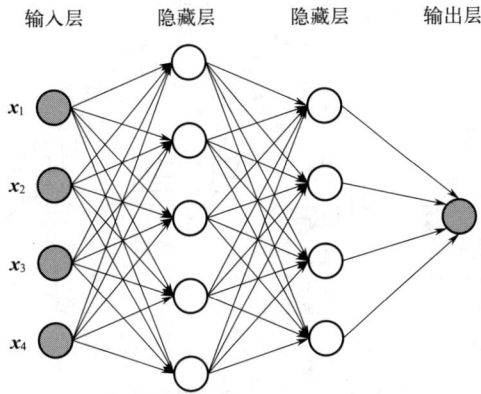

图3-14　前馈神经网络示例

对于输入数据 $\boldsymbol{x}=\left\{\boldsymbol{x}_1,\boldsymbol{x}_2,\cdots,\boldsymbol{x}_p\right\}$，即 $\boldsymbol{x}\in\mathbb{R}^p$，采用表3-3的形式描述前馈神经网络。

表3-3　前馈神经网络的表示符号

符号	含义
M_l	第 l 层神经元的个数
f_l	第 l 层神经元的激活函数
$\boldsymbol{W}^{(l)}\in\mathbb{R}^{M_l\times M_{l-1}}$	第 $l-1$ 层到第 l 层的权重矩阵
$\boldsymbol{b}^{(l)}\in\mathbb{R}^{M_l}$	第 $l-1$ 层到第 l 层的偏置
$\boldsymbol{z}^{(l)}\in\mathbb{R}^{M_l}$	第 l 层神经元的净输入
$\boldsymbol{a}^{(l)}\in\mathbb{R}^{M_l}$	第 l 层神经网络的输出

令输入层为第0层，即 $l=0$，$\boldsymbol{a}^{(0)}=\boldsymbol{x}$，则前馈神经网络的信息传播过程可用下面公式表示

$$\boldsymbol{z}^{(l)}=\boldsymbol{W}^{(l)}\boldsymbol{a}^{(l-1)}+\boldsymbol{b}^{(l)} \tag{3-17}$$

$$\boldsymbol{a}^{(l)}=f_l(\boldsymbol{z}^{(l)}) \tag{3-18}$$

根据上式的特点，可以把每个神经层看作一个放射变换（affine transformation）和一个非线性变换。

（2）卷积神经网络

卷积神经网络（convolutional neural network, CNN）由卷积层、池化层和全连接层等组成。卷积层中的卷积核可以视为特征提取器，它能够代替人工，进行特征提取，而卷积层中的激活函数则是用于增强网络的函数拟合能力。通过构造端到端的网络模型，让二维图像能够直接输入神经网络中训练。全连接层的主要作用是将提取的特征与类别进行线性映射，实现分类任务。网络的一般结构如图3-15所示。

卷积在数学上是一种运算方法。对于连续数据，卷积表达式如下所示

$$s(x)=\int f(u)g(x-u)\mathrm{d}u \tag{3-19}$$

可表示为函数 $f(u)$ 与 $g(x-u)$ 的重叠面积。

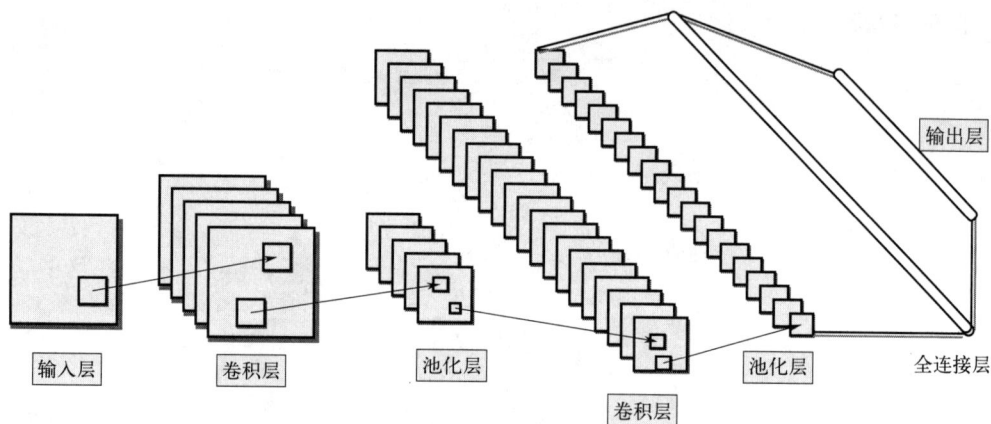

图3-15 卷积神经网络原理图

其中，u为f的积分变量。

对于一个二维图像这样的离散数据来说，我们将f视为要被卷积的图像矩阵，g视为卷积核或滤波器，也是一个二维矩阵，表达式如下所示

$$s[\boldsymbol{x}] = \sum f[\boldsymbol{k}]g[\boldsymbol{x}-\boldsymbol{k}]$$ （3-20）

式中，$\boldsymbol{k}$为f的求和变量。

滤波器g对图像f的卷积也被称为g对f的滤波。在图像处理上，卷积过程如图3-16所示。

卷积层的运算其实就是将卷积核作用于输入图像上，如图3-16所示的卷积过程，其中步长（stride）设为1，不打补丁（no padding），左边的4×4矩阵作为输入，阴影部分就是3×3的卷积核（一般卷积核是个正方形，且边长为奇数），卷积核扫过输入图像时与所覆盖区域的像素点对应相乘再相加，最终得到2×2的输出，对应右边区域。因为一个卷积核只能提取输入数据的一个特定特征，所以卷积层一般会有多个卷积核，来提取不同种类的特征。

卷积层可以在大量数据中学习，提取图像的特征，但数据量过大容易产生过拟合。池化层一个最直接的作用就是降低特征图像的大小，减少运算量。池化操作包括两种：一个是对池化窗口内的元素求平均值的平均池化，一个是取池化窗口内元素最大值的最大池化。图3-17表示最大池化的过程，即当卷积层的输出大小是4×4，池化窗口的尺寸为2×2时，经过stride=2的池化操作后，输出大小为2×2的数据，相比于输入数据，输出的数据量减少到原来的1/4。另外，池化层也能增加图像的旋转、平移不变性。

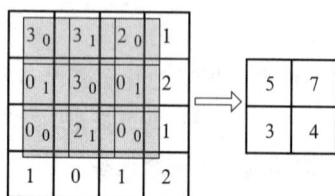

图3-16 卷积过程

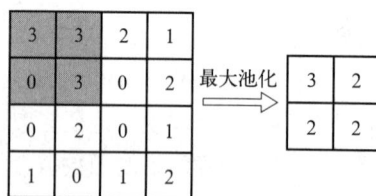

图3-17 最大池化过程

激活函数对于卷积层至关重要，如果没有激活函数，下一层的输入总是上一层的输出，无论多少层网络，都是线性函数，线性函数的逼近能力是非常有限的，无法拟合现实中这些没有规律的非线性复杂函数。因此正是由于激活函数的存在，才赋予了网络强大的非线性学习能力。目前流行的激活函数包括如下几种：

① Sigmoid 函数：Sigmoid 函数目前在各领域被广泛应用。Sigmoid 具有指数的形状，有很好的性质，比如可无限求导、可作阈值函数，可以用于表示事件的概率。但其存在显著的缺点，即饱和性，其两侧的导数逐渐趋近于 0，造成梯度消失。另外，Sigmoid 函数不以 0 为中心，存在偏移现象，这种偏移会在神经元之间传递叠加，最终影响网络收敛。其函数式如下式所示

$$\sigma(x) = \frac{1}{1+e^{-x}} \tag{3-21}$$

② tanh 函数：tanh 函数的输出均值是 0，所以其收敛速度要比 Sigmoid 快。但其缺点也是会造成梯度消失（软饱和性），另外其幂运算更加复杂。其函数式如下式所示

$$\tanh(x) = \frac{e^x - e^{-x}}{e^x + e^{-x}} \tag{3-22}$$

③ ReLU 函数：ReLU 的全称是 rectified linear units（核正线性单元），被 AlexNet 首次使用。ReLU 能够在 $x>0$ 时保持梯度不衰减，能缓解梯度消失的问题。其缺点是随着训练的推进，部分输入会落入硬饱和区（$x<0$），导致对应权重无法更新。这种现象被称为"神经元死亡"，神经元死亡会影响网络的收敛性。另外，ReLU 也存在偏移现象。其函数式如下式所示

$$\mathrm{ReLU}(x) = \begin{cases} x & x>0 \\ 0 & x \leqslant 0 \end{cases} \tag{3-23}$$

④ Leaky ReLU 函数：提出 Leaky ReLU 是为了缓解 ReLU 存在的"神经元死亡"现象，其函数式如下式所示

$$\mathrm{Leaky\,ReLu}(x) = \begin{cases} x_i & x>0 \\ ax_i & x \leqslant 0 \end{cases} \tag{3-24}$$

其中，a 为可学习参数。

⑤ 全连接（fully connected，FC）层可以看作是整个网络的分类器，用于对提取的特征进行分类（映射）。在全连接层最后会接入 Softmax 函数，来将输出数据转化为概率的形式输出。Softmax 可进行多分类，Softmax 的分类器的输出 $\sigma(z)_j$ 定义如下：

$$\sigma(z)_j = \frac{e^{z_j}}{\sum\limits_{k=1}^{K} e^{z_k}} \ (j=1,\cdots,k) \tag{3-25}$$

$$z_j = \boldsymbol{w}_j^{\mathrm{T}} \cdot \boldsymbol{x} + b_j \tag{3-26}$$

其中，K 为输出类别总数；z_j 为 CNN 第 j 类预测输出的结果。由于 Softmax 函数先通过指数函数增加了输入向量之间的差异，然后才归一化为一个概率分布，在分类问题中，它使得各个类别的概率差异比较显著，这样输出分布的形式更接近真实分布。

卷积神经网络（CNN）其中的两种优点是权重共享和局部连接。传统的神经网络的层与层之间的神经元是完全连接的，这导致参数量巨大且存在较高的冗余性。而 CNN 通过权重共享和局部连接机制，显著减少了网络的参数数量。在卷积层中，每个神经元仅与其对应的局部区域内的上层神经元连接，而不是全连接，这使得网络具备更好的泛化能力和鲁棒性。

（3）循环神经网络

早期的循环神经网络（RNN）能够提取数据的时序信息，具有一定的记忆功能，但模型的弊端也相当明显，如模型复杂、只具有短期记忆、梯度易消失或爆炸等，这导致RNN在当时不温不火。经过了几年的发展，循环神经网络不断地迭代，以上问题也得到了一定程度的解决，长短期记忆（long short term memory, LSTM）网络模型就是其中优秀代表之一，最先提出这一模型的是Hochreiter等人，后来被广泛推广。相比于最初的RNN，LSTM网络模型在细胞单元中添加了能够遗忘和储存信息的门结构，这些门结构可以看作是一种权重，重要信息储存或加权，不重要信息遗忘或抑制，这样有效地减少了信息的冗余，能够长时间记住重要信息。通过这些门结构，LSTM的学习能力和泛化能力相比RNN更加优秀。由于LSTM的优秀表现，LSTM被广泛地应用于各个领域，尤其是自然语言处理领域。

循环神经网络是一种递归神经网络，具有大量的重复模块。一个LSTM模型内部（图3-18）含有多个结构重复的LSTM细胞单元，而重复模块采用的是链式连接。

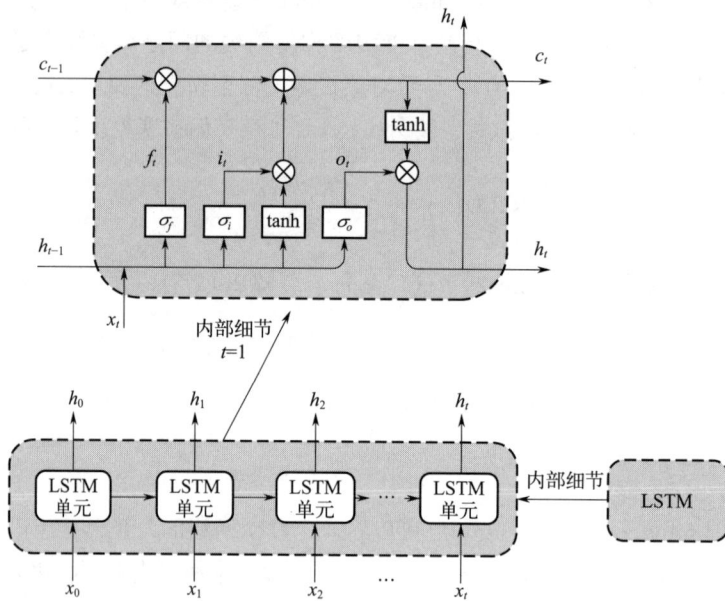

图3-18　LSTM内部细节

每个LSTM细胞单元（cell）具有输入门、遗忘门和输出门三个门结构，门结构主要由点乘跟tanh或Sigmoid函数组成。Sigmoid函数将信息转换为0到1之间，再经过点乘，点乘0遗忘或抑制全部信息，点乘1相当于存储全部当前信息。与传统循环神经网络（RNN）相比，长短期记忆（LSTM）网络的最大区别在于其引入了细胞状态（cell state）。细胞状态的作用是记录和传递单元状态的信息，但它本身并不直接控制信息的流动。

① 遗忘门：用于对过去某些信息 c_{t-1} 进行忘记，忘记程度由 f_t 决定，f_t 公式如式(3-27)所示

$$f_t = \sigma(W_f \cdot [h_{t-1}, x_t] + b_f) \qquad (3-27)$$

式中，σ 为Sigmoid函数；f_t 大小位于0和1之间；W_f 包含 $W_{h_{t-1}}$ 和 W_{x_t} 两部分。

② 输入门：用于对现在某些信息 x_t 进行储存或记忆，记忆多少由 i_t 决定，i_t 公式如式(3-28)所示

$$i_t = \sigma\left(\boldsymbol{W}_i \cdot [h_{t-1}, x_t] + b_i\right) \tag{3-28}$$

式中，σ 为 Sigmoid 函数；i_t 的大小位于 0 和 1 之间；$\boldsymbol{W}_i$ 包含 $\boldsymbol{W}_{h_{t-1}}$ 和 $\boldsymbol{W}_{x_t}$ 两部分。

从图 3-18 可以看出遗忘门与输入门的输出共同作用于细胞状态 c_{t-1}，更新为 c_t，其作用可看作是对过去和现在信息的合并，具体公式如式 (3-29) 所示

$$c_t = f_t c_{t-1} + i_t \tanh(\boldsymbol{W}_c \cdot [h_{t-1}, x_t] + b_c) \tag{3-29}$$

③ 输出门：用于对状态信息的输出，输出门的输入为当前的输入 x_t 和上一个 LSTM 单元的隐层输出 h_{t-1}，而 Sigmoid 函数和 tanh 函数则是用来控制输出信息。具体公式如下所示

$$o_t = \sigma(\boldsymbol{W}_o \cdot [h_{t-1}, x_t] + b_o) \tag{3-30}$$

$$h_t = o_t \tanh(c_t) \tag{3-31}$$

式中，h_t 既是该单元的输出，也是下一个单元的输入。

3.4 大数据

3.4.1 大数据概述

高速发展的智能时代，各个行业围绕数字化转型展开了一系列的举措。随着人工智能、物联网、云计算、智能制造等技术的发展，大数据作为推动数字化转型的工具之一，起着尤为重要的作用，已成为各个领域研究的热点内容。在可持续发展战略引导之下，制造业作为实体经济的主体，是国家经济的命脉所系、立国之本、强国之基，而大数据技术在促进传统制造业转型升级中发挥着重要作用，因此要充分利用好制造过程中的工业大数据，提升制造业发展的质量，提升复杂产品的制造技术。

（1）大数据的定义

1998 年，美国高性能计算公司 SGI 的首席科学家约翰·马西（John Mashey）在一个国际会议报告中指出，随着数据量的快速增长，必将出现数据难理解、难获取、难处理和难组织等四个难题，并用"big data（大数据）"来描述这一挑战，在计算领域引发思考。现代信息技术的发展，使信息的快速交互产生了大量的数据。结构化数据、半结构化数据以及非结构化数据的指数型增长，各种多源异构数据量的指数型增长导致传统的关系数据库已经不能处理海量数据。大数据是一个巨大数据集合，不能在常规软件工具中进行可接受时间内的处理。

大数据的特点：作为新一代的技术与架构，从刚开始的大规模（volume）、多样化（variety）、高速化（velocity）3V 特征到现在的 8V 特征。

① 大规模（volume）。数据量是非常庞大的，人类每天都在产生大量数据，企业的数量级更是达到了 PB，并在持续增长。在数字化转型过程中，海量数据的收集、存储、分析等都需要新的技术支撑。

② 多样化（variety）。数据的来源广泛，有传感器采集数据、智能体交互数据、产品营销数据、设备运行维护数据等各种数据源，数据的形式也有多种，例如图片、影像等多种结构化、半结构化以及非结构化数据，而其中的结构化数据更是只占据一小部分。这些多样化

的数据为制造业的发展与提升提供了更多的可能性。

③ 高速化（velocity）。数据的高增长速度，必然需要快速的数据存储、处理和分析。信息技术时代下，企业各个维度数据的实时分析是不可或缺的要求，这就要求获取数据以得到有用信息的过程是高速的。

④ 价值（value）。数据存在价值密度的问题，大量数据中可能有用的非常少。获得海量数据中的价值，是利用大数据技术的目标。多源异构数据的快速收集与处理旨在提取数据的价值，而价值的实现需要专业的数据分析人员利用数据分析算法进行数据挖掘，从而获得相应的决策支持分析模型。

⑤ 真实性（veracity）。数据的质量依赖于其真实性，准确的数据能够真实反映客观实体的属性状况，是进行数据分析的前提。对不可信的数据进行分析是毫无意义的，所获得的价值也将不可信。因此，构建准确的大数据模型需要确保数据的质量。

⑥ 动态性（vitality）。信息时代的数据是动态实时更新的，对企业有价值的数据不仅仅是静态的历史数据，还有实时交互的数据，越来越多的制造行业需要根据实时的数据信息反馈调整生产制造状态。动态性要求数据的快速传输、存储技术的实时更新、数据实时处理分析，由于事物状态的动态性，大数据决策也具备动态性。

⑦ 可视化（visualization）。将大型数据集中的数据借助辅助工具以动图或图像等形式表示，可以更有效、清晰地传达数据中的有效信息。通过数据分析技术和其他开发工具，对数据中存在的未知信息进行处理。

⑧ 合法性（validity）。数据的合法性，指确保数据的安全与隐私数据的合法使用。在产品的全生命周期过程中需要确保数据的安全性，当前复杂制造行业的数据信息的监控和保护面临着更大的挑战，隐私加密数据的保护需求不断上升，数据的合法性是大数据时代必不可少的一项。

（2）工业大数据

全球制造业加速向数字化、智能化迈进，中国制造也正在一步步向智能制造转型升级，智能制造是中国成为制造强国的主攻方向，智能制造通过新一代的科学技术，贯穿社会生产制造活动的整个环节。

借助工业大数据技术改变传统制造业围绕物理实体进行生产制造的形式，创新制造业的商业模式，以数字化的服务型生产引领全新的制造行业。在制造生产的全生命周期过程中，利用大数据技术获取数据价值，用数据驱动产品生产，加快数字化转型。

工业大数据来源主要有以下三部分。

① 企业信息系统。工业领域的传统数据资产，企业内部的生产制造管理、企业资源计划、供应链管理、物流供应商、客户服务、合同、产品研发数据、生产制造数据等。

② 生产制造系统。工业设备运行工况数据、产品的生产制造状态参数、制造环境、生产设备的负载等，为智能制造提供了基础，例如利用大数据技术可对生产设备进行预测性维护。

③ 企业外部数据。信息时代的互联网与制造业相互融合，企业外部来自互联网的数据也是工业大数据的来源之一，包括互联网市场、市场经济、国家政策、同行竞争、自然环境等信息和数据。

（3）工业大数据技术与智能制造

智能化、网络化和数字化技术为智能制造系统赋能，各种新型技术的深度融合催生了智能制造技术，引发了新一轮工业革命浪潮。随着互联网技术的发展，智能制造过程中不断产生大量数据，包括机器人的状态参数、车间加工机床的转速、燃料消耗、发电厂温度等，这些都是生产过程中生成的数据。在产品全生命周期的生产过程中，工业大数据贯穿始终。要实现智能制造，有效分析工业大数据是必不可少的。通过从多样而复杂的数据中提取有用信息，可以利用这些数据做出正确决策，推动制造业的转型与升级。

工业大数据种类多、容量大且更新频繁。在产品研发、生产制造和运维的整个环节中，数据之间存在强关联性，同时也具有明显的时序性。传统分析工具难以有效处理这样复杂的工业数据集合。通过大数据技术进行有效分析，可以进行数据挖掘，并根据分析结果做出正确决策，从中获取商业价值。对历史工业大数据进行静态分析，对实时数据进行动态分析，建立数据模型，挖掘潜在信息，从而推动制造业的智能化和数字化，提高产品质量。

工业大数据在智能制造中的应用价值有：

① 通过对工业大数据进行数据挖掘，企业可以为生产模式和销售决策提供有效支持。分析顾客的消费行为和偏好，有助于了解他们对产品功能和类型的需求倾向，这使得企业能够更好地完善产品性能，满足消费者需求。在个性化制造需求日益上升的背景下，企业能够根据市场需求实时创新产品，进行针对性的生产，从而增强产品的多样性，实现高质量生产。

② 完善企业管理控制，精准控制生产过程。工业大数据贯穿产品的全生命周期，利用大数据技术，对计划加工数据和生产过程数据进行定期核查，严格把控设备参数、环境参数等制造数据。根据分析结果反馈，可以改进生产参数，优化生产加工工艺流程，进而有效地进行生产控制，提高产品质量，降低生产成本和缩短时间跨度，减少能耗并给企业带来更大的利益。

③ 利用大数据技术可以实时监控不确定因素。在智能制造的产品运营周期中可能出现各种不确定的风险因素，极有可能对企业的发展造成严重的影响。利用大数据技术，对生产过程中的数据进行可视化，对运营数据、维护数据、设备损耗及物料存储等生产过程中的不确定因素进行实时监控，同时对生产设备等进行故障预测，进行预测性维护，提高生产加工效率，保证产品的生产质量，避免企业的运营风险。

④ 提高企业运营精准性。传统的用户信息收集方式往往依赖调查问卷，耗费大量人力和物力，同时统计数据的准确性也较低，存在诸多局限性。利用工业大数据，企业可以加强与用户之间的联系，精准了解用户需求，将这些需求融入企业的未来发展方向。通过预测未来趋势，企业能够谋求更长远的发展，从而增强用户黏性，为运营决策提供有效指导。

3.4.2 大数据分析和数据挖掘

（1）大数据分析

大数据分析通过处理和分析大量数据，从不同角度提取有价值的信息，发现数据之间的关联或规律，挖掘深层次的价值信息，为决策者提供坚实的数据基础。通过数据存储、数据挖掘和数据可视化等技术，大数据分析充分利用企业的数据，推动商业智能化及企业智能化生产等进程。大数据分析的过程通常包括以下步骤。

① 数据收集。通过日志收集工具、平台数据库管理或者其他数据获取工具从企业数据库中获取数据信息，为数据分析提供数据支持。

② 数据预处理。直接对收集到的数据进行挖掘可能会导致结果与预期大相径庭。因此，需要对收集的数据进行预处理，包括：数据清洗，去除噪声数据，修正信息缺失、错误数据、矛盾数据和重复数据。此外，还需进行数据集成、数据变换和数据规约等操作。经过预处理的数据将实现格式标准化，从而缩短和降低后期数据挖掘的时间和成本，提高挖掘质量。

③ 数据挖掘。通过机器学习、人工智能、模式识别和数据库等技术，对经过预处理的数据进行知识提取的过程。它不仅适用于分析结构化和半结构化数据，还适用于分析非结构化数据以及传统分析方法难以处理的多维数据。通过揭示数据中隐含的未知信息，数据挖掘能够进行归纳推理，生成可用于决策的数据模型，帮助企业调整策略、降低成本、提高效率，并预测风险。其主要任务包括频繁模式挖掘、聚类分析和分类分析等，从而有效支持决策制定和战略调整。

④ 数据可视化。借助图形化工具，将复杂的数据以易于理解和互动的图表或动画等形式呈现。通过这种方式，可以将晦涩的大量数据简单明了地表达出来，便于从中发现和挖掘数据的价值。

（2）大数据分析与数据挖掘的意义

大数据技术的核心要素是数据分析与挖掘，使庞大的数据资源被有效利用起来。智能制造的发展与大数据紧密结合，复杂制造系统中各设备的相互影响与制造过程密切相关。通过分析生产系统数据，可以实现对设备的故障诊断和故障预测，从而降低甚至避免损失。这种方法支持预测性维护，确保设备在最佳状态下运行，提高生产效率和可靠性。人工智能和机器学习等算法显著提升了对数据的分析处理能力，结合大数据技术，可以有效提高工作效率和企业生产力。这些技术通过自动化数据分析、优化决策过程和预测市场趋势，使企业能够更快速地响应变化，从而在竞争中保持优势。企业外部数据的价值信息提高企业的竞争力，提高运营效率，降低营销成本等等，这些都是利用数据驱动，应用大数据技术对数据进行分析与挖掘而实现的。智能化时代下，更多的数据分析专业人员对数据进行挖掘以加快企业的发展，加速智能制造。比如智能机器人的预测性维护、故障诊断等等，可通过机器人在运行过程中产生的数据进行数据分析获得。大数据与实体经济的深度融合，是推动我国经济发展和创新转型的重要引擎。

3.4.3 数据分析算法

目前进行数据分析主要依靠机器学习和大规模计算。根据数据特征以及输入输出形式，有分类分析、聚类分析、回归分析、关联分析等不同的数据分析模型和算法。本节对各类算法进行详细介绍。

（1）聚类

聚类分析作为从分类学扩展而来的技术，旨在处理大量数据并识别其内在结构。传统的分类方法依赖于专业知识和专家经验，适合于小规模数据集。然而，随着数据量的激增，传统方法已无法满足现代需求。聚类分析利用数学工具和多元分析技术，根据数据之间的相似性和差异性进行划分。这种方法能够将特征相似的数据归为一组，而使得不同组之间的数据尽可能不同。这不仅提高了数据处理的效率，还帮助识别潜在的模式和趋势，为决策提供更有力的支持。通过聚类，可以在众多应用场景中实现客户细分、市场分析和异常检测等目标，从而在智能化时代有效应对复杂的数据挑战。

聚类分析作为数据分析过程中的一个重要部分，既可完成对数据进行预处理过程中的数据分类问题，而且也可以通过聚类分析区分不同特征的数据组，针对性地提出解决问题的措施。聚类分析应用广泛，例如在电子商务中，聚类分析帮助分析消费群体的倾向与偏好，分析消费者的行为特征，提供更适合消费者的高质量服务；在工厂车间中，利用聚类分析对车间设备进行对比，便于设备的管理和维护；通过分析城市道路汽车行驶中的数据，对汽车的运动学进行划分，助力分析汽车的行驶工况等。聚类分析结果的评判标准基于数据间的相似度，同一簇数据的相似度越高，不同簇数据的相异差越高，则聚类分析的结果越准确。常见的聚类分析算法有很多种，如表3-4所示。

表3-4　聚类分析算法

算法	基于层次聚类算法	基于划分聚类算法	基于密度聚类算法	基于网络聚类算法	基于模型聚类算法
算法原理	可选择自顶向下或者自底向上的方向，对样本数据进行不同层级架构上的分类，将每个样本点视为单个的簇，计算每个簇之间的距离，将距离最小的两个簇进行聚合，重复步骤，直至最后合成一个簇	确定聚类目标，根据给定数据集中的样本点对其到各组的距离进行调整。通过对目标函数的迭代优化，当目标函数收敛且达到最小值或者极小值时，将数据分成k个聚类	用样本点之间的分布密度的大小来表示数据间的相似关系，若某一区域中样本点的密度大于某个阈值，就将其归为最近的一个簇中，将密度在阈值之上的样本点聚合在一起	利用网格单元对数据空间进行划分，将样本点数据映射到网格单元中，设定阈值，判断网格单元中的密度与阈值的大小，将稠密值符合的相邻单元网格进行合并，归为一簇	对数据集合进行假设，假设其符合概率分布，并给每簇数据设定分布函数模型或者统计得到的模型等，在数据集合中寻找可以满足该模型的数据簇
代表性算法	BIRCH、CURE、BUBBLE等	k-medoids、kernel、k-means等	DBSCAN、OPTICS、DENCLUE等	CLIQUE、Wave-Cluster、STING等	COBWEB、EM等

（2）分类

分类的目的是使用分类器对新的数据进行精准划分，获得相应的分类模型，将数据集中地映射到对应属性类别。具体来讲就是在数据分类中将样本数据集作为训练集，数据集具有多个连续或者离散的不同属性，通过对已知数据类别属性的训练集进行分析，训练分类器，得到基于此类别属性明显划分的模型，使得此模型可以对未知数据进行分类，判别数据的类别。

数据分类的过程通常分为两个步骤。首先，建立分类模型，这一步骤需要定义预定的数据类别或概念集，通过分析数据库中的属性描述来构建相应的模型。其次，使用该模型对测试数据进行分类，并评估其准确性。只有当模型在未知数据上的分类准确度达到预期标准时，才能有效应用于实际数据的分类任务。一个优秀的分类模型应具备高准确性和低冲突性，高准确性意味着能够有效识别新数据集中的样本，而低冲突性则确保同一类别内的数据尽可能相似，不同类别之间则存在显著差异，从而提高模型在实际应用中的可靠性和有效性。

数据分类方法主要有以下几种。

① 决策树分类器。使用决策树对数据集合进行表示是一种广泛应用的逻辑方法，许多机器学习算法都基于决策树进行归纳。决策树是一种树形结构，内部节点通过检验函数检测数据的属性，输出结果通过分支表示，而叶节点则存放数据的类别标签。决策树的核心优势

在于其高准确度和相对较小的规模。构建决策树的一般步骤包括：首先，利用综合性的历史训练集作为样本生成决策树；接着，对决策树进行"剪枝"，以去除噪声数据和离群点，从而简化和精确化决策树。比较有代表性的算法包括 ID3 算法和 C4.5 算法。这两种算法以及大多数决策树算法一样，采用自顶向下的方法，通过训练样本和相关类别信息构建决策树。

② 朴素贝叶斯。朴素贝叶斯是基于贝叶斯定理的分类方法，常用于文字和图像的识别，也是贝叶斯分类算法极简单的一种算法。基于属性之间相互独立的假设对数据集进行分类，训练得到输入输出的联合概率分布并生成模型，根据所得到的模型可以在输入 A 后得到 B 的后验概率。

训练样本集合 $D = \{d_1, d_2, \cdots, d_n\}$，随机相互独立的特征属性集 $X = \{x_1, x_2, \cdots, x_d\}$，假设共有 m 个 $Y = \{y_1, y_2, \cdots, y_m\}$，证据为 $P(X)$，Y 的先验概率和后验概率分别为 $P(Y)$、$P(Y|X)$，类条件概率为 $P(X|Y)$，根据贝叶斯可以计算得出

$$P(Y|X) = \frac{P(Y)P(X|Y)}{P(X)} \tag{3-32}$$

即在给定属性特征集的情况下，使得 $P(Y)P(X|Y)$ 最大，得到具有最大后验概率的类。对于属性过多的数据集，计算类条件概率时间较长，所以可以对其进行类条件独立的假设。

③ 支持向量机。支持向量机（support vector machine，SVM）可以看作一种监督式的学习方法，是一种全局分类模型。将训练样本数据映射到新的更高的数据维度上，对数据集求解出最大几何间隔的分离超平面并进行正确的划分。如图 3-19 所示，两个互相平行的超平面被分开，几何间隔最大化就是需要将被分离开的两个超平面之间的距离最大化。对于数据线性和非线性的分类，SVM 都可以实现。因其复杂的非线性映射，相较于其他分类模型，不会过度拟合，已应用在各大领域。

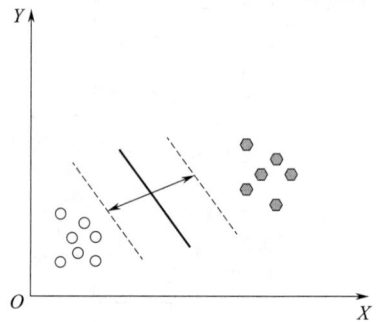

图3-19 超平面分离图

④ k 近邻算法。k 近邻算法是很简单的一个分类算法。给定一个训练样本集，这个数据集合中的每个数据标签与其属性关系都是已知的。将数据集中数据间的距离进行计算（常用的距离有欧氏距离、曼哈顿距离等），距离最小的前 k 个点中出现频率最高的类别即为当前点的预测分类。模型获取之后，对于没有标签的数据，可以通过与训练数据中的特征值进行对比，获得分类属性标签。由此可见，k 值的选择对于模型的分类效果来说非常重要，k 值选择过大会导致分类不详尽，选择过小会导致模型的波动过大，通常情况下，k 值选择小于等于20的整数。该模型是不需要训练的，而需要记住样本数据集中的样本，与需要测试的样本进行比对。

⑤ 人工神经网络。人工神经网络模拟了人类的神经元，由很多的神经元节点连接构成神经网络拓扑结构。神经网络在自然语言处理、图像识别等领域被广泛应用，它相当于一个并行分布式处理器，由许多的处理单元组成，每一个网络节点就相当于一个处理单元。神经网络的输入层由不同维度的输入数据构成，神经网络会对所有的输入数据赋予不同的权值来表示信息的重要程度。价值更高的信息权值更大，相反，价值低则权值低，权值调节会提高神经网络的预测精准性。然后通过激活函数处理后进行输出，激活函数经常会使用 Sigmoid 函数，因其计算简单且与日常生活中的很多现象符合。对于线性问题，神经网络的模型比较

简单；对于非线性的问题，神经网络可以使用多层神经网络模型进行问题建模，神经元的层数和个数越多，其数据拟合能力就越强，可以很好地处理非线性问题。总的来说，神经网络通过输入数据来学习训练样本。它首先进行前向传播计算，然后根据输出与实际标签之间的偏差，通过反向传播算法调整模型的权值，从而提高模型的准确性。

（3）关联分析

关联分析也叫作关联规则挖掘，属于无监督算法，其目的是挖掘数据之间的潜在关联关系。经典案例"啤酒与尿布"中，看似没有任何联系的两件商品，在商品销售中摆放在一起，会增加销售量，这其实就是商品之间的关联关系。首先介绍一些相关概念：

① 项集，若干个项的集合；

② 频繁项集，频繁出现的项、序列或子结构的集合；

③ 支持度，表示在所有历史数据中某一项集 $\{A, B\}$ 在总项集里出现的概率；

④ 置信度，表示在 A 已经出现的情况下，B 出现的可能性；

⑤ 提升度，表示已含有 A 的情况下，含有 B 的概率与只含有 B 的概率之比，提升度表明了 A、B 之间的相关性。

关联分析的目标就是从支持度满足某一阈值要求的频繁项集中，提取满足阈值要求的高置信度的规则。以下介绍几种关联分析算法：

① Apriori算法。该算法是经典的关联规则挖掘算法，通过对数据库进行扫描统计，构成候选1项集，根据支持度最小阈值对1项集进行筛选，获取频繁1项集。继续对数据库进行扫描，筛选获取频繁2项集。以此重复，直至候选项集为空。根据产生的频繁项集，对其计算置信度，形成管理规则。

② PCY算法。该算法是对Apriori算法的改进。在第一次扫描数据库的同时，对事务两两组合，应用哈希表存储计数。在第二次扫描之前，对哈希表进行筛选，减小候选2项集的规模，降低对数据库的扫描次数以及其候选项集的占用内存，但是对于更多频繁项集的寻找则与Apriori算法相同。

③ FP-Growth算法。FP-Growth也是挖掘频繁项集的算法，与Apriori算法每个频繁项集都需扫描判定的特点不同，该算法只需要对数据库进行两次扫描。首先扫描数据库，根据阈值筛选获取频繁1项集，然后创建降序项头表和FP树（频繁模式树）。FP树是用来组织数据的树形数据结构，其中每个叶节点到根节点的路径中的数据项共同出现。根据每个项目的条件模式基，递归调用树结构，"剪去"不满足阈值的项，直至形成单一路径进行列举组合，完成挖掘频繁项集。

（4）回归分析

回归分析就是通过数理统计分析对数据建立一些因变量与自变量之间的回归关系，常用于预测、发现变量间的因果关系等。使用回归分析不仅可以表示变量之间的关系，还可以用来表示不同自变量对因变量的影响程度。回归分析可以利用已有的数据对未来的情况做出预测，例如预测产品销量。常用的回归分析方法有以下几种。

① 线性回归。线性回归是人们最常用的建模技术之一，因变量与自变量之间的关系是线性的，获取最佳拟合模型一般可以使用最小二乘法。线性回归模型的维度会随变量个数的不同而可能是直线、平面或更高维度，通常自变量只有一个则为线性回归，多个自变量则为多元线性回归。该方法简单，实现容易，对于小规模且简单关系的数据效果更加明显有效，并且是很多非线性模型的基础，但对于复杂数据无法更精准地进行表达。

② 多项式回归。历史数据进行拟合过程中，当自变量的指数不再是1的时候，回归方程则变为多项式方程。此时最佳拟合线则不能用直线来表示，而是应该用曲线进行拟合。多项式回归在回归分析中有着重要地位，因为复杂函数都可以用分段的多项式进行逼近。

③ 逻辑回归。逻辑回归以线性回归为理论支撑，在线性回归结果上引入Sigmoid函数，对结果进行分类。逻辑回归与线性回归有相似之处，但是二者所处理的问题类型不同。线性回归是对数值问题进行处理预测，即输出为预测的数字，如产品的价格。逻辑回归更像是分类算法，其预测结果为分类结果。

④ 逐步回归。逐步回归的本质还是线性回归，将每个变量逐步引入模型中，每个变量的引入都要进行检验，同时对原来变量进行检验，删除不显著的预测变量，保证在每次引入新的预测变量之前方程中都保留显著变量。直至步骤迭代完成，最后确保方程中的变量集合为最优。

⑤ 岭回归。岭回归与线性回归相似，主要差别在于构造损失函数。在面对病态矩阵时，岭回归使用了改进的最小二乘法，避免使用普通最小二乘法导致过拟合或者欠拟合的情况。通过以降低精度、损失部分信息为代价以获取更符合实际的回归系数，可以更好地处理多重共线和拟合问题。

机器人通过智能传感器收集数据、感知环境、辨别物体与肢体动作、进行人机协作等，对所收集的数据进行数据分析与挖掘后可以进一步优化运动控制算法，改善其感知能力，进行机器人的故障诊断与预测性维护等。数据分析在机器人领域的应用广泛，发挥着重要作用。

3.5 数字孪生

3.5.1 数字孪生概述

近年来，随着工业互联网、大数据、人工智能等新一代信息技术与制造业的不断融合，各个国家都提出了符合本国国情的智能制造战略，如德国的"工业 4.0"计划、法国的"新工业法国"、英国的"高价值制造"战略及中国的"中国制造2025"。虽然各国智能制造战略提出的背景不同，但其中一个关键共性目的是实现物理世界和信息世界的关联、互通和提高智能化水平。数字孪生正发挥着连接智能机器人的物理世界和信息世界的桥梁作用，成为近年来的国内外新兴研究热点。

在"两化融合""中国制造 2025"及"互联网＋"等国家战略的推进下，我国广大离散制造企业加快了新一代信息技术和先进制造技术在设计、管理、生产和服务等关键业务领域的深度融合应用。然而随着市场个性化需求的日益增长以及全球化竞争的日趋激烈，广大制造企业在支持柔性化定制生产、快速响应用户个性化需求方面普遍存在着工艺布局不合理、物流规划不科学、生产能力评估不充分、质量稳定性不足、生产设备重复投入等问题。为了切实提高生产效率、应对制造企业数字化转型的需求，企业和研发机构开始对生产过程数据进行充分利用，进而对生产过程进行调节和优化。

不同学者对数字孪生技术的概念的理解都不尽相同，但总体来说数字孪生技术可以归纳为：通过模型仿真、实时采集、历史运行等相关数据，构建物理空间（世界）与信息空间

（数字世界）的实时交互映射关系，以实现产品的全生命周期过程的智能管控等。如图3-20所示，数字孪生技术可以实现物理实体与虚拟模型之间不断循环迭代和交互反馈，使得人、机、物真正融合在一起。数字孪生技术可以反映建模对象的全生命周期过程，具有精准虚实映射、动态实时交互的特点。

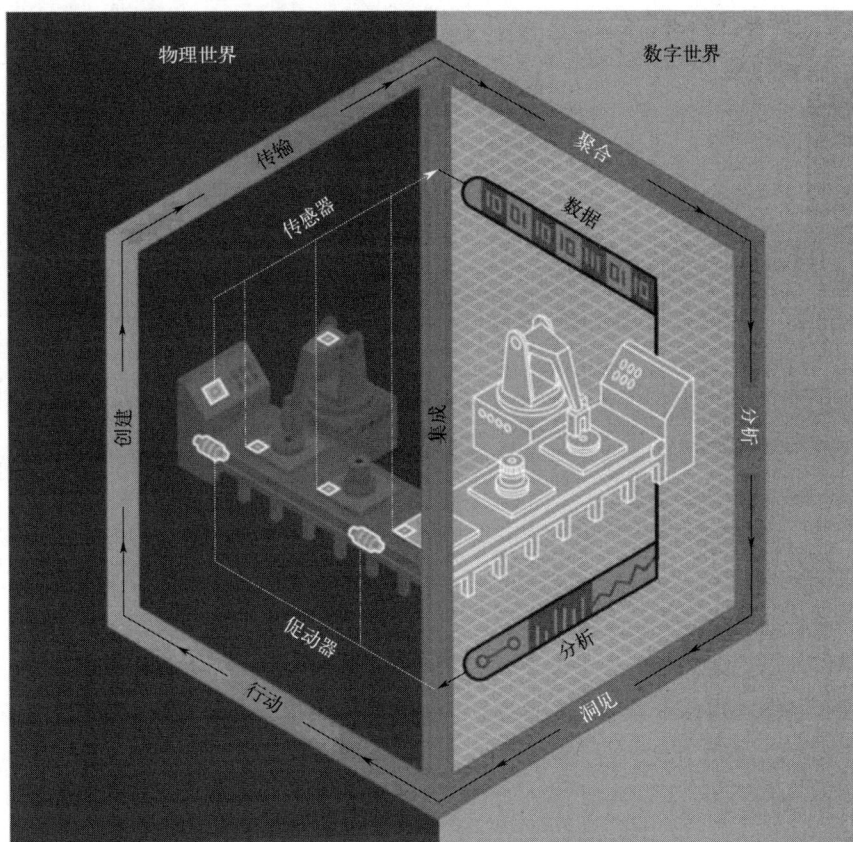

图3-20　数字孪生示意图

数字孪生的概念最初是于2003年由美国密歇根大学教授Michael Grieves提出的，但由于受到当时算法与计算机技术的限制，此概念并未受到广泛的关注。2010年，"数字孪生"这一术语由美国空军研究实验室结构力学部门在演讲中提出，并且于2012年，NASA（美国国家航空和航天局）和空军研究实验室合作提出了飞机的数字孪生例子，使飞机能够高负荷、轻量化及在极端环境下更长时间工作。2014年，教授Michael Grieves发表了一篇关于数字孪生的文章，定义了数字孪生的三个主要部分：物理实体、虚拟模型和连接二者间的数据。除此之外，GE、PTC、西门子等大型企业也接受"Digital Twin"（数字孪生）这一术语并在宣传中使用。随着工业4.0概念的提出，对于数字孪生的关注度逐渐提升，2017年，数字孪生被列为未来航天与国防的6大顶尖技术之首。图3-21为数字孪生的发展历程。

如图3-22所示，数字孪生是指将物理实体镜像映射到虚拟（信息）空间，生成一个"数字孪生体（模型）"，在虚拟空间中的孪生体可以通过物联网实现数据实时双向互联互通，从而反映对应物理实体的全生命周期过程。然后在整合底层数据信息的基础上进行仿真预测，为优化决策赋能。此外，根据数字孪生实现的复杂程度，可以将其进行级别划分，级别越高，数字孪生的能力越强大（图3-23）。

图3-21 数字孪生发展历程

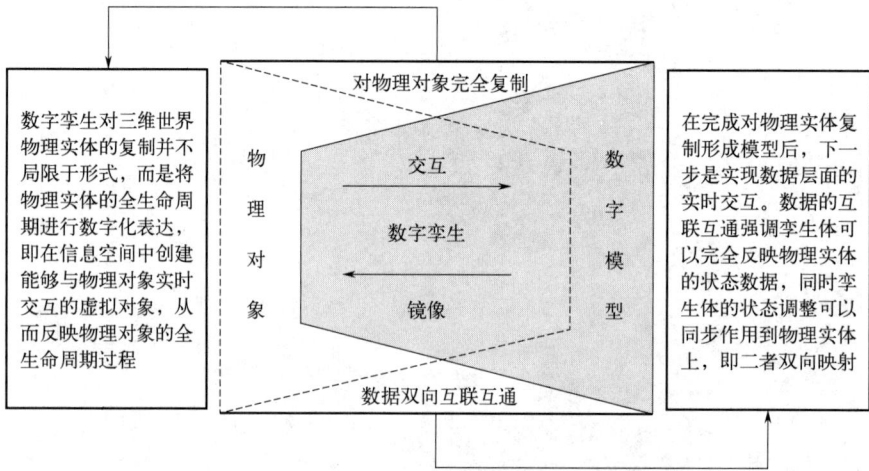

图3-22 数字孪生概念

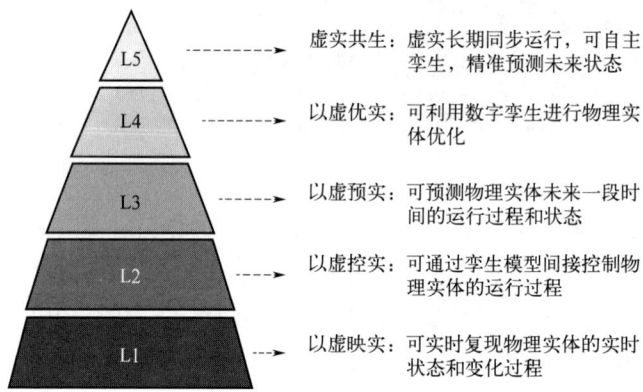

图3-23 数字孪生发展级别

　　数字孪生致力于为产品或设备的全生命周期进行服务，数字孪生的研究应由单个产品/设备逐渐转向整个制造系统、生产制造业全生命阶段的管理，这对数字孪生在不同领域的应用具有重要意义。数字孪生模型是实现数字孪生的基础，Schleich等基于综合参考模型的数字孪生建模方法，实现了对产品全生命周期数字孪生模型的表示、实现及应用。Vrabič等提出了数字孪生的部分模型可以通过复杂行为的交互以及相互关系的定义共享一个数字空间，从而实现系统集成整合及虚拟模型和物理实体之间的互联。

　　在基于数字孪生的工业应用上，Moussa等构建了基于有限元仿真器的数字孪生模型，实现了对大型水轮发电机的设计、研究、监测和测试。Tao等提出了一种利用数字孪生驱动故障预测与健康管理的新方法，提高了故障预测与健康管理的精度和效率。在对制造资源建模上，Liu等提出了一种云制造模式下制造资源的共享策略，并利用聚类算法对物理资源进行虚拟映射。Cai等研究了基于传感器数据集成和信息融合的数字孪生虚拟机床信息物理制造方法，并成功将制造数据和感知数据集成到开发的数字孪生虚拟机床中。Botkina等构建了切削刀具的数字孪生模型，实现了对刀具切削过程中的优化调节。

针对数字孪生在智能车间的应用，张新生在传统车间管控系统的业务管理层和生产执行层之间加入了数字孪生技术，对基于数字孪生的车间管控系统进行了设计与实现。胡凡成以3D Max软件和Unity 3D软件为平台，对实时数据驱动的数字化车间进行了研究，实现了对打样车间一种典型设备的远程监控。赵浩然、刘检华等基于数字孪生技术提出了一种多层次的三维可视化监控模式和实时数据驱动的虚拟车间运行模式，旨在解决数字孪生车间的实时可视化监控难题。魏一雄、郭磊等提出一种基于实时数据驱动的数字孪生车间体系架构与技术路线，通过搭建面向真实物理行为高保真映射的虚拟仿真环境，采用面向事件响应的数据管理方法，构建模块化、通用化的数字孪生车间系统。

由此可见，数字孪生技术已经被大量应用于智能车间。此外，数字孪生技术可以通过为工厂设备和生产线创建虚拟模型，实现对设备的远程监控和维护，及时预警并处理异常情况，同时优化生产过程，提高整体运营效率；可以对城市基础设施（如交通、水利、能源、照明等）进行全面监测和管理，提高城市运行效率，降低能耗，优化城市治理；可以对道路、交通流量、交通信号灯等进行全面监测和管理，提高道路运行效率，减少交通事故发生；可以对能源生产、转化、存储等方面进行全面监测和管理，优化能源使用效率、减少能源浪费、降低能耗的同时，提高能源供给的可靠性和稳定性；除此之外，这种技术能够应用于航空航天、智能装配、船舶、军工、智能机器人等领域。

数字孪生技术近年来的研究正逐步由数字孪生的内涵、框架等理论方面向应用实现方面转变。数字孪生技术作为智能制造中虚实融合的有效实现途径之一，在智能工业机器人的研究和使用中作为一项关键支撑技术，在远程监控、迭代优化、数据分析以及故障诊断等方面起重要作用。

3.5.2 数字孪生技术体系

（1）技术实现概述

数字孪生以数字化方式拷贝一个物理对象，模拟对象在现实环境中的行为，对产品、制造过程进行虚拟仿真，目的是了解制造资源的状态、响应变化，从而改善业务运营和增加价值。

数字孪生技术主要作用是沟通物理世界和数字世界，从而达到虚实融合。构建物理实体在数字世界中对应的孪生模型，就需要利用知识机理、数字化等技术，并结合行业特性对数字孪生模型进行评估。数据作为连接物理实体和虚拟（孪生）模型的桥梁，数据的组织和处理至关重要，需要利用物联网技术将物理世界中的物理实体元信息采集、传输、同步、增强之后得到可供孪生模型使用的数据。通过这些数据可以仿真分析得到数字世界中的虚拟模型，在此基础之上利用AR（增强现实）/VR（虚拟现实）/MR（混合现实）/GIS（地理信息系统）等技术在数字世界完整复现出来，用户才能更友好地与物理实体交互，达到以虚拟服务现实的目的。最后结合人工智能、大数据、云计算等技术做数字孪生模型的描述、诊断、预警、预测及智能决策等共性应用，赋能给各垂直行业。

（2）数据交互

孪生数据是数字孪生系统的驱动，也是动态实时交互的基础，数字孪生最核心的部分在于数据双向驱动。虚拟模型必须感知物理世界本身的状态，包括位置、属性、性能和健康状态等，物理世界也应能够接收来自虚拟模型的反馈、优化结果以及指令信息。物联网为物理对象和数字对象之间的"交互"提供了通道。"交互"是数字孪生的一个重要特征，主要是指物理对象和数字对象之间的动态互动，也隐含了物理对象之间的互动以及数字对象之间的互动。

（3）信息同步

当前，企业力求着手建立相关产业的互联网平台，将各类时空资源数字化，并以数字空间为载体，连接人与物，打造时空一体的数字孪生技术基础信息平台，以实现数据的同步和融通联动。当前信息同步的价值主要体现在以下三个方面：

① 数据价值挖掘：监测设备的运行数据，且在此基础上可对设备的整个生命周期进行管理，分析挖掘数据价值，辅助运营决策。

② 数据融通与跨系统联动：从物联网底层进行数据的统一连接和管理，支持数据的灵活调配，可以更简单充分地进行数据融通与跨系统联动，真正做到打破"烟囱式管理"。

③ 空间索引与事件驱动结合：能够有效地将设备、数据及事件与空间信息联系起来。这种方法通过空间视角实现完整的业务闭环，使得各种异常情况可以在三维空间中进行准确定位和快速响应。

（4）仿真预测

仿真预测是指对物理世界的动态预测。虚拟模型不仅是对物理世界的几何形状进行镜像反映，也应包含物理规律和机理。仿真技术不仅需建立物理对象的数字化模型，还要根据当前状态，通过物理规律和机理来计算、分析和预测物理对象的未来状态。物理对象的当前状态则通过物联网和数字线程获得。这种仿真不是对一个阶段或一种现象的仿真，应是全周期和全领域的动态仿真，譬如产品仿真、虚拟试验、制造仿真、生产仿真及工厂仿真等。

（5）信息分析

如何在大体量的数据中，通过高效的挖掘方法实现价值提炼，是数字孪生重点解决的问题之一。数字孪生信息分析技术，通过AI计算模型、算法，结合先进的可视化技术，实现智能化的信息分析和辅助决策，实现对物理实体运行指标的监测与可视化、对模型算法的自动化运行，以及对物理实体未来发展的在线预演，从而优化物理实体运行。

3.6 AR/VR/MR

AR、VR、MR技术作为智能工业机器人的支撑技术，能够推动工业机器人的开发和应用。在工业机器人的设计和原型制作阶段，工程师可以利用虚拟环境来试验不同的机器人配置，测试人体工程学，并模拟机器人的行为。操作员可以利用VR头显或AR眼镜在虚拟环境中练习操作机器人，从而获得实践经验并避免潜在的事故或对真实设备的损坏。通过可视化和操作机器人的虚拟模型，操作员能够优化编程工作流程，同时与机器人进行互动。技术人员通过佩戴AR眼镜可以访问叠加在实体机器人上的实时指令、图表等，有助于识别和解决问题，最大限度地减少停机时间。总之，AR、VR、MR的进步为机器人系统在各个行业的更高效利用提供了机会。

3.6.1　基本概念

在讲述AR、VR、MR的概念之前，首先介绍一个名词——混合现实连续体（图3-24），它是由Milgram和Kishino在1994年提出的概念，指的是从完全真实的环境（现实环境）到完全虚拟的环境（虚拟现实）的一个连续体，其中包含的两个标志性节点既有真实的部分，也有虚拟的部分，具体指的是增强现实（现实>虚拟）和增强虚拟（虚拟>现实）。

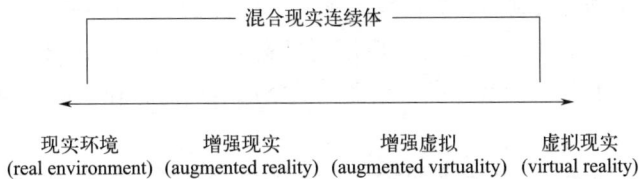

图3-24　混合现实连续体

（1）VR的概念及特征

虚拟现实（virtual reality, VR）技术又称灵境技术，其概念由 VPL公司的创始人Jaron Lanier在20世纪80年代首次提出。虚拟现实融合了数字图像处理、计算机图形学、多媒体技术、计算机仿真技术、传感器技术、显示技术和网络并行处理等技术，是一门综合性的信息技术。

虚拟，即假的、虚构的。现实，即真实存在的。两个基本对立的概念融合起来形成了虚拟现实这样一种技术。虚拟现实中的"虚拟"就是利用计算机生成一个三维空间的虚拟世界，模拟人的视觉、听觉、触觉等感官功能，用户通过一些专业的辅助设备能够融入该虚拟世界中。虚拟现实产生的虚拟世界通常有两种：一种是真实世界的反映，如房地产行业中建筑物的虚拟重建，其中真实世界中的建筑可能是已经建成的，可能是设计之后还未建的；另一种是完全人工构造的，比如动画、游戏中创建的虚拟世界。在虚拟环境中，用户看到的景象是彩色的，听到的音效是立体的，并能通过语言、手势等自然的交互方式与环境中的对象进行实时交流，可以感受到虚拟环境反馈回来的作用力，有身临其境之感。简单来说，用户看到的所有东西都是计算机生成的。目前最主要的VR设备就是头戴显示器（头显），典型的输出设备有Oculus Rift、HTC VIVE（图3-25）。

图3-25　HTC VIVE

虚拟现实具有3I特性，即沉浸感（immersion）、交互性（interaction）、构想性（imagination）。沉浸感指计算机生成的虚拟环境非常逼真，用户处在其中难以分辨真假，感受到的一切都非常真实，与在现实世界的感觉一样；交互性指用户可以对虚拟环境中的对象进行操作，并且能感受到操作的结果，比如当用户伸手去抓物体时，物体会因为手的触碰而移动，手也会感受到物体的重量；构想性（也称为多感知性）指虚拟现实除了一般计算机具有的视觉感知外，还有听觉感知、力觉感知、触觉感知，甚至味觉感知、嗅觉感知等。

（2）AR的概念及特征

增强现实（augmented reality, AR）技术的概念由Ivan Sutherland在1990年提出，它是对现实场景（真实世界）进行补充，将虚拟物体的信息融合到真实世界当中，从而增强用户对真实世界的理解。增强现实利用计算机系统将用户原本在真实世界的某个时刻和某个地方无法体验到的实体信息（图像、声音等）应用到真实世界，使真实的环境和虚拟的信息（音频、视频等）实时地叠加到一起，在一个画面或空间里同时存在。增强现实源于虚拟现实，但它更接近真实世界。

增强现实，从字面来看就是被增强的现实，即现实被虚拟信息增强。与虚拟现实不同，增强现实系统并没有与现实世界完全隔绝，它不仅有借助计算机图形技术和可视化技术产生的虚拟对象，还有真实存在的现实世界，所以增强现实的第一个特征便是虚实结合。用户看到的虚拟对象不是随意摆放的，而是需要通过传感器技术将其放置在真实环境中合适的位置的，借助显示设备将两者融为一体，从而呈现出一个真实的新环境，这就需要三维注册，这是第二个特征。第三个特征是实时交互，通过显示器，信息化图像等虚拟信息将出现在用户的视野当中，当用户和增强现实环境进行自然的交互时，这些信息也会实时地更新。简单来说，在增强现实中人们看到的有真有假。常见的AR设备有Google Glass、VUZIX BLADE（图3-26）。

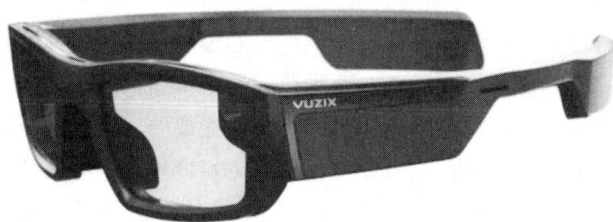

图3-26　VUZIX BLADE

（3）MR的概念及特征

MR既是混合现实，又是由Steve Mann提出的介导现实（mediated reality）。混合现实（mixed reality, MR）技术是虚拟现实技术的进一步发展，该技术将真实场景和虚拟信息进行不同程度的融合，形成虚实结合的混合可视化环境，在虚拟世界、现实世界和用户之间搭起一个交互反馈信息的桥梁，用户在该环境中可以进行具有超真实质感的实时交互。

混合现实（包括增强现实和增强虚拟）指的是合并现实和虚拟世界而产生新的可视化环境。该技术是在AR和VR兴起的基础上提出的，结合了两者的优势，可看作AR的增强版，都是一半现实、一半虚拟影像（即真假结合），所以混合现实具有和增强现实相同的特征，即虚实结合、三维注册和实时交互。MR的关键点在于能与现实世界进行交互和及时获取信息，在新的可视化环境中物理和数字对象共存并且可以实时互动。MR的两大代表设备为Magic Leap、Microsoft的HoloLens（图3-27）。

图3-27 HoloLens

（4）VR、AR和MR的关系（表3-5）

表3-5 VR、AR和MR的关系

项目	VR	AR	MR
相同点	都需要通过计算机技术生成虚拟的信息来构建三维场景，用户凭借特定的设备感受周围的环境并与之交互		
不同点	虚拟世界	现实场景+虚拟世界	现实场景+虚拟世界+数字信息
	使用浸没式头盔显示器，强调用户在虚拟世界中的沉浸感，与现实世界隔绝	使用透视式头盔显示器，强调用户在现实世界的存在性，现实世界被虚拟信息增强	
	注册在VR里指计算机产生的虚拟环境与用户的感官相匹配	注册在AR和MR里指计算机产生的虚拟信息准确放置于用户所处的现实场景，并且在用户运动过程中也时刻保持正确的对准关系	

3.6.2 VR关键技术

（1）动态环境建模技术

虚拟环境的建立是虚拟现实（VR）技术的核心内容，根本上决定了用户的操作体验，而搭建虚拟场景首先需要建立场景中各个物体的模型。在三维模型建立的过程中，不仅要求模型的几何外观逼真，部分实体还需要具备复杂的物理属性和良好的交互功能。另外，VR系统对实时性要求较高，而场景中的模型种类和数据量非常庞大，因此对模型数据的简化也极为重要。对于有规则的环境，可以采用CAD（计算机辅助设计）技术获取三维数据，大部分的环境则需要采用非接触式的视觉建模技术。

通常，建模技术可分为几何建模、物理建模和运动建模。几何建模是对物体的外观、形状等几何信息进行描述，研究图形数据结构等问题；物理建模是给一定几何形状的物体赋予特定的物理属性；运动建模用于描述物体对象的运动和行为，通常称为动画。经过对物体和环境的数据进行分析建模并动态仿真，才能够形成相应的非接触式的视觉仿真效果，构造出逼真的虚拟现实环境模型。

① 几何建模。几何建模是建立虚拟环境模型最基本的一项工作，每个物体都包含形状和外观两个方面，形状可以通过构成物体的多个多边形以及顶点的配合来表达，外观可以通

过表面的纹理、颜色和光照系数等展现。几何建模可以通过人工和自动建模两种方式实现，人工建模可以利用OpenGL、VRML等建模语言完成，直接从某些图形库中选取需要的几何图形，相比于用多边形拼接物体外形的烦琐过程，省时省力，效率较高，也可以通过建模软件建模，如CAD、Maya等；自动建模最典型的方法是利用三维扫描仪对物体进行建模，它可以快速方便地将真实世界中的立体信息直接转换成计算机能处理的数字信号，而不需要复杂的建模过程。

② 物理建模。虚拟现实系统中的模型不是静止的，是运动的，而且当用户与之交互时，还有一定的反馈。这些运动和反馈遵循自然界中的物理规律，如物体的自由落体和碰撞反弹等。物理建模用来描述场景中的物理规律和虚拟对象的质量、惯性及硬度等属性，它需要物理学与计算机图形学配合，设计力的反馈，主要是质量、表面变形和软硬度等物理属性的体现。

③ 运动建模。现实世界中的物体除了具有几何外形、质感等表观特征以外，还有方向移动、形状变化、碰撞等行为功能和反应能力，并且服从一定的客观规律。要使虚拟世界中的对象"看起来真实，动起来也真实"，必须采用运动建模来描述物体的运动属性。运动建模方法主要有运动学方法和动力学方法，前者通过几何变换如物体的平移、旋转等来描述运动，后者通过物体的质量和惯性、力和力矩等物理作用来计算物体的运动。

（2）立体显示技术

人们认识世界和获取信息的一个主要渠道是视觉，在视觉显示技术中，实现"立体"显示是较为复杂和关键的。立体显示技术作为虚拟现实的关键技术之一，可以帮助操作者更直观地了解图像的纵深、层次、位置或显示内容的信息。

考虑到需要采用一种符合人眼习惯的方式向操作者展示一个立体的图像，虚拟现实技术以双目立体视觉原理为基础，通过光学技术构建逼真的三维环境和立体的虚拟对象，当人们将在虚拟现实环境看到的场景与真实生活中的场景进行对比时，会发现二者在质量、清晰度等方面无法区分，从而产生很强的沉浸感。

① 立体视觉的形成原理。人的两只眼睛之间有一定的距离，所以看物体时两只眼睛中的图像是有差别的。两张不同的图像传输到大脑中形成一个物体完整的图像时，人眼看到的是有景深的图像，该物体对象与周围物体的距离、深度也能辨别出来，这就是人的双目立体视觉。

② 立体图像再造。建立的虚拟世界不仅要求物体建模逼真，还要保证场景画面能根据用户的视角变化做出同步更新，即三维图形"实时"生成和不断更新，从而使用户获得不断更新的画面信息。为了保证实时性，图形的刷新频率应该高于15帧/s，最好高于30帧/s，才能够让图形更为流畅，更加趋同于真实场景。

（3）人机自然交互技术

该项技术主要实现虚拟现实的沉浸性，在与虚拟环境交互的过程中满足用户的感官需求。目前，基于该项技术研发的体感设备种类很多，比如智能眼镜、数据手套等。借助这些设备，用户的体验感会增强，但自然交互时的效果还不完善，人们在使用眼睛、耳朵等各种感觉器官直接与周围虚拟环境进行交互时，与理论的目标值仍有一定距离。主要的人机自然交互技术有以下几种：手势识别技术、面部表情识别技术、眼动跟踪技术、力触觉交互技术、虚拟嗅觉交互技术。

① 手势识别技术。手势一般指人手或者手和臂结合产生的姿势和动作，与利用鼠标、

键盘交互相比，手势自然、直观，是人们更乐意接受的方式。用户可以简单地定义一种适当的手势对周围的机器进行控制，在机器人领域可以利用手势识别研究机械手的自然抓取。

手势识别技术是通过数学算法（包括计算机图形学），对人的手势，比如手掌、手指各个关节的方位、角度进行判断、分析并做出正确响应的技术。目前，虚拟现实技术中的手势识别技术主要有两种，分别是基于数据手套的手势识别和基于视觉的手势识别。

基于数据手套的手势识别技术是通过获取手在空间中的位置信息和手指的运动信息，解析出相应的手势，具有受环境干扰小、识别率高、实时性强的优点，但是佩戴数据手套和空间位置跟踪定位设备之后，人手的运动会受到限制，并且这些设备价格昂贵。

基于视觉的手势识别技术通常使用红外线LED外加两个摄像头，利用红外线遇障碍物反射光线和双目立体视觉的原理同时采集手势的图像，通过算法处理进行校准匹配、3D建模，从而生成相关的三维手部信息。然后再通过手部特征点的位置、姿态变化等信息计算手部运动，获得手部的坐标和向量，进而对手势进行跟踪。

② 面部表情识别技术。面部表情是人们进行非语言交流时最容易表达感情的一种方式，通过面部表情可以捕捉人的微妙情绪反应以及人类对应的心理状态。面部表情识别就是利用计算机获取人脸的表情图像，然后对图像进行预处理、特征提取和分类，通过计算机分析人的表情信息，从而推断人的心理状态，最后实现人机之间的智能交互。

③ 眼动跟踪技术。在虚拟现实系统中，当用户头部发生运动时，系统显示给用户的景象随之改变，从而实现实时视觉显示。但在现实世界中，人们保持头部不动，仅通过移动视线就可以观察到一定范围内的环境和物体。所以，虚拟现实系统将视线的移动作为人机交互方式来弥补头部跟踪技术的不足，使人机交互更加直接。

眼动跟踪（eye tracking）指的是通过测量眼睛注视点的位置或眼球相对于头部的运动来实现对眼球运动的追踪，可以通过硬件或者软件来实现该技术。以硬件为基础的跟踪技术需要用户戴上特制头盔、特殊隐形眼镜，或者使用头部固定架等，这种方式识别精度高，但会对用户造成很大的干扰，限制人的自由，使用不方便。近年来出现的以软件为基础的跟踪技术对用户无干扰，它利用摄像机获取人眼或脸部图像，然后用图像处理算法实现图像中人脸和人眼的检测、定位与跟踪，从而估算用户的注视位置。

④ 力触觉交互技术。力触觉是除视觉和听觉之外很重要的感觉，是人们认识外部环境并与其进行交互的重要手段。用户通过力反馈设备感受到和虚拟对象交互产生的触觉和力，比如触碰物体的阻力和触摸物体表面的摩擦力，就像操作真实物体一样。

从力反馈设备的交互属性看，第一类为主动型力触觉设备，即在操作时系统主动给用户的感官发出力的感受，目前大多数设备都为此类，比如数据手套和数据衣；第二类为被动型力触觉设备，在人手给出力的过程中系统反馈给用户一定比例的力，使虚拟交互更逼真。

⑤ 虚拟嗅觉交互技术。虚拟嗅觉交互技术是虚拟现实系统中的重要组成部分，在用户与虚拟环境交互过程中，人们可以闻到逼真的气味，极大地增强了虚拟现实系统的感知性、沉浸性和交互性。气味生成、传输、扩散以及交互的硬件设备——虚拟嗅觉气味生成器是研究的热点。虚拟嗅觉在工业上可以融入仿真系统，降低开发成本和开发风险。

3.6.3　AR/MR关键技术

从AR和MR的基本概念可知，AR和MR都是要融合真实世界信息和虚拟对象信息形成新的环境，随着AR技术的进步，AR和MR之间的分界线已经越来越模糊。

（1）跟踪注册技术

为了实现虚拟信息和真实场景的精准叠加，需要建立虚拟空间坐标系和真实世界坐标系之间的对应关系，才能使虚拟物体放置在真实环境合适的位置，这就是注册的过程。摄像头与虚拟信息的位置需要相对应，但是由于使用者（摄像头）的位置不断变化，要实时地从当前场景中获得真实世界的数据，并根据用户位置、视场、方向、运动情况等因素来重建坐标系，才能使虚拟信息正确地放置于真实世界中，这就需要跟踪技术来实现。

跟踪注册包括使用者头部的空间定位跟踪和虚拟物体在真实空间中的定位两个方面的内容。该技术关系到虚拟和真实的配准，是决定增强现实系统性能优劣的关键。目前主流的跟踪注册技术有基于硬件传感器的跟踪注册、基于计算机视觉的跟踪注册和混合跟踪注册技术三种。

① 基于硬件传感器的跟踪注册。该方法普遍采用惯性、电磁式或机械式等传感器获取相关位置数据，然后计算出摄像机或智能设备相对于真实世界的位姿来完成跟踪注册。

基于惯性传感器的跟踪注册技术多指利用陀螺仪或加速度计等惯性传感器获得用户智能设备的朝向和用户的视角，从而在真实视角中正确叠加虚拟对象的坐标和内容；电磁式传感器也可用于位姿测量，基于电磁感应原理将输入的运动速度变换成感应电势输出，并通过线圈电流的大小来计算交互设备与人造磁场中心点的距离与方向；机械式传感器多利用机械装置各个节点之间的长度与节点连线间的角度来定位各个节点。

基于硬件传感器的跟踪注册方法定位速度快，测量范围大且实时性好，但是需要额外的外部设备，精度较低，受环境影响严重，多用于某些特定增强现实应用当中。

② 基于计算机视觉的跟踪注册。该技术借助计算机图形学和计算机视觉等理论，通过处理相机采集到的视频图像来获得跟踪注册信息，并根据跟踪注册信息来进行虚拟空间坐标系与真实世界坐标系之间的转化，从而确定虚拟对象在真实环境中的叠加位置。根据检测方法有无标志物可以分为基于标志物的跟踪注册和基于自然特征的跟踪注册。

基于标志物的跟踪注册技术是预先在现实场景中放置标志物，通过对实时图像进行边缘检测等方法识别出标志物，根据标志物的信息建立虚拟空间与真实空间的坐标对应关系。该技术较为成熟，对硬件处理器的要求不高，具有较高的鲁棒性，但是在真实场景中放置标志物会影响环境的观感，不够自然，且在标志物被遮挡或者标志物无法被识别时，系统将会失效。

基于自然特征的跟踪注册技术弥补了基于标志物进行跟踪注册的不足，它不需要人为地在真实环境中增加额外的信息，而是通过跟踪捕获的图像，从中提取特征点，经过一系列几何变换即可实现场景的跟踪注册。该技术应用范围更加广泛，但环境中自然特征的数目和跟踪效果的不稳定将对系统的运算速度和精度造成影响，可能导致跟踪注册失败。

③ 混合跟踪注册。将上述两种方法结合的混合跟踪注册法可以发挥计算机视觉法和硬件传感器法各自的长处，提高跟踪注册的实时性、精度和鲁棒性。通常先由传感器估计大概的位置，再利用计算机视觉法精确调整定位。

（2）显示技术

增强现实和混合现实都是为了给用户呈现一个虚实融合的世界，因此显示技术是另一关键技术，决定了用户的体验感。目前主要采用视频透视式、光学透视式以及投影成像式显示技术，具体的显示设备有三类：头戴式显示设备、手持式显示设备及投影式显示设备。

视频透视式头盔显示器（头戴式显示设备）主要通过头盔上一个或多个摄像机获取真实

世界的实时影像，而后进行图像处理，将虚拟信息和真实世界融合后的效果在头盔显示器上显示出来；光学透视式头盔显示器根据光的反射原理，通过组合多片光学镜片，为用户产生虚拟信息与真实场景融合的画面。

手持式显示设备多指手机、平板电脑等智能移动终端设备的显示器，其体积较小、重量较轻，便于携带，而且手持式显示设备具有可触控的特点，便于进行人机交互的设计。

投影式显示设备可以将图像投影到大范围环境中，满足用户对大屏幕显示的需求。投影式显示设备生成的图像焦点不会随用户视角移动而变化，其更适用于室内环境。

（3）交互技术

增强现实系统的目标是构建虚实融合的世界，实现用户和真实环境中虚拟物体之间的自然交互，当用户将对物体发出的指令输入计算机后，系统能执行并且经过处理可以把交互的结果通过显示设备显示输出。

目前增强现实系统中主要有两种交互方式。一是基于硬件设备的方式，键盘、鼠标、手柄等都是常见的交互工具。用户可以采用键盘、鼠标选中图像的某个部位，完成对该处虚拟物体的拖拽等操作，这种方式成本低，操作简单，但需要外部输入设备支持，沉浸感差。二是基于语音、手势等新型的交互方式，在这类交互技术中，用户的语音、手势、动作等作为输入，计算机及移动设备通过识别用户输入并处理返回对应的结果。这种方式较传统的交互方式更加自然直观，使用者能更好地体验到与虚拟对象的互动，是一种更自然的虚实融合的人机交互方式，更适合应用于增强现实系统中。

3.7 工业互联网和物联网

3.7.1 工业互联网

工业互联网是工业与互联网融合发展的产物，其发展经历了辅助、集成和融合三个阶段。早期面向学术科研的ARPANET（高级研究计划局网络），在工业上主要应用于数控、工控系统等场合；20世纪90年代以面向商用为主的消费互联网为主导，工业应用开始与ERP、MES（制造执行系统）等数字化技术集成；2000年后随着移动通信技术的快速进步和广泛应用，特别是电子商务、移动支付等需求，大大促进了移动互联网的发展应用。2012年，美国CE公司发布《工业互联网：打破智慧与机器的边界》，正式提出了"工业互联网"的概念，互联网开始与生产服务、工业应用深度融合发展。工业互联网的核心是基于全面互联形成数据驱动的智能，网络、数据和安全是工业互联网的三大核心组成。

① 网络。包括网络互联体系、标识解析体系和应用支撑体系三大部分。网络互联体系由工厂内部网络、工厂外部网络构成，实现信息数据在生产系统各单元之间、生产系统与商业系统各主体之间的无缝连接和传递；标识解析体系相当于互联网的域名系统（DNS），由标识、标识服务和标识管理三要素组成，它通过给机器、物件等每一个对象赋予标识，并借助工业互联网标识解析系统，对机器和物品进行唯一性的定位，实现跨地域、跨行业、跨企业的信息查询和共享；应用支撑体系包括工厂云平台、公共工业云服务平台、专用工业云服务平台、应用支撑协议，用以提供数据传送和数据集成的标准规范（如OPC UA为代表的数据集成协议），提供通用使能技术支撑实现协同交互、信息共享和服务化协作。

② 数据。包括数据采集交换、集成处理、建模分析、决策优化和反馈控制等功能模块，构成了面向生产系统的动态感知、实时分析、自主决策及精准执行的闭环，形成企业运营管理和生产执行决策及机器运转的优化控制指令，驱动从底层设备、车间运营管理到企业商业活动的智能优化。

③ 安全。包括设备安全、网络安全、控制安全、数据安全、应用安全以及综合安全管理等，数据安全保障重要的产品数据、生产管理数据、生产操作数据、用户数据等各类数据的安全。

2018年，工业互联网产业联盟对工业互联网体系架构进行了升级，正式发布了《工业互联网体系架构（V2.0）》。新版本进一步融入了工业智能、工业APP（应用）、区块链、边缘计算、数字孪生等新技术，拓展了工业垂直应用领域的行业实施，增加了业务指南、功能架构、实施框架、技术体系等内容。

工业互联网平台基本架构包括3层：基础设施层、平台层和应用层，各层的主要功能和组成如图3-28所示。

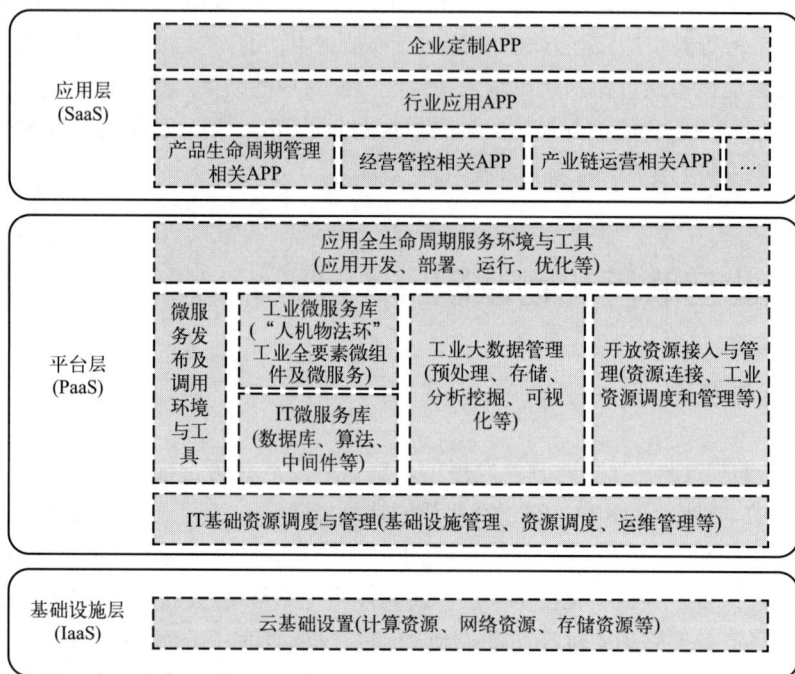

图3-28　工业互联网平台基本架构

① 基础设施层（IaaS）是工业互联网平台的运行基础，主要由IT基础设施提供商提供虚拟化的计算资源、网络资源和存储资源。该层为平台层（PaaS）和应用层（SaaS）提供了高性能的计算、存储和网络支持，确保其功能的顺利运行和服务的高效供给。

② 平台层（PaaS）是工业互联网平台的核心，由平台建设运营主体、各类微服务组件提供商、边缘解决方案提供商等共同建设，提供应用全生命周期服务环境与工具、微服务发布及调用环境与工具、工业微服务库、IT微服务库、工业大数据管理、开放资源接入与管理等功能，依托组件化的微服务、强大的大数据处理能力、高效的资源接入与管理、开放的开发环境工具，向下接入海量社会开放资源，向上支撑工业APP的开发部署与运行优化，发挥着类似于"操作系统"的重要作用。

③ 应用层（SaaS）是工业互联网平台的关键，通过激发全社会力量，依托各类开发者基于平台提供的环境工具、资源与能力，围绕特定应用场景形成一系列工业APP，类型可包括产品生命周期管理/经营管控/产业链运营等各类典型场景的通用APP、行业应用APP、企业定制APP等，通过实现业务模型、技术、数据、资源等软件化、模块化、平台化及通用化，加速工业知识复用和创新。各类工业APP的大规模应用将有效促进社会资源的优化配置，加快构建基于平台的开放创新生态。

工业互联网平台涉及的关键技术主要涉及五个方面：工业边缘数据接入和数据处理技术，包括通用化软硬件架构与资源编排管理、通用化数据接入和协议解析方案、规则引擎与复杂分析等；工业数据管理与分析技术，包括面向工业需求的定制化数据管理工具、实时流计算框架、人工智能框架、直观易用的数据分析和呈现工具等；工业数据建模技术，包括工业生产过程机理和数据模型、信息模型和数字孪生等；工业PaaS与应用开发技术，包括新型微服务架构与资源编排管理、开放灵活的新型集成工具和敏捷高效的新型开发工具等；工业安全防护技术，包括设备、网络、控制、数据及应用等各种工业安全防护的实现和应用关键技术。

3.7.2 物联网

物联网是以互联网、传统电信网和移动通信网等为信息载体将具有独立功能的普通物体实现互联互通的网络。在物联网上，可以应用电子标签将真实的物体上网链接，并对联网的物件进行定位以及相关数据收集。物联网使物理对象能够看到、听到、思考和操作，让它们互相"交谈"、分享信息和协调决策。在物联网使能技术（如普适计算技术、嵌入式设备、通信技术、传感器网络、互联网协议和应用等）支持下，这些对象可以从传统物件转变为智能物件。物联网将使现实世界中的"人、机、物"实现数字化，可应用于十分广泛的领域，主要包括运输和物流、制造业、健康医疗、智能环境（如家庭、办公、工厂）及社会服务等，具有十分广阔的市场和应用前景。例如，在制造企业中，中央控制计算机可通过物联网对机器、设备和人员进行集中管理和控制；在社会系统中，物联网可以收集各种数据并聚集成大数据，可以用于重新设计城市道路、灾害预测与犯罪防治、流行病控制等。在物联网时代，任何具有网络功能的设备都可以接入互联网，近二十多年来，联网设备的数量呈现指数级增长，2018年联网设备的数量就已接近三百亿，并在不断迅速增长。

物联网从功能结构角度来看，是一个动态的全局网络基础设施，主要由感知层、网络层、平台层、应用层和安全管理层构成。感知层通过传感器收集环境数据，网络层则利用标准通信协议进行数据传输，平台层负责数据存储和处理，应用层提供具体服务，而安全管理层确保系统的安全性和可靠性。这些要素共同实现了对具有身份和属性的"事物"的无缝集成，推动了智能化的发展。物联网（IoT）主要构成要素包括身份标识、传感、通信、计算、服务和语义解析等，如图3-29所示。

图3-29　物联网构成要素

① 身份标识（identification，ID）。身份标识对于IoT的名称和匹配至关重要，现有的多种标识方法都可用于IoT，如电子产品代码（electronic product code，EPC）和u-代码（uCode）。此外，IoT对象ID寻址也十分重要，寻址IoT对象的方法包括IPv6和IPv4等，对象ID是指它的名称，例如，特定的"T1"是指温度传感器以及它在通信网络内的ID地址。需要区分对象的标识和地址两者的不同，因为标识方法不是全局唯一的，而寻址有助于唯一地标识对象。此外，网络内的对象可能使用公共IP（互联网协议）而不是私人的，标识方法提供了网络内每个对象的明确标识。

② 传感（sensing）。物联网传感意味着从网络中的相关对象收集数据，并将其发送至数据仓库、数据库或云。对收集到的数据进行分析，以便根据所需的服务采取具体行动。物联网传感器可以是智能传感器、执行器或可穿戴传感设备。例如，一些公司提供智能集线器和移动应用程序，使人们能够使用智能手机监视和控制建筑物内数以千计的智能设备和电器。集成了传感器、内置TCP/IP和安全功能的单板计算机通常用于物联网产品，这些设备通常连接到中央管理门户，以提供客户所需的数据。

③ 通信（communication）。物联网通信的目的是将异构对象连接在一起，提供特定的智能服务。常用的物联网通信协议有Wi-Fi、蓝牙、IEEE802.15.4、Z-Wave和LTE-Advanced，一些特殊通信技术如射频识别（radio frequency identification，RFID）、近场通信（near field communication，NFC）和超宽带（ultra-wideband，UWB）等也应用于物联网通信。此外，第五代移动通信技术5G也将成为支持物联网通信的一项重要的新技术。

④ 计算（computation）。处理单元［例如微控制器、微处理器、SoCFPGA（单片系统现场可编程门阵列）］和软件应用程序是物联网的"大脑"，决定了IoT的计算能力。已有多种硬件平台可用于运行IoT应用，例如Arduino、UDOO、FriendlyARM、Intel Galileo、RaspberryGadgeteer、Beagle-Bone、Cubieboard、Z1、WiSense、Mulle和T-moteSky。此外，许多软件平台也用于提供IoT功能。其中，软件平台的操作系统尤为重要，实时操作系统（real time operating system，RTOS）很适合用于物联网的开发。例如，Contiki RTOS在物联网方案中得到了广泛的应用，它的cooka模拟器允许研究者和开发人员进行模拟和仿真物联网和无线传感器网络（WSN）；Tiny OS、Lite OS和Riot OS也提供用于IoT环境的轻量化OS（操作系统）。另外，汽车工业与Google建立了开放式汽车联盟（OAA），并计划采用Android平台加快建设车联网（internet of vehicles，IoV）。

云平台也为物联网提供了重要的计算能力，这些平台为智能对象提供设施，将其数据发送到云，以对大数据进行实时处理，最终用户则可获益于从大数据中提取的知识。

⑤ 服务（services）。物联网服务可分为以下4类：a.身份相关服务，是最基本和最重要的服务，每个需要将物理世界的对象带到虚拟世界的应用程序都必须识别这些对象。b.信息聚合服务，收集和汇总原始感知测量的信息，进行处理并报送给物联网应用程序。c.协作感知服务，以信息聚合服务为基础，使用所获得的数据进行决策并做出相应的反应。d.普适服务，旨在向任何需要的人提供任何需要的协同感知服务。

物联网应用的最终目标是提供无处不在的服务，但要实现这一目标，还存在许多困难和挑战。大多现有的物联网应用程序提供与身份相关、信息聚合和协作感知的服务。例如，智能医疗和智能电网属于信息聚合范畴；智能家居、智能建筑、智能交通系统和工业自动化更接近协作感知服务范畴，智能家居物联网服务根据天气预报，可以自动关闭窗户并放下百叶窗，有助于提高个人生活品质，方便地对家用电器和系统（如空调、供暖系统和能源消耗表等）进行远程监控和操作。

⑥ 语义解析（semantics）。物联网中的语义解析是指通过不同的机器，智能化地抽取知识以提供所需服务的能力。知识抽取包括发现和利用资源和建模信息。此外，它还包括识别和分析数据，以理解提供准确服务的正确决定。因此，语义解析是物联网中将需求发送到正确资源的中枢。这种需求得到语义Web技术的支持，如资源描述框架（RDF）和Web本体语言（OWL）。2011年，万维网联盟（W3C）发布了高效的XML（可扩展标记语言）交换（EXI）格式，EXI在物联网环境中很重要，因为它是为资源受限环境优化XML应用程序而设计的。此外，它在不影响相关资源（如电池寿命、代码大小、处理所消耗的能量和内存大小）的情况下，减少了带宽需求。EXI将XML消息转换为二进制消息，以减少所需的带宽和最小化所需的存储大小。

关于物联网6方面的构成要素及实例总结见表3-6。

表3-6　物联网构成要素及实例

IoT元素		样例
身份标识	命名	EPC，uCode
	地址	IPv4，IPv6
传感		智能传感器、可穿戴传感设备、嵌入式传感器、执行器等
通信		RFID，NFC，UWB，蓝牙，BLE，UEEE，Wi-Fi，LTE-Advanced，等等
计算	硬件	SmartThings，Arduino，Phidgets，Intel Galileo，等等
	软件	OS（Tiny OS，Lite OS，Riot OS）；云（Nimbits，Hadoop）
服务		身份相关，信息聚合，协作感知，普适服务
语义解析		RDF，OWL，EXI

3.8 知识图谱

3.8.1 知识图谱概述

（1）知识图谱基本概念

知识图谱（knowledge graph，KG）是一种结构化的语义知识库，是以图模型来描述物理世界中的概念以及关系。知识图谱本质上是一种大规模的语义网络，包含实体（entity）、概念（concept）以及两者之间的各种语义关系。其中实体可以是现实世界真实存在的物体，例如花、草、树和人等；也可以是一种抽象的概念，例如植物。如图3-30所示的就是一个知识图谱的片段，其中，姚明是一个实体，他是一个运动员（概念），他曾经效力（关系）于火箭队，他的老师是李秋平。

知识图谱的早期概念来自语义网（semantic web），其核心是：给万维网上的文档（如：HTML文档）添加能够被计算机所理解的语义（元数据），从而使整个互联网成为一个通用的信息交换介质。语义网络（semantic network）是一种通过图形化方式表达知识的模型，主要由节点和边构成。其中，节点可以是实体、概念和值，图3-30就是一个典型的语义网络。

① 实体。实体是有可区分特征并独立存在的某种事物，也常被称为对象（object）或者

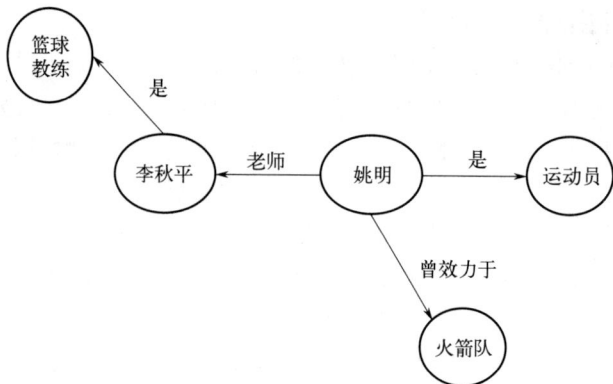

图3-30　姚明个人信息的知识图谱片段

实例（instance）。在哲学领域，亚里士多德认为实体包含载体和形式两方面意义：载体即实物，如一切真实存在的物品；形式如数学、体质等。实体是属性的基础，且必须是独立的。例如年龄这个属性，仅仅讨论年龄是没有意义的，讨论"学生"的年龄也是没意义的，必须具体到某个"学生"的年龄，这才是有意义的，所以理解实体这个概念非常重要。

② 概念。概念也被称为类别（type）、类（class）。比如上述提到的"学生"，并不是指具体某个"学生"，而是满足一定条件的一类人。

③ 值。所有的实体都有属于自己的属性值。属性值可以分为数值、日期或者文本类型。例如，中华人民共和国成立于1949年10月1日，这是时间类型的属性值；中华人民共和国陆地面积约为960万平方千米，这是数值类型的属性值；中华人民共和国简称为"中国"，这是文本类型的属性值。

语义网络中的边可以分为属性（property）与关系（relation）两类。属性用来描述实体所拥有的某方面的特性。例如人的身高、体重、年龄等，都是人的属性。关系是一种特殊的属性，当实体的某个属性也是一个实体的时候，这个属性实质上就是关系。例如姚明的教练是李秋平，教练本身也是一个实体，因此"教练"就是一个关系。关系与属性的概念很容易混淆，在Web本体语言（OWL）中，属性称为data type property，或者称为"内在属性"；而关系称为object property，又称为"外在属性"。一般来说内在属性具有通用性，也就是可以向下传递。属性通常链接一个概念和一个值，类似于键值对的存在。而关系链接的是概念与概念之间的实例，关系是有指向性的。

在语义网之后，又出现了许多新兴的语义知识库，例如为谷歌公司的知识图谱提供部分支持的Freebase数据库，为IBM Waston后端提供支持的DBpedia和YAGO等。2010年，谷歌公司收购了Freebase数据库的开发公司，并将Freebase数据库作为数据基础之一。于是知识图谱的概念由谷歌公司在2012年5月17日正式提出，谷歌公司将知识图谱定义为用于增强搜索引擎功能的辅助知识库。知识图谱并非一项崭新的技术，而是历史上许多相关技术与理论相互影响与结合形成的产物，包括自然语言处理、知识表示、本体论、人工智能等技术。与传统的语义网络相比，知识图谱的规模巨大，这是其最明显的区别，此外区别还体现在语义丰富、质量精良等特性上。

（2）知识图谱的应用价值

知识图谱最早的应用是提高搜索引擎检索的能力。随着知识图谱相关技术与理论不断发展与完善，以及不断出现的各种应用需求，知识图谱目前在辅助搜索、辅助问答、辅助推理、辅助分析、驱动智能制造等多个应用方面发挥着重大的作用。

① 辅助搜索。传统的搜索引擎是根据用户提供的查询词，计算用户查询关键词与网页文本内容的相关度来实现对网页的搜索，展现的是网页；而基于知识图谱的搜索引擎提供了用户查询的事物的分类、属性以及关系的描述，展现的是结构化的知识，使得搜索引擎可以直接对事物进行索引与搜索，如图3-31所示。

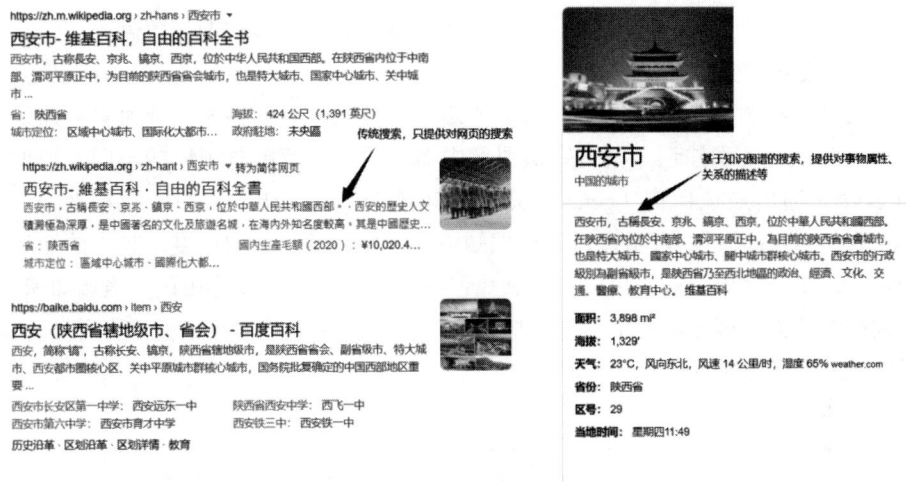

图3-31　知识图谱辅助搜索

② 辅助问答。除了辅助搜索以外，知识图谱也被广泛地应用于人机交互问答中，如耳熟能详的Siri、小艺智能助手、天猫精灵以及依靠WordNet等语言学知识库实现深度知识回答等应用。随着物联网技术的发展，在万物互联的时代，智能家居和智能驾驶等场景对于知识图谱的应用需求也越来越高。

基于知识图谱的问答技术或方法：基于语义解析、基于图匹配、基于模板学习、基于表示学习等方法，被应用在各个领域。知识图谱在人机交互问答中发挥着至关重要的作用。

③ 辅助推理。推理是基于已知的事实或知识进行推断得到未知的事实或知识的一种过程，一般分为演绎推理、归纳推理和类比推理。在知识图谱中，推理主要用于对知识图谱进行补全及校验。知识推理的对象不仅是实体之间的属性和关系，还包括实体的属性值和本体的概念层次。例如，如果一个实体的身份证号码属性已知，则可以通过推理获得该实体的性别、年龄和其他属性。

知识图谱是一个语义网络和一个结构化的语义知识库，可以解释现实世界中的概念及其关系。基于知识图谱的推理不再局限于传统的基于逻辑和规则的推理方法，而且具有多样性。同时，知识图谱由实例组成，使推理方法更加具体。基于知识图谱的推理方法主要分为基于规则的推理、基于分布式的推理、基于神经网络的推理以及混合式的推理。

④ 辅助分析。随着移动互联网的发展，万物互联成为可能，这些互联所产生的数据也在爆发式地增长，而这些数据恰好可以作为分析关系的有效原料。很多数据不但没有被开发利用出应有的价值，反而在维护方面产生了巨大的消耗，起到了反作用。原因在于，当前的机器与技术缺乏相应的知识背景，无法准确地理解数据，从而限制了对大数据的精确分析。知识图谱与语义技术可以增强数据之间的关联，使得用户可以用更加直观的方式对数据进行关联挖掘与分析。

⑤ 驱动智能制造。智能制造是我国"十四五"规划的主攻方向之一，其发展程度直接关乎我国制造业未来的国际竞争力。智能制造的目标是让机器扩大、延伸和部分地取代人类专家在制造过程中的脑力劳动，其本质是让机器具备诸如人类专家的分析、推理、判断、构思和决策等能力。而要实现智能制造需要让机器对制造业拥有足够的认知高度与能力，即掌握、理解和学会运用制造业的领域专家知识。实现高度"制造认知"离不开知识图谱技术的支撑与驱动，知识图谱为智能制造领域数据及知识的关联性表达和相关性搜索推理问题的解决带来了可能性，因此其在智能制造的实现过程中扮演着越来越重要的角色。

（3）知识图谱的分类

知识图谱的种类繁多。根据知识图谱中知识的类型，可以将知识分为事实知识、概念知识、词汇知识与常识知识；根据知识图谱中知识的覆盖范围与领域的不同，知识图谱整体可以划分为通用知识图谱（general-purpose knowledge graph）和领域知识图谱（domain knowledge graph）。通用知识图谱以常识性知识为主，强调知识的广度，其中的知识大多源自各种百科，主要面向一般的用户；领域知识图谱面向特定领域的知识，强调知识的深度，需要有领域专业人员或者专业资料的支撑来进行构建，主要面向特定领域的人员。表3-7分析了通用知识图谱与领域知识图谱之间的不同。

表3-7　通用知识图谱与领域知识图谱比较

项目	通用知识图谱	领域知识图谱
知识来源	以互联网开放数据与社区众包为主	以领域专业人员或资料为主
知识质量	对质量有一定容忍度	对质量要求高并有严格审核
知识广度与深度	宽、浅	窄、深
知识应用形式	以搜索和问答为主，对推理要求低	应用更加全面，除搜索与问答之外，还有决策分析与推理等
举例	DBpedia、YAGO、谷歌、OpenKG	电商、医疗、金融、安全等

① 通用知识图谱。Freebase是一个大型协作知识库，主要由其社区成员组成的数据组成。它是从许多来源收集的结构化数据的在线集合，包括个人的、用户提交的Wiki（维基）贡献。Freebase旨在创建一种全球资源，使人们（和机器）能够更有效地访问公共信息。它由美国软件公司Metaweb开发并于2007年3月开始公开运行。Metaweb于2010年7月16日宣布被谷歌公司收购，收购后其技术和数据基础被整合到谷歌的知识图谱中，Freebase作为支持这一知识图谱的重要组成部分，提供了丰富的结构化信息。Freebase的特点是不使用表和键来定义数据结构，而是将其数据结构定义为一组节点和一组在节点之间建立关系的链接。因为它的数据结构是非分层的，Freebase可以对单个元素之间的关系进行建模，比传统的数据库复杂得多，并且对用户开放，可以将新的对象和关系输入底层图表中。

DBpedia是一个旨在从维基百科创建的信息中提取结构化内容的项目。该结构化信息可在万维网上获得。DBpedia允许用户从语义上查询维基百科资源的关系和属性，包括指向其他相关数据集的链接。该项目由柏林自由大学和莱比锡大学的人员与OpenLink Software合作启动，现在由曼海姆大学和莱比锡大学的人员维护。DBpedia构成了Web上的链接开放数据（LOD）的主要资源，迄今为止包含超过2.28亿个实体。随着已发布的LOD的快速增长，DBpedia演变为网络上互联的免费知识图谱。由于其受欢迎程度，语义网络和相关技术催生了众多进一步的资源和工具，这些资源由学术研究和工业界开发，广泛应用于数据整合、自然语言处理、知识图谱构建等多个领域。

YAGO（Yet Another Great Ontology）是一个开源知识库，它是从维基百科和其他来源自动提取的。截至 2019 年，YAGO3拥有超过 1000 万个实体的知识，并包含超过1.2亿个关于这些实体的事实。YAGO中的信息是从 Wikipedia（例如，类别、重定向或信息框）、WordNet（例如，synsets 或 hyonymy）和 GeoNames 中提取的。YAGO的准确度经过人工评估，在事实样本上达到95%以上。YAGO目前已用于 Waston 开发的后端知识库中。

Wikidata是由 Wikimedia Foundation 托管的协作编辑的多语言知识图谱。它是 Wikipedia等维基媒体项目和其他任何人在CCO公共领域许可下可以使用的开放数据的常见来源。Wikidata是一个由MediaWiki软件支持的知识图谱，其功能由名为Wikibase的扩展提供支持。Wikidata支持以三元组为基础的知识条目（item）的自由编辑。一个三元组代表一个关于该条目的陈述（statement）。例如，可以给"书本"的条目增加"<哈利·波特，作者，J.K.罗琳>"这样的三元组陈述。

OpenKG是中国中文信息学会语言与知识计算专业委员会于2015年发起和倡导的开放知识图谱社区联盟项目，如图3-32所示，旨在推动以中文为基础的知识图谱数据的开放、互联与众包，以及知识图谱算法、工具和平台的开源开放工作。OpenKG主要关注知识图谱数据（或者称为结构化数据、语义数据、知识库）的开放，广义上OpenKG属于开放数据的一种。OpenKG是按机构来管理数据集集合，一个用户必须属于一个特定的机构，并通过机构授权才能在OpenKG发布和上传数据，这是为了确保OpenKG的资源质量。其中包括阿里巴巴天池平台、上海交通大学 Acemap、中国科学院自动化研究所、清华大学等多所知名高校与知名机构，OpenKG对它们的数据进行链接计算与融合，并提供开放访问API，免费向公众开放。此外，OpenKG还对一些重要的知识图谱开源工具进行了收集与整理，包括知名图形化建模工具 Protégé、北京大学知识图谱自动化构建平台 gBuilder、浙江大学开源知识图谱表示学习工具 NeuralKG、牛津大学的知识库推理工具 RDFox 等。

图3-32　中文开放知识图谱OpenKG

② 领域知识图谱。AliCoCo（图3-33）是由阿里巴巴（简称阿里）团队创建的电商认知知识图谱，经过很长时间的探索与实践，目前已成体系规模，并且在推荐搜索等电商核心业务场景上取得成效。阿里团队将用户需求显式地表达为图中的节点，构建了一个以用户需求节点为中心的概念图谱，链接用户需求、知识、常识、商品和内容的大规模语义网络AliCoCo，将用户的需求表达成短语级别的电商概念。AliCoCo 已经基本完成了 1.0 版本的建

设，共包含2.8m的原子概念、5.3m的电商概念、超过千亿级别的关系。淘宝、天猫上超过98%的商品均已纳入AliCoCo的体系之中，平均每个商品关联了14个原子概念和135个电商概念。通过对用户需求的统计，相较于之前的商品管理体系，AliCoCo对于搜索中用户需求的覆盖率从35%提升到了75%。目前AliCoCo已成为阿里巴巴电商核心引擎的底层基础，赋能搜索、推荐、广告等电商核心业务。同时，通过海量的线上用户反馈，AliCoCo也在不断地对其自身的结构和数据进行补充与完善，形成了一个良性的循环。

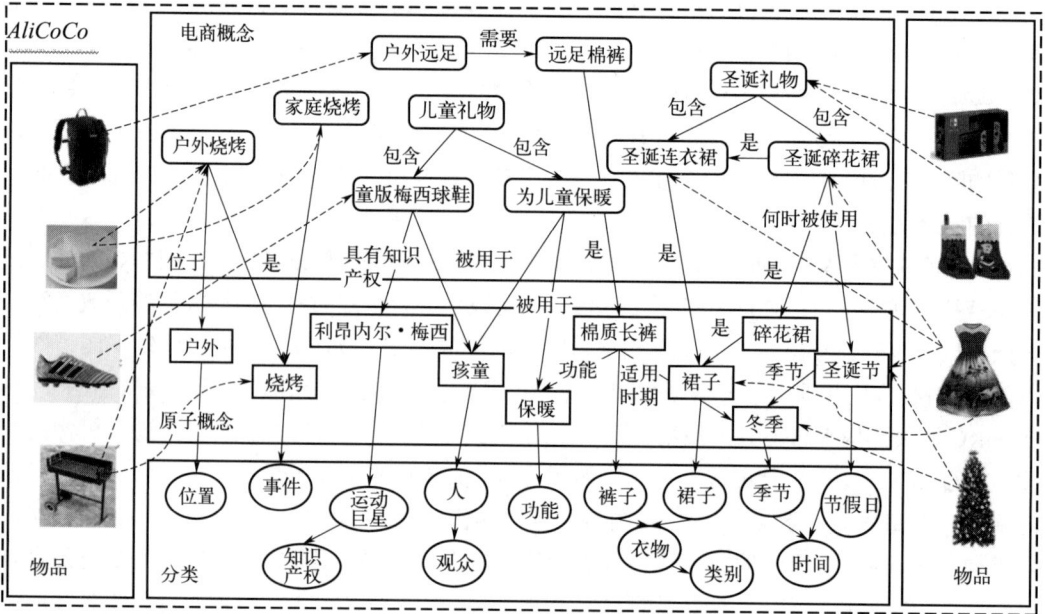

图3-33　AliCoCo体系结构

3.8.2　知识图谱技术体系

（1）知识图谱技术流程

① 知识来源。知识图谱中最重要的便是知识。知识的来源很广，可以以各种方式获取知识，包括结构化数据库、文本、图片和音频等多媒体数据、人工众包等。

处理不同来源的知识时也需要用到相应的技术手段。例如在处理结构化数据时，已有的结构化数据库不能直接被知识图谱所用，需要将结构化数据定义为知识图谱中本体模型之间的语义映射，再通过语义翻译工具实现该数据到知识图谱的转化。在此过程中，可能还会用到实体消歧、数据融合、知识链接等技术来提高数据的规范化水平。

面对文本数据时，首先需要利用爬虫技术从各种百科网站爬取所需要的文本数据，然后再配合自然语言处理的一系列技术，如实体识别、实体链接、关系抽取等来从文本中抽取知识。

人工众包是一种允许任何人创建、修改、查询的模式，维基百科就是典型的例子。此类场景下知识库存储的不是杂乱无章的文本，而是机器可读、具有一定结构的数据格式。众包是一种能获取高质量知识图谱的重要手段。

② 知识表示。知识表示是用计算机能够处理的计算机符号或结构来表示现实世界中的知识，从而支持计算机模拟人来进行知识的运用。常见的知识表示方法有逻辑表示法、产生式表示法、语义网表示法、基于XML的表示法及本体表示法等。

a. 逻辑表示法。逻辑表示法以逻辑形式来表示动作的主体和客体，是一种叙述性知识表示方法。利用逻辑公式，人们能描述对象、性质、状况和关系，主要用于自动定理的证明。逻辑表示研究的是假设与结论之间的蕴含关系，即用逻辑方法推理的规律。由于它精确且无二义性，容易为计算机理解和操作。

b. 产生式表示法。产生式表示，又称规则表示，是一种以条件-结果（IF-THEN）的形式比较简单地表示知识的方法。IF后面部分描述了规则的先决条件，而THEN后面部分描述了规则的结论。产生式表示法主要用于描述知识和陈述各种过程知识之间的控制，及其相互作用的机制。

例：IF X is A THEN Y is B，置信度为0.6。该产生式表示，如果X为A的话，则Y有0.6的概率是B。

c. 语义网表示法。语义网表示法是知识表示中最重要的方法之一，比起其他的知识表示方法，语义网表示法拥有更强的表达能力与灵活性。语义网络利用节点和带标记的边构成的有向图描述事件、概念、状况、动作以及客体之间的关系。例如，用语义网表示法（图3-34）表示下列知识：中华人民共和国是一个成立于1949年10月1日的国家，位于亚洲。

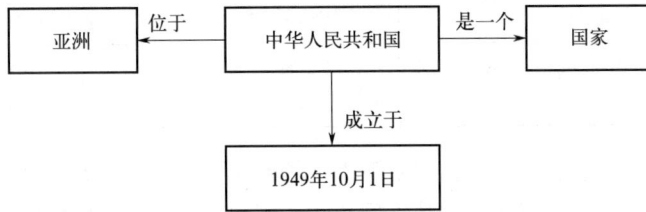

图3-34　语义网表示法示例

d. 基于XML的表示法。在可扩展标记语言（extensible markup language, XML）中，数据对象使用元素描述，而数据对象的属性可以描述为元素的子元素或者元素的属性。在基于XML的知识表示过程中，采用XML的文档类型定义（document type definition, DTD）来定义一个知识表示方法的语法系统，通过定制XML应用来解释实例化的知识表示文档。在知识利用过程中，通过维护数据字典和XML解析程序把特定标签所标注的内容解析出来，以"标签" + "内容"的格式表示出具体的知识内容。

e. 本体表示法。本体是一个形式化的、共享的、明确化的概念化规范。本体以一种显式、形式化的方式来表示语义，提高异构系统之间的互操作性。用本体来表示知识的目的是统一应用领域的概念，并构建本体层级体系表示概念之间的语义关系，实现人类、计算机对知识的共享和重用。五个基本的建模元语是本体层级体系的基本组成部分，这些元语分别为：类、关系、函数、公理和实例。通常也把classes（类）写成concepts。

将本体引入知识库的知识建模，建立领域本体知识库，可以用概念对知识进行表示，同时揭示这些知识之间内在的关系。领域本体知识库中的知识，不仅通过纵向类属分类，而且通过本体的语义关联进行组织和关联，再利用这些知识进行推理，从而提高检索的查全率和查准率。

上面简要介绍分析了常见的知识表示方法。此外还有适合特殊领域的一些知识表示方法，如：概念图、Petri、基于网格的知识表示方法、粗糙集、基于云理论的知识表示方法等。在实际应用过程中，一个智能系统往往包含了多种表示方法。知识表示是构建知识库的关键，知识表示方法的选取合适与否不仅关系到知识库中知识的有效存储，而且也直接影响着系统的知识推理效率和对新知识的获取能力。

③ 知识存储。知识图谱以图结构来对知识进行建模和表示，通常将知识图谱中的知识作为图数据来进行存储。实验阶段的小规模的知识图谱多使用文件对知识进行存储，但随着知识图谱规模越来越大，用文件进行存储十分影响效率。在面临大规模知识图谱的查询、修改等操作时，就需要考虑使用数据库管理系统（DBMS）对知识进行存储。常见的DBMS（表3-8）有关系型数据库管理系统、图数据库管理系统、RDF（资源描述框架）存储系统。其中，图数据库管理系统和RDF存储系统都使用图数据模型，可直接用于知识图谱的存储；关系型数据库管理系统通常不会被直接应用于知识存储，但由于其历史悠久，有成熟的技术体系，所以不少的RDF存储系统使用其作为底层存储方案，实现对RDF数据的存储。

表3-8 常见的DBMS

项目	图数据库管理系统	RDF存储系统	关系型数据库管理系统
数据模型	属性图	RDF三元组	关系数据模型
查询语言	Cypher、Gremlin	SPARQL	SQL
应用场景	多为工业场景	多为学术场景	学术与工业均有应用
其他特点	图遍历效率高；图全局操作效率低	有标准的推理引擎；易于发布数据	多跳查询会产生自连接操作，影响查询效率

④ 知识抽取。知识抽取是构建大规模知识图谱的重要环节，是实现自动化构建知识图谱的重要技术。知识抽取的目的在于从不同来源、不同结构的数据中提取知识，并且存入知识图谱中。知识抽取的任务主要包括以下三个子任务：实体抽取、关系抽取和事件抽取。

a. 实体抽取：又名命名实体识别，从文本中检测出命名实体，并将其分类到预定义的类别中，例如人物、组织、地点、时间等。实体抽取是解决很多自然语言处理问题的基础，也是知识抽取中最基本的任务。

b. 关系抽取：从文本中抽取实体及实体之间的关系。关系抽取和实体抽取密切相关，一般是在识别出文本的实体后，再抽取实体之间可能存在的关系。目前，关系抽取方法可以分为基于模板的方法、基于监督学习的方法和基于弱监督学习的方法。

c. 事件抽取：事件是指发生的事情，通常具有时间、地点和参与者等属性。事件的发生可能是因为一个动作的产生或者系统状态的改变。事件抽取是指从文本中抽取用户感兴趣的事件信息，并以结构化的形式呈现。

知识抽取的数据源可以是结构化数据（例如数据库）、半结构化数据（例如网页中的表格等）或者非结构化数据（例如纯文本数据），其中结构化数据与文本数据是目前最主要的知识来源。从结构化数据库中获取知识一般使用现有的D2R工具，例如OpenLink、SparqlMap、Triplify等。面向不同类型的数据源，知识抽取涉及的关键技术和需要解决的技术难点有所不同。

⑤ 知识融合。知识融合的意思是合并多个知识图谱，知识融合又称为本体对齐、本体匹配、实体对齐等。在融合的过程中需要处理两个主要问题：模式层的融合，将新得到的本体融入已有的本体库中，即新旧本体的融合；数据层的融合，涉及实体的名称、属性、关系以及所属类别等，在这个过程中需要避免实体以及关系的冲突问题，以免造成不必要的冗余。知识融合的流程如图3-35所示。

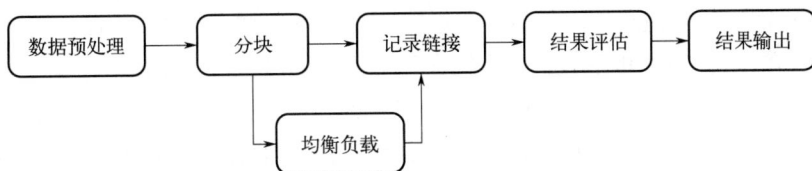

图3-35　知识融合流程

⑥ 知识图谱补全。在构建知识图谱的过程中，大量知识来源于文档和网页信息，从中提取知识时不可避免地会存在偏差，这些偏差主要来自两个方面：文本数据会有许多噪声信息，这些噪声可能是在知识抽取过程中因为算法不够完善所导致的，也有可能无关算法，而是与语言文字本身的有效性有关；文本数据信息量有限，不可能将所有知识都蕴含进去，特别是一些常识性的知识。以上两个方面都会导致知识图谱构建后其实是不完全的，所以知识图谱补全就格外重要。

⑦ 知识检索与知识分析。基于知识图谱的知识检索主要包括语义检索和智能问答。传统的搜索引擎是依靠不同网页之间的超链接来实现对网页的搜索，而基于语义搜索是直接对事物进行搜索。知识图谱与语义技术提供了关于这些事物的分类、属性与关系的描述，使得搜索引擎可以直接对事物进行搜索和索引。知识图谱与语义技术也被应用在数据分析领域。例如电商公司构建大型电商领域知识图谱，以直观的图谱形式对数据进行关联挖掘与分析，可以对用户偏好物品或潜在爱好物品做出分析与推断，帮助公司更好地进行推荐。

（2）知识图谱相关技术

知识图谱的形成不是一蹴而就的，而是多个学科发展融合的必然结果。作为一个交叉领域，知识图谱涉及了人工智能、数据库、自然语言处理、机器学习等多个领域。下面分别介绍数据库系统与推荐系统，除此之外还有机器推理、问答系统、区块链与去中心化等技术未介绍，读者有兴趣可以查阅相关资料自行了解。

① 知识图谱与数据库系统。随着知识图谱规模的日益增长，知识图谱在管理方面存在越来越多的问题。传统的关系型数据库无法很好地适应知识图谱的图数据模型，知识图谱领域形成了RDF数据的三元组库，在数据库领域则开发了用来管理属性图的数据库。

知识图谱有两种常见的数据模型：一种是RDF图（RDF graph），其查询语言是声明式（declarative）的查询语言SPARQL；另一种是属性图模型，其查询语言是导航式（navigational）的查询语言Cypher。

RDF中任何实体都被称为资源（resource），现实世界中每个概念、实体和事件都可以对应一个资源，用一个统一的国际化资源标识符（internationalized resource identifier, IRI）来唯一标识。IRI是一个用来标识资源的字符串，是数据集中唯一代表其身份的ID；当资源数目过多时，IRI也会变得很长。所以当原始的IRI过长时，引入了前缀（prefix）命名空间等方式来简化。表3-9列出了常见的前缀。

表3-9　IRI常见前缀

前缀	IRI
rdfs:	http://www.w3.org/2000/01/rdf-schema#
rdf:	http://www.w3.org/1999/02/22-rdf-syntax-ns#
xsd:	http://www.w3.org/2001/XMLSchema#

每个资源的一个属性及其属性值，或者它与其他资源的一条关系，都被表示成<主体，谓词/属性，客体>的三元组形式，一个三元组又称为陈述（statement）。所谓主体，就是一个资源；谓词/属性是用来描述资源之间的语义关系，或者描述某个资源和属性值之间的关系；客体可以是一个资源，也可以是一个字面值。主体与客体在RDF图中就是一系列节点，谓词的资源标识符在同一张图里既能充当节点，也可能充当边。

属性图模型是一种不同于RDF三元组的图数据模型，这个模型由点来表示现实世界中的实体，由边来表示实体与实体之间的关系。同时，点和边上都可以通过键值对的形式被关联上任意数量的属性和属性值。从形式化的角度来看，属性图模型由三种元素组成：值、图和表。

图数据库是数据库领域为了更好地保存图模型数据而开发的数据库管理系统，其数据模型采用属性图，其声明式查询语言有Cypher、PGQL和G-Core。Cypher是开源数据库Neo4j中实现的图查询语言。图数据库数据模型的主要构件块是节点（node）、关系（relationship）以及属性（property）。节点是图的基本单位，包含键值对的属性；关系是连接两个节点的桥梁，阐述两个节点直接的相互关系；属性是描述图节点和关系的键值对：key=value，其中key是一个字符串，value可以通过使用任何Neo4j数据类型来表示。

基于关系的存储系统继承了关系数据库的优势，成熟度较高。在硬件性能和存储容量满足的前提下，可以适应千万甚至十亿级别数量的三元组的管理。近年来，以Neo4j为代表的图数据库系统发展迅猛，使用图数据库管理RDF三元组也是一种选择。不过目前部分图数据库并不支持RDF三元组存储，这时就需要先将RDF三元组转换为图数据库支持的数据格式（如属性图模型），再对其进行存储与管理即可。

虽然目前没有一种数据库系统被公认为是具有主导地位的知识图谱数据库，不过伴随着三元组库与图数据库的相互融合发展，知识图谱的存储与管理方式必将越来越便利与强大。

② 知识图谱与推荐系统。随着互联网的高速发展，互联网上各种各样的数据汇聚，信息呈指数级增长。人们无法处理这么多数据，只能从中挑选部分较为优良的数据进行吸收和处理。推荐系统因此而生，它是一种算法，旨在向用户推荐相关项目，例如想要观看的电影、想要阅读的书籍、想要聆听的音乐、想要购买的产品或者其他任何东西。目前的推荐系统采用的主要方法是协同过滤方法与基于内容的方法。

协同过滤的方法是基于用户和项目之间记录的过去交互以产生新推荐的方法，其主要思想是这些过去的用户-项目交互足以检测相似的用户和/或相似的项目，并根据这些估计的相似度进行预测。协同过滤方法的主要优点是它们不需要有关用户或物品的信息，因此它们可以在许多情况下使用。此外，用户与物品互动越多，新推荐就越准确：对于一组固定的用户和物品，随着时间的推移，记录的新互动会带来新信息，使系统越来越有效。然而，由于它只考虑过去的交互来进行推荐，因此协同过滤存在"冷启动问题"：不可能向新用户推荐任何东西或向任何用户推荐新项目，许多用户或项目的交互太少而得不到有效处理。

基于内容的方法使用有关用户和项目的附加信息。假设一个电影推荐系统，这个附加信息可以是电影的类别、主要演员、导演、电影分类、持续时间或电影的其他特征。然后，基于内容的方法是基于这些"特征"来构建一个模型，以解释观察到的用户-项目交互。仍然以用户和电影为例子，假设某年龄段的女性倾向于对某些电影评分更高，而该年龄段的男性倾向于对其他一些电影评分更高等。如果设法获得这样的模型，那么对用户进行新的预测很容易：只需要查看用户的个人资料，并根据这些信息确定相关电影建议。基于内容的方法受冷启动的影响要小很多，因为新用户可以描述其特征来获得建议，理论上只有未出现过的特征才会有冷启动的问题。

知识图谱可以为推荐算法引入语义特征，可以有效地缓解数据稀疏的问题，从而提高模型的性能。基于知识图谱的推荐系统主要分为两类：基于嵌入的系统与基于路径的系统。基于嵌入的系统通常直接使用知识图谱的信息来丰富项目或者用户的表示。为了利用知识图谱信息，需要使用知识图谱嵌入（KGE）算法将知识图谱编码为低秩嵌入。基于路径的系统构建一个用户 - 项目图，采用在推荐系统中引入传统的图进行挖掘的元路径（meta-path）的方法。基于元路径的方法虽然可以有很好的推荐效果及可解释性，但是存在着一定的问题。首先，这类方法在构建推荐算法前需要先从数据中抽取、构造大量的元路径或元图，因此其并不是一个端到端的方式，并且当推荐场景或是图谱发生改变时，需要重新构造。

（3）知识图谱技术应用案例

目前知识图谱技术已经广泛应用在各个领域中，接下来主要介绍知识图谱技术的应用实例。

① 中医临床领域知识图谱。中医承载着中国古代人民同疾病作斗争的经验和理论知识，是在古代朴素的唯物论和自发的辨证法思想指导下，通过长期医疗实践逐步形成并发展的医学理论体系，该领域积累了海量的临床文献。知识图谱因为简单易学、可扩展性强等特点，有助于实现临床指南、中医医案以及方剂知识等知识的关联与整合，挖掘整理中医临证经验与学术思想，实现智能化、个性化的中医药知识服务，因此在中医临床领域具有广阔的应用前景。

中医临床领域有其自身的特点和需求，需要专门研究中医临床知识建模方法，解决中医临床知识的获取、分类、表达、组织和存储等核心技术问题，采集加工高质量的中医临床知识，才能建立准确、实用和完整的中医临床领域知识图谱。中医临床知识是解决中医临床实践过程中特定问题的信息集合，主要包括临床指南、名医经验、中医医案及临床研究等。这些知识分散在不同的组织机构与信息系统中，尚未得到有效整合，形成了一个个"信息孤岛"，严重影响了临床应用的效果。图3-36是由疾病、证候、处方等核心概念构成的中医临床领域知识图谱，可在这些"知识孤岛"之间建立联系，增强中医药知识资源的连通性，面向中医药工作者提供临床知识的完整视图。

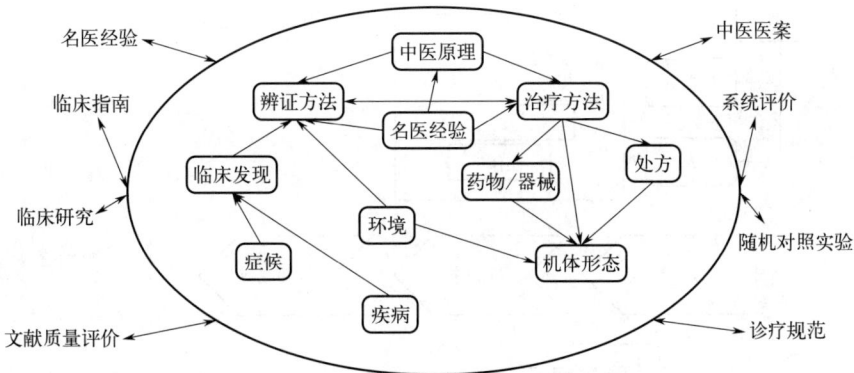

图3-36 中医临床领域知识图谱示意图

知识图谱有助于对中医临床知识进行分类整理和规范化表达，促进中医临床知识的共享、传播与利用，在临床诊疗、临床研究、教育和培训等方面都具有应用价值。特别是可以将中医临床领域知识图谱集成到知识服务系统之中，用于改进知识检索、知识问答、决策支持和知识可视化等多种服务的效果，从而提升知识服务能力。如图3-36所示，知识图谱系统以图形化的方式呈现中医原理、疾病、治疗方法、处方等概念之间的相互关系，实现中医临床知识体系可视化。系统提供检索框，用于检索知识图谱中的概念。系统还提供辅助知识框，用于提供相关概念知识和医案文本以供参考。使用知识图谱，用户可快速找到与当前研究主题（如症候、体征、疾病和方药等）相关的医案、指南和知识库内容，辅助用户进行决策。系统协助用户在概念层次上浏览中医临床知识，发现概念或知识点之间的潜在联系，从而更好地驾驭复杂的中医药知识体系。

② 基于知识图谱的人机协作拆卸任务。在制造业中，简单的机械产品是由几个零部件组成，复杂的产品可能由几十个甚至上万个零部件组成。按产品的设计要求，把零散的零部件有机地装配在一起，产品才具有明确的功能与性能；同时，当需要修理机械产品时，必须进行拆卸才能对失效零部件进行修复与更换。在设备维护、回收和再利用过程中，拆卸是必不可少的。此外，复杂产品的回收可以促进零部件的回收，以便再利用或再制造，这与循环经济的愿景一致。如今，工业机器人执行的拆卸任务不再局限于移动物体或其他重复操作，有越来越多的复杂任务需要人类操作员和机器人在共享空间中进行协作、相互补充技能才能完成。在此背景下，完成拆卸任务的操作员与机器人都需要大量的特定知识，因此知识和知识管理就显得格外重要。

面向人机协作拆卸任务的知识图谱基于符号描述逻辑与语义Web，采用资源描述框架模式（RDFS）和Web本体语言（OWL）相结合的混合知识表示模型来构建拆卸任务知识图谱，通过这样的知识表示方法可以让知识具有更好的可解释性。整体的人机协作拆卸知识将分为如图3-37所示的四个维度：拆卸产品维、拆卸路线维、操作过程维和过程数据维。拆卸产品维主要包含了对拆卸产品的物理描述和结构特征，如产品类别、产品组成、产品特性、零部件组织关系和连接件状态等。拆卸路线维是指对拆卸任务的工作流程和详细生产计划的描述，例如相关拆卸任务的基本信息、需求分析、拆卸序列与任务规划、拆卸成本和结果评

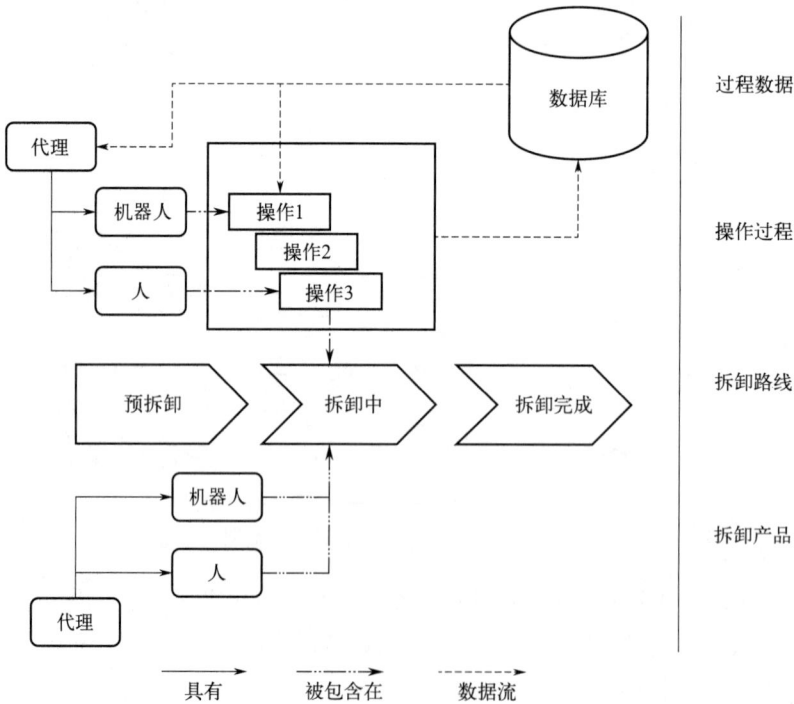

图3-37　人机协作拆卸场景的知识表示

估等。在操作过程维上，根据不同的智能体将信息分为两部分：人和工业机器人。一个协同拆卸任务可以分解为若干个阶段，每个阶段包括不同的操作，这些操作分别由人、工业机器人以及人与机器人的组合这三种形式来执行，因此对应着人和工业机器人的操作信息。其中，工业机器人操作信息包含工业机器人技术参数和装备信息，技术参数有工业机器人的关节数、最大负载、工作范围等；拆卸工具、所用传感器等则属于拆卸装备信息。过程数据维主要包含拆卸过程记录和拆卸过程中生成的数据，拆卸过程中记录的数据有拆卸结果、拆卸数据等；机器人运行状态、传感器数据等属于拆卸过程中生成的数据。

构建完成的知识图谱，能够有效地查询、分析与理解潜在知识，以供将来使用。操作员可以在需要时重新使用拆卸任务的问题、顺序计划、操作列表和解决方案等详细知识。该知识图谱的另一个作用是，能够为操作员提供有效的知识推荐。在拆卸过程中，操作员可以发出拆卸任务请求，以获取拆卸指令。知识图谱通过对请求的分析，对问题进行分类并返回最优结果给操作员。操作指令可以指导操作员和机器人在拆卸过程中完成各自的任务，以提高人机协作的效率。

③ 基于知识图谱的人机协作视觉推理。机器人越来越多出现在现代智能产业环境中，针对一些特殊的场景（如协作搬运、协作检查），人机协作配合需要十分紧密，目前基于视觉的人机协作变得越来越火热。但是现有的人机协作系统缺乏人与机器人认知的有效集成。

基于知识图谱的人机协作视觉推理方法：首先建立特定领域的人机协作知识图谱（图3-38），然后通过视觉传感器将整体制造场景感知为时序图，再通过图嵌入推断出具有类似指令的协作模式，将相互认知决策浸入增强现实（AR）中执行，来获得直观的人机协作支持。

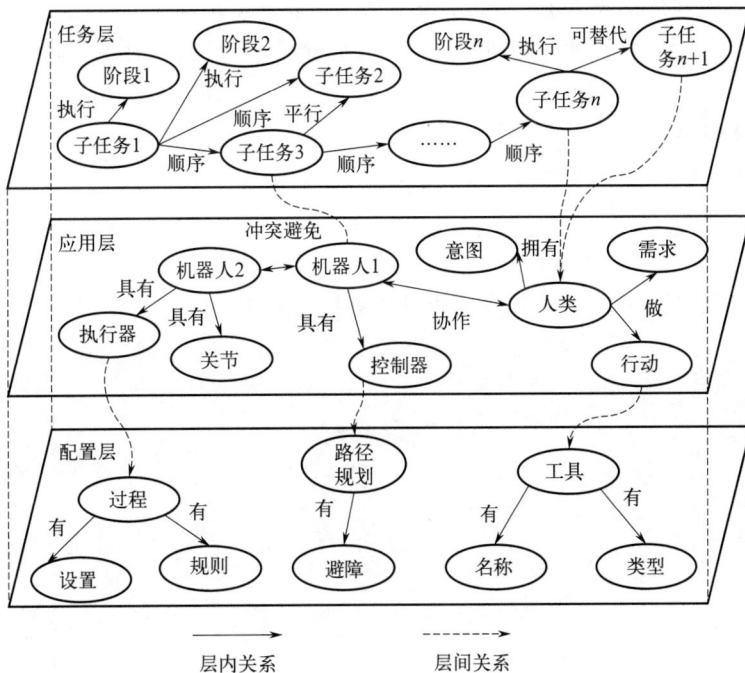

图3-38　人机协作知识图谱结构图

该方法捕获感知结果与知识图谱中先前所见制造场景的内在相似性，通过图嵌入计算推断出人与机器人之间的特定协作模式，包括：

a. 以人为中心的操作模式：人在机器人支持下发挥积极作用，其中知识图谱可以通过搜索链接的实体为操作员提供指令与指导，进行辅助操作。

b. 人与机器人双向模式：知识图谱可以确保图序列的动态性，发展其链接预测，使人与机器人之间的关系更加密切。

c. 以机器人为中心的操作模式：在这种方式下，机器人主动完成最重要的工作，操作员提供辅助支持。知识图谱能将生产策略构建为任务中机器人操作的认知支持，人类操作员在监督控制下行动并为机器人制定计划。

建立后的知识图谱将嵌入整个人机协作系统中，为整个系统提供链接预测。新的子任务与现有的子任务链接，通过计算相似度最高的对，在知识图谱中表示为子任务节点，然后预测现有知识图谱中相关边缘作为可行配置，为人机协作系统提供指令。基于知识图谱中不同的链接预测结果，系统可以很容易地识别特定的人机协作模式，不仅可以向人与机器人提供必要的指令，还能调节双方各自的权限，避免发生冲突。通过实验，该人机协作系统在以太网电缆连接下的最大总延迟小于0.4s，可以很好地适应现场协作操作。

习题

1. 智能工业机器人的三大要素分别是什么？智能感知在其中扮演着什么样的角色？
2. Kinect 2.0获取人体关键点数据的流程是什么？
3. 力矩传感器的主要应用有哪些？大数据分析的步骤一般有哪些？
4. 简述工业大数据在智能制造中的应用价值。
5. 分类分析、聚类分析、回归分析、关联分析的作用分别是什么？
6. 分别列举分类分析、聚类分析、回归分析、关联分析4种数据分析方法的一个算法并简述其原理。
7. 虚拟现实的基本特征有_____、_____、_____。
8. 建模技术可分为_____、_____、_____。
9. 显示设备有_____、_____、_____三类。
10. 简述虚拟现实系统的关键技术。
11. 增强现实和混合现实两者与虚拟现实的明显差异是什么？

第4章 工业机器人智能感知

感知系统是人类最直接获取外部信息的途径，对机器人来说同样如此。人可以通过视觉、听觉和触觉感受到外部的视觉信息、声音信号和触觉信息。机器人也可以通过相机或激光雷达观察到自身所处的外部环境，通过麦克风设备听到周围的环境声音，通过力控传感器感知到末端执行器的工作应力状况。感知系统通过各类传感设备感知到环境中的物理信息后，会对这些信息进行处理，从这些信息中挖掘出对决策系统具有直接指导作用的关键信息，将提取到的关键信息作为运动控制系统的输入，指导工业机器人完成某项特定任务。

智能感知技术的发展也使得机器人从人为设定工作过程转变为自主的行为决策工作过程。未来的智能工业机器人都具备形形色色的智能感知系统，具有更高智能化水平的机器视觉、听觉、触觉和嗅觉，以及发达的"大脑"学习机制和推理机制。这种智能工业机器人能够理解操作工人的自然语言，感知工作环境及操作对象的力觉状况，同时根据感知信息进行智能判断和分析，形成和人类非常相似的感知模式。

4.1 工业机器人视觉感知

传统的工业机器人在进行操作的时候，大多需要人工预先设定机器人的工作流程，机器人不具备自主判断和自主决策能力。如果需要机器人去抓取某一装配部件，若不输入待抓取部件的三维坐标信息，机器人将无法完成抓取任务，机器人也无法自主判断待抓取对象在众多装配部件中的具体位置。而智能工业机器人将通过智能视觉感知技术来弥补这一缺陷。面对复杂高精度装配任务时，完全自主的机器人装配难以实现。此时需要人参与装配过程，与机器人协作完成任务。在整个过程中，为了实现更好的协作，机器人应该能够对工作场景的信息进行实时的整体感知和解析，并主动做出计划和行动。机器人发挥出力量和准确性，人类发挥出灵活性和创造力。

视觉感知获取的最直接信息来自相机拍摄的图像，这些图像包括待抓取对象、操作工人位置及工作环境场景。获取到的原始图像中可能包含大量的多余信息，只有对原始图像进行处理，提取其中的关键信息，才能为机器人自主决策判断提供有效依据。获取目标图像后，有两种方法可从中提取关键信息。

第一种方法以机器视觉为主导，采用各种图像处理算法对获取到的图像进行分析处理。机器视觉系统是通过机器视觉产品将被摄取目标转换成图像信号，传送给专用的图像处理系统，得到被摄取目标的形态信息，根据像素分布和亮度、颜色等信息，转变成数字化信号，图像处理系统对这些信号进行各种运算来抽取目标的特征，进而根据判别的结果来控制现场的设备动作。例如对图像进行灰度处理以压缩图像所具有的内存空间，然后对处理后的灰度图像进行二值化，图像的二值化有利于图像的进一步处理，使图像变得简单，而且数据量减小，能凸显出感兴趣的目标的轮廓。当获取了目标对象的轮廓之后，接着进行边缘检测、最大外接矩形检测或者圆形检测等一系列检测算法，从中提取出更具有表征意义的信息。在进行检测之前必要时还需要对图像进行形态学操作（膨胀或腐蚀），使得检测算法的输入图像所表示的语义信息更加直接明了。

第二种方法以深度学习计算机视觉为主导，采用神经网络中各种视觉感知算法，通过收集足够多的数据集，使用神经网络强大的学习能力，学习到大量数据集中所具有的图像特征。计算机视觉研究相关的理论和技术，试图建立能够从图像或者多维数据中获取信息的人工智能系统。这里所说的信息是可以用来帮助做一个"决定"的信息。因为感知可以看作是从感官信号中提取信息，所以计算机视觉也可以看作是研究如何使人工系统从图像或多维数据中"感知"的科学。

传统基于机器视觉的图像处理方法在一些工业环境下，可能受到光照等其他因素的影响，不具备较强的鲁棒性。而以深度学习为主导的神经网络技术能够通过对数据集的分析，学习到数据集中所蕴含的数据分布。在面对新任务时，能够通过学习到的网络参数对图像数据进行分析，推断理解图像中的内容，以及识别定位出图像中的关键信息。传统的图像处理方式与深度学习神经网络方式两者进行互补，在一些特定的工作环境中，通过对图像的简单处理，能够迅速提取出需要的信息，省去了神经网络大量的训练时间。同时，直接对图像像素的处理运算，能够得到较高的定位精度。而在需要对目标进行识别的时候，传统图像处理的做法是手动选取图像特征，再对需要检测的图像进行特征匹配，这种方式的速度能够达到要求，但是在精度要求较高的场合不太适用。神经网络技术的优势在于其能够自动学习图像特征，而不需要人为指定。这种自动学习使得模型能够捕捉到复杂的模式和细节，从而实现高精度的识别。同时，采用轻量化的神经网络模型，可以有效降低计算资源的需求，提高处理速度，在实时应用中表现出色。

计算机视觉采用各类视觉算法来模拟人眼能够实现的功能，同时更重要的是使用计算机来完成人眼所不能胜任的工作，达到人眼识别不了的精度，从而完成更加困难的视觉任务。而机器视觉则是建立在计算机视觉理论基础之上，偏重计算机视觉技术的工程化，在工程实践中使用得较多，能够自动获取和分析特定的图像，从图像中抽取物体特征信息，以控制相应工业机器人的具体运动行为。

与计算机视觉所研究的视觉模式识别、视觉理解等内容不同，机器视觉技术重点在于感知工业环境中目标工件的形状、位置、姿态和运动等几何信息。两者基本理论框架、底层理论和算法相似，只是研究的最终目的不同。所以计算机视觉一般情形下普遍适用，而机器视觉更多用于工业上。但是随着计算机视觉在部署层面上不断地完善，越来越多的计算机视觉完成了场景落地，现在已扩展到新兴领域，例如汽车、医疗保健、零售、机器人、农业、无人机和制造业等。尤其是在制造业的工业机器人领域，随着自动化水平更高的工业机器人诞生，现代智能工业机器人将计算机视觉与机器视觉进行完美结合，充分发挥双方的优势，进行优势互补，将传统重复工作的工业机器人升级为具有强大视觉感知能力的智能工业机器人。

4.1.1 基于图像的工业机器人视觉感知

（1）图像处理基本概述

图像作为蕴含信息最为丰富的数据存储格式之一，相比于文字和语音来说，具有更加丰富的语义信息。人类可以很直接地通过视觉观察到图像中的信息，并从中得到一些很高层的图像语义信息。然而对于计算机来说一张图像只是一个形状为"图像高度×图像宽度×图像维度"的三维张量，这个三维张量中的值就是图像中每一个像素点的像素值。数字图像在计算中是以矩阵的形式来存储的，矩阵中的每一个元素都描述了一定的图像信息，具体的像素值则代表了图像的亮度、颜色等信息。

通常来说一张彩色图片在空间维度具有高度和宽度两个维度，也就是通常我们所说的图像尺寸。除了高度和宽度以外，图像还具有通道维度，由于可以通过红、绿、蓝三种颜色的混合来展示出各种颜色，所以RGB图像的三个维度分别是红、绿、蓝三个颜色空间，分别占据不同的图像通道来表示某一颜色的红色分量、绿色分量和蓝色分量。除了RGB颜色空间以外，还有其他用来表示图像通道的颜色空间，如表4-1所示。通常来说，数字图像处理所做的工作都是在RGB颜色空间中进行的。

表4-1 颜色空间分类

分类	说明
RGB颜色空间	以红绿蓝三个颜色分量作为图像通道
YUV颜色空间	以亮度、红色分量与亮度的差值信号、蓝色分量与亮度的差值信号作为三个图像通道
HSV颜色空间	以色调、饱和度和亮度作为图像通道
GRAY颜色空间	以灰度图像作为图像通道

在明确了图像在计算机中各种存储类型后，就需要通过具体算法来挖掘出图像中重要的信息。就像对矩阵进行各种矩阵运算一样，这些复杂的矩阵运算同样可以运用到图像上来，因为图像的存储格式就是以矩阵形式为主的。对图像进行矩阵运算主要就是通过图像卷积来进行操作的。图像卷积操作总的来说就是给定一张原始图像，将一个大小确定、数值确定的卷积核作用在整张图像上，会得到一个新的图像。这个输出图像会因为卷积核大小、卷积核数值的不同而不同。而卷积核常被称作滤波器，一个尺寸和数值固定的卷积核也常被称作卷积核模板。将整个模板运用在原始图像上，就会得到卷积操作之后的输出图像。

由于卷积核模板的不同，滤波器的功能也会不同。根据功能，图像滤波分为去除图像中噪声的滤波和提取图像中关键信息的滤波。图像去噪的作用就是去除图像中不重要的内容，从而使关心的内容表现得更加清晰。现代图像采集设备的分辨率越来越成熟，采集到的图像中含有成千上万的像素信息。然而一张图像中不是所有的信息都是有用的，除了蕴含重要语义信息相关的像素点之外，由于采集图像的设备可能会受到光子噪声、暗电流噪声等干扰，图像中含有大量作为干扰的噪声信息。同时图像信号的传输过程中也很有可能产生噪声，去除图像中的噪声（图像去噪）是图像预处理中非常重要的步骤。

除了通过滤波器模板来对图像中的干扰像素信息进行去除，滤波器通常也用来提取出我们所需要的图像特征。对输入的图像使用提取边缘信息的滤波器模板就会得到对应输入图像的一张边缘图像，对输入图像使用膨胀腐蚀滤波器模板就会得到对应输入图像的一张形态学处理图像。根据不同的下游任务，可以设定不同的滤波器模板，将其作用于输入图像，以此得到不同结果的输出图像。

（2）图像处理基本流程（图4-1）

工业机器人主要面对的视觉任务有目标物体的定位、目标物体的识别以及目标物体的几何物理形态检测。对于目标物体定位来说，需要从机械臂末端的相机或工业场景中固定位置的相机所拍摄得到的图像中，精确确定出目标物体的位置信息。这一位置信息包括了目标物体的三维位置信息以及位姿信息。目标物体识别的关键在于从图像中准确确定特定物体。通过分析物体的几何尺寸、颜色和关键点等特征，可以有效区分目标物体。目标物体的几何物理形态检测主要是通过确定图像中像素值之间的几何数学特征，同时结合目标物体几何形状的数学表示，来实现对几何物理形态的检测。

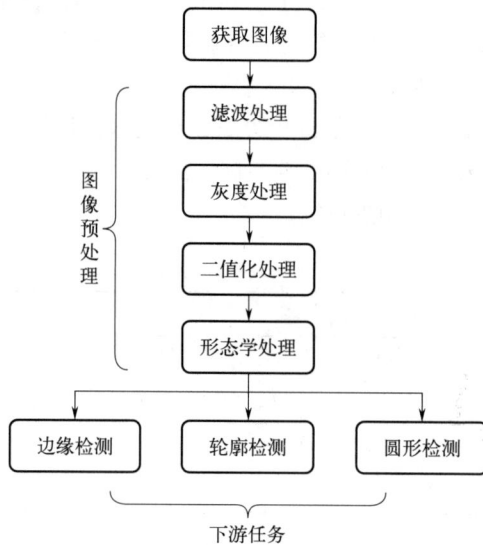

图4-1　图像处理基本流程与下游任务

通过相机拍摄目标物体的图像，将拍摄得到的图像经过一系列图像处理（图4-2），从图像的像素级别的底层信息中挖掘出语义级别的高层信息。原始的图像中会包含着大量的噪声信息，这些噪声信息会对图像的处理过程造成一定的干扰。高斯滤波器是一种线性滤波器，能够有效地抑制图像中的非必要噪声，平滑图像。对原始图像进行高斯滤波处理，为后续操作提供了一个较好的基础图像。

对于得到的滤波图像，由于灰度图像仍然能够反映整幅图像轮廓和纹理信息，同时灰度图像相比彩色图像的数据量下降了三分之一，所以将滤波图像转换为灰度图像。图像二值化就是将图像上的像素点的灰度值设置为0或255，也就是使整个图像呈现出清晰的黑白对比效果。图像的二值化使图像中数据量大为减少，从而能凸显出目标的轮廓。

在经阈值处理提取出目标区域的二值化图像之后，区域边缘可能并不理想，这时可以使用腐蚀或膨胀操作对区域进行"收缩"或"扩张"。腐蚀和膨胀是两种最基本也是最重要的形态学运算，它们是很多高级形态学处理的基础，很多其他的形态学算法都是由这两种基本运算复合而成。

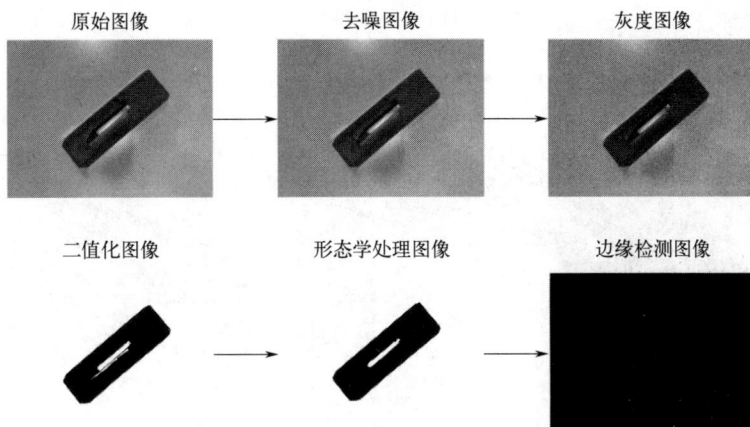

图4-2 图像处理基本流程

上述步骤构成了基本的图像预处理过程。图像预处理的结果图像为后续的具体任务提供了一个较好的基础图像。在此基础图像上进行后续操作会使得任务难度降低。在面对具体不同的下游任务时，所采取的后续操作也不同。

图像的边缘能够直观地表示出图像的全局信息，图像的边缘一般位于图像不连续的像素区域内，这一部分的像素值会经过突变来呈现出图像中物体的几何轮廓信息。同时图像的边缘是指图像局部区域亮度变化显著的部分，该区域的灰度剖面一般可以看作是一个阶跃，即从一个灰度值在很小的缓冲区域内急剧变化到另一个相差较大的灰度值。边缘有正负之分，就像导数有正值也有负值一样：由暗到亮为正，由亮到暗为负。在边缘部分，像素值出现"跳跃"或者较大的变化，如果在此边缘部分求一阶导数，就会看到极值的出现，而在一阶导数为极值的地方，二阶导数为零。基于这个原理，就可以进行边缘检测。

图像边缘检测主要用于增强图像中的轮廓边缘、细节以及灰度跳变部分，形成完整的物体边界，达到将物体从图像中分离出来或将表示同一物体表面的区域检测出来的目的。目前为止最通用的方法是采用一阶和二阶导数检测亮度值的不连续性。

根据梯度核函数与梯度方向的不同，不同的边缘检测算子将边缘检测分为不同种类的算法，有Roberts算子边缘检测、Sobel算子边缘检测、拉普拉斯算子边缘检测及Canny算子边缘检测等。

轮廓可以简单认为将连续的点（连着边界）连在一起的曲线，是具有相同的颜色或者灰度的边界像素。轮廓是图像目标的外部特征，这种特征对于我们进行图像分析、目标识别和理解等更深层次的处理都有很重要的意义。轮廓是形状分析和对象识别的有力工具。

轮廓提取的基本原理：对于一幅背景为黑色、目标为白色的二值化图像，如果在图中找到一个白色点，且它的8邻域（或4邻域）也均为白色，则说明该点是目标的内部点，将其置为黑色，视觉上就像内部被掏空一样；否则保持白色不变，该点是目标的轮廓点。一般在寻找轮廓之前，都要将图像进行阈值化或Canny算子边缘检测，转换为二值化图像。

当机器人在抓取目标物体的时候，需要明确目标物体的位置信息。目标物体的轮廓作为最直观的特征表示，能够直接确定出目标物体的位置信息。对于矩形轮廓检测来说，可以分为最大外接矩形检测和最小外接矩形检测，如图4-3所示。通常最大外接矩形只能够确定出目标物体的位置信息，而目标物体的具体朝向信息需要通过最小外接矩形来确定。最小外接矩形能够在确定出目标物体位置的同时确定出其方向。这一方向信息对机械臂的抓取提供了至关重要的依据。

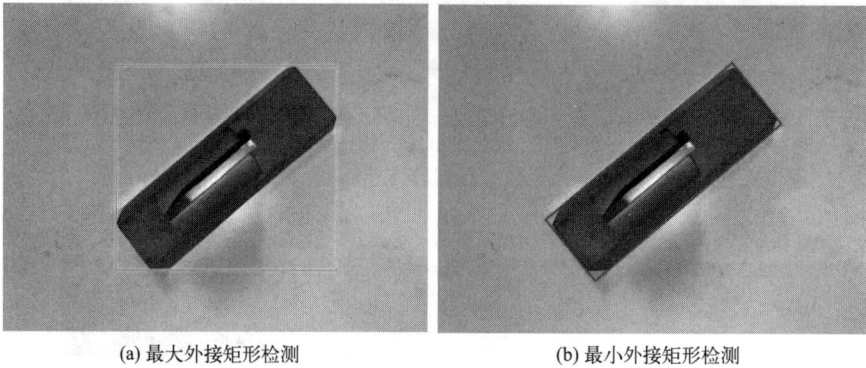

| (a) 最大外接矩形检测 | (b) 最小外接矩形检测 |

图4-3 矩形轮廓检测

对于一些圆形的物体来说，确定出圆形边界更具意义。霍夫圆变换（图4-4）是将二维图像空间中一个圆转换为该圆半径、圆心横纵坐标所确定的三维参数空间中一个点的过程，因此，圆周上任意三点所确定的圆，经霍夫圆变换后对应于三维参数空间中的一个点。

该过程类似于选举投票过程，圆周上任意三个点为一选举人，而这三个点所确定的圆则为一候选人。遍历圆周上所有点，任意三个点所确定的候选圆进行投票。遍历结束后，得票数最高点（理论上圆周上任意三点确定的圆在霍夫圆变换后均对应三维参数空间中的同一点）所确定的圆，即为该圆周上绝大多数点所确定的圆，即绝大多数点均在该当选圆的圆周上，以此确定该圆。

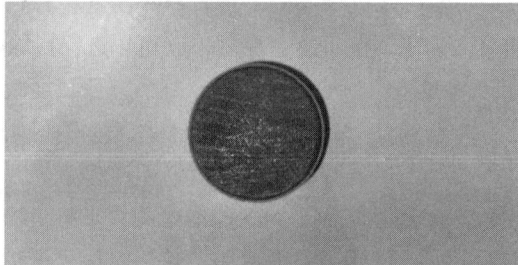

图4-4 霍夫圆变换

4.1.2 基于计算机视觉的工业机器人视觉感知

（1）计算机视觉基本概述

计算机视觉是人工智能领域的一个重要分支，简单来说，它要解决的问题就是让计算机看懂图像或者视频里的内容。比如：图片里的宠物是猫还是狗？图片里的人是谁？视频里的人在做什么事情？更进一步地说，计算机视觉就是指用摄像机和电脑代替人眼对目标进行识别、跟踪和测量等，并进一步做图形处理，得到更适合人眼观察或传送给仪器检测的图像。作为一个科学学科，计算机视觉研究相关的理论和技术，试图建立能够从图像或者多维数据中获取高层次信息的人工智能系统。从工程的角度来看，它寻求利用自动化系统模仿人类视觉系统来完成任务。计算机视觉的最终目标是使计算机能像人那样通过视觉观察和理解世界，具有自主适应环境的能力。计算机通过摄像机实现对世界的感知非常困难。虽然摄像机拍摄的图像与我们平时所见相似，但对于计算机来说，任何图像只是像素值的排列组合，是一组静态的数字。如何让计算机从这些死板的数字里面读取到有意义的视觉线索，是计算机视觉应该解决的问题。

相比于机器视觉来说，计算机视觉更加注重的是智能性。如果把机器视觉比作人类幼儿时期的视觉系统，由于幼儿时期的视力相较成人来说较好，所以这个时期的视觉系统拥有更加准确的定位精度，然而缺乏对环境更加深层次的认知。计算机视觉可以比作成人的视觉系统，这个时期的视觉系统受到近视等影响而变得不那么精确，但丰富的人生经验让成人对环境的感知更加深刻，更能从大量的信息中高效地提取出重要的信息。

计算机视觉领域中的主流任务为图像分类。其主要功能是让计算机能够识别出一张由数字矩阵代表的数字图像中所蕴含的高层语义信息。通过给定关于目标对象的大量图片数据，让神经网络自行归纳总结出特定目标对象所具有的特定特征表示。同时还有很多的视觉下游任务，例如目标检测、关键点检测与人体动作识别等。这些不同的算法的处理思路都是通过神经网络的迭代训练来挖掘数据中的深层特征，只是在不同算法设计中，具体的细节根据具体目标的不同而具有差异。

相比于对目标物体进行定位，对目标物体的识别也尤为重要。如果机器人只能找到面前一些类别不同的物体，而无法区分出每一个物体所代表的类别，那这样的机器人就毫无智能性可言。如果机器人能够对不同的类别进行辨认，那么无论是在工业机器人自主装配过程中还是人机协作装配过程中，机器人都能够通过识别算法找出当前时刻自己需要的目标装配工件。这就相当于机器人有了自主的能力，不需要人为地告知机器人每一个物体属于哪一个类别，机器人便可以自主对目标对象进行识别检测。传统的机器人要想走向智能化，这样的自主识别能力是必不可少的。相比于传统确定工作顺序与工作方式的工业机器人来说，将相机作为工业机器人的"眼睛"，让机器人像人类识别物体一样对自身需要的目标对象进行检索，只有具备这样的自我判断能力，工业机器人才能称得上"智能"二字。

当今的工业机器人，在面对一些高精度的装配任务时，不能达到完全自主的装配这种高精度的装配要求，所以此时工人的参与是在所难免的。一旦有人介入这个装配的工作空间中，工业机器人除了需要考虑自身的工作空间以外，还需要将人纳入自己的考虑之内。人体的运动状态是十分多变的，具有难以预测的特性。如果能够通过一些具体的视觉手段，将人体的运动状态和人体正在进行的装配工序告诉机器人，将此作为机器人运动规划的参考依据，就可以规划出更高效的工业机器人装配路径和装配工序，做到工业机器人与人共享工作空间下高效的装配系统。

（2）计算机视觉基本算法

一个大的装配任务通常由许多个装配子任务组成，而对于每一个子任务来说，其所需要的装配工具可能不同，这一步需要用螺丝刀进行连接，下一步可能就需要用到力矩扳手来拧紧。由于工具的不同，机器人需要从这一系列的工具中找到当前装配子任务所需要的特定工具。对人类来说，我们一眼就能分辨出哪一个是我们当前需要的，可是对于机器人来说，其不具备这样的能力。

人类具有强大的学习能力，虽然我们也不是天生就认识这些工具，但是随着记忆能力和认知能力增强，这些工具的物理几何特征已经被我们的大脑认知系统所挖掘，每当看到对应的工具，我们就能够立刻反应出来它是什么。人类通过强大的认知系统和视觉系统，对从未见过的物体快速记忆、快速学习。对工业机器人来说，要想"认识"这些工具，最直接的手段还是像人类一样通过视觉。因为视觉在大多数的情况下都能够解决问题，极少数情况下需要使用触觉加以区分。对机器人来说也一样，视觉的直接性与高效性使得触觉感知并不常用，在进行识别时机器人不可能对每一个工具都进行触摸，同时对一些精密的工具，直接的接触也会造成工具甚至机械臂末端执行器的损害。

工业机器人如何运用计算机视觉的手段从一系列未知的工具中找出自己需要的呢？得益于计算机视觉中的目标检测算法，工业机器人能够像人类一样，通过视觉系统找出特定的工具。目标检测算法属于深度学习的领域，通过大量的图片数据，让计算机能够在大量的数据中抽取特征找出规律，使用这些经过训练得到的网络模型，在面对未知的数据时，也能够将已知数据中所挖掘出的规律应用在未知数据上来找出未知数据与已知数据之间的关系，从而对未知的数据进行判断。

工业机器人视觉系统的输入一般来说都是相机所拍摄的图像，图像中就包含着机器人需要的目标对象。而目标对象所出现的位置只占图像的一部分，不同的对象所占据的位置也不同，甚至重叠。所以对机器人视觉系统来说，最直接的识别方式就是对目标物体进行框选。这样的方式既能够得到物体的位置，也能够得到物体的类别，主要解决的是物体在哪里以及物体是什么的问题。对同一个物体来说，在图像的像素层面其大致的几何特征是类似的，举例来说，螺丝刀的头部通常是细长状的，而力矩扳手的头部通常是圆弧状的。这样不同的几何特征也给了神经网络学习的依据，神经网络通过对像素级别的对象进行建模，经过一系列后续操作将像素级别的几何特征转换为更高层的类别特征。

目标检测算法的开山之作非 R-CNN 系列莫属，其中的"R"代表了 region（区域）的含义。本质来说就是将卷积神经网络对一整张图像的作用转移到对一张图像中部分区域的作用。R-CNN 算法首先在图像上生成大量的候选区域，这些候选区域有很大的可能性被选中，当前这些候选区域还需要经过后续的调整来更精确地框选出目标区域。在有了这些初始的候选框（区域）后，网络模型参数经过训练不断调整，最终得到一组恰当的参数。在网络经过训练之后，当面对新的数据时，网络也能够根据其在训练数据中所挖掘出来的特征，对新数据进行处理以得到正确的识别检测结果。R-CNN 系列由于需要首先生成大量的候选框，而大量的候选框中有很大一部分都是无效的，这一步骤既消耗了时间也增加了计算复杂度。

在工业环境中，效率是至关重要的一点。而对工业机器人的视觉检测来说，检测的实时性是必须达到的基本要求，如果仅仅一次检测就需要十几秒，那这大大缩短了装配的时间。机器人的引入本身就是为了提高效率，无法达到实时检测的工业机器人毫无疑问是帮了倒忙。后续研究使用 YOLO 系列算法，如图 4-5 所示，将上述两阶段的目标检测算法优化为单阶段算法，在保持性能不下降的前提下，将速度优化到了极致，同时满足性能上和效率上的需要，达到实时检测的要求。

图 4-5 中，Focus 是一种特殊的数据预处理方法，用于降低输入图像的空间分辨率。它通过将输入图像的不同通道重新排列组合，使得每个特征图的尺寸减小为原来的 1/4（即宽高各缩小一半），但同时保持了信息量不变。这种方法可以在不增加太多计算成本的情况下，增强网络对细节特征的学习能力。

CSP（cross stage partial connections，跨阶段部分连接）是一种网络架构设计策略，旨在解决深度神经网络中的梯度消失问题，并促进信息流动。CSPNet 的核心思想是将主干网络分成两部分：一部分直接传递到下一层，另一部分则经过一系列卷积操作后再与前者合并。这种结构有效地减少了计算冗余，提高了训练效率，同时也增强了特征提取的能力。

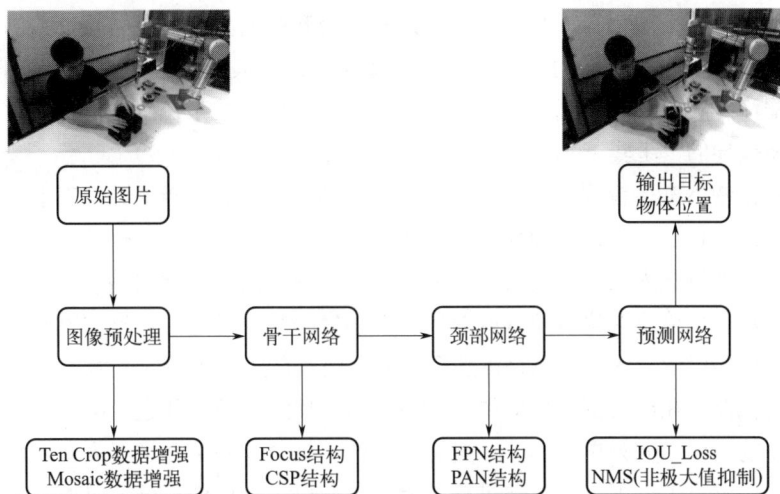

图4-5　YOLO目标检测算法流程

FPN（feature pyramid network，特征金字塔网络）是一种常见的多尺度特征融合技术，最初是为了应对目标检测中不同大小物体的问题而提出的。FPN的基本思路是从深层到浅层逐层上采样并融合特征，形成一个多层级联的特征金字塔。每一层都结合了来自更深层次的语义信息和当前层的局部细节，这样可以确保各个层次的特征都能包含足够的上下文信息。

PAN（path aggregation network，路径聚合网络）是一种特征金字塔网络（FPN）的变体，专门针对目标检测任务优化。传统的FPN仅从高层到低层单向融合特征，而PAN不仅保留了这一特性，还增加了自下而上的路径，实现了双向的信息交流。这意味着除了来自高级语义特征的补充外，底层的细节特征也能得到加强，从而更好地捕捉不同尺度的目标。

图4-6为通过YOLO算法检测得到的结果。其中很好地检测出了力矩扳手、螺丝刀和钳子。在面对一张图像中出现多个物体的情况下，也能得到很好的检测结果。如果将输入的图像改为视频，我们可以对每一帧进行与单张图像相同的处理，通过实时帧提取、预处理和目标识别技术，准确地对目标对象进行识别与定位。结合有效的跟踪算法和性能优化方法，可以在保持实时性的同时，实现高效的目标检测和识别。

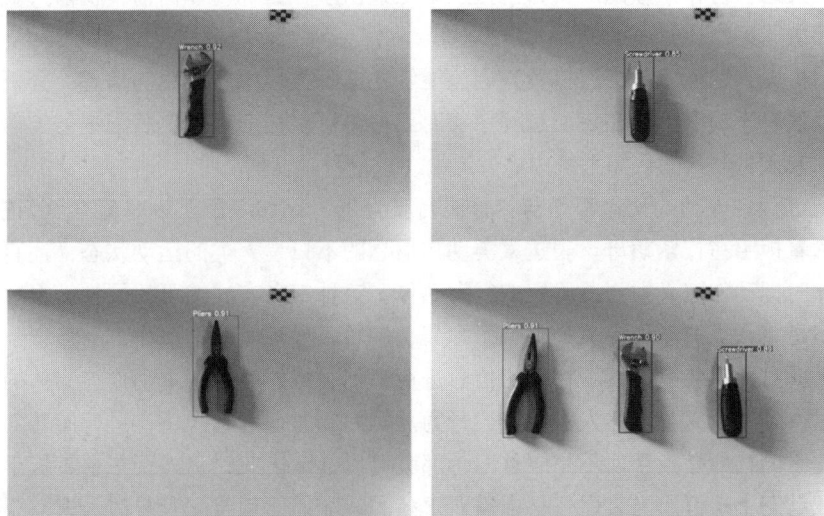

图4-6　YOLO目标检测算法结果

目标检测算法将工业机器人从无法认知外界事物升级为具有自我辨识能力的智能工业机器人。工业机器人一旦具备了对外界事物的认知能力，其装配过程也将从传统的单一工序、确定路径装配流程转换为具有高弹性、高自由度的智能化装配系统。工业机器人不再是那个需要人工不断指导的"工具"，而转变为真正意义上的机器"人"。

除了对目标物体进行检测以外，由于人机协作场景需求的不断提升，工业机器人也面临着从纯自主装配工作过渡为人机协作装配的挑战。在这个过程中，人作为除了目标物体的另一考虑因素，工业机器人也需要具备对人体检测的能力。而深度学习的强大建模能力使得工业机器人在面对任何检测对象以及人的时候都能够完美解决问题。从检测物体到检测人再到将这两者与工作环境信息的完美融合，整个装配过程真正达到所谓的智能化。

智能工业机器人在进行视觉感知的过程中还需要理解人与物体进行交互的过程，这一任务在人机协作的过程中尤为重要。为了更好地协作，机器人必须理解工人此时此刻正在进行的工作，然后预测出工人下一步将要进行的操作，如果这一操作机器人可以完成，那么就由机器人来执行下一步的操作。这样一来，整个工作流程从串行转换为并行。一来提高了整个任务的效率，二来减少了总体的工作时间。

对于装配任务而言，大多数的任务是可以并行进行的。如果整个装配过程只有装配工人单独参与，那么对于可以进行并行的装配工序所占用的时间将翻倍。装配工序的并行化可以在很大程度上解决装配时间较长的效率问题。同时对于某些特定的装配任务，装配难度较大，需要工人以各种费力的角度进行作业，一旦作业时间较长，工人很快就会进入疲劳状态。在面对这种工作场景时，工人就需要协作机器人的协助来完成装配任务。在人机协作装配任务的系统中，机器人应该足够智能化。智能的协作机器人应该能够明确地知道自己应该在哪一个时间段对人类工作者进行协助。这一个协助过程不应该打乱装配工人的工作状态，同时应该做到在该出现的时刻出现在正确的位置上完成正确的协作任务。举例来说：

① 机器人观察到装配工人当前时刻的子装配工序信息，基于这一时刻的信息推断出下一个时刻工人需要使用螺丝刀的信息，机器人能够在下一装配工序开始之前，找到装配工人需要的特定规格的螺丝刀并将其递交给工人。

② 机器人如果能够预判到装配工人下一时刻将要搬取重量较大的物体，就可以时刻做好与装配工人进行协作搬取的准备，一旦装配工人出现在目标物体面前，机器人就开始与装配工人进行协同工作。

将上述机器人智能化总结为机器人应该能够根据各类传感器采集的信息，分析出人类的动作。这些信息不局限于是在装配过程中实时获得，可以提前将整个装配任务的信息以知识图谱的形式嵌入机器人的认知系统中。

在装配过程中人类的动作都是与物体进行交互的，比如装配工人拿着螺丝刀在上螺钉、装配工人拿着扳手在拧紧螺母。表达人类动作信息的不只是人类的运动状态，还有物体的信息。如果此时把动作定义为一些确定的行为动作，这种定义方式的可拓展性就很弱。另一种改进的思路是将人类的动作定义为类似于拿起、旋转、放下等基本动作，一旦识别出这些基本的动作，就对此时装配场景下物体的信息进行识别。将人类的基本动作与物体的信息进行组合就可以得到一个完整表述人类动作的行为。例如此时识别到人正在进行旋转的动作，同时识别到此时的物体是扳手而不是螺丝刀，那就可以推断出此时工人正在拿着扳手拧螺母而不是拿着螺丝刀上螺钉。当装配任务中需要更多的装配物体和装配工具时，只需要将新增加的装配物体或工具与现有的人类基本动作相结合，就可以得到新增的一系列人类动作描述。

在人类动作识别问题上，需要通过相机拍摄到的装配工人的工作视频片段来识别出这一视频片段所代表的装配工序。因为装配工序所代表的是一个连续的工人运动状态，单一的图片信息无法描述这一工作过程，所以此时的输入信息是视频。然而一段几秒的视频具有上百帧图像，需要判断哪些视频帧对最终识别是最有效的，然后对这些关键视频帧的信息加以融合。

对于识别动作来说，视频相比于图像会提供更多的信息。现在的任务是识别一个行为，而两个行为动作所对应的单张图片不能有效地传达出这两个不同行为的信息，因为这两张不同动作的图片特征太类似，无法仅通过图像来判断人体的动作。举例来说，通过把手伸出去的动作和把手收回来的动作图像，无法分辨出是哪一类动作。这个时候引入视频就可以解决问题，视频的前半段手离身体较近，视频的后半段手离身体较远，这就可以很容易地看出这个动作是把手伸出去而不是把手收回来。很多时候，仅仅具备时序运动关系，并不足以轻易对人体运动的视频进行识别。时序的运动信息确实提供了至关重要的线索，但还需要结合特征提取、模型训练等多种技术，才能有效识别和分析视频中的人体运动。

此时神经网络的输入从固定的图片转换为了不断变化的视频帧序列，通过输入特定帧数的视频来识别并预测出人体正在进行的动作。由于此刻的输入是带有时序信息的，前一视频帧的图像与后一视频帧的图像之间是有一定的相关性的，直觉上的做法就是把视频帧仍然看作图像，在神经网络中将它们的信息进行融合，从而达到对全局视频级别的建模。图4-7为基于深度神经网络识别得到的人体行为动作，即通过深度神经网络的时空特征提取能力，利用特定帧数的视频帧确定出在此时间段内操作人员的行为动作。

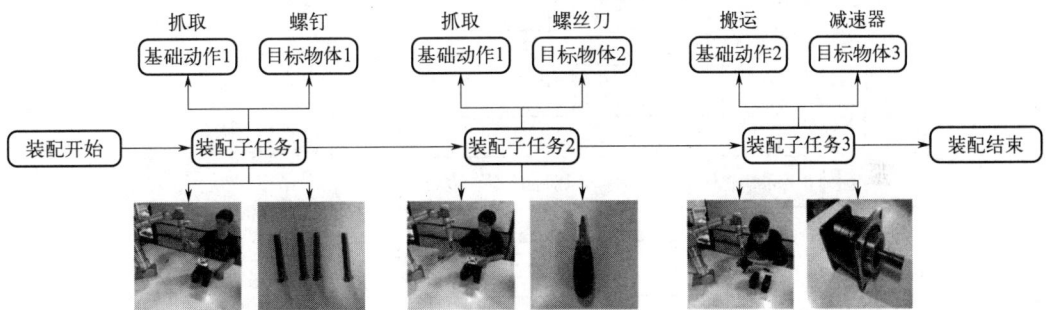

图4-7　装配动作与装配工件分离

4.1.3　视觉感知在工业机器人中的应用案例

（1）工业机器人视觉抛磨系统

复杂曲面抛磨作业是汽车、水暖卫浴、航空等产品制造中的精加工步骤，其对产品的最终质量和成本有重要影响。目前，基于技术及成本考量，国内中小型制造企业仍多采用传统的手工方式对工件进行抛磨作业。采用去除—测量—再去除—再测量的试凑加工方式，加工质量高度依赖于操作人员的经验。随着深度学习技术的不断发展，基于深度学习的工业机器人视觉抛磨系统如图4-8所示。

对于待抛磨的工件，利用深度相机或激光点云来获取工件表面的图像数据与点云数据，将采集到的数据送入深度神经网络中，通过迭代训练，让网络能够识别出目标抛磨区域的图像特征。当识别准确率达到一定标准时，将识别的结果传递给工业机器人控制系统来实现对

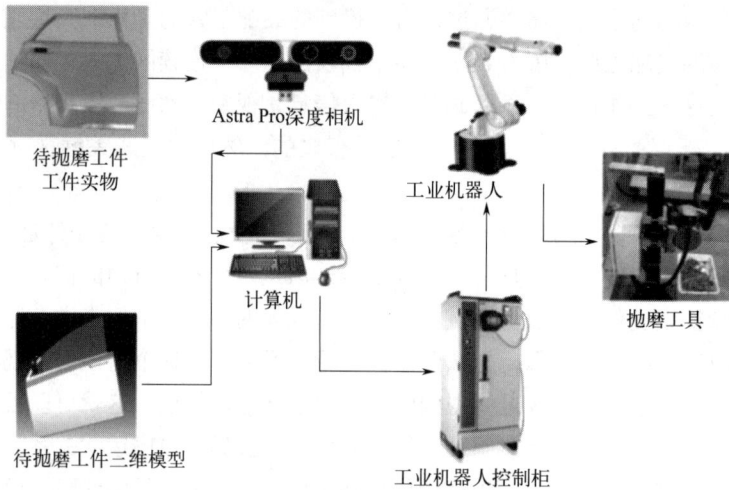

图4-8　工业机器人视觉抛磨系统结构

目标对象的抛磨任务，如图4-9所示。

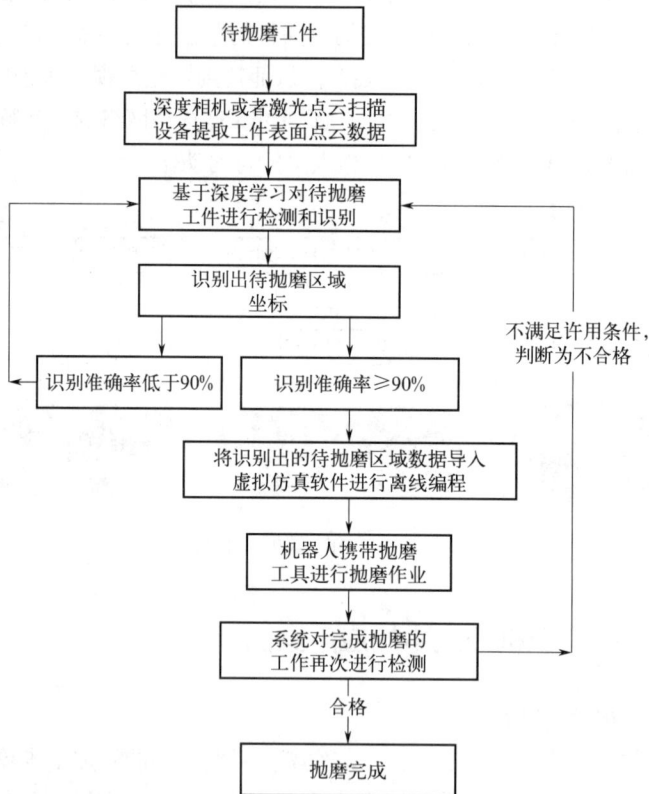

图4-9　基于深度学习的工业机器人视觉抛磨系统工艺流程

（2）视觉感知引导的人机协同装配系统

近年来，人机协作（HRC）已成为智能制造的关键技术。出于安全考量，人机协作并没有将操作人员和机器人严格隔离，而是允许操作人员和机器人在同一个工作空间中一起工作，协作执行相同的任务。在人机协作系统中，机器人除了独立执行自己的任务外，还应积极协助操作人员执行复杂的任务。机器人需要跟踪操作人员的运动状态，识别出协作的状态，并预测操作人员随后将如何完成某项任务。协作状态的识别包括操作人员正在使用的对象（部件或工具）的识别、任务期间执行动作的顺序以及工作空间环境的识别。这就要求工业机器人通过非接触式的视觉感知方式识别出操作人员的工作状态，然后确定出在什么时刻传递给操作人员什么样的工具，从而实现更加高效的人机协作工作模式。

针对行星齿轮减速器的装配任务，首先给出装配过程中的所有装配零件与装配工序（图4-10）。此装配任务共有7个装配零件，分别是输出轴、齿圈、行星齿轮、垫片、轴承、后盖与螺钉。装配工序为固定输出轴、装配齿圈、装配内齿轮、装配垫片、装配轴承、装配后盖与拧紧螺钉7个步骤。

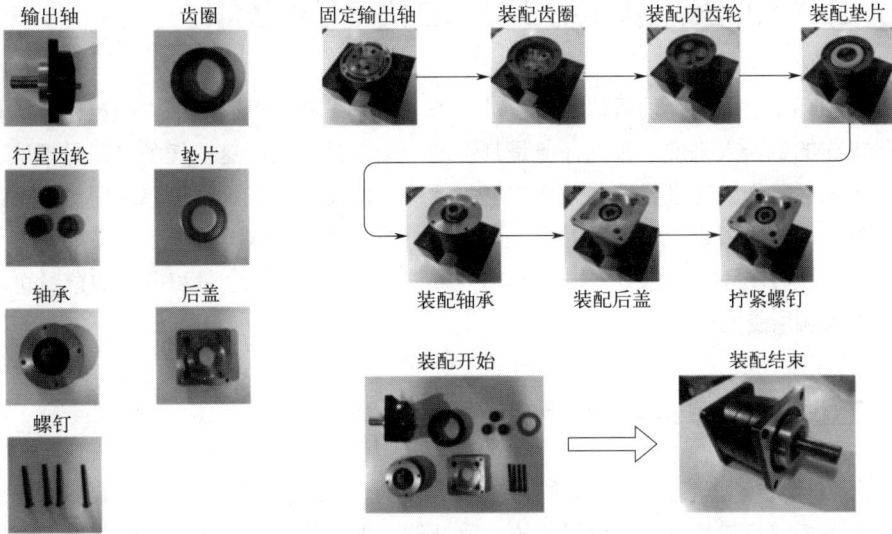

图4-10 行星齿轮减速器装配工序

通过相机拍摄操作人员工作状态的图像数据，将拍摄得到的图像送入深度神经网络中，通过迭代学习，神经网络能够确定出操作人员此时的运动状态，以及此时操作人员需要什么类型的操作工具。将此信息传递给机器人控制系统，来控制机器人将工具递交给操作人员。图4-11为通过YOLO V5目标检测神经网络识别出的装配工件与装配工具。

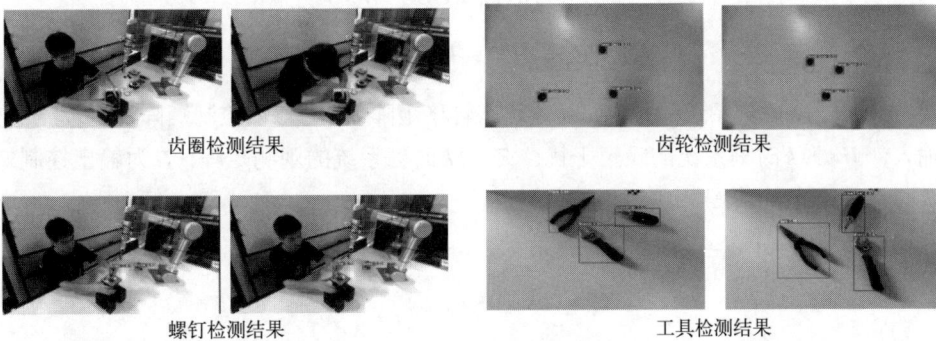

图4-11 装配工件与工具识别结果

通过实验验证，利用相机拍摄的操作人员装配视频最终确定出操作人员的运动状态，包括抓取物体、手持物体、放置物体、插入物体以及旋转物体。图4-12为通过Pose C3D动作识别神经网络识别出的人体装配动作。

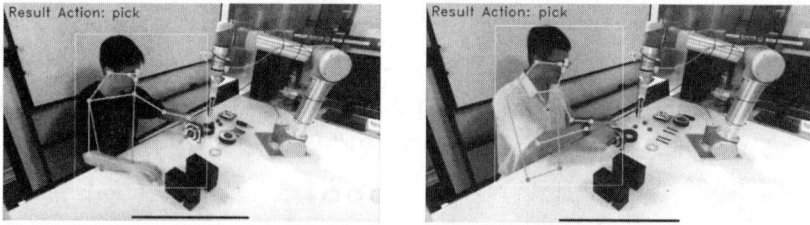

图4-12 装配动作识别结果

4.2 工业机器人多维力/力矩传感器感知

机器人和环境之间的互动可以称为接触任务。对于需要机器人末端去操控目标或在目标表面执行操作的机器人来说，接触任务是其中的一个关键问题。这些任务可以是抓取、推动或在工作区表面工作，在进行这些工作时就需要传感器设备获取外界信息从而更加精准地进行控制任务。在这里着重介绍力/力矩传感器，六维力/力矩传感器是一种可以同时检测3个力分量和3个力矩分量的传感器，根据X、Y、Z三个方向的力的分量和力矩的分量可以计算得到机器人末端所受的合力与合力矩。

4.2.1 工业机器人多维力/力矩传感器信息处理

六维力/力矩传感器在使用过程中获取的外界信息需要经过处理之后才能够使用，比如传感器的零点标定、工具重力与传感器的重力补偿、噪声处理等。如果对所获得的数据不经过处理就直接使用将会产生很大的误差，对后续机器人控制会产生很大的影响。其中，对于噪声的处理是在六维力/力矩传感器中最为重要的一个步骤，最常用的是使用卡尔曼滤波器对噪声进行处理。

卡尔曼滤波通过对系统的状态空间方程和观测矩阵进行处理，实现数据的预测和校正，在系统中，建立状态空间方程和观测矩阵可得式（4-1）

$$X_k = AX_{k-1} + BU_k + W_k$$

$$Z_k = HX_k + V_k \tag{4-1}$$

式中，X_k为k时刻系统的状态；A为状态转移矩阵；B为输入控制矩阵；U_k为k时刻系统的输入；W_k为k时刻系统的噪声干扰；Z_k为k时刻系统的观测矩阵；H为输出控制矩阵；V_k为k时刻系统的观测噪声。

卡尔曼滤波的5个公式为

$$\bar{X}_k = A\hat{X}_{k-1} + BU_{k-1} \tag{4-2}$$

$$\bar{P}_k = AP_{k-1}A^{\mathrm{T}} + Q \tag{4-3}$$

$$K_k = \frac{\bar{P}_k H^{\mathrm{T}}}{H\bar{P}_k H^{\mathrm{T}} + R} \tag{4-4}$$

$$\hat{X}_k = \bar{X}_k + K_k(Z_k - H\bar{X}_k) \tag{4-5}$$

$$P_k = (I - K_k H)\bar{P}_k \qquad\qquad (4\text{-}6)$$

式（4-2）与式（4-3）属于预测部分，式（4-4）、式（4-5）与式（4-6）属于校正部分。其中，$\bar{X}_k$ 为先验估计值；$\bar{P}_k$ 为先验误差协方差；K_k 为卡尔曼增益；$\hat{X}_k$ 为后验估计值；P_k 为 k 时刻的误差协方差；P 为噪声 W_k 的协方差；R 为噪声 V_k 的协方差；Q 为系统噪声协方差矩阵。

通过卡尔曼滤波的预测与校正进行迭代计算，可以将不确定的计算值与不确定的观测值数据进行整合，得到相对确定的实际值，由此可以降低外部噪声对系统的干扰，得到相对准确的六维力/力矩信息，为后续的机器人控制的精确度提供保证。由此可见，对于外部噪声的处理对于精确的控制是必不可少的。

4.2.2 力/力矩传感器在工业机器人中的应用案例

六轴（六维）力/力矩传感器应用于产品测试、机器人装配、磨削、抛光和其他需要保持稳定位置和高度重复轨迹的工业。应用于工业机器人手臂的六维力/力矩传感器，安装于工业机器人手臂末端，可用于打磨、碰撞检测、柔性拖动等。在医疗设备行业中，六轴力/力矩传感器用于机器人手术、触觉腹腔镜仪器和许多其他应用。针对传感器的不同功能可以将传感器应用在不同的作业情况中，具体相关应用场景如表4-2所示。

表4-2　力/力矩传感器的应用场景

传感器功能	应用场景	具体工作状态
检测		检测是否抓取到工件
预防		在损坏前检测到不正常的装配力
测量		记录工艺过程的力反馈，实时确保质量
控制		利用力/力矩传感器来引导机器人在复杂的工作环境中的过程控制

传感器功能	应用场景	具体工作状态
示教		手动牵引示教机器人轨迹或自动触发确定位置
保护		安全感应,检测意外接触情况下与人的接触

4.3 工业机器人多传感器信息融合感知

4.3.1 多传感器信息融合系统

多传感器信息融合技术是近年来十分热门的研究课题,它结合了控制理论、信号处理、人工智能、概率和统计的发展,为机器人在各种复杂的、动态的、不确定或未知的环境中工作提供了一种技术解决途径。多传感器信息融合是指综合来自多个传感器的感知数据,以产生更可靠、更准确或更精确的信息。经过融合的多传感器系统能完善地、精确地反映检测对象特性,消除信息的不确定性,提高传感器的可靠性。经过融合的多传感器信息具有以下特性:信息的冗余性、信息的互补性、信息的实时性和信息的低成本性。

机器人作为一个集机械、电子、控制、信息和传感技术、人工智能等学科为一体的智能体设备,具备着各种不同类型的数据信息,如机器人在运动过程中其每一个关节的运动信息、对外部环境的感知信息和驱动机器人完成特定运动步骤的控制系统信息。在整个机器人系统中蕴含着大量的数据信息,如何处理这些不同类型的数据信息,如何利用这些不同类型的数据信息来完成特定的任务,同时如何建立起每一种数据类型与其他类型数据之间的关系是至关重要的。由于各种类型的数据存在着差异性,所以在做数据融合时尽可能考虑类型之间的差异,同时各种类型的数据间也存在着类似性。对不同层次上的数据进行融合也将多传感器信息融合分为不同的融合过程。在源数据层面的融合效果最好,但是需要的计算量也最大。在特征层面融合的效果和计算量都是适中的。在最终的决策层面融合需要最少的计算量,但是效果是最差的。多种融合方式混合使用将最大程度上利用多种类型数据的特有属性。

机器人是一门涉及技术领域非常广泛的学科,其中传感器和控制技术是核心的技术,绝大部分机器人应用中都可以看到传感器的存在。因此,多传感器信息融合技术在机器人领域有着广阔的应用前景。随着机器人技术的不断发展,机器人的应用领域和功能有了极大的拓展和提高。智能化已成为机器人技术的发展趋势,而传感器技术则是实现机器人智能化的基础。由于单一传感器获得的信息非常有限,而且还要受到自身品质和性能的影响,因此智能机器人通常配有数量众多的不同类型的传感器，以满足探测和数据采集的需要。若对各传感器采集的信息进行单独、孤立的处理，不仅会导致信息处理工作量的增加，而且割断了各传感器信息间的内在联系，丢失了信息经有机组合后可能蕴含的有关环境特征，造成信息资源的浪费。多传感器信息融合技术可有效地解决上述问题，它综合运用控制原理、信号处理、仿生学、人工智能和数理统计等方面的理论，将分布在不同位置、处于不同状态的多只传感器所提供的局部的、不完整的观察量加以综合，消除多传感器信息之间可能存在的冗余和矛盾，利用信息互补，降低不确定性，以形成对系统环境相对完整一致的感知描述，从而提高智能系统决策、规划的科学性，反应的快速性和正确性，降低其决策风险。机器人多传感器信息融合技术已成为智能机器人研究领域的关键技术之一。

多传感器信息融合系统要想具有在复杂场景中的动态智能感知能力，就需要利用多传感器信息融合技术，将跨时空的同类和异类传感信息进行汇集和融合，才能通过记忆、学习、判断和推理，以达到认知环境和对象类别与属性的目的。在此基础上，才能使基于经验判断和智能处理的决策成为可能。

多传感器融合在结构上按其在融合系统中信息处理的抽象程度，主要划分为三个层次（图4-13）：数据层融合、特征层融合和决策层融合。

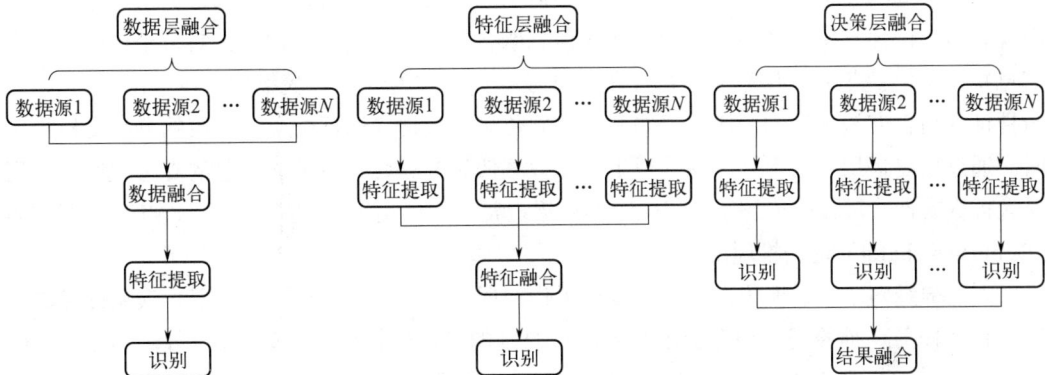

图4-13　多传感器信息融合过程

数据层融合：数据层次的融合属于像素级别的融合过程。当各类不同的传感器对同一物理对象（物体）的同一物理特征进行观测时，会得到同一物体的不同数据表示。虽然此时数据类型不同，但是这些数据所代表的抽象物理特征都是近似的。通过将不同类型但特征表示相同的数据进行融合，利用融合后的原始数据进行后续工作。这一层次的融合方式效果最佳，因为所利用的是最原始的数据类型，其并未经过任何转换过程。但是由于原始数据量较大，所以其对计算量的要求也是最高的。

特征层融合：特征层次的数据融合属于中间层次的融合过程。利用数据处理手段，从原始的冗余数据中挖掘出具有高层语义信息的数据特征。从每种传感器提供的观测数据中提取有代表性的特征，然后这些高层的特征数据融合成单一的特征向量，利用特征层面的单一特征向量对观测物体进行物理建模。这种层次的特征融合过程效果中等，同时对计算量的要求也不是很大。

决策层融合：决策层的数据融合属于最高层次的融合过程。在此融合过程中，将特征层面数据融合得到的结果进一步地进行汇聚融合，将不同数据源对物理观测的特征表示汇聚在一起，通过各种传感器之间的交互融合，来完成全局层面的特征融合过程。这种层次的特征融合过程效果相较而言不及上述两种形式，但是其对计算量的要求是最低的。

对于特定的多传感器信息融合系统工程应用，应综合考虑传感器的性能、系统的计算能力、通信带宽、期望的准确率以及资金能力等因素，以确定哪种层次是最优的。另外，在一个系统中，也可能同时在不同的融合层次上进行融合。

对于多传感器信息融合的过程来说，融合算法是整个融合处理的基础。它根据信息融合的功能要求，在不同融合层次上采用不同的数学方法，对数据进行综合处理，最终实现融合。对于现有的大量的融合算法，它们都有各自的优缺点。这些多传感器信息融合算法总体上可以分为三大类型：嵌入约束法、证据组合法、人工神经网络法。

由多种传感器所获得的客观环境的多组数据就是客观环境按照某种映射关系形成的像，传感器信息融合就是通过像求解原像，即对客观环境加以了解。用数学语言描述就是，即使所有传感器的全部信息，也只能描述环境的某些方面的特征，而具有这些特征的环境却有很多，要使一组数据对应唯一的环境，就必须对映射的原像和映射本身加约束条件，使问题能有唯一的解。嵌入约束法有两种基本的方法：贝叶斯估计和卡尔曼滤波。

证据组合法认为完成某项智能任务是依据有关环境某方面的情况做出几种可能的决策，而多传感器数据信息在一定程度上反映环境这方面的情况。因此，分析每一组数据作为支持某种决策证据的支持程度，并将不同传感器数据的支持程度进行组合，即证据组合，分析得出现有组合证据支持程度最大的决策作为信息融合的结果。具体来说，先对单个传感器数据信息每种可能决策的支持程度给出度量（即数据信息作为证据对决策的支持程度），再寻找一种证据组合方法或规则，使在已知两个不同传感器数据（即证据）对决策的分别支持程度时，通过反复运用组合规则，最终得出全体数据信息的联合体对某决策总的支持程度，得到最大证据支持决策，即传感器信息融合的结果。常用的证据组合方法有：概率统计方法、D-S（Dempster-Shafer）证据推理法。

人工神经网络通过模仿人脑的结构和工作原理，设计和建立相应的机器和模型并完成一定的智能任务。神经网络根据当前系统所接收到的样本的相似性，确定出具体的分类标准。这种确定方法主要表现在网络权值分布上，同时可采用神经网络特定的学习算法来获取知识，得到不确定性推理机制。

4.3.2 多传感器信息融合应用案例

（1）基于多传感器信息融合的移动双工业机器人协同抓取系统

移动双工业机器人的投入使用降低了企业成本、提高了效率，如在工业领域中的流转车间、货运码头、大型物流仓库等，往往需要经过组装、拆卸、分拣、搬运、包装等多重程序，机器作业可以降低人工成本，提高工业生产的自动化和智能化程度。

基于多传感器信息融合的移动双工业机器人协同抓取系统，如图4-14所示，包括三维深度相机、激光式深度传感器、PC控制端、主/从工业机器人、搭载工业机器人的全方位移动底盘模块（具体包括移动底盘、底盘驱动器、底盘控制器、外部通信接口）。

全方位移动底盘模块由四个直流伺服电机单独控制的麦克纳姆轮作为执行机构，底盘控制器可以通过EtherCAT访问，使移动底盘以时间最短原则移动到目标点。三维深度相机安装在全方位移动底盘模块上，实现了在抓取场景不固定下的可移动式、眼在手外的手眼标定方式。激光式深度传感器也安装在全方位移动底盘模块上，且对主/从工业机器人作业

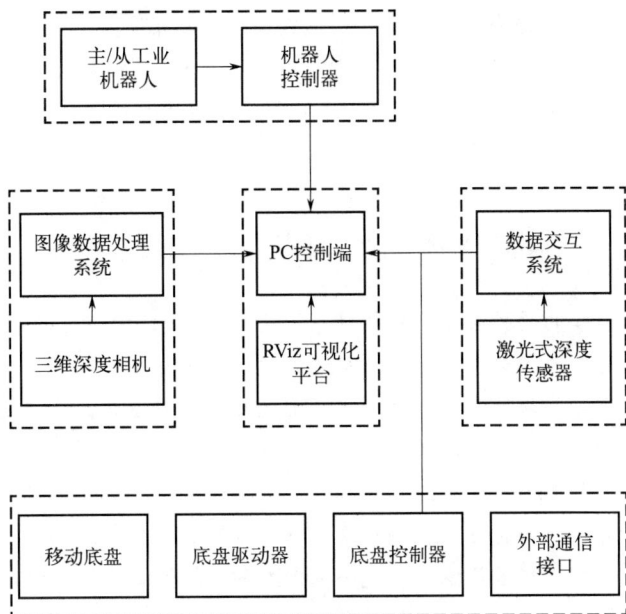

图4-14　多传感器信息融合的移动双工业机器人协同抓取系统

空间不产生干涉。主/从工业机器人固定安装在全方位移动底盘模块上，比传统单机器人具有更高的灵活性、操作性和负载能力，两机器人安装在同一水平位置上，在x方向相距一定距离。

三维深度相机用于完成标定，获取相机的内部参数和外部参数，内部参数包括相机的实际焦距、像素大小等，用于解决相机本身安装造成的误差；外部参数包括相机在工作空间下的位置、旋转方向等，用于进一步地对获得的目标物体深度图像提取深度信息，完成目标物体的识别与定位。

激光式深度传感器通过不间断发射红外信号，接收反射回来的信号，利用时间差获取二维空间的点阵数据，进一步地配合SLAM（同步定位与建图）技术完成作业环境地图构建，实现从起始点到目标点的路径规划，同时实时更新路径上障碍物信息，完成导航避障。

（2）多传感器信息融合机器人磨抛工件固定系统

工件的打磨抛光（磨抛）是许多工业生产中必要的工序，是利用打磨抛光工具使工件表面粗糙度降低，以获得光亮、平整表面的加工方法。传统的打磨抛光流程往往以人工操作为主，但由于存在劳动强度大、效率低及影响人体健康等问题，逐渐采用机器人替代人工完成对工件的打磨抛光。

基于多传感器信息融合机器人磨抛工件固定系统，包括六轴工业机器人、用于放置待加工工件的载物台和用于放置固定工件的放置架。载物台设有电磁吸盘，固定工件为铁质挡块，六轴工业机器人设有用于夹取铁质挡块并放置待加工工件的夹具、用于采集待加工工件图像信息和位置信息的工业相机、用于检测所述夹具与待加工工件和电磁吸盘之间距离的超声波传感器以及用于检测夹具是否接触电磁吸盘和待加工工件外轮廓的六维力传感器。

采用工业相机识别并提取待加工工件轮廓及夹具的初步定位，并针对提取的轮廓信息选择对应轮廓信息的铁质挡块；通过超声波传感器检测夹具与电磁吸盘的垂直距离，对夹具进行再次定位并调整夹具的运动状态；通过六维力传感器检测夹具与电磁吸盘及待加工工件的接触力信息，对夹具进行最终定位，从而实现将铁质挡块放置于待加工工件外轮廓，并通过电磁吸盘吸合固定，实现对待加工工件的固定。融合"视觉"初定位、"听觉"再定位、"触觉"最终定位，可以实现对不同材质、不同尺寸以及不同形状的待加工工件进行自动固定，有效提高工件固定效率。

习题

1. 工业机器人视觉感知的两种主要方式是什么？两者之间的联系和区别是什么？
2. 图像处理操作的基本流程是什么？每一步流程的目的是什么？
3. 最小外接矩形检测方法为什么比最大外接矩形检测方法更适合工业机器人的抓取任务？
4. 单阶段目标检测算法相比双阶段算法为什么速度更快？
5. YOLO目标检测算法的流程是什么？
6. 工业机器人进行智能感知的目标感知对象包括哪些？
7. 为什么要使用多传感器？多传感器的优势体现在何处？
8. 哪些传感器之间可以进行多传感器的融合？
9. 多传感器融合的三种层次分别是什么？各个层次的融合流程是什么？

第5章
工业机器人智能控制

5.1 智能控制概述

智能控制是指在无人干预的情况下能够自主地驱动智能机器，以实现控制目标的自动控制技术。它的出现使得系统的控制方式从传统的自动控制技术发展为更加先进的智能控制技术。智能控制使得控制对象模型从确定发展到不确定，使控制系统的输入、输出设备与外界环境有了更加便利的信息交换途径，使控制系统的控制任务从单一任务变为更加复杂的控制任务，为传统自动控制系统难以解决的非线性系统控制问题提供了更加理想的解决方案。智能控制的核心在于高层控制，即组织控制。高层控制是指对实际环境或过程进行组织、决策和规划，以实现问题求解。为了完成这些任务，需要采用符号信息处理、启发式程序设计、知识表示、自动推理和决策等有关技术。这些问题求解过程与人脑的思维过程有一定的相似性，即具有一定程度的"智能"。目前，智能控制的相关技术已经广泛应用于工业、农业、服务业、航天航空等多个领域。

智能控制以控制理论、计算机科学、人工智能、运筹学等学科为基础，扩展了相关的理论和技术，其中应用较多的有模糊逻辑、神经网络、专家系统、遗传算法等理论，以及自适应控制、自组织控制和自学习控制等技术。具体介绍如下：

① 模糊逻辑是建立在多值逻辑的基础上，运用模糊集合的方法来研究模糊性思维、语言形式及其规律的科学。模糊逻辑用模糊语言描述系统，可以描述系统的定量模型以及定性模型。在实际应用中，模糊逻辑实现简单的应用控制比较容易。但随着输入输出变量的增加，模糊逻辑的推理将变得非常复杂。

② 神经网络是一种模仿动物神经网络行为特征，进行分布式并行信息处理的算法数学模型。这种网络依靠系统的复杂程度，通过调整内部大量节点之间相互连接的关系，从而达到处理信息的目的。它在智能控制的参数、结构和环境的自适应、自组织、自学习等控制方面具有独特的能力。

③ 专家系统是一个智能计算机程序系统，其内部含有大量的某个领域专家水平的知识与经验。它应用人工智能技术和计算机技术，根据系统中的知识与经验，进行推理和判断，模拟人类专家的决策过程，以便解决那些需要人类专家处理的复杂问题。

智能控制与传统控制之间存在密切联系，两者并不相互冲突。传统控制是智能控制的基础，智能控制是传统控制的发展。智能控制主要目标就是拓展传统控制的应用范围，构建一系列新的理论，以解决日益增多且具有挑战性的复杂问题。然而，传统控制与智能控制之间也存在着一些差异：

① 传统控制建立在已知且确定的模型基础上，而智能控制的研究对象则存在严重的不确定性，这种不确定性对基于模型的传统控制而言很难解决。

② 传统控制在解决线性问题方面有较为成熟的理论，但是对于非线性的控制对象的理论基础略显不足。智能控制为解决这类复杂的非线性问题提供了新的思路，成为解决这类问题的有效途径。

③ 传统的控制系统通常针对单一的控制任务，而智能控制系统的控制任务则更为复杂。例如，在智能机器人系统中，要求系统具备自动规划和决策的能力，能够自动躲避障碍物并运动到某个预期的目标位置等。对于这些具有复杂任务要求的系统，采用智能控制的方式能够很好地满足需求。

综上所述，智能控制是系统通过智能机器自主实现其目标的过程。无论是在结构化或非结构化、熟悉或未知的环境中，智能机器都能自动地或人机交互地完成既定任务。

5.2 智能运动控制

在过去十年中，制造业、包装以及其他消费品领域的控制系统发展迅速，特别是在运动控制技术方面。因此，在机器开发过程中，定义、处理和实施运动控制技术的方法也在不断发展。消费者追求高度定制化的产品，企业则希望通过满足这一需求在市场上占据有利地位，从而获取丰厚的利润。无论是个性化的运动鞋、汽水瓶，还是定制款的豪华汽车，制造这些独特的产品都需要一个配备了先进运动控制技术且响应迅速的生产环境，以便能够快速、轻松、灵活地适应不断变化的市场需求。

运动控制技术随着时间的推移不断演变，从早期的简单并网电机发展到如今适用于机床和工业机器人的复杂多轴伺服驱动解决方案。为了在智能制造中实现更高的生产力、灵活性和自动化水平，自动化技术日益复杂，这也促进了相关技术的进步和发展。工业机器人的运动控制涉及多个学科的知识体系，是一个非常复杂过程。随着人工智能的发展，针对工业机器人智能控制方法的研究也在不断发展，这些智能控制方法可以提升工业机器人的控制水平，进而促进整个工业机器人领域的发展。

工业机器人在制造业中的应用日益广泛，尤其应用于恶劣环境或对工作强度和持续性有较高要求的场合中，这主要得益于其多样化的控制方式。工业机器人的控制可以分为关节空间控制和笛卡儿空间控制两类。对于串联式多关节的工业机器人，关节空间控制是针对机器人各关节变量的控制，而笛卡儿空间控制是针对机器人末端执行器位置和姿态的控制。按照控制量的不同，机器人控制可以细分为：位置控制、速度控制、加速度控制、力控制、力位混合控制和振动控制等多种类型。根据运行任务的不同，机器人的控制方式则分为点位控制、连续轨迹控制、力（力矩）控制和智能控制四种控制方式。

（1）点位控制方式

点位控制只对工业机器人末端执行器在作业空间中某些规定的离散点上的位姿进行控制。在控制时，只要求工业机器人的末端执行器能够快速、准确地在相邻各点之间运动，对达到目标点的运动轨迹则不做任何规定。定位精度和运动所需的时间是这种控制方式的两个主要技术指标。这种控制方式具有实现容易、定位精度要求不高的特点。

（2）连续轨迹控制方式

连续轨迹控制对工业机器人末端执行器在作业空间中的位姿进行连续的控制，要求其严格按照预定的轨迹和速度在一定的精度范围内运动，而且速度可控、轨迹光滑、运动平稳，以完成作业任务。工业机器人各关节连续、同步地进行相应的运动，其末端执行器即可形成连续的轨迹。这种控制方式的主要技术指标是工业机器人末端执行器位姿的轨迹跟踪精度及平稳性。

（3）力（力矩）控制方式

在进行装配、抓放物体等工作时，除了要求准确定位之外，还要求所使用的力或力矩必须合适，这时必须使用力（力矩）控制方式。这种控制方式的原理与位置伺服控制原理基本相同，只不过输入量和反馈量不是位置信号，而是力（力矩）信号，所以该系统中必须有力（力矩）传感器。有时也利用接近、滑动等传感功能进行自适应式控制。

（4）智能控制方式

机器人的智能控制是通过传感器获得周围环境的信息，并根据自身内部的知识库做出相应的决策。智能控制技术使机器人具有较强的环境适应性及自学习能力。智能控制技术的发展有赖于近年来人工神经网络、遗传算法、专家系统等人工智能技术的迅速发展。除了算法外，也严重依赖于元件的精度。对于工业机器人智能控制，需要满足以下四个要求：出色的运动控制、安全可靠、实时连接、高级检测等。

① 出色的运动控制：出色的运动控制可以缩短制造过程的时间，从而提高生产效率，同时降低能耗。实现这一目标的关键在于提升控制环路的性能和高水平的集成度，以实现高度可靠且紧凑的解决方案。

② 安全可靠：系统安全是首要考虑因素，有了安全的工作状态才能够正常地进行工作，否则高效、智能将成为空谈。可靠的解决方案可以延长机器人的使用寿命，是实现智能制造的关键。通过延长使用寿命，可以显著减少用于制造替换工业机器人所耗费的能源和材料。

③ 实时连接：在高性能多轴同步运动应用中，需要满足精准、确定性、时间等控制时序要求，同时需要最小化端到端延迟，尤其是在控制周期时间变短、控制算法复杂性增加的情况下。连接到网络的设备和控制器必须能够互操作，以在整个制造设备中提供无缝的数据流，并确保对更高等级的管理系统保持数据透明。同时，通过缩短调试时间，使这些网络更加灵活且可扩展。融合以太网能够确保无缝访问更高等级管理软件系统的运动信息，从而进行数据分析，以优化制造流程并加速数字化转型。

④ 高级检测：高级检测可用于优化制造流程并提前发现故障。检测模块包括位置、力、电压、电流、温度等方面。高级检测的要求包括：在严苛工业环境（例如，多尘环境）下的耐用性、精确的位置检测、非接触式高电流检测、高带宽电流和振动检测、减少校准次数以确保解决方案的准确性，以及紧凑的设计以适用于编码器等应用场景。

5.3 工业机器人的接触操作控制

5.3.1 阻抗控制

当机器人与环境相互接触时，定位误差和较高的刚度将导致较大的接触力，如果不加以控制，通常会超出允许范围。有两种方法可以避免这种情况，即被动柔顺控制和主动柔顺控制。

阻抗控制由 Neville Hogan 于 1985 年提出，是主动柔顺控制中最常见的一种控制方法。其中心思想为机器人在进行位置控制的同时还需要进行自身阻抗特性的规划。阻抗最开始是电路中的一个参数，在电路系统中添加一个输入电压，则系统会产生一个电流，电压与电流的比值被称为阻抗。阻抗控制就是类比了电路系统中电压与电流的关系，在实际的机械系统中，给系统一个输入力，则系统会产生相应的运动。与电路系统相对应，系统的输入力可以类比为电压，运动可以类比为电流。而对于一个实际的物理系统来说，其本身的物理特性可以等效为质量块、阻尼以及弹簧组合而成的系统。这三个组成部分分别代表了系统的惯性、阻尼以及刚度特性，描述了关于刚体动力学的基本性质。

阻抗控制主要从力与位置两个方面进行研究，分别为基于力的阻抗控制与基于位置的阻抗控制（又称为导纳控制）。基于力的阻抗控制是通过控制关节驱动力矩阵来实现对末端接触力和位移的调整；而基于位置的阻抗控制则是根据机器人与环境的接触力偏差，通过调整机器人末端的位置/速度来实现控制。基于位置的阻抗控制相当于在机器人末端添加了一个质量-阻尼-弹簧系统，建立了一个机器人末端与环境接触时力的关系。根据此关系来调整位置误差，从而间接控制机器人末端的接触力。在控制过程中，通过调节阻抗模型中的参数，改变机械结构末端与接触环境的力/位关系，将力和位置控制纳入同一控制体系中。阻抗控制基本原理图如图 5-1 所示。

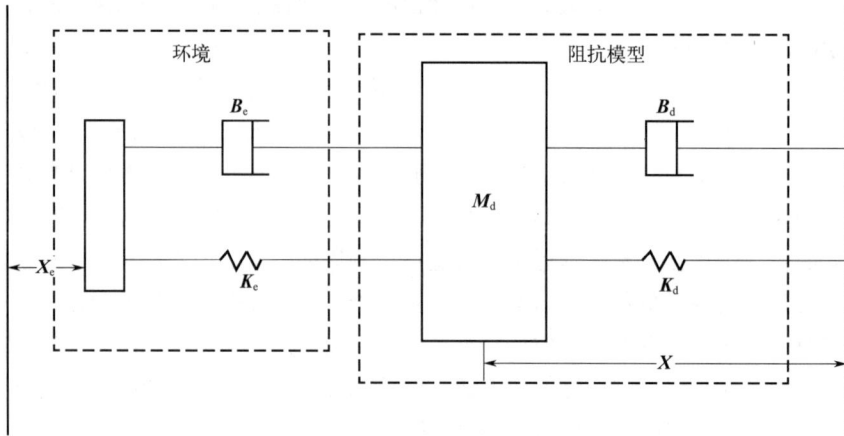

图 5-1　阻抗控制基本原理

其中阻抗模型最常用的三种形式为

$$\begin{cases} \boldsymbol{F}_{c} = \boldsymbol{M}_{d}\ddot{\boldsymbol{X}} + \boldsymbol{B}_{d}\dot{\boldsymbol{X}} + \boldsymbol{K}_{d}\left(\boldsymbol{X} - \boldsymbol{X}_{r}\right) \\ \boldsymbol{F}_{c} = \boldsymbol{M}_{d}\ddot{\boldsymbol{X}} + \boldsymbol{B}_{d}\left(\dot{\boldsymbol{X}} - \dot{\boldsymbol{X}}_{r}\right) + \boldsymbol{K}_{d}\left(\boldsymbol{X} - \boldsymbol{X}_{r}\right) \\ \boldsymbol{F}_{c} = \boldsymbol{M}_{d}\left(\ddot{\boldsymbol{X}} - \ddot{\boldsymbol{X}}_{r}\right) + \boldsymbol{B}_{d}\left(\dot{\boldsymbol{X}} - \dot{\boldsymbol{X}}_{r}\right) + \boldsymbol{K}_{d}\left(\boldsymbol{X} - \boldsymbol{X}_{r}\right) \end{cases} \tag{5-1}$$

式中，$\boldsymbol{M}_{d}$、$\boldsymbol{B}_{d}$、$\boldsymbol{K}_{d}$ 为阻抗模型中期望惯性、期望阻尼、期望刚度；$\ddot{\boldsymbol{X}}$、$\dot{\boldsymbol{X}}$、$\boldsymbol{X}$ 为机器人末端执行器在三维空间中的实际加速度、速度、位移向量；$\ddot{\boldsymbol{X}}_{r}$、$\dot{\boldsymbol{X}}_{r}$、$\boldsymbol{X}_{r}$ 为机器人末端执行器期望的加速度、速度、位移向量；$\boldsymbol{F}_{c}$ 为机器人末端执行器与环境之间的实际接触力。式（5-1）中的三个式子代表了三种不同情况的阻抗，第一个式子只考虑了期望位置与实际位置之间的误差，第二个式子考虑了期望位置、速度与实际位置、速度之间的误差，第三个式子考虑了期望位置、速度、加速度与实际位置、速度、加速度之间的误差。

该模型此时并没有外部力的输入，因此可以看作机器人末端执行器对外部环境的柔顺行为。为了实现力的跟踪，可以引入一个外部力 F_r，此时可得到新的阻抗模型为

$$\begin{cases} F_c - F_r = M_d \ddot{X} + B_d \dot{X} + K_d(X - X_r) \\ F_c - F_r = M_d \ddot{X} + B_d(\dot{X} - \dot{X}_r) + K_d(X - X_r) \\ F_c - F_r = M_d(\ddot{X} - \ddot{X}_r) + B_d(\dot{X} - \dot{X}_r) + K_d(X - X_r) \end{cases} \quad (5\text{-}2)$$

在阻抗控制中力偏差 $F_e = F_c - F_r$，位置偏差 $X_f = X - X_r$，此时将式（5-2）的第三个式子中的参数替换得到

$$F_e = M_d \ddot{X}_f + B_d \dot{X}_f + K_d X_f \quad (5\text{-}3)$$

由式（5-1）~式（5-3）整理之后进行拉氏变换可以得到阻抗模型为

$$H(s) = \frac{1}{M_d s^2 + B_d s + K_d} \quad (5\text{-}4)$$

式中，s 为复变量；M_d 为阻抗模型中的期望惯性，主要与机器人系统的质量有关，在机器人加速度较大的情况下，此因素对机器人系统的影响比较明显；B_d 为期望阻尼，在机器人系统运动速度较大时对于机器人系统的影响比较明显；K_d 为期望刚度，刚度越大，机器人系统将会表现出更强的类似弹簧的特性。

对于不同机器人及其不同的工作目标，可以通过适当选择参数以达到更加稳定高效的工作情况。例如，机器人的工作任务为打磨抛光，就需要确保机器人系统不会产生大的振动，此时就需要降低系统的期望刚度；对于需要进行人机交互的机械臂来说，为了能够对力信号做出快速响应，提高交互的安全性和流畅性，就需要减小机器人系统的期望惯性。

5.3.2 接触操作时固定点的力控制

力控制的策略主要是根据所检测的力信号对机器人的轨迹进行修改的一种策略。对于力反馈，就安装部位来讲主要有三种类型的传感器：腕力传感器、关节扭矩传感器、触觉传感器。

腕力传感器是一种两端分别与机器人腕部和手爪相连接的力觉传感器。当机械手夹持工件进行操作时，腕力传感器可以输出六维分量（三维力和三维力矩），反馈给机器人控制系统，以实现对机械手运动的控制或调整，从而完成指定任务。腕力传感器主要分为间接输出型和直接输出型两种。间接输出型腕力传感器的敏感体结构比较简单，但在使用前需要对传感器进行校准，通过复杂的计算求出传递矩阵系数，使用时还需进行矩阵运算才能提取出六维分量。直接输出型腕力传感器的敏感体结构比较复杂，但只需要经过简单的计算就能提取出六维分量，有的型号甚至可以直接提供六维分量。关节扭矩传感器由安装在驱动器轴上的应变计组成。触觉传感器一般通过应变片或压阻敏感元件对多维力进行测量，从而产生输出信号。这类传感器常用于精细操作场景，如机器人灵巧手抓取鸡蛋等实验，因其精度高、可靠性好，逐渐成为力控制研究的一个重要方向。

位姿控制适用于喷涂、点焊以及物料传输等任务，但是对于需要机械臂与环境之间进行

交互的工作，则可能无法达到理想的效果。在这种情况下，需要控制机械臂与环境之间的相互作用力，而不是简单的控制机械臂与环境之间的相对关系。例如，使用机械臂清洗窗户或者对玻璃进行雕刻时，单纯依靠位姿控制难以完成任务，因为微小的误差也可能导致被加工对象的损坏。在这种情况下，加入力控制会显著改善作业质量。

现阶段，大部分工业机器人采用的是位姿控制，只能接收位置指令。如果要实现力跟踪，则需要力控制器接收力指令并输出位置指令，因此需要合适的控制模型来完成这一任务。在机器人进行打磨作业时，需要使机器人末端执行器保持恒力并实现平滑的运动，基于位置的阻抗控制是实现机器人恒力控制最常用的一种控制方式。

在机器人的运动过程中，根据机器人末端执行器是否与环境之间发生接触，可以将机器人的运动分为自由空间运动和约束空间运动。自由空间运动，即机器人不与环境发生接触，没有相互作用力产生，此时机器人的控制方式主要是位姿控制；约束空间运动，即机器人末端执行器与环境发生接触，产生了相互作用力，运动空间受到了约束，此时机器人的控制方式主要为力反馈控制。

在自由空间和约束空间中阻抗控制均能适用，其中在力反馈控制中应用较为广泛。由上一节对阻抗模型的介绍可知，阻抗模型通过改变机器人末端等效的质量-阻尼-弹簧系统的参数实现机器人末端执行器的控制。在阻抗控制中，一般与期望阻抗有关的三个矩阵M_d、B_d、K_d都被设置为对角矩阵，因此在笛卡儿空间中各个方向轴之间的阻抗控制是解耦的，所以只需要考虑其中一个方向上的阻抗控制，根据上一节的阻抗控制模型可以得到某一维的阻抗控制数学模型，如式（5-5）所示

$$f_c - f_r = m_d \ddot{x}_f + b_d \dot{x}_f + k_d x_f \tag{5-5}$$

式中，m_d、b_d、k_d分别为阻抗模型中惯性、阻尼、刚度系数；x_f为机器人末端执行器在三维空间中的实际位移向量与期望位移向量之间的差值，即位置修正量；f_c为机器人末端实际接触力；f_r为机器人末端期望接触力。

自由空间运动：在自由空间中，机器人末端与环境之间并没有产生相互作用力，在这种情况下，$f_c = 0$，此时阻抗控制的数学模型将发生改变，如式（5-6）所示

$$-f_r = m_d \ddot{x}_f + b_d \dot{x}_f + k_d x_f \tag{5-6}$$

如果此时将期望接触力f_r也设置为0，根据等式关系可以得到$x_f = 0$，机器人末端的实际位置将会跟随期望位置的变换而变化，即此时的控制方式将变为阻抗控制的一种特殊形式——位姿控制。如果此时再将期望位置设置为一个常量，即机器人末端执行器维持姿态不变，在这种情况下，当外界环境给予机器人末端一定的接触力时，式（5-6）将转变为

$$f_c = m_d \ddot{x}_f + b_d \dot{x}_f + k_d x_f \tag{5-7}$$

在外界力的作用下，机器人末端姿态将会发生改变，$x_f \neq 0$。由上一节可知，m_d影响机器人系统的加速度，b_d影响机器人系统的速度，k_d影响机器人系统的期望刚度。在上述的情况下，改变参数k_d将会使机器人系统呈现出不同的状态。当$k_d = 0$时，机器人末端的阻抗控制表现为完全顺应性，不会出现弹簧系统的效果，在这样的状态下操作者可以将机器人移动到工作空间的任意位置，从而可以实现手动拖动示教的功能。当$k_d \neq 0$时，机器人末端的阻抗控制同样表现出顺应性，不同的是在撤去外力之后机器人将会自动回到原来的位置。根据弹簧特性，k_d的取值越大，所需要使机器人改变姿态的力越大。

如果期望接触力$f_r \neq 0$，由于此时机器人末端与环境之间没有接触力，相当于用一个力f_r推动机器人，从而使机器人产生一个运动。运动的加速度、速度、位置由阻抗模型的参数m_d、b_d、k_d所决定。

约束空间运动：阻抗控制是通过被动调节机器人位置而达到期望力的效果，主要依靠机器人与环境之间的接触力被动产生位置修正量。这种方法收敛速度慢，因此在力跟踪控制中，单纯的阻抗控制可能无法达到很好的效果。在这种情况下，变阻抗控制作为一种强大的工具，可以用来调节机器人的行为，使其响应其周围环境的变化。变阻抗控制可以根据传感器检测到的力信息实时调整阻抗模型的参数。常用的变阻抗控制方法包括自适应变阻抗控制、模糊变阻抗控制以及基于机器学习的变阻抗控制。

习题

1. 智能控制与传统控制之间有着密切的联系，两者并不相互冲突。传统控制是智能控制的_____，智能控制是传统控制的_____。智能控制主要目标就是_____。

2. 阻抗控制的中心思想为：机器人在进行位置控制的同时还需要_____。

3. 智能控制是在什么背景下产生的？试述智能控制的主要特点。

4. 阻抗控制主要从力与位置两个方面进行研究，分别阐述基于力的阻抗控制与基于位置的阻抗控制的特点。

5. 阻抗控制在现实生活中的应用有哪些？

第6章 工业机器人智能操作

6.1 智能操作概述

工业机器人智能操作是指在工业生产和制造领域中，利用先进的技术和算法使机器人具备感知环境、自主决策、运动规划和执行任务的能力，从而执行如抓取、分拣、码垛、装配等动作。工业机器人智能操作的目标是使机器人具有较强的环境适应性及自主学习能力，提高工业机器人的作业效率、灵活性和安全性，进而提高产品质量，降低生产和劳动力成本，使机器人在生产制造等领域发挥更大的作用。

工业机器人通过各种传感器实时获取和感知周围环境的信息。例如，通过视觉传感器识别和跟踪物体，通过力传感器量化机器人与物体的接触力度，通过激光扫描仪获取物体的尺寸和形状等。这些感知能力使工业机器人能够准确地理解周围环境，并与之进行交互。

基于感知到的环境信息，工业机器人利用先进的算法和人工智能技术进行决策。将感知到的数据输入内置的计算单元中，通过深度学习和强化学习等技术，工业机器人可以分析和处理感知数据，进而决定下一步的操作。例如，在装配过程中，机器人可以根据检测到的物体特征自动调整各个零部件的位置和姿态，以便进行高精度的装配。

在执行任务之前，工业机器人还会根据决策结果进行规划。基于对环境数据的分析，根据不同的任务需求，通过使用规划算法和路径优化算法，机器人可以确定最佳的运动路径和操作策略，实现高效、准确和安全的操作。例如，在分拣过程中，机器人需要考虑物体的重量、形状和位置等因素，选择合适的工具和动作，确定最佳路径并调整力度和速度等参数，以保证分拣过程的高效性、稳定性和安全性。

一旦决策和运动规划完成，工业机器人就会执行具体的操作。通过精密的电机和传动装置，机器人可以实现高速、高精度的运动。无论是简单的抓取和放置，还是复杂的装配和焊接，工业机器人都能够准确执行所需的操作。

此外，工业机器人还具备自主学习和优化的能力。通过对以往操作的分析和整理，机器人可以逐渐积累经验，并根据不同的生产需求进行优化。这种自主学习能力使得工业机器人可以适应不同的任务和环境，不断提高工作效率和质量。

工业机器人智能操作是当前前沿技术的研究热点。通过设计相关操作机构，感知分析操作过程中的位姿、图像、接触力等多模态信息；利用技能学习方法，实现对机器人复杂作业的建模、规划与控制。最终构建具有学习、分析、决策能力的机器人智能作业系统，实现机器人智能操作，从而实现柔性化、智能化、高度集成化的现代智能制造模式。总而言之，工业机器人的智能操作通过感知、决策、运动规划和执行等环节的紧密配合，使机器人能够更加灵活、高效地适应不同的生产环境和任务需求。机器人智能操作能力的提升将有助于实现我国机器人重大关键技术的自主可控，有效支撑我国机器人产业发展，实现国产机器人的高端化。

6.2 智能操作关键技术

（1）人工智能技术

人工智能技术的研究包括语音识别、图像识别、自然语言处理和专家系统等，涉及以计算机科学、心理学、哲学和语言学等学科为主的自然科学和社会科学的大部分学科。人工智能技术试图理解智能的实质，实现对人类的意识及思维过程的模拟。人工智能技术赋予机器人学习、推理、思考、决策、规划等智能行为和能力，使机器人能够实现更高层次的应用，胜任一些通常需要人类智能才能完成的复杂工作。

（2）视觉引导技术

工业机器人广泛应用于自动化生产线。传统的机器人主要承担代替人工的抓取、搬运、旋转、放置等工作，机器人按程序执行设定好的动作，一旦工件位置、形状出现偏差，或者周围环境发生变化，都会导致生产线故障停产。视觉引导技术为工业机器人增加了基于视觉的感知能力，不仅可以感知目标工件的形状、颜色、位姿等信息，还可以感知其工作环境的变化。计算机综合相关信息，经分析、比对、判断后下达处理指令给工业机器人，通过调整机器人动作，使其更加灵活和精确。视觉引导技术大幅度增强了工业机器人对环境和工件发生变化的应对能力，使机器人的应用场景得以大范围扩展，作为较成熟的子系统被嵌入柔性化、智能化的制造自动化生产线中。

（3）多传感器信息融合技术

通过对不同传感器的数据使用加权平均、数据关联、数据选择等方法进行综合分析和处理，多传感器信息融合技术可以提高信息的精确性和可靠性，减少单个传感器故障对系统性能的影响，增强系统的鲁棒性和容错性。同时还可以扩展系统的时间、空间覆盖率，增加系统的实时性和信息利用率等。

（4）多模态自主感知技术

多模态自主感知技术是指利用多种传感器和机器学习算法，让机器人能够在复杂环境中自主感知周围环境，并理解环境中各种信息的技术。这种技术可以综合利用多种传感器获取工业机器人周围环境的多种信息（如图像、距离、速度、力度等），并将这些信息融合，实现更全面、精确的环境感知。在多模态自主感知模式下，机器人可以通过控制技术提升感知效能，并通过机器学习进一步充分挖掘多模态信息的关联。

多模态自主感知技术与多传感器信息融合技术在技术侧重和实现目标上的差异如下。

① 多传感器信息融合技术旨在综合多个同质或者异质传感器的数据，注重利用数据融合算法（例如卡尔曼滤波等）解决数据的一致性、补充性和冗余性问题，目标是解决单一传感器提供信息不充分的问题，进而提高系统的精度和鲁棒性。

② 多模态自主感知技术通过整合多种模态（视觉、听觉、触觉等）的数据，关注模态之间的信息异质性的统一分析和表达，解决模态之间的特征对齐和融合问题，最终实现对复杂环境的自主理解和决策。

多模态自主感知通常需要借助多传感器信息融合技术来处理其涉及的某些模态数据，但它更进一步，要求系统具有跨模态的智能理解与推理能力。因此，可以将多传感器信息融合看作多模态自主感知技术的基础。

（5）自主技能学习技术

自主技能学习技术是指机器人在不断的实际操作和经验积累中，自主地学习和改进任务的执行能力，以适应新的任务。传统的工业机器人通常需要按照精确的程序和预定的任务来执行，随着人工智能技术的发展，工业机器人可以通过自主学习技术获得更大的灵活性和适应性，以适应不断变化的环境和任务需求。深度学习、强化学习等是机器人自主技能学习的关键。机器人可以通过深度学习模型完成感知、控制和规划等任务，从而不断优化技能。强化学习通过机器人与环境的交互，学习状态到动作的映射。利用奖励函数的引导，机器人通过尝试不同的动作并根据环境的反馈获得奖励或惩罚，优化出最优策略网络，从而逐步优化行为，自主完成指定任务。

（6）协同控制技术

随着机器人在工业生产中越来越广泛的应用，单个机器人进行的单一重复式工作难以满足复杂的工作需求，更加符合工业行为模式的多机械臂系统成了研究的重点。多机械臂协同控制可以基于集体决策、任务分配、资源共享等原则进行。集体决策是指在同一个任务下，多台机器人共同参与决策制定，以确定整体的工作流程和执行策略。这涉及机器人之间的通信和协同，以确定每台机器人何时何地执行哪一项操作，实现最佳的生产方案。集体决策可以使机器人团队更加智能地适应变化的生产需求，从而提高生产效率和灵活性。任务分配是指将不同的生产任务分配给不同的工业机器人，以便整个系统能够高效地协同工作。每个机器人可能有不同的专业领域或技能，因此任务应该根据机器人的能力和特点进行分配。资源共享是指多台工业机器人共享所需的物料、工具和设备，以实现更高效的生产过程。这包括共享工作台、传感器数据、生产材料等。资源共享可以降低成本，提高生产灵活性，并减少资源浪费。

（7）自主规划避障

由于机器人应用场景更加多元化，环境更加复杂化，因此智能机器人代替示教再现型机器人已成为必然趋势。而根据外界环境信息，实现自主规划避障是智能机器人的基础功能之一。机器人自主规划避障系统通常包含运动控制模块、碰撞检测模块、路径规划模块。运动控制模块首先通过已知的机器人各关节角度信息，计算机器人各连杆在三维空间中的位姿，然后将位姿数据下发至碰撞检测模块。碰撞检测模块根据运动控制模块提供的各连杆空间位姿信息，通过合理的碰撞检测技术判断机器人与障碍物是否发生碰撞，并将碰撞检测结果下发至路径规划模块。路径规划模块获取碰撞检测模块提供的碰撞检测信息，然后生成合理的避障路径，最后将避障路径下发至机器人运动控制模块，控制机器人运动。

（8）模仿学习

传统的工业机器人控制通常根据机器人的动作规划和任务目标，通过人工编程的方法实现，泛化性能差，工作效率和智能程度较低。随着工业生产任务中所需的机械臂动作越来越复杂化，控制系统的程序设计更为困难，人工编程的过程更加烦琐，传统的控制方法很难满足任务需求。随着人工智能领域的发展，模仿学习为机器人的智能控制提供了新思路。模仿是人类学习的重要机制，通过观察他人的示范，人类可以学习相应的操作。同样地，模仿学习使机器人能够通过观看演示来学习复杂多样的任务动作，这一方法避免了烦琐的人工编程环节，同时能够使机器人具有学习新行为的能力，增强了其泛化性与可拓展性，提高了机器人对于新行为动作的学习效率。

（9）人机协同

在现代工业环境中，市场需求和产品变化往往非常迅速，人机协同可以使生产线更容易适应这些变化。在同一工作空间内，由人类负责完成对柔性、触觉、灵活性要求比较高的工序，而机器人则利用其快速、准确、在恶劣环境中工作能力强的特点来负责完成重复性高的工作，人与机器人两者之间优势互补，自然安全地进行交互，共同协作完成目标方案，实现人机协同作业。工业机器人与人类的交互可以通过自然语言处理、手势识别、语音控制、虚拟现实等技术实现。

6.3 单臂和双臂智能操作

单臂机器人的研究技术相当地成熟，它能够代替人力完成铸造、搬运、码垛、焊接等重复且繁重的操作，降低劳动成本，提高生产效率。然而对于精密的零件装配、重型物体搬运、深海探索等复杂且具有一定危险性的场合，单臂机器人因成本较高、效率低等缺点而存在一定的局限性，总体表现还不能令人满意。

双臂协作机器人（图6-1）与人体类似，具备极高的柔韧性能和极强的顺应性能，能够广泛应用于繁杂度高的任务空间，且能满足繁重琐碎的工作要求。双臂协作机器人绝不是两个单机械臂相互叠加那么简单，除了各自机械臂对相应的目标实现对应的操作控制外，两个机械臂之间的协调控制以及对环境的适应性是双臂协调问题的关键。总的来说，相较于单臂机器人，双臂协作机器人具备其特有的优势，具体如下。

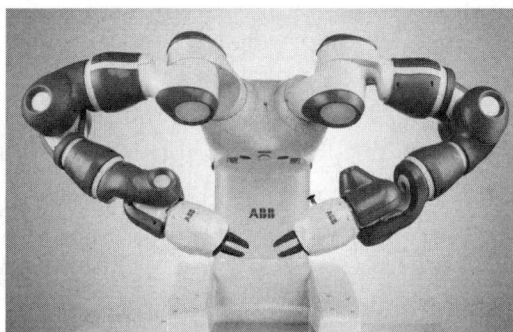

图6-1　双臂协作机器人

① 与人类双臂结构相仿。具有较为优越的灵活性和容错性，能够较好地代替人工完成既定任务，并且可以利用多余的自由度实现机械连杆避障、避关节极限等，保证机械臂性能趋于稳定。

② 具有更强的协作能力。双臂协作机器人可以依靠自身的协作能力来执行单个串联机械臂及人类无法完成的操作，例如：核电站维护、工业装配、太空探索、物体维修、深海挖掘等。

③ 具有更广泛的适用性。双臂协作机器人因具备独有的诸多长处，可以更广泛地应用于各个领域，例如：军事领域中进行排雷、巡逻；医学领域中完成伤口缝合、看护伤患；服务行业中实现双臂按摩、端茶倒水、开关门操作、人机交互等。

机器人的智能操作技术涉及机器人的运动控制、图像处理、机械结构、神经网络等多门学科，是应用范围广、跨学科性质强的一个研究方向。自提出以来，智能操作一直是机器人应用领域最为热门的研究方向之一。由于其研究的复杂性，各界学者提出了丰富的研究方法。以下是几种典型的应用场景。

① 机器人智能抓取（图6-2）。从仿生学角度出发，人在获取一些实践操作技能时通常的做法是进行尝试。通过反复试错，获得较为熟练的实际操作能力。用强化学习的方法来训练机器人的智能抓取控制的原理与人的学习过程颇为相似：机器人和与其所在的抓取环境进行不断地交互，进行多次的抓取尝试以获得智能抓取能力。

机器人抓取控制模型可以看作马尔可夫链。整个机器人系统及其周围环境构成了一个物理环境。机器人的末端执行器在抓取过程中的移动构成了马尔可夫链中的随机动作，而由相机传来的图像可以获取环境当前的状态。机器人抓取的目的是成功抓到目标物品，是否抓到目标物品可以作为机器人当前决策的奖励。因此，可以基于强化学习模型研究机器人智能抓取方法。

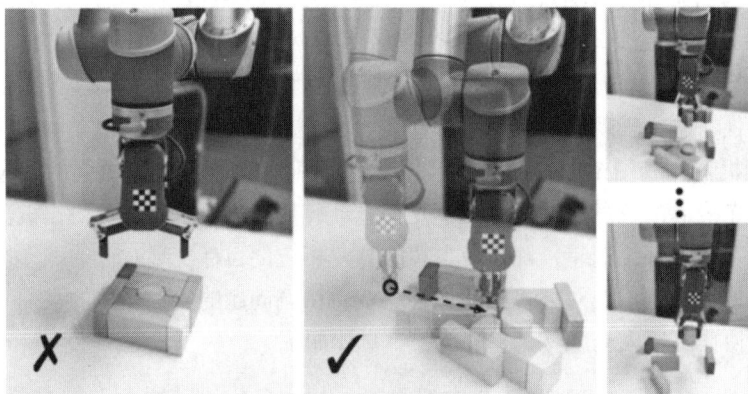

图6-2　基于强化学习的机器人智能抓取

深度强化学习方法将深度学习和强化学习相结合。利用深度学习提取大规模输入数据的抽象特征来感知环境，并利用强化学习进行决策，如图6-3所示。使用尝试-反馈机制使机器人与环境不断进行交互，在与动态环境的交互过程中逐渐优化动作决策，进而在非结构化的环境中完成任务。目前研究方向主要集中于基于值函数的深度强化学习算法以及基于策略梯度的强化学习算法。

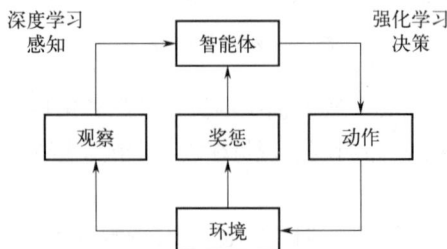

图6-3　深度强化学习框架

② 机器人分拣（图6-4）。工件分拣是物流行业的一项重要工作，人工操作效率低、工作强度高，但传统的机器人无法应对。给机器人引入视觉引导系统之后，摄像头拍摄工件所在区域的图像，经优化处理后传递给计算机。计算机自动分析背景和目标工件，判断目标工件的数量、位置、姿态、种类，下达对应指令给机器人。通过机械臂的执行单元抓取相应的目标工件，搬运至不同的分类区域，替代人工实现分拣工作。

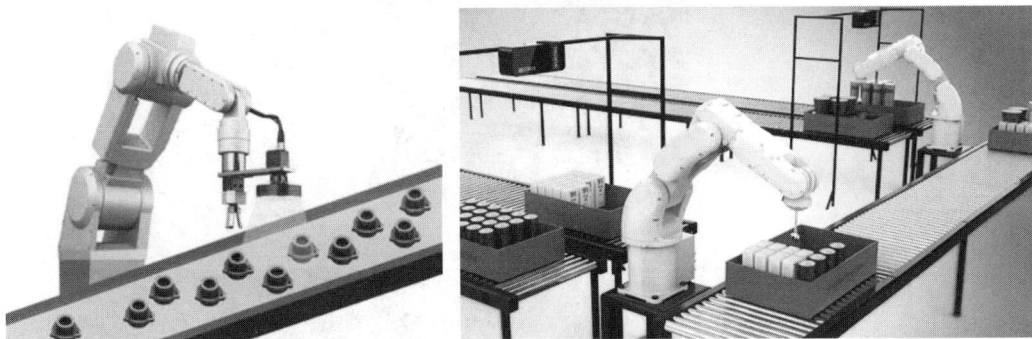

图6-4　视觉引导机器人分拣流水线

③ 机器人码垛。基于机器视觉的码垛机器人系统（图6-5）主要分为四个部分：图像预处理、目标识别、目标定位、码垛抓取。

a. 图像预处理：将图像按照目标分块进行处理，可以提高识别速率。

b. 目标识别：首先采用几何不变矩提取全局特征，进行粗略识别，然后采用SIFT（scale-invariant feature transform, 尺度不变特征转换）算法进行更准确的局部特征匹配。

c. 目标定位：首先求取多凸目标轮廓上的角点，然后用中心矩求取质心坐标。

d. 码垛抓取：将工件目标质心坐标和外接矩形轮廓特征等特征信息发送给机器人控制柜，从而控制机器人的吸盘机械手进行抓取，实现码垛操作。

图6-5　基于机器视觉的码垛机器人系统

④ 机器人装配。螺母与螺栓之间的装配无法使用一台机械臂单独完成，往往需要作业工人单独加工，从而导致了工作效率低下，且容易发生人工失误而使零件装配得不紧密。如图6-6所示为一种基于视觉检测与协同算法设计的双机械臂装配系统。在工作台面中心有零

件装配区域，视觉传感器安放在能完整获得工作区域图像的位置，从而对目标装配零件进行定位与姿态估计，并发送相应数据给双机械臂协同控制模块，使双机械臂对目标装配物进行指定装配任务。在进行装配任务中需要保证双机械臂之间不发生互相碰撞，能够实现实时动态避障。

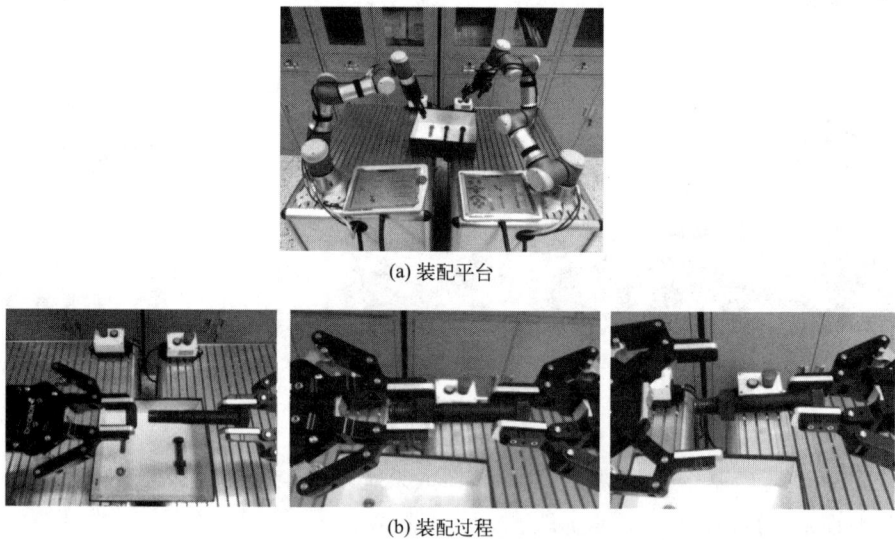

(a) 装配平台

(b) 装配过程

图6-6　双机械臂协同装配过程

以下是两种典型的产品。

① ABB研发的YuMi机器人（图6-7）的机身非常轻便，质量仅有38kg，每个手臂包含7个自由度，单臂工作范围559mm，工作负载0.5kg，精度达到了工业级的0.02mm。YuMi主要应用于微小件的组装，双臂拥有和人类相同的工作范围；精度很高，可用来穿针引线。由于具备了精密的力和力矩传感器，YuMi机器人具有很高的柔顺性，可以跟人类同时在不加防护的工作环境中协同工作。在接触发生时，机器人可以立即停止操作。在2016年德国慕尼黑机器人展览会上，YuMi只用了一分钟就折叠了一架纸飞机，其操作灵活性走在了双臂协作机器人行业的前列。

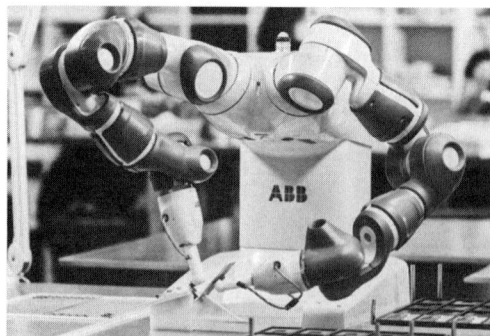

图6-7　双臂协作机器人YuMi

② 图6-8所示为新松公司研发的双臂协作机器人。轻便、小巧的体型成为它的一大亮点，并且它具有较高的柔性工作能力，在生产实践中表现出较高的精度及稳定性。与传统机器人不同，该款双臂协作机器人拥有一套特殊的视觉系统，即可动仿生双眼视觉系统。它在

实验生产过程中十分灵活，能够识别并避开障碍物，不会对人以及周边设备造成危害，从而具备较高的安全性，并且减少了一定的人工成本。该机器人能够以较高的柔性进行工作，可适应各种生产线的改造。

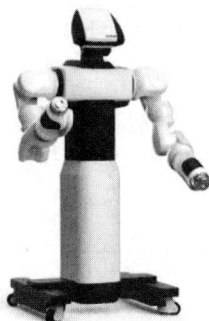

图6-8　新松双臂协作机器人

6.4　工业机器人自主装配案例

6.4.1　机器人自主装配

装配是生产制造中的典型环节，也是最耗费人力的环节。相比于人力装配，机器人装配具有更高的效率和准确性，可以将劳动力从重复且繁重的工作中解放出来。而现阶段机器人控制大多采用"示教—再现"的传统模式，其位姿与动作都需预先设定，工件也需固定于加工区域指定位置，功能单一且只能完成特定的任务，无法适应复杂多变的工作环境，即使出现微小误差都有可能导致装配失败，这严重限制了机器人装配技术的实际应用范围。

随着机器人技术的日渐成熟，工业生产对装配技术提出了更高层次的要求，如旋转安装螺钉、轴孔工件直插等，这些任务最大的特点是需要根据装配环境自动调整机器人运动策略而无须人工介入，即自动装配技术。该技术通常利用环境反馈机构或元件，如相机、六维力传感器以及红外测距装置等，对环境进行感知与识别，进而指导机器人的装配运动，待装配工件无须摆放在固定位置，生产线具有较高柔性。

为了实现机器人自动装配技术，通过相机获取工件形状、轴孔位置等信息并将其导入机器人，使机器人在开始运动前就能智能识别出目标工件的位置及姿态。工件放置于装配平台的任意位置，系统均可完成装配任务。即使工件位置发生改变，系统也能及时更新目标装配点的位置，同时装配系统在机器视觉技术的辅助下，智能识别出机器人运动路径上的障碍物并重新规划装配路径，使系统能够基于装配平台工况自动完成避障任务而无须人工介入。相较于传统的机器人装配模式，该系统使机器人在复杂多变的工作环境中保持高效率、高质量的装配状态，大大提升了机器人装配技术的实际应用范围。

近年来，深度强化学习在机器人领域的广泛应用给机器人装配技术的发展提供了新的方向。虽然基于视觉和柔顺力控制的方法能够初步实现装配任务，但是当装配任务的要求或者环境发生变化时，该方法表现出适用性差、装配效率低、精确度低等问题。将深度强化学习引入控制领域，使机器人在缺乏经验的情况下，通过获取与周围环境的交互信息，不断分析、学习和记忆，提高装配的智能化。相对于通过传统控制方法获取的装配技术，基于深度强化学习算法的机器人装配策略具有更强的智能性和泛化性。针对装配任务的变化，机器人能够快速做出调整，并制定出快速、准确且稳定的装配策略。

如图6-9所示为基于深度强化学习的机器人轴孔装配策略，以装配过程中的力觉信息和机器人末端位姿作为输入训练强化学习网络。通过合理设置奖励函数引导智能体自主学习装配策略，在1500回合训练后，机器人具备了自主轴孔装配能力。该方法抗干扰能力高，提高了装配策略的训练效率和泛化性，可以适用于不同的装配场景；获取的装配策略稳定性较好，装配效率高，有利于工业大规模应用。

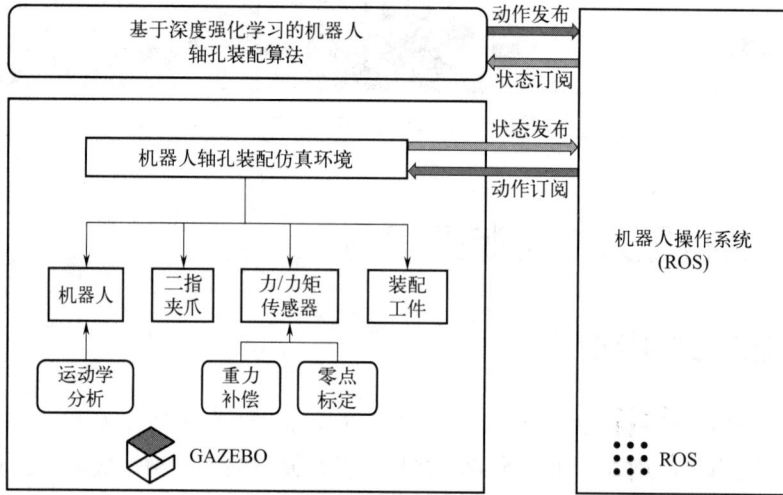

(a) 系统架构

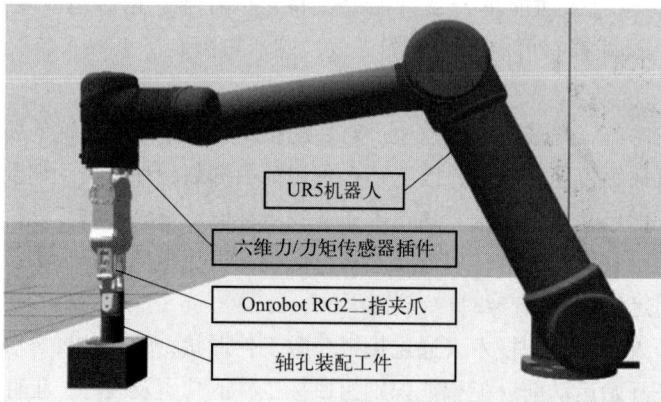

(b) 装配环境

图6-9　基于深度强化学习的机器人轴孔装配策略

6.4.2　机器人自动化装配生产线设计

机器人自动化装配生产线通常由传送带、机器人、给料盘（或称料盘、托盘）、控制柜等组成。要实现生产线的自动装配，还需要末端执行器、传感器、气缸、电机等。装配生产线的功能是将给料盘内的工件装配到已经加工的工件上。传统人工装配需要消耗大量劳动力，装配费用高，装配效率低。而自动化装配可以完成大量且复杂的装配操作，能够大大提高生产效率，降低成本，保障安全。自动化装配生产线的一般步骤如下。

① 工件进入传送带，在工件经过传感器时，传感器发出信号，装配机器人接收到信号，做好装配准备。

② 工件到达扫码器的扫描位置，扫码器自动扫描，将工件信息记录在数据控制器。

③ 工件即将到达指定装配位置，经过传感器后发出信号；装配机器人和气缸接收到信号，气缸打开，将工件阻拦在指定装配位置。

④ 机器人接收到传感器传出的信号，随后抓取旁边料盘上的工件，料盘上的传感器接收到工件被抓取的信号；料盘顺时针旋转至合适角度，同时机器人将在料盘抓取的工件与传送带上的工件进行装配。装配完成后，传感器发出信号，气缸关闭，工件进入下一道工序。

如图6-10所示为多机器人自动化装配生产线仿真工作站示例，该机器人自动化装配生产线系统由多个机器人与PLC控制的传送线共同组成。当系统启动时，托盘1在传送带A上向右移动到位置2，托盘1停止，机器人14的末端吸盘工具将托盘从传送带A搬运到传送带B的位置3上；然后托盘运动到位置4停止，机器人14将工件底座5放置在托盘上，再将凹盘6装配到工件底座上，机器人14回到初始位置，第一个工位动作结束。托盘1在传送带B上向左运动到位置7停止，机器人15的末端夹爪将4个立柱依次装配到工件底座的四个孔内，然后机器人15回到初始位置，第二个工位动作结束。托盘1继续向左移动到位置9，机器人16吸取顶盖10并将其装配到工件底座上，即整体工件组装完成；随后用夹爪将其摆放至工件栏位置11，在摆放工件的同时托盘1向左运动到位置12停止，待工件放置完成后，机器人16末端吸盘工具将托盘1搬运至位置13；然后机器人16回到初始位置待命，托盘1顺着另一侧的反向传送带A右移至位置2，执行下一周期的装配任务。在整个装配过程中需要与I/O信号相配合，判断托盘1是否到位、工件栏上是否有物件等，再执行相应的装配工序。机器人末端执行器上添加有线传感器，在末端执行器靠近物件时传感器产生虚拟信号，检测到该信号后机器人便执行相应动作指令。待机器人执行完动作指令后回到初始位置待命，等待下一周期的任务信号。多机器人自动化装配生产线仿真工作站具体流程如图6-11所示。

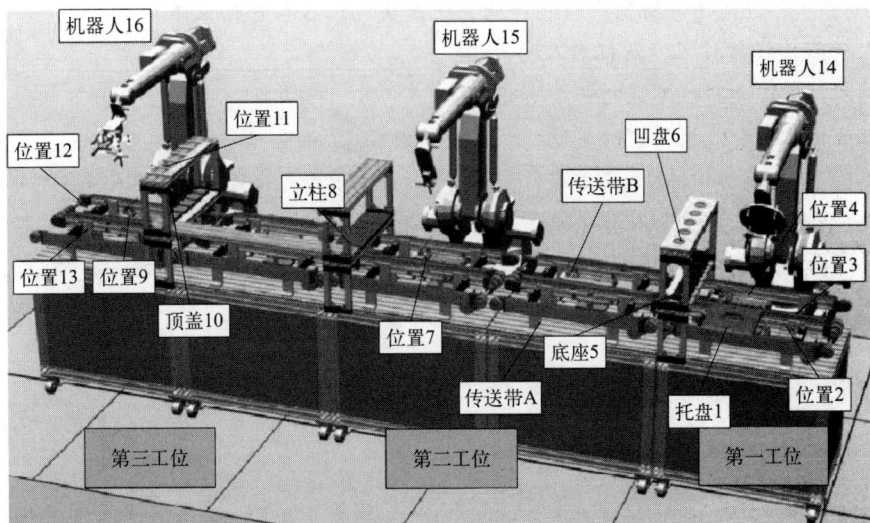

图6-10　多机器人自动化装配生产线仿真工作站示例

启动

托盘1在传送带A上右移 —到达位置2 托盘1停止→ 机器人14吸取托盘1 —将托盘1放置在传送带B位置3上→ 托盘1在传送带B上左移 —位置到达4→ 机器人14吸取工件底座5 —将工件底座放置在托盘1上→ 机器人14吸取凹盘6 —将凹盘6装配在工件底座上→ 托盘1在传送带B上左移 —位置到达7→ 机器人15夹取立柱8 —立柱装配在工件底座上→ 托盘1在传送带B上左移 —托盘1到达位置9→ 机器人16夹取顶盖10 —顶盖装配→ 机器人16夹取装配完的工件 —按顺序放置在工件栏位置11→ 托盘1在传送带B上左移 —托盘1到达位置12→ 机器人16吸取托盘1 —将托盘1放置在位置13在传送带A上移动→

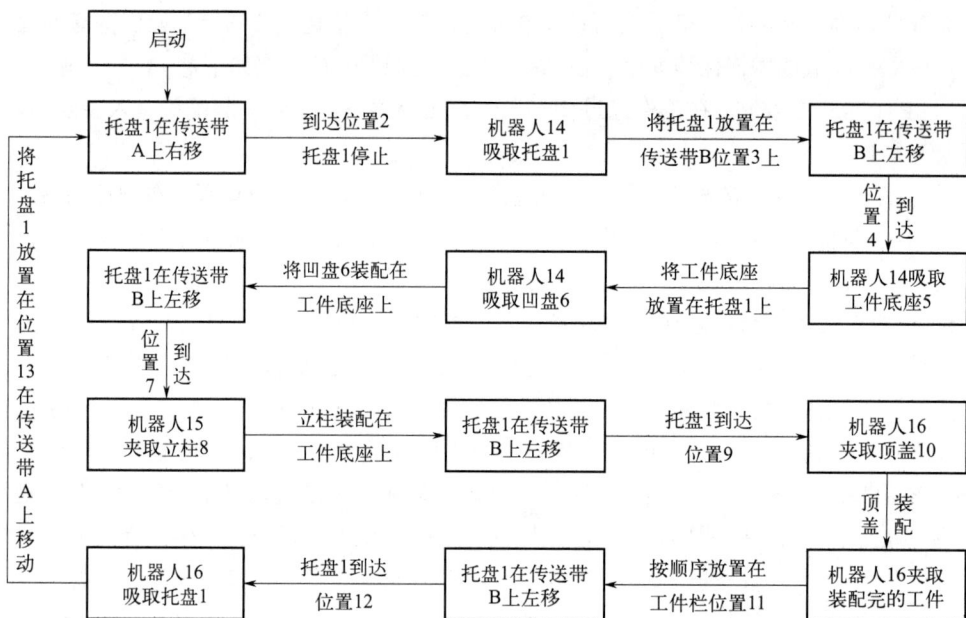

图6-11　多机器人自动化装配生产线仿真工作站具体流程

习题

1. 工业机器人智能操作是指在工业生产和制造领域中，利用先进的技术和算法使机器人具备_____、_____、_____和_____的能力。

2. 智能操作的目标是使机器人具有较强的_____及_____能力，提高工业机器人的_____、_____和_____，保证产品的质量，降低生产和劳动力成本，从而在_____等领域发挥更大的作用。

3. 通过设计相关操作机构，感知分析操作过程中_____、_____、_____等多模态信息；利用技能学习方法，实现对机器人复杂作业的建模、规划与控制；最终构建具有_____、_____、_____能力的机器人智能作业系统，实现机器人智能操作。

4. 机器人的智能操作技术涉及机器人的_____、_____、_____、_____等多门学科，是应用范围广、跨学科性质强的一个研究方向。

5. 简述工业机器人智能操作中的关键技术及主要内容。

6. 为什么要研究双臂协作机器人智能操作？相较于单臂机器人，双臂协作机器人具备哪些优势？

7. 简述几种典型的工业机器人智能操作应用场景及其实现过程。

8. 在机器人自主装配中，相较于传统的控制方法，基于深度强化学习的方法有哪些优势？

第7章 工业机器人智能监控

7.1 机器人智能监控概述

7.1.1 定义

机器人具有重复劳动不疲劳的优势，但在长期工作的过程中，机器人核心零部件（如伺服电机、减速器等）可能会出现异常和磨损，进而导致机器人工作出错等问题。因此，对机器人进行监控显得尤其重要。通过监控，机器人用户能够及时了解机器人的运动状态和任务执行情况。同时，机器人制造商也能够针对机器人出现的问题（如故障），对机器人数据进行处理分析，做出判断与结论，从而确保机器人在生产过程中的稳定性，并提高生产效率。因此，世界各国对机器人智能监控的研究进行得如火如荼。目前，机器人监控主要包括数据监控和视频监控两个方面。

（1）数据监控

数据监控包含两方面：其一是对机器人本体的监控，其二是对外界数据的监控。机器人监控系统需要对机器人的运行状态（包括正在执行的指令、寄存器状态等）进行实时监测，同时监控机器人运行过程中的外部参数。传统监控系统仅通过传感器监测外部机械特性，通常只能在系统发生明显故障并通过外部参数表现出来时，才能监测到故障的发生，对一些外部表现不明显的故障特征则很难发现。此外，不同原因引发的故障可能具有相同的表现形式，当这种故障发生时，仅通过监控系统外部特性不能确定故障发生的位置及原因。因此，机器人数据监控系统在监测这些外部特性的同时，还应监测机器人控制器的实时运行状态（例如当前正在执行的指令以及相关寄存器状态），在监测到故障发生的同时明确故障发生的位置。机器人控制器运行状态的获取需要监控系统与机器人控制器进行实时通信，因此，数据监控模块需要数据通信环节的辅助。数据通信环节由于不能直接从控制器中获得当前正在执行的指令编码，只能获得当前正在执行的指令位置，因此在编译程序时需要输出指令运行地址与指令的对应关系文件，需要编译器的辅助。机器人的运行状态需要实时更新到显示界面，监控系统应具备数据驱动的能力，当监控数据发生变化时能够实时反映到显示界面上。当更换机器人控制器或者监控参数发生变化时，若监控系统不可定制，则需要重新开发监控系统，这无疑会增加开发和维护的成本，因此监控系统还应具备一定的可配置性，以适应不同的下位机。一套监控系统可能同时用于监控多种控制器，因此需要针对不同的控制器建立工程文件，管理工程数据及配置信息。由于监控系统在单位时间内通常需要处理和存储大规模数据，因此，监控系统还应具备数据压缩功能，减少对存储空间的需求。故障发生后，用户需查询历史信息定位故障发生的位置及原因，因此，监控系统还应具备历史信息查询功能。

为了辅助监控系统用户判定相应现象对应的故障原因，数据监控系统还应提供常见故障诊断以及相关数据查询模块。用户可使用该模块查询控制器相关信息（如原理图、芯片数据手册等），并确定常见故障的发生原理。在发现数据超过预先设置的阈值时，系统会及时告警，并通过短信、语音提示等多种手段提醒专业人员关注异常情况。一旦发生故障，数据监控系统还可通过数据分析初步判断故障类型。在常见的故障情况下，该系统能够根据故障类型，结合相应规程规范，自动生成辅助处置方案，并推送至专业人员，提升故障处置效率。

（2）视频监控

视频监控系统在安防领域拥有着举足轻重的地位。通过视频数据的实时预览分析及录像回放功能，可以实现特定场景下的安防监控管理，为安防管理中的事件定位及回溯提供技术支撑。视频监控系统的出现简化了安监人员的工作，极大地提高了生产效率，其在近几十年的发展历程中，伴随着新技术革命的推动，经历了以下几个阶段。

① 一对一监视系统。这是最早期的产品形态，主要采用摄像机与监视器一对一的方式，连接方式依赖于视频与电缆的一对一直连，因此摄像机与监视器数量相等。这种系统几乎没有技术含量，代表了闭路监控系统发展的最初阶段。

② 切换控制电路监控系统。人们在实践中发现，"一对一监视系统"造成了监视器资源的极大浪费。因此，运用视频切换器的切换控制电路监控系统逐渐出现，但其仍存在一些局限性，如传输距离短、布线复杂、操作烦琐、难以实现多中心控制、系统容量小、扩展困难、不能实现区域联网等。

③ 微处理器监控系统。二十世纪七八十年代，随着微处理器的普及和发展，微处理器监控系统实现了切换和控制的整合，取得了显著的进步。但因采用非标系统，并受单片机位数和芯片性能的限制，这类系统的功能容量及运行速度有限，体积较大，易死机，兼容性差，且系统升级困难。

④ 外挂多媒体监控系统。该类系统出现于20世纪90年代，利用计算机显示器的高分辨率，通过视频捕捉卡将视频信息采集到计算机进行显示。尽管其有较为友好的人机界面，但仍未解决传统微处理监控系统的固有缺陷，通信协议的多样化与专用化难以统一，导致已有的计算机资源远远不能满足多种设备的需求。

⑤ 过渡型数字视频监控系统。近十几年来，随着数字视频技术的飞速发展，催生了过渡型数字视频监控系统，这类产品在视频处理上具有一定的优势，但在处理大量的控制、报警、联动等数据指令方面仍显不足。

传统的视频监控存在主观性大、有视觉盲区、安全性差、扩展性差、人力成本高等问题，因此出现了智能视频监控。目前智能视频监控系统尚无统一定义，一般认为其是指利用计算机视觉技术对视频信号进行处理、分析和理解，在无须人为干预的情况下，通过对序列图像的自动分析，实现对监控场景中变化情况的定位、识别和跟踪，并对目标行为进行分析与判断的系统。该类系统能在异常情况发生时，及时发出警报或提供相关信息，有效协助安全人员处理危机。不过，这一定义并不全面。综合近年来视频监控系统的发展特点，现代智能视频监控系统应至少包含以下一个或几个方面的特征和优势：

① 与计算机系统紧密结合。没有计算机系统的视频监控往往很难实现智能监控。计算

机系统能够对视频监控信息进行如压缩、存储等处理，并对该信息进行分析与提取，生成智能解决方案（如系统在监控到可疑对象时能自动报警）。

②　摄像头之间可以相互合作。传统多摄像头孤立、分散的监控方式不能充分利用各自的监控信息。而智能视频监控系统能实现摄像头之间的相互通信，既可以通过中心节点的转发，也可以通过直接通信来实现信息共享，以及摄像头之间的协同配合，并对区域进行协同式的监控，从而大幅提高系统的整体监控能力。

③　支持无线网络通信。随着现代通信技术的不断发展，3G/4G/Wi-Fi 的引入使得视频通过无线传输成为可能。摄像头具备无线通信接口，使得其部署更加灵活，同时也使用户能够在任何时间、任何地点访问监控区域的视频。

7.1.2　发展现状

在工业应用领域，日本发那科公司（FANUC）和瑞典的 ABB 公司分别于 2012 年和 2013 年推出了实用的工业机器人监控服务平台（远程服务平台）。ABB 公司为了提高用户企业的生产效率，保证售出机器人的高效稳定运行，并进一步提高服务质量，开发了远程服务平台，其结构如图 7-1 所示。ABB 远程服务平台的核心功能实现依赖于一个硬件服务箱，该服务箱充当工业机器人与服务平台服务器之间的"桥梁"。服务箱会存储故障前后一段时间内工业机器人的详细数据，并通过内置的 DTU（数据传输单元）通信模块将这些数据传输到 ABB 公司的服务器进行分析。此外，平台还会通过手机短信通知 ABB 的服务工程师登录平台查看故障详情，并及时分析和排除故障。通过该平台，ABB 公司能够实时监控售出的工业机器人的运行状态，并进行数据分析，从而预判一些即将出现的故障，并及时向企业用户发出警告，避免故障的发生。

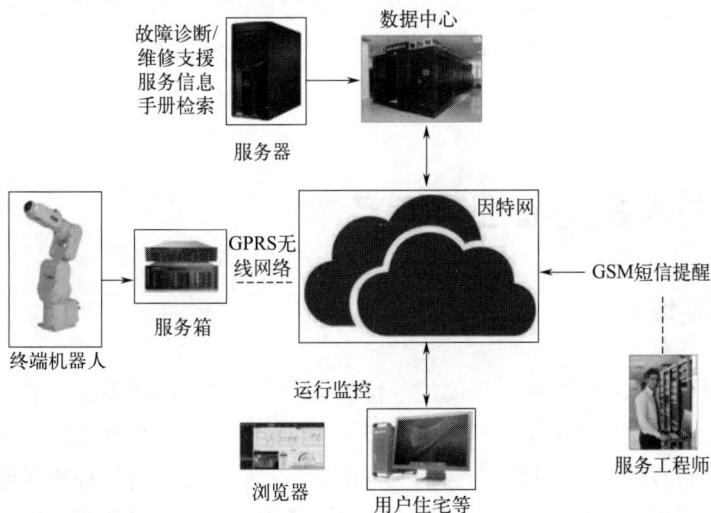

图 7-1　ABB 远程服务平台

GPRS—通用分组无线服务；GSM—全球移动通信系统

日本发那科公司（FANUC）开发的工业机器人远程服务平台如图 7-2 所示。与 ABB 的远程服务平台不同，FANUC 的工业设备不需要额外的硬件（即"服务箱"）来实现数据传输的功能。用户的设备通过互联网实时将自身运行数据上传到数据中心的服务器，并在浏览器页面进行实时显示，用户可以使用任何联网设备登录相关网页查看机器人的运行状态。此外，FANUC 还提供了 MTB 控制软件，用于运行诊断和维护。

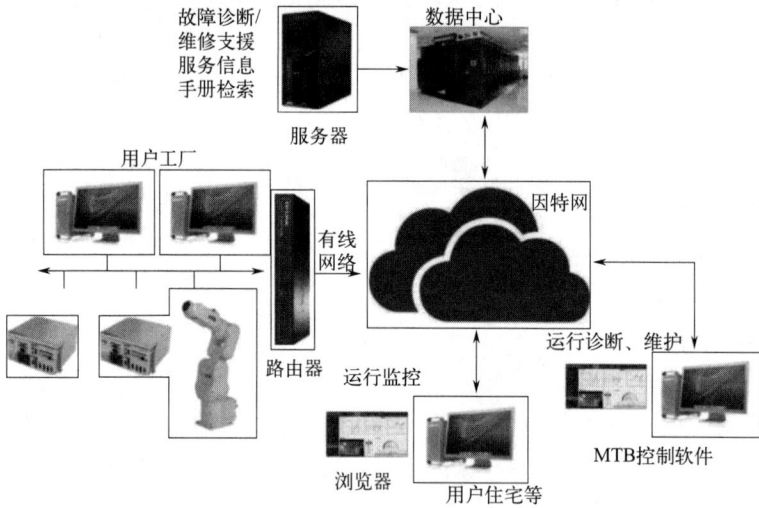

图 7-2　FANUC 远程服务平台

国内大连理工大学的刘磊与沈阳新松机器人自动化股份有限公司合作设计了一种工业机器人远程监控诊断服务系统，可以对工业机器人进行远程监控和故障维修等。该系统的本地监控软件基于 C/S（客户端/服务器）模式开发，远程监控诊断服务软件基于 B/S（浏览器/服务器）模式的 Web 数据开发。浙江大学的骆晓娟等人提出了一种基于 AJAX 和 B/S 架构的实时监测系统，利用 ASP.Net 结合 C#语言进行开发设计，该系统支持浏览器访问，可实现监测数据的远程 Web 监控。内蒙古科技大学的常瑞丽等人研发了一种智能移动机器人远程监控系统，在本地端，通过 WDS203 串口服务器以"隧道"方式将串行数据打包至以太网，同时运用远控计算机，通过串口重定向软件将 WDS203 串口映射为虚拟串口，进而获取数据，实现对移动机器人工作状态的监控。

7.2 机器人智能监控关键技术

7.2.1 数据采集

数据通信是监控系统的基础，所有的下位机运行状态信息都需要通过数据通信模块传递给监控系统。监控系统中的数据通信模块必须具备实时性、可靠性和稳定性等特点。实时性能保证数据及时传输，使监控状态与当前机器的运行状态一致；可靠性能保证数据传输过程中的正确性和连续性，防止数据错误或丢失；稳定性则能保证系统的连续稳定运行。只有满足了以上三个要求，监控系统的性能才能得到保证。

① 机器人的终端数据采集。终端数据采集功能模块主要由机器人携带的视频装备在云平台控制下实现对周围环境和设备的图像采集，并通过 MIC（麦克风接口）和各类传感器设备采集目标的噪声、温度、湿度、风速等数据，然后回传至后台进行处理。数据采集环节主要由智能机器人完成，其功能包括实时图像获取及设备状态信息采集、通信定时传输、数据

主动上报等。系统数据的定时采集由后台监控系统的任务管理决定，可以根据不同地区和环境进行调整，也可以根据特殊任务需要临时增加和取消数据采集任务。数据采集的前期准备工作主要涉及以下三点：

a. 进行设备参数管理，构建主要设备、辅助设备和监测设备的基础数据和详细数据的数据库，为信息数据采集提供安全传输和处理条件。

b. 设置终端数据参数报警阈值，以便在信息参数超出正常范围时，系统能够自动报警或生成报警报表。

c. 构建具有良好交互性的可视化人机界面，使用户能及时、准确了解设备状态。通过数据提示，系统能预测设备的老化程度，为制定维护日期提供依据。

② 多源异构数据采集。异构数据广义上是指数据结构、存取方式各异的多类数据，主要分为3类：时序数据、业务数据和非结构化数据。通过对数据源、数据接口协议以及数据本身采集要求（采集频率）的特点分析，可将整个数据采集的过程分为6个步骤：外围数据源注册、数据源链接、数据读取、协议解析、数据转换和转发、数据存储。

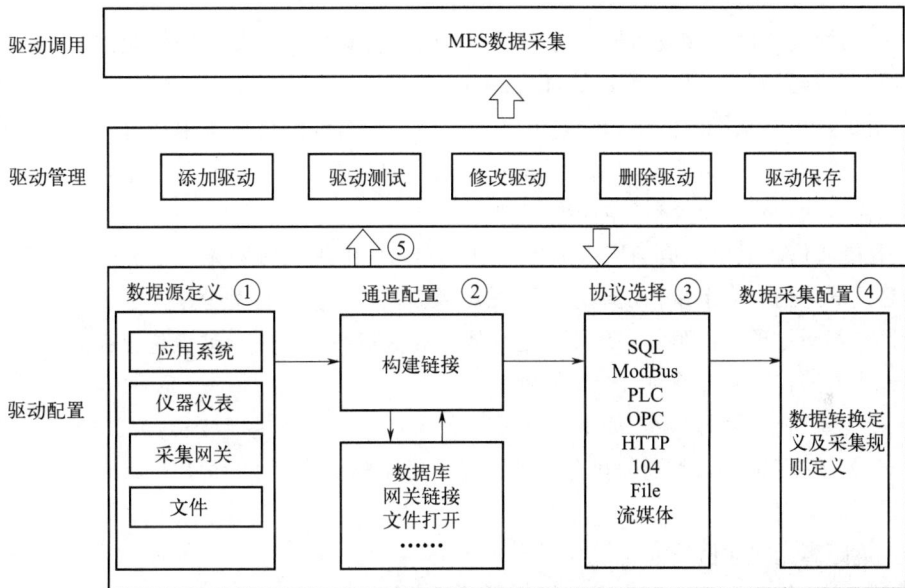

图7-3　数据采集架构

根据数据采集过程的划分，整个数据采集架构模型如图7-3所示。整个架构分为3部分，从下到上依次是：驱动配置、驱动管理和驱动调用。其中，驱动配置用于整个驱动的形成，包括数据源定义、通道配置、协议选择以及数据采集配置（数据转换定义及采集规则定义），配置完成后将形成数据采集驱动。驱动管理主要负责对驱动进行添加、测试、修改、删除和保存等操作，将操作后形成的数据模型存储在数据库中。驱动调用模块由MES在采集过程中调用，完成数据采集。

7.2.2　数据传输

数据传输技术是指数据源与数据宿之间通过一个或多个数据信道或链路，并共同遵循一种通信协议而进行的数据传输的方法和技术手段。数据传输主要用于计算机与计算机或计算机数据库之间、计算机与终端之间、终端与终端之间的信息通信或情报检索。一个典型的数据传输系统通常由主计算机或数据终端设备、数据电路终端设备及数据传输信道（专线或交换网）组成。

常用的数据传输方式有：

（1）远距离无线传输技术

该技术目前广泛应用于偏远地区（如煤矿、海上）及有污染或环境较为恶劣地区等，其包括的无线通信技术主要有GPRS/CDMA（码分多路访问）、数传电台、扩频微波、无线网桥及卫星通信以及短波通信等。

① GPRS/CDMA无线通信技术。GPRS（通用分组无线服务）是由中国移动开发运营的一种基于GSM的分组无线交换技术，其优势在于只有数据需要传输时才会占用频宽，并且按数据量计价，有效提高了网络的利用率。

② 数传电台通信。数传电台是数字式无线数据传输电台的简称，具有数话兼容、数据传输实时性好、有专用数据传输通道、一次性投资、无运行使用费、适用于恶劣环境、稳定性强等优点。

③ 扩频微波通信。该技术最早用于军事通信，具有良好的安全通信能力、不干扰同类其他系统、传输距离远、覆盖面广等优势，特别适合野外联网应用。

④ 无线网桥。无线网桥是无线射频技术和传统的有线网桥技术相结合的产物，其是为使用无线（微波）进行远距离数据传输的点对点网间互联而设计的，可用于带宽要求高、信号数据量需求大等视频监控相关的传输业务。

⑤ 卫星通信。卫星通信利用人造地球卫星作为中继站来转发无线电信号，实现在多个地面站之间的通信。它继承和发展了地面微波通信技术，具有覆盖范围广、工作频带宽、通信质量好、不受地理条件限制、成本与通信距离无关等特点。主要缺点是存在通信延迟，这是因为无线电波在空中传输时有一定的延迟。

⑥ 短波通信。根据国际无线电咨询委员会的划分，短波是指波长10～100m，频率为3～30MHz的电磁波。短波通信可分为地波传播和天波传播。地波适用于近距离通信，天波适用于远距离通信。

（2）近距离无线通信技术

近年来，应用较为广泛且具有较好发展前景的短（近）距离无线通信标准有：Zig-Bee、蓝牙（bluetooth）、无线保真（Wi-Fi）、超宽带（UWB）和近场通信（NFC）。

① Zig-Bee。Zig-Bee是基于IEEE802.15.4标准的一种短距离、低功耗的无线通信技术。主要适用于家庭和楼宇控制、工业现场自动化控制、农业信息收集与控制、公共场所信息检测与控制、智能型标签等领域，可以嵌入各种设备。

② 蓝牙（bluetooth）。蓝牙能够在约10m的半径范围内实现点对点或一点对多点的无线数据和声音传输。蓝牙技术被广泛应用于无线办公环境、汽车工业及学校教育和工厂自动控制等领域。目前蓝牙技术存在的主要问题是芯片尺寸较大和成本较高，且抗干扰能力较弱。

③ 无线保真（Wi-Fi）。Wi-Fi是一种基于802.11协议的无线局域网接入技术。该技术的优势在于覆盖半径达100m，比蓝牙范围更广、速度更快，且无须布线，适合移动办公需求。

④ 超宽带（UWB）。UWB是一种无载波通信技术，利用纳秒至微秒级的非正弦波窄脉冲传输数据。主要应用在高分辨率的雷达和图像系统中，如检查楼房、道路等工程中的缺陷

和故障位置，以及用于疾病诊断。

⑤ 近场通信(NFC)。NFC是一种新的近距离无线通信技术，工作频率为13.56MHz，源自13.56MHz的射频识别(RFID)技术。NFC的应用情境基本可分为以下五类：

a.接触-通过，主要应用在会议入场、交通关卡、门禁控制和赛事检票等；

b.接触-确认/支付，主要用于手机钱包、移动和公交付费等；

c.接触-连接，实现2个具有NFC功能的设备之间数据的点对点传输；

d.接触-浏览，用户可通过NFC手机了解和使用系统所能提供的功能和服务；

e.下载-接触，通过具有NFC功能的终端设备，使用GPRS/CDMA网络接收或下载相关信息，用于门禁或支付等功能。

7.2.3 数据存储

监控系统在运行过程中会产生大量的临时数据，系统需要保存这些临时数据，并且进行提取操作以获得用户所需的系统运行信息。在计算机中存储数据的方式一般有三种：使用文本文件、数据库以及XML文件。使用文本文件存储数据虽然简单，但当存储的数据量较大时，不易于查询和管理。该方法适用于存储少量数据，且尽量避免频繁查询或部分修改的情况。使用数据库存储文件适合大量数据的存储及查询管理，当数据量较大且需要对数据进行有效管理时，使用数据库是合适的选择。使用XML文件可利用其属性结构存储数据，便于数据的存储、查询和管理。当存储的数据量较小且不需要对数据进行排序操作时，使用XML文件存储数据是应用程序开发的首选。

显然，在监控系统中，更适合使用数据库存储数据。数据库根据数据结构可分为关系型数据库和非关系型数据库。

关系型数据库模型将复杂的数据结构归结为简单的二元关系（即二维表格形式），在关系型数据库中，对数据的操作几乎全部建立在一个或多个关系表格上。在大型系统中，通常有多个表，且表之间有各种关系。实际使用中，通过对这些关联的表格进行分类、合并、连接或选取等运算来实现数据库的管理。典型产品包括：MySQL、SQL Server、Oracle、PostgreSQL、SQLite等。

非关系型数据库包括键值存储数据库、列存储数据库、面向文档数据库、图形数据库和搜索引擎数据库。键值数据库使用简单的键值方法来存储数据，其将数据存储为键值对集合（其中键作为唯一标识符）。键值数据库的实际存储形式很灵活，可由业务需求自行定义，典型产品包括：Redis、Memcached等。列存储相较于传统关系型数据库的行存储，每次读取数据集合的一段或全部，不存在冗余性问题，极大提升了查询性能，典型产品包括HBase等。面向文档数据库可存放并获取文档，包括XML、JSON、BSON等格式，典型产品有：MongoDB、CouchDB等。图形数据库是一种存储图形关系的数据库，典型产品包括：Neo4J、InfoGrid等。搜索引擎数据库是应用在搜索引擎领域的数据存储形式，其检索效率高，典型产品包括：Solr、Elasticsearch等。

（1）主流关系型数据库对比

MySQL：①MySQL性能卓越，服务稳定，很少出现异常宕机。②MySQL开放源代码且无版权制约，自主性及使用成本低，版本更新较快。③MySQL软件体积小，安装使用简单，并且易于维护，安装及维护成本低。④MySQL支持多种操作系统，提供多种API，支持多种开发语言，特别对流行的PHP语言有很好的支持。

SQL Server：①客户机/服务器体系结构。②图形化用户界面，使系统管理和数据库管理更加直观、简单。③丰富的编程接口工具，为用户进行程序设计提供更多选择。④与WinNT完全集成，可使用NT的许多功能（如发送和接收消息、管理登录安全性等），也能够与Microsoft BackOffice产品集成。⑤提供数据仓库功能，该功能仅在Oracle和DBMS中适用。

Oracle：①Oracle能在所有主流平台上运行。②Oracle性能高，保持开放平台下TPC-D和TPC-C世界纪录。③获得了最高认证级别的ISO标准认证。

PostgreSQL：①稳定性极强。InnoDB等引擎在面对崩溃、断电等灾难场景时表现稳定。②性能卓越。任何系统有都其性能极限，在高并发读写的情况下，负载逼近极限时，PostgreSQL的性能指标仍能维持较高水平（表现为双曲线甚至对数曲线，到顶峰之后不会急剧下降）。③PostgreSQL在GIS领域处于领先地位，因为它支持丰富的几何类型，除此之外，还支持字典、数组、bitmap（位图）等数据类型。④PostgreSQL是唯一支持事务、子查询、多版本并行控制系统、数据完整性检查等特性的自由软件的数据库管理系统。⑤对大量文本数据以及SQL查询处理速度快。

SQLite：①零配置需求，SQLite3无须安装、配置、启动、关闭或配置数据库实例。系统崩溃后无须执行任何恢复操作，数据库在下次使用时自动恢复。②SQLite是一种轻量级、自包含的数据库，不依赖服务进程。③采用无数据类型的存储机制，可以保存任意类型数据，其使用的动态数据类型会根据存入值自动判断。④可移植性强，可在多种操作系统上运行。

（2）主流非关系型数据库对比

Redis：①支持内存缓存，类似于Memcached。②支持持久化存储，类似于MemcacheDB、ttserver。③数据类型丰富，较其他键值数据库功能更强。④支持主从集群和分布式部署。⑤支持队列等特殊功能。

Memcached：一种开源的、高性能的、分布式的内存对象缓存系统。

HBase：①适合存储半结构化或非结构化数据。②支持高可用性和海量数据存储，并能应对大量的瞬时写入。③记录可稀疏，与关系型数据库中固定列数的行不同（为null的列浪费了存储空间），HBase中为null的列不会被存储，这不仅节省了存储空间，还提高了读取性能。

MongoDB：①弱一致性（最终一致性），有助于保证用户的访问速度。②查询与索引方式灵活，是NoSQL中最接近SQL的数据库。③内置GridFS，支持大容量文件存储。④内置sharding（分片），支持复制集、主备模式、互为主备以及自动分片等特性。⑤第三方支持丰富。⑥性能优越。

种类繁多的数据库在功能上各有优劣，具体选择哪种数据库应根据业务模型来决定。

7.2.4 数据智能分析处理

（1）视频分析

运动目标检测是计算机视觉领域的关键技术，也是智能监控系统实现智能化的基础，在目标识别、轨迹判断及异常行为分析中扮演核心角色。随着计算机视觉技术的快速发展，智能监控系统已广泛应用于运动目标检测、跟踪等领域，支持智能控制和异常报警等功能。在复杂背景下，运动目标检测与跟踪技术有着广泛的应用前景。

智能视频分析包括以下五个关键任务：

① 物体检测。一种计算机视觉技术，可以通过识别和定位方法来检测场景中的物品，并确定和标注它们的确切位置。

② 物体识别。一种计算机视觉技术，用于识别图像或视频中的物体。它是深度学习和机器学习算法的主要应用成果。与人类在观看图像或电影时，可以迅速辨识出人物、物品、场景等信息的机制相似，物体识别技术也能够实现类似的智能识别功能。

③ 目标跟踪。机器视觉领域的重要课题，广泛应用于智能监控、动作与行为分析、自动驾驶等领域。其跟踪的目标不仅包括人，还包括各类物体。

④ 实时视频分析。摄像机会产生大量视频数据，人工有时无法手动查看存储的图像以进行相关事件的处理，因此需要借助实时视频分析，以发现监控图像中的重要信息，如周界入侵、危险行为、烟火、可疑人脸等。

⑤ 触发实时警报（告警）。当AI在视频图像中检测到异常行为时，会作出响应，如向管理员发出告警信息，包括：a. 基于相似外观的告警：视频监控可根据实体外观相似的需求定制告警，如危险物检测、烟火检测等。b. 基于计数的告警：当在给定时间段内检测到预定位置有一定数量的物体（如车辆或人员）时，触发警报。c. 人脸识别告警：相关部门可利用从视频图像中提取的信息，快速识别嫌疑人并实时发出告警。

在机器人监控场景中，视频监控受环境因素影响较大。这些因素主要包括：雨、雪、大风、大雾等恶劣天气，夜间低照度情况，摄像头遮挡或偏移，以及摄像头抖动，等等。智能监控技术能够在恶劣视频环境下实现较正常的监控功能，如在视频不清晰时尽早发现画面中的人物，或在检测到摄像头偏移后发出警报。此类功能的关键技术在于，在各种应用场合下都能较稳定地输出智能视频分析信息，尽量减少环境对视频监控的影响。例如，在低背光环境下，由于采集的视频图像显示质量较低，需要对这些图像进行亮度补偿处理。亮度补偿处理主要针对灰度图像进行，因此，在亮度补偿处理之前，需将RGB颜色空间的图像转换到YIQ颜色空间（Y为亮度，I、Q表示色调），并在此空间下补偿Y分量的亮度。补偿完成后，再将图像转换回RGB颜色空间，以增强局部对比度。虽然补偿图像亮度后，整体亮度会大幅提升，但局部对比度可能会降低。鉴于人眼对局部对比度更为敏感，因此在补偿亮度后，需要增强图像的局部对比度。

（2）数据分析

工业机器人是推进制造强国战略的关键支撑装备，数据分析是维持其智能监控高可靠、高精度运行的重要保障。特别是在个体差异显著、工况复杂多变的情况下，工业机器人的数据分析尤为重要。

针对机器人数据分析，常用的机器学习方法经过调整后均可适用。以下是按学习方式进行的分类：

① 监督学习。输入数据被称为训练数据，每个样本都带有标签，例如"广告/非广告"或当时的股票价格。通过训练过程建模，模型需要做出预测，如果预测错误，则会被修正。训练过程会持续进行，直到模型输出准确的结果。这种方法常用于解决分类和回归问题。常用的算法包括逻辑回归和BP（反向传播）神经网络。

② 无监督学习。输入数据没有标签，输出也没有标准答案，只有一系列样本。无监督学习通过推断输入数据中的结构来进行建模，这可能包括提取一般规律、通过数学处理系统

地减少冗余，或者根据相似性组织数据。无监督学习常用于解决聚类、降维和关联规则学习等问题。常用的算法包括Apriori算法和k均值算法。

③ 半监督学习。半监督学习的输入数据包含带标签和不带标签的样本。在此情况下，虽然有一个预期的预测目标，但模型必须通过学习数据中的结构来整理并做出预测。半监督学习常用于解决分类和回归问题。常用的算法是对无标签数据建模进行预测的无监督学习算法的延伸，例如标签传播（label propagation）算法和标签转移算法。

从算法角度分类：

① 回归算法。回归分析是研究自变量与因变量之间关系的一种预测模型技术，这种技术应用于预测时间序列模型和寻找变量之间的关系。回归分析作为一种常用的统计学方法，已通过统计机器学习融入机器学习领域。"回归"一词既可指代算法，也可指代问题，因此在指代时容易造成混淆。实际上，回归是一个过程。常用的回归算法包括：普通最小二乘回归、线性回归、逻辑回归（尽管名称中有"回归"，但实际上用于分类问题）、逐步回归、多元自适应回归样条法（MARS）和局部加权回归。

② 聚类算法。聚类与回归一样，既可以用来描述一类问题，也可以指代一组方法。聚类方法通常涉及质心或层次（hierarchical）等建模方式，所有这些方法都与数据固有的结构相关，目标是将数据按照它们之间的共性最大化的组织方式分成若干组。换句话说，算法将输入样本聚集成为围绕某些中心的数据簇，以此方式发现数据分布结构中的规律。常用的聚类算法包括：k均值（k-means）、k中位数、EM算法（最大期望算法）和分层聚类（hierarchical clustering）算法。

③ 人工神经网络。人工神经网络是一类受到生物神经网络结构及/或功能启发的模型。它们常用于解决回归和分类等问题的模式匹配任务，但实际上代表了一个包含数百种算法及其各种问题变体的子集。需要注意的是，这里将深度学习从人工神经网络算法中分离出来讨论，因为深度学习已成为一个独立且广泛研究的领域。此处提到的人工神经网络主要指的是较为经典的模型。常用的人工神经网络包括：感知机、反向传播（BP）神经网络、Hopfield网络、径向基函数网络（RBF网络）。

④ 深度学习算法。深度学习算法是人工神经网络的进一步升级，充分利用了计算资源。近年来，深度学习得到了广泛应用，尤其是在语音识别和图像识别领域。深度学习算法构建了更大规模、更复杂的神经网络。许多深度学习方法涉及半监督学习问题，这类问题通常拥有大量数据，但其中只有极少部分带有标签。常用的深度学习算法包括：深度玻尔兹曼机（DBM）、深度信念网络（DBN）、卷积神经网络（CNN）和栈式自编码器（stacked auto-encoder）。

将监控系统获得的机器人数据进行清洗、整理和转换，并归类为特定问题（如寻优、求解等），均可使用上述算法。

7.2.5 数字孪生

数字孪生技术通过模型仿真、实时采集、历史运行等相关数据，构建物理空间与信息空间的交互映射关系，可以实现物理本体与仿真模型之间不断循环迭代和交互反馈，使得人、机、物深度融合。

数字孪生模型构建的内容主要涉及概念模型和模型实现方法。其中，概念模型从宏观角度描述数字孪生系统的架构，具有一定的普适性；而模型实现方法研究主要涉及建模语言和模型开发工具等，关注如何从技术上实现数字孪生模型。在模型实现方法上，相关技术和工具呈多元化发展趋势。当前，数字孪生建模语言主要有AutomationML、UML、SysML及XML等。一些模型采用通用建模工具如CAD等开发，更多模型的开发是基于专用建模工具如FlexSim和Qfsm等。

目前业界已提出多种概念模型，包括：

① 基于仿真数据库的微内核数字孪生平台架构，通过仿真数据库对实时传感器数据的主动管理，为仿真模型的修正和更逼真的现实映射提供支持。

② 自动模型生成和在线仿真的数字孪生建模方法，首先选择静态仿真模型作为初始模型，接着基于数据匹配方法由静态仿真模型自动生成动态仿真模型，并结合多种模型提升仿真准确度，最终通过实时数据反馈实现在线仿真。

③ 包含物理实体、数据层、信息处理与优化层三层的数字孪生建模流程概念框架，以指导工业生产数字孪生模型的构建。

④ 基于模型融合的数字孪生建模方法，通过多种数理仿真模型的组合构建复杂的虚拟实体，并提出基于锚点的虚拟实体校准方法。

⑤ 全参数数字孪生的实现框架，将数字孪生分成物理层、信息处理层、虚拟层三层，基于数据采集、传输、处理、匹配等流程实现上层数字孪生应用。

⑥ 由物理实体、虚拟实体、连接、孪生数据、服务组成的数字孪生五维模型，强调了由物理数据、虚拟数据、服务数据和知识等组成的孪生数据对物理设备、虚拟设备和服务等的驱动作用，并探讨了数字孪生五维模型在多个领域的应用思路与方案。

⑦ 按照数据采集到应用分为数据保障层、建模计算层、数字孪生功能层和沉浸式体验层的四层模型，依次实现数据采集、传输和处理、仿真建模、功能设计、结果呈现等功能。

7.3 机器人智能监控系统案例

7.3.1 需求分析与总体架构

（1）系统概述

① 实现目标。机器人作为云制造中的一种重要制造资源，对其监控是实现制造功能并为消费者提供按需制造服务的基本需求。在机器人智能抓取过程中，由于机载设备容量有限、可搭载模块受限以及工作环境复杂，机器人的自身处理能力难以有效应对实际抓取过程中的一些特殊情况。此外，云制造中包含资源提供者、平台运营者和服务使用者三类角色用户，不同角色用户对机器人都有一定的监控需求，如实时视频监控和数据监控等。

针对上述问题，需开发以工业机器人智能抓取过程为场景的机器人智能监控系统，并对该系统的开发提出以下实现目标：

a. 系统需满足云制造中不同角色用户的监控需求，对不同角色进行合理的功能权限分配。

b. 系统能对制造过程中的工业机器人进行远程视频监控，获取工业机器人的实时工作画面，并在前端界面进行展示，提升云制造过程的透明性。

c. 系统能与制造现场的工业机器人进行数据的双向传输，操作人员能够通过系统对工业机器人抓取过程进行远程控制，并能够获取机器人制造过程中的实时位姿信息，提升云制造过程的可控性。

d. 系统应具有较强的可扩展性与适应性，对各功能模块进行合理的划分，以保证各功能模块之间的低耦合和独立运行。

e. 系统支持智能算法的灵活部署与远程调用。以工业机器人智能抓取算法为例，资源提供者能够通过系统对算法进行在线训练，以获得满足不同抓取场景需求的网络模型参数和抓取策略，更好地适应真实的制造场景，提升云制造产品服务质量。

② 角色分析。在制造环境下的工业机器人智能抓取过程中，以工业机器人为监控对象，设计并实现工业机器人智能监控系统。同时，对云制造中的平台运营者、资源提供者和服务使用者进行详细的系统角色分析。系统中各角色的主要权限如表7-1所示。

表7-1　系统角色权限

系统角色	角色权限
平台运营者	资源管理、用户管理、角色管理、菜单管理、权限分配、视频监控
资源提供者	资源上线、文件上传、设备数据监控、视频监控
服务使用者	资源查看、视频监控

由表7-1可知，机器人智能监控系统中的角色权限及监控需求如下：

a. 平台运营者作为系统中的超级管理员，拥有系统管理的最大操作权限，可对系统的菜单、界面管理及其他系统中的基础公共组件进行直接操作。此外，平台运营者还可以对系统中的其他用户角色进行相应监控权限的分配，也可对制造过程的实时工作画面进行监控。

b. 资源提供者作为制造过程中工业机器人及其相应制造能力的提供者，拥有对工业机器人的最大监控权限，可通过系统远程获取到制造现场中工业机器人的实时工况，以对制造过程进行更好的控制。此外，资源提供者可以通过系统对工业机器人智能抓取算法进行远程在线训练，以获得更好的抓取策略网络，提升工业机器人在制造过程中的抓取效率。

c. 服务使用者作为云制造体系中的消费者，能够通过云制造平台对制造服务进行请求，并享有系统分配的相应监控权限。在本系统的监控场景下，考虑到系统需要保证对资源提供者所提供的制造设备和制造能力的安全，服务使用者仅能通过系统获取到工业机器人智能抓取过程的实时工作画面。

（2）系统需求分析

基于上述系统实现目标和系统角色分析，对机器人智能监控系统进行功能性需求分析。

① 角色用户管理。角色用户管理是本系统的重要功能模块。针对云制造中的平台运营者、资源提供者和服务使用者设计的角色用户管理功能需求用例如图7-4所示。

角色用户管理功能需求包括用户管理和角色管理。其中，平台运营者可以对用户和角色进行添加、编辑、查询和删除等基础操作。此外，平台运营者还可以对系统中的用户和系统设置的三类角色进行权限分配。其中，资源提供者和服务使用者可以通过账户信息进行系统登录和退出。

② 在线训练。在线训练旨在使资源提供者能够通过系统对其中的智能算法进行远程训练，以获得更好的算法网络模型并适应不同制造场景。系统在线训练功能需求用例如图7-5所示。

③ 视频监控。在云制造环境下，对制造现场的工业机器人抓取过程进行工作画面的实时监控，是本系统的核心业务功能之一。系统用户能够通过智能监控系统获取到实时的机器人工作画面。系统中的视频监控功能需求用例如图7-6所示。

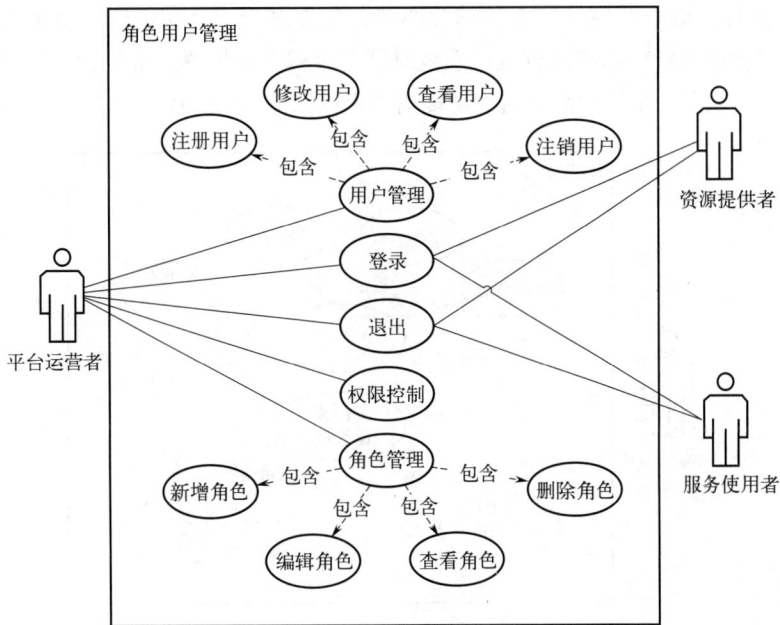

图7-4　角色用户管理功能需求用例

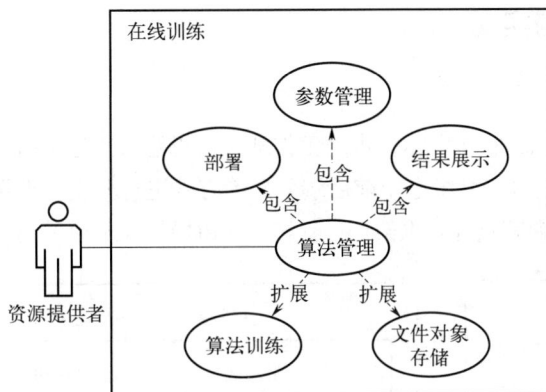

图7-5　在线训练功能需求用例

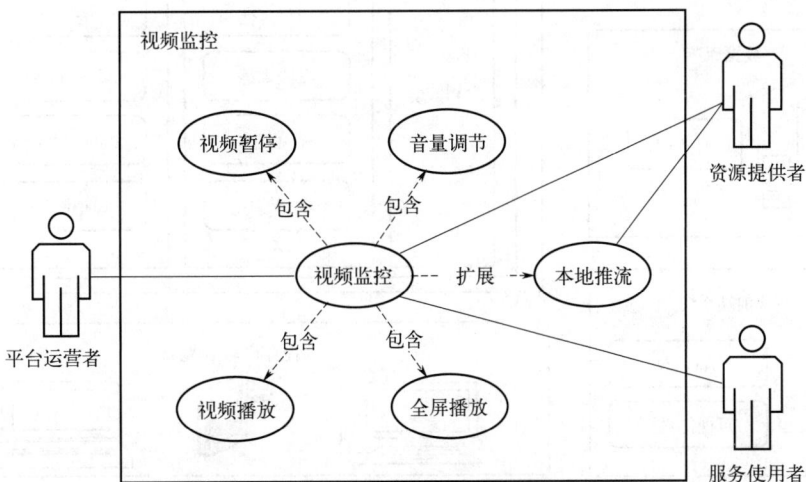

图7-6　视频监控功能需求用例

④ 数据监控。数据监控是本系统的核心业务功能之一，旨在使资源提供者，即工业机器人的所有者和使用者，能够通过监控系统对制造过程中的机器人进行远程控制，并获取机器人的实时工作数据。系统中数据监控功能需求用例如图7-7所示。

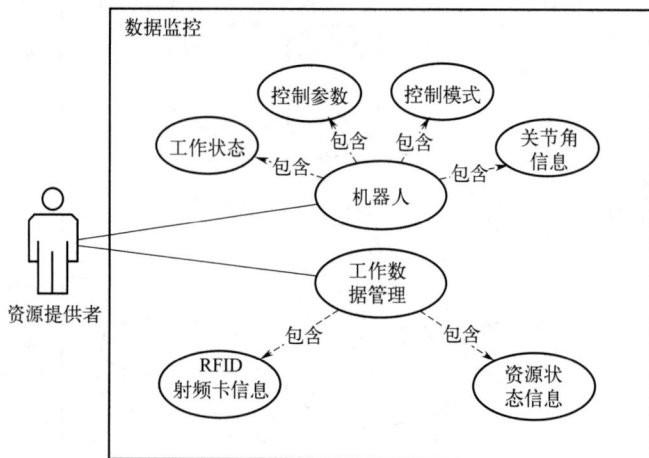

图7-7　数据监控功能需求用例

7.3.2　系统设计与实现

（1）总体框架设计

系统总体框架设计如图7-8所示，本地工作站包括机器人与连接机器人的本地电脑；使用MySQL作为数据存储工具；系统选用前后端分离的方式进行开发，选用Spring Boot作为后端开发框架，选用Vue作为前端开发框架；远程客户端由操作人员通过浏览器对系统进行操作。

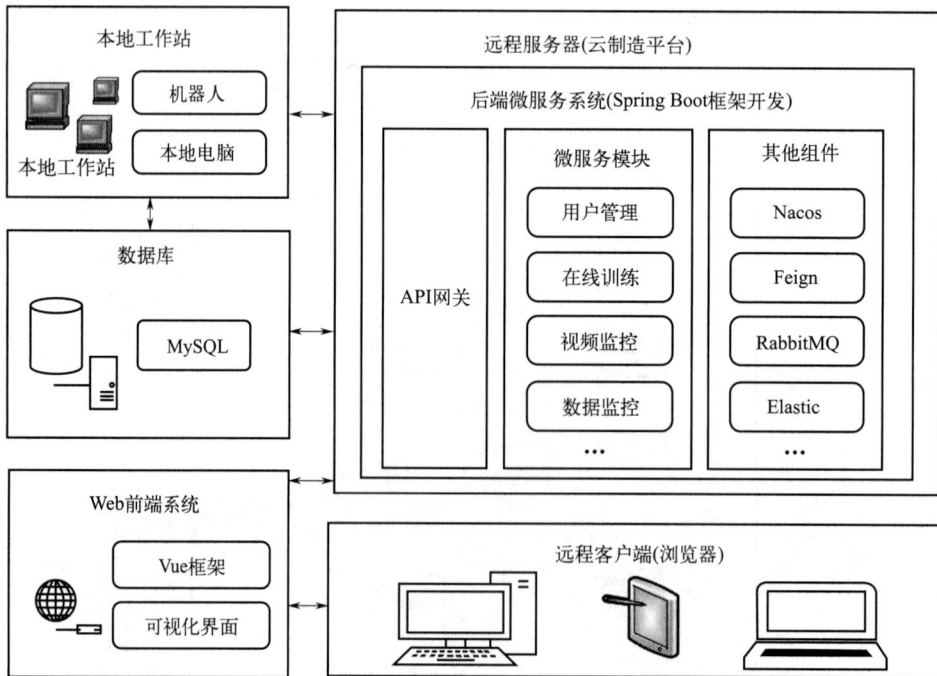

图7-8　系统总体框架设计

系统整体工作流程为：本地工作站部署机器人相关操作的对应程序，并和数据库连接；本地工作站将服务注册在远程服务器的Nacos注册中心，使机器人智能监控系统可以通过Feign来进行微服务之间的远程调用，从而使远程服务器上的系统和本地工作站通过Feign连接；远程服务器的后端系统也可和数据库连接，并进行读写操作，不同微服务功能对数据库的使用按需进行设计；Web前端系统用来生成可视化界面，调用不同的微服务功能会发送相应的请求给后端，再由后端进行与业务逻辑对应的操作；工作人员可通过远程客户端（浏览器）对系统进行操作，对机器人下达指令，同时也可根据浏览器显示的数据获取机器人的实时工作状态。

（2）数据库设计

保障制造过程中的数据有效、可靠、安全，是云制造环境下工业机器人智能监控系统的基本要求。因此，系统需要合理、有效的数据库作为支撑。

本系统采用关系型数据库 MySQL，数据库设计需包含表名、字段名、能否为空、是否为主键和编码格式等数据库表结构信息。本系统为微服务系统，每一个微服务对应一个数据库，总共涉及角色用户管理模块、实时视频监控模块（主要实现视频在线传输，暂不设数据库）、实时数据监控模块和机器人在线训练模块。因此，本系统共涉及三个数据库，分别是机器人角色用户管理数据库（robot_admin）、机器人数据监控数据库（robot_data）和机器人在线训练数据库（robot_trainning）。

① 机器人角色用户管理数据库表设计。云制造环境下机器人智能监控系统的角色用户管理数据库包含 2 个数据库表。其中，sys_user 是系统用户表，用来描述系统中各用户的基本信息、账号状态以及特定密钥；sys_role 表是系统权限表，权限ID作为主键，代表权限级别。其中，0 代表平台运营者，级别最高；1 代表资源提供者；2 代表服务使用者。

② 机器人数据监控数据库表设计。数据监控数据库包含3个表：robot_info 表主要描述机器人的基本情况，robot_id 是自增主键；data_control 表是机器人的控制模式表，主要描述机器人的控制方式，如点到点（point to point）模式或圆弧模式；data_joint 表是机器人工作的实时数据表，主要包括机器人各关节角信息等。

③ 机器人在线训练数据库表设计。机器人智能监控系统在线训练数据库包含2个表：trainning_info表主要用来描述系统中智能算法的基本信息，由于一些算法无须指定输入或产生输出数据，字段允许为空；trainning_data 表用来存储机器人在训练时产生的数据。

至此，完成了对机器人智能监控系统的总体框架设计、整体逻辑架构和微服务架构设计。根据系统需求，设计了数据库的概念模型，并在保证数据合理性、安全性与一致性的基础上，完成了各微服务功能模块的数据库和表的建立。

接下来，基于机器人智能监控系统的需求分析和总体框架设计，对机器人监控系统中的角色用户管理、视频监控、数据监控和在线训练等主要微服务模块的设计与开发进行详细阐述。

（3）角色用户管理模块

① 角色用户管理模块设计。角色用户管理模块包括用户管理和角色管理两部分，其核心类图如图7-9 所示。

本系统用户管理功能包括用户登录类和用户基本操作功能类，角色管理包括角色基本操作类和用户角色分配类。其中，各 Controller 类负责处理前端请求，并通过 Service 类和 ServiceImpl 类处理具体的业务逻辑。

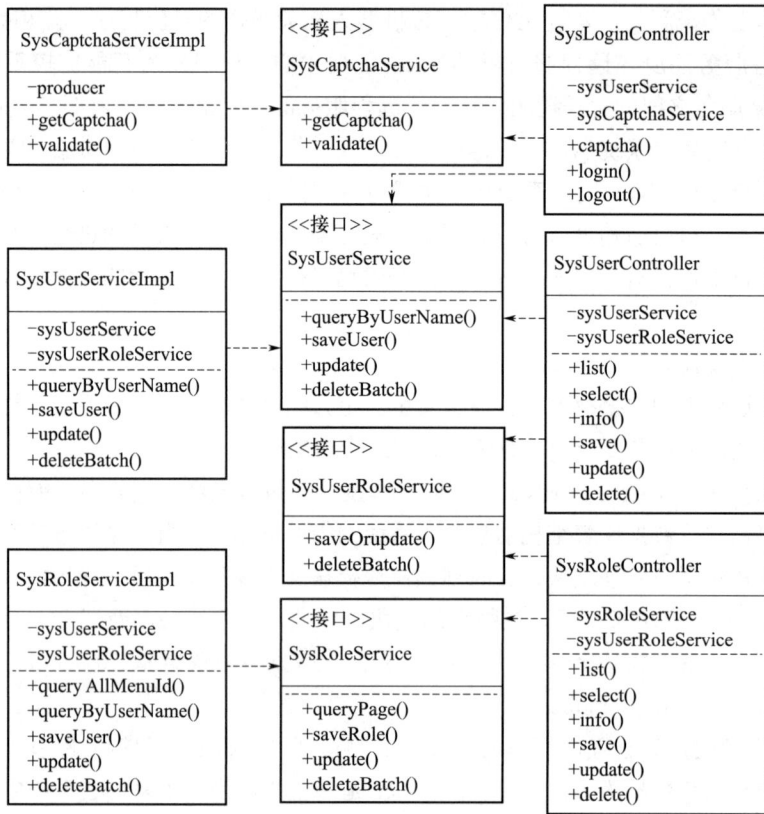

图7-9 角色用户管理模块核心类图

云制造工业机器人智能监控系统中的用户登录功能是平台运营者、资源提供者和服务使用者三类角色用户共有的功能模块，也是用户使用系统的第一步操作。在用户登录功能设计中，除了对基本的用户名和密码进行验证外，还需考虑用户登录的安全性。

系统用户登录流程如图7-10所示。用户在系统登录界面输入登录所需的全部信息，系统会进行输入信息非空判断、用户名和密码匹配以及验证码校验等操作，若输入信息全部正确，系统会根据该用户权限将对应的系统界面展示给用户。

机器人智能监控系统中，角色管理是角色用户管理模块的核心功能，本系统针对云制造环境设置了三种系统角色，分别为平台运营者、资源提供者和服务使用者。以查询角色列表过程为例进行角色管理功能的介绍，其时序图如图7-11所示。

在系统查询角色列表的过程中，前端发送查询请求经过API网关发送至角色用户管理微服务模块，通过sysRoleController类获取当前操作用户。如果当前用户为系统中的平台运营者，则能进行角色查询，并向sysRoleService类调用queryPage()方法，最后经过DAO（数据访问对象）层进行数据库交互，获得角色信息后返回给前端界面，并进行角色列表展示。如果当前操作用户不是平台运营者，则不允许进行角色列表查询。系统中用户、菜单等管理方式如角色管理所示，后文不再赘述。

② 角色用户管理模块的实现。在角色用户管理模块的实现过程中，考虑云制造环境中所有角色用户信息的安全性，在用户登录、角色用户信息管理等方面进行了安全性设计和实现。

a. 用户登录。系统在用户登录过程中，首先对用户账号和密码进行非空判断，后端在设置用户实体类时引入了@NotBlank注解，数据库表也在相应字段设置了非空选项。同时，前

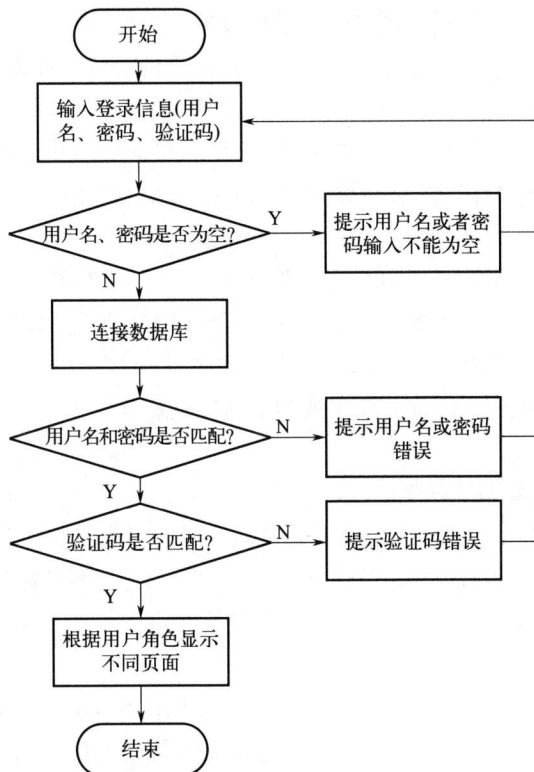

图7-10 系统用户登录流程

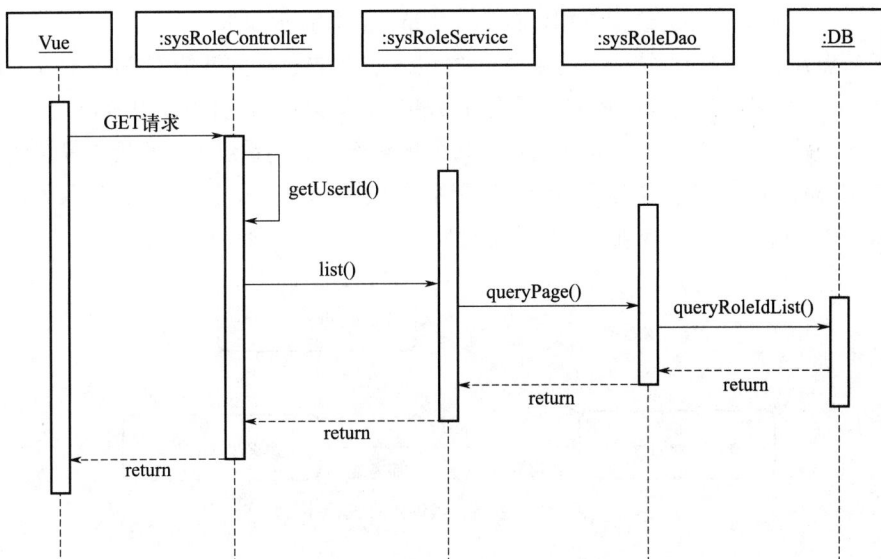

图7-11 查询角色列表时序图

端代码中也加入了相应的输入信息判空的方法。其次，系统加入了验证码校验功能，防止非授权人员或计算机破解密码，恶意登录系统。在验证码功能实现中，选择了谷歌提供的Kaptcha验证码工具包，并通过Maven进行依赖，此外，还设置了验证码过期时间。

b. 角色用户信息管理。为保证系统中角色用户信息的安全性，本系统引入了Hibernate Validator后端校验框架，该框架遵循JSR（Java specification requests, Java规范提案）303规范。

本系统在对用户进行操作的代码实现中使用了校验规则，在进行用户管理相关的操作中需要校验实体类中带有的 Group 注解的属性。这种后端校验机制可以有效防止非法操作人员通过接口进行恶意刷服务，避免系统出现大量脏数据或病毒，从而提高系统安全性及数据库安全性。

在保存角色用户信息的过程中，本系统使用了高安全性的 SHA256 加盐加密算法。SHA256 加密算法是一种 Hash 算法，对任意长度的信息会产生一个 256 位的散列值（通常用长度为 64 的十六进制字符串表示）。以用户密码"admin"为例，对其进行散列计算，会得到"21232f297a57a5a743894a0e4a801fc3"这一散列值。考虑到一些解密网站很容易通过散列值破解出其背后的信息，因此，本系统选用了 SHA256 加盐加密算法。在进行散列计算时，将随机生成的字符串作为"盐"（salt），并对"密码＋盐"这一对象进行散列计算，由于盐的信息只存储于本系统中，因此这样生成的散列值破解难度更高，进而提高了角色用户信息安全性和可靠性。

（4）机器人在线训练模块

① 在线训练模块的设计。本系统以工业机器人智能抓取过程作为监控场景，并将基于深度强化学习的智能抓取算法作为系统中的智能算法。为方便系统中的资源提供者能够对抓取算法进行远程训练，以适应不同的抓取场景并提高抓取效率，本系统设计了智能算法在线训练模块。

系统后端程序采用 Java 语言编写，智能抓取算法采用 Python 语言编写，因此在线训练模块涉及 Java 语言和 Python 语言交互的问题。由于算法可以分别部署到系统本地和远程制造现场，因此本系统需要设计 Java 程序对 Python 程序的本地调用和远程调用方法：

a. 系统调用本地智能算法。系统调用本地智能算法通过 Java 的 Runtime.getRuntime() 函数直接执行 Python 脚本文件，这种方式具有实现简单、运行速度快的优势。

b. 系统调用远程智能算法。系统通过 gRPC 进行部署在远程的智能算法的调用。gRPC 是一款基于 Go 语言实现的高性能 RPC（远程过程调用）框架，通过 Protocol Buffers 定义服务，提供跨语言、跨平台的支持。本系统选用 gRPC 框架作为后端系统与远程智能算法的通信方式，以 Python 程序所在位置作为服务端，后端系统作为客户端。在 Python 程序服务端开启服务后，Java 客户端通过相应地址和端口号进行监听，调用远程的 Python 程序。

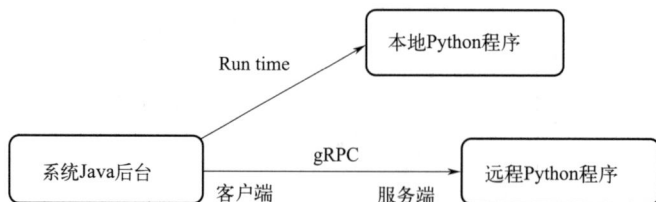

图 7-12　系统在线训练方式设计

系统在线训练方式设计如图 7-12 所示。本系统中，除智能抓取算法的部署外，还部署了相应的对抓取算法进行抓取效果测试的程序。其中，智能抓取算法在训练过程中会产生网络输出的 Q 值图像、奖励值记录文本及抓取动作记录文本等文件对象。为节约系统服务器存储空间，提升其他程序对这些文件进行读写操作的适配性，本系统使用了阿里云文件对象存储功能。该功能将在线训练过程中产生的文件信息存储在阿里云 OSS（对象存储服务）服务器中，文件对象存储方式采用 Web 端向服务器请求签名后直接上传的方式，该方式不会对服务端产生压力，并且安全可靠。系统对象存储设计如图 7-13 所示。

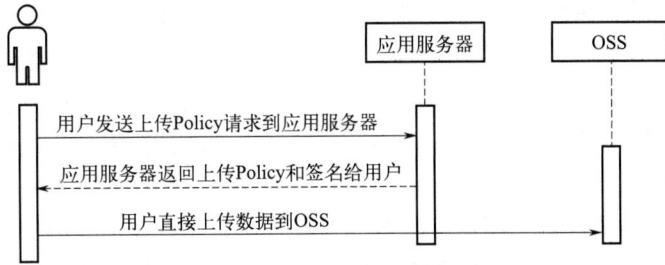

图7-13　系统对象存储设计

② 在线训练模块的实现。系统的在线训练模块主要包括本地程序调用、远程程序调用和文件对象存储三个方面。

a. 本地程序调用。如果算法部署在本地工作站，系统通过 Java 中的 Runtime.getRuntime().exec() 方法执行本地脚本。该方法在 Windows 系统下直接调用命令行指令。本质上，JVM（Java virtual machine, Java 虚拟机）会开启一个子进程来调用 JVM 所在系统的命令，并同时打开输入流、输出流和错误流三个通道。其中，输出流是子进程通信的主要通道。在调用过程中，通过 proc.waitFor() 函数进行线程等待，直到该 Process 对象表示的进程终止。如果没有终止该子进程，调用的线程将会被阻塞，直至该子进程退出。这意味着，只有在算法正常执行结束或进程终止后，本地调用才会结束，否则调用线程会一直等待。这种通过 Runtime 调用本地脚本的方式操作简单，但由于创建子进程极其消耗资源，并且在执行较大操作时会不断有流存储在 JVM 的缓冲区中，容易导致 Runtime 阻塞。因此，这种方式仅适用于执行简单的算法调用。

b. 远程程序调用。资源提供者大多会将算法部署到远程服务器上，系统在线训练大多采用 gRPC 远程调用的方式。该方式中，远程服务器上的 Python 程序作为服务端，系统后端 Java 程序作为客户端，通过 Proto 文件定义数据结构、服务接口和数据序列化及反序列化操作。在同一服务中，Python 服务端和 Java 客户端的 Proto 文件必须保持一致。在 Python 端，通过 grpc_tools 生成序列化协议源代码；在 Java 端，通过 Maven 引入 gRPC 相关的依赖，再通过插件 Protobuf 对 Proto 文件进行编译，生成对应的数据结构类文件，以便后续对服务端程序和客户端程序的编写。

Python 服务端定义 HOST 和 PORT 分别为服务器地址和端口号，再根据 Proto 文件中的服务接口和数据结构定义，实现具体的方法。启动服务核心代码如下：

```
def serve( ):
    grpcServer = grpc.server(futures.ThreadPoolExecutor(max_workers=4))
    data_pb2_grpc.add_FormatDataServicer_to_server(FormatData( ), grpcServer)
    grpcServer.add_insecure_port(_HOST + ':' + _PORT)
    grpcServer.start( )
```

Java 客户端通过预先设定的地址进行服务监听，在服务端程序启动后，运行客户端程序进行连接，核心代码如下：

```
final ManagedChannel channel = ManagedChannelBuilder.forAddress(Constants.IP, Constants.port).usePlaintext( ).build( );
FunctionGrpc.FunctionBlockingStub stub = FunctionGrpc.newBlockingStub(channel);
DataOuterClass.Data data = DataOuterClass.Data.newBuilder( ).setIn(in).build( );
DataOuterClass.Data result = stub.fun(data);
System.out.println(result);
channel.shutdown( );
```

c. 文件对象存储。在系统在线训练模块中对象存储功能实现方面，采用服务端签名后直传的方式进行 OSS 的访问。在具体实现中，首先，需要设置相应的存储空间、访问域名和访问密钥等信息，并进行OSS连接的配置；其次，在阿里云OSS管理控制台中进行跨域配置，创建规则；最后，服务端编写签名直传，以响应客户端发送给应用服务器的Get请求。

（5）机器人实时视频监控模块

① 视频监控模块设计。机器人实时视频监控模块是本系统的核心业务功能模块之一，实时视频监控工作过程为：通过机器人工作台上安装的双目相机获取到机器人监控画面；通过 OBS（open broadcaster software）软件将机器人的实时工作视频流推送至Node-Media-Server流媒体服务器（云平台）；在系统中使用实时视频服务时，Web端从流媒体服务器拉取机器人实时工作视频流，将机器人工作画面展示到浏览器中。视频监控框架设计如图7-14所示。

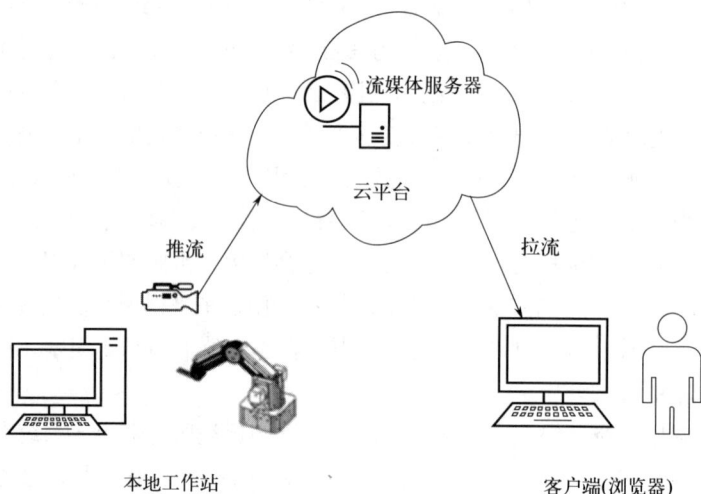

图7-14　视频监控框架设计

② 视频监控模块实现。该功能模块主要分为本地工作站端、流媒体服务器端和客户端。

a. 本地工作站端。本地工作站主要负责模块中机器人实时视频流的推流工作。本系统通过深度双目相机获取机器人的实时工作画面，主要代码如下：

```
params.stream_mode = StreamMode::STREAM_1280x720; //分辨率
if (is_left_ok) {
    auto left_color = cam.GetStreamData(ImageType::IMAGE_LEFT_COLOR);
    if (left_color.img) {
        cv::Mat left = left_color.img->To(ImageFormat::COLOR_BGR)->ToMat( );
        painter.DrawSize(left, CVPainter::TOP_LEFT);
        painter.DrawStreamData(left, left_color, CVPainter::TOP_RIGHT);
        painter.DrawInformation(left, util::to_string(counter.fps( )),
        CVPainter::BOTTOM_RIGHT);
        cv::imshow（"left"，left);
    }
}
```

考虑到云制造环境对智能监控的实时性需求，视频流的传输协议选用 RTMP（real time message protocol，实时信息协议）。RTMP基于 TCP/IP 协议，在 TCP/IP 四层模型中属于应用层，因此在进行 RTMP 传输时需要在客户端和服务器之间建立有效的 RTMP 连接，默认端口号为935。RTMP中的基本数据单元为消息（message），在 RTMP 传输过程中，发送端会将消息拆分成块（chunk）进行传输，这样可以有效避免持续发送优先级低的消息阻塞优先级高的数据，提升数据传输的时效性；客户端则从 TCP 报文中提取出消息块并重新组合成RTMP消息，再从消息中解封出音视频数据。实时视频传输方面，在网络速率、带宽等环境允许的情况下，RTMP比HTTP更高效，传输速率更快，延迟更低。使用RTMP协议推流过程如下。

· 绑定编码器：通过RtmpOutput()创建输出对象并和初始化的编码器进行绑定。

· 创建推流对象：调用obs_output_create()函数创建推流对象，设置编码器等关键参数。

· 开启推流服务：创建新线程，执行connect_thread()函数，通过init_connect()初始化推流，调用 obs_output_start() -> obs_output_actual_start()函数回调推流对象，通过output -> info.start()回调函数开启推流服务。

· 发送视频数据包：使用try_connect()连接RTMP服务器，调用get_next_packet()函数取出推流对象中已编码的数据包，调用flv_packet_mux方法进行FLV格式数据封包，使用RTMP_Write()方法发送数据包，完成视频数据推流。

实时工作画面推流设置和实时工作画面推流界面如图7-15、图7-16所示。

图7-15　实时工作画面推流设置

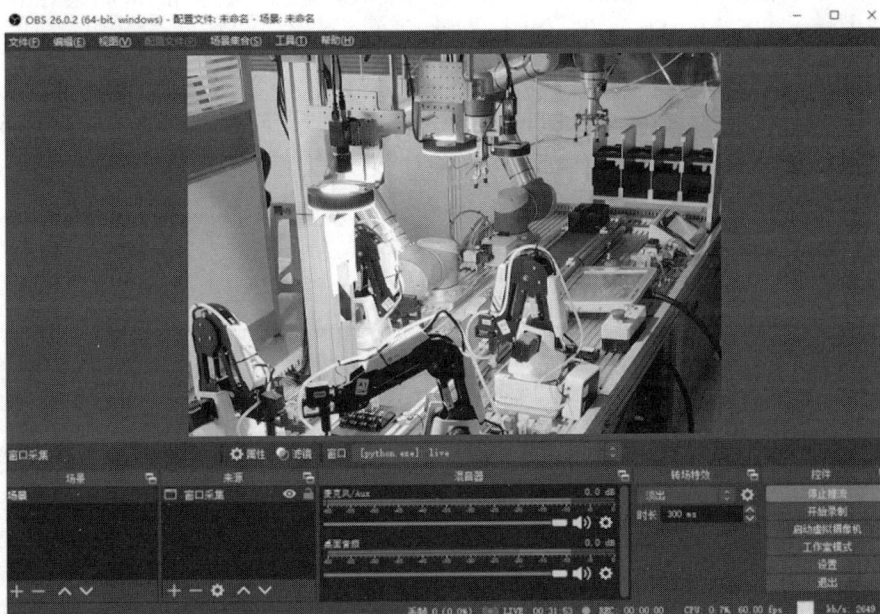

图7-16　实时工作画面推流界面

b. 流媒体服务器端。本系统选用Node-Media-Sever作为流媒体服务器，Node-Media-Server是基于Node.js实现的支持RTMP/HTTP/WebSocket等多协议接入的流媒体服务器，支持H.264/H.265视频和AAC（高级音频编码）音频，支持事件回调、实时转码、服务器和流媒体信息统计等功能。

对于本系统流媒体服务器的实现，在远程服务器中使用Docker 拉取 Node-Media-Server

镜像，并通过docker run -d -p 1935:1935 -p 8000:8000 - - restart=always - - name nms illuspas/node-media-server指令启动容器；在启动容器后，进入容器并修改默认管理员账户密码信息为本系统中平台运营者的账户信息，配置完成之后即可正常使用。登录“服务器 IP:8000/admin”网站并输入平台运营者的账户信息，即可在线查看流媒体服务器运行状态，获取当前视频流信息，如图7-17所示。

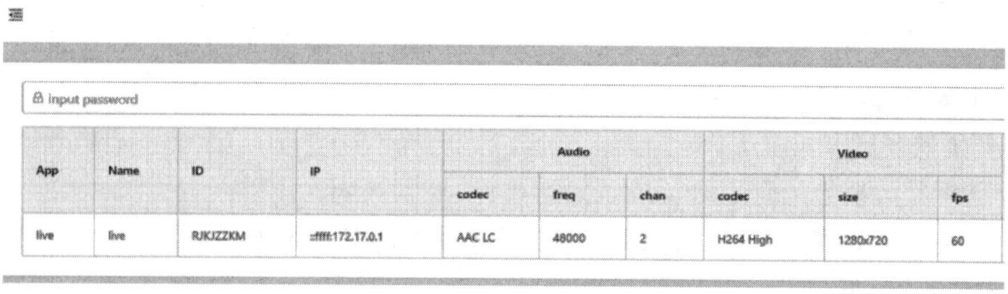

App	Name	ID	IP	Audio			Video		
				codec	freq	chan	codec	size	fps
live	live	RJKJZZKM	::ffff:172.17.0.1	AAC LC	48000	2	H264 High	1280x720	60

图7-17　工作画面的视频流信息

由图7-17可知，该视频编码格式为H.264，音频编码格式为AAC，FPS（frames per second，每秒传输帧数，即帧率）为60帧/s，分辨率为1280×720，基本满足视频监控需求。

c. 客户端。由于Adobe在2020年底全面停止Flash服务，因此本系统选用了由bilibili公司开源的flv.js进行视频播放。flv.js是使用JavaScript开发的HTML5 Flash视频播放器，其工作原理是将FLV文件流转码复用成 ISO BMFF（MP4 碎片）片段，再通过Media Source Extensions API传递给原生HTML5 Video标签进行播放。系统前端采用Vue框架对flv.js 进行整合，将视频流从流媒体服务器中拉取到前端界面进行机器人实时工作画面的监控。

（6）机器人实时数据监控模块

① 数据监控模块设计。系统以Dobot机器人的抓取过程作为监控场景，并将Dobot机器人作为数据监控对象。在数据监控微服务功能设计和开发方面，遵循Dobot机器人接口协议，在Dobot机器人官方API文档的基础上进行Java类型接口的封装和二次开发，机器人主要接口如表7-2所示。

表7-2　机器人主要接口

接口	返回值及说明	接口功能说明
SearchDobot	int（Dobot 数量）	搜索 Dobot 并存储信息
ConnectDobot	int（Dobot 连接状态）	扫描端口并连接 Dobot
DisconnectDobot	int（断开状态）	断开 Dobot 连接
SetDeviceName	int（是否设置成功）	设备名称，区分多台机器
GetDeviceName	int（是否正常获取）	获取设备名称
GetPose	int（是否正常获取位姿）	获取机械臂实时位姿
GetAlarmsState	int（是否正常获取状态）	获取系统报警状态
SetHOMEParams	int（是否设置成功）	设置机械臂回零位置
SetHOMECmd	int（能否回零）	执行回零功能

本功能模块的设计和实现基于机器人各功能接口，旨在操作人员通过系统界面对机器人进行远程控制和数据监控。

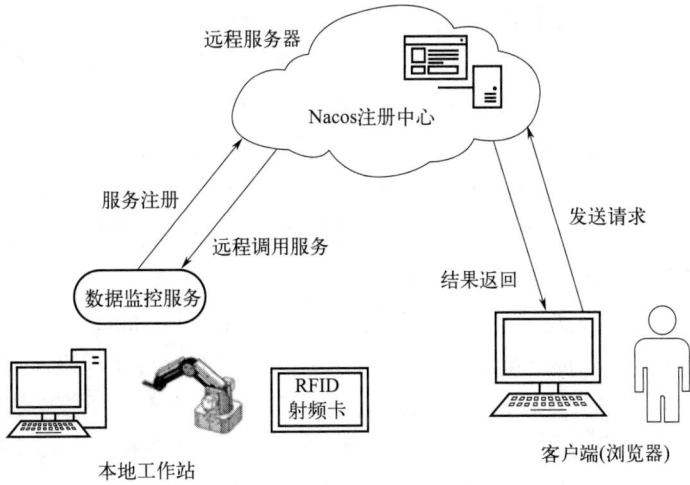

图 7-18　数据监控模块解决方案

数据监控模块解决方案如图 7-18 所示。采用微服务架构中的服务注册、发现机制，将本地工作站中的服务模块在 Nacos 注册中心进行注册，并开启服务发现和 Feign 服务远程调用功能，远程服务器通过发现 Nacos 注册中心的服务并通过 Feign 进行远程调用。

基于系统数据监控功能需求及相应的数据库表进行数据监控模块的具体设计，其 UML（统一建模语言）类（部分）如图 7-19 所示。

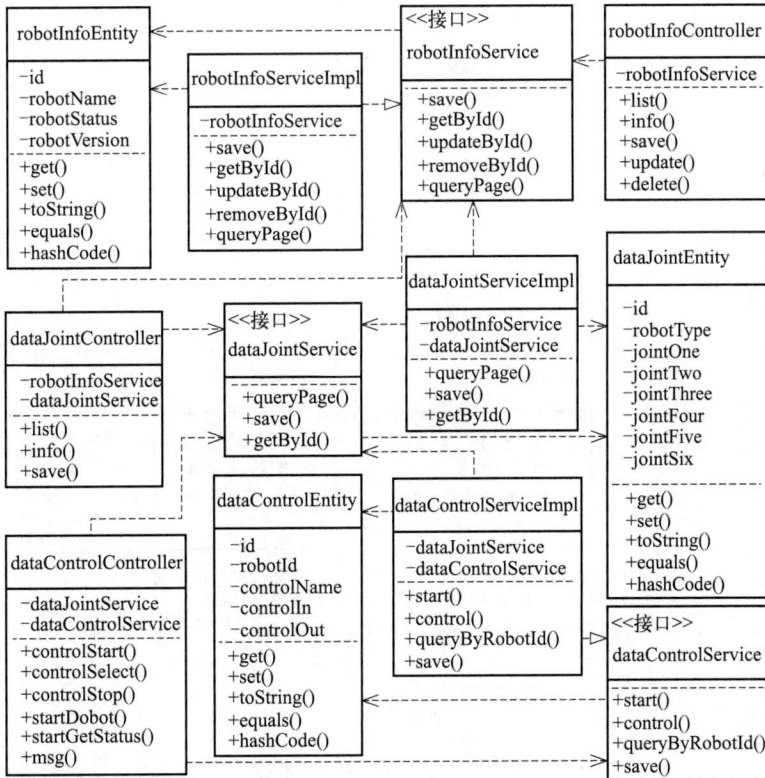

图 7-19　数据监控模块 UML 类（部分）

由图可知，系统设置了机器人信息实体类（robotInfoEntity）、机器人数据实体类（dataJointEntity）、机器人控制实体类（dataControlEntity）及相应的其他类。

② 数据监控模块实现。实现系统 Java 项目对机械臂的监控，需要程序调用机械臂的动态链接库对机械臂进行二次开发和控制。该机械臂动态链接库源码使用Qt5.6开发环境，可以在本地工作站使用本地电脑对源码进行编译，生成 .dll（Windows 系统是 .dll 文件，MacOS 是 .dylib 文件）动态链接库文件。在Java程序中，通过导入JNA（Java本地访问）包可以访问本地动态链接库，从而实现对机器人的控制。通过调用动态链接库来控制机器人的方法，可免去对通信协议相关的开发工作，对机器人直接进行控制。

系统数据监控流程如图7-20所示。首先，通过 DobotDll.instance.ConnectDobot连接机器人，该方法会对机器人连接的本地电脑端口进行扫描，并自动连接随机搜索到的机器人，或通过指定portName端口号对指定机器人进行连接。连接机器人后，在控制机器人之前需要进行相关参数和变量的初始化，如：初始化指令队列，通过SetEndEffectorParams方法设置末端坐标偏移量，通过SetPTPJointParams设置PTP（点对点）模式下各关节坐标轴的速度以及加速度，通过SetJOGJointParams 设置点动模式下关节坐标系速度和加速度等。在初始化工作完成后，通过开发过程中预先编写的控制模式API对机器人具体控制方法进行选择和调用。最后，调用数据监听方法获取机器人实时位姿信息并保存到数据库，通过系统前端界面展示给操作人员。

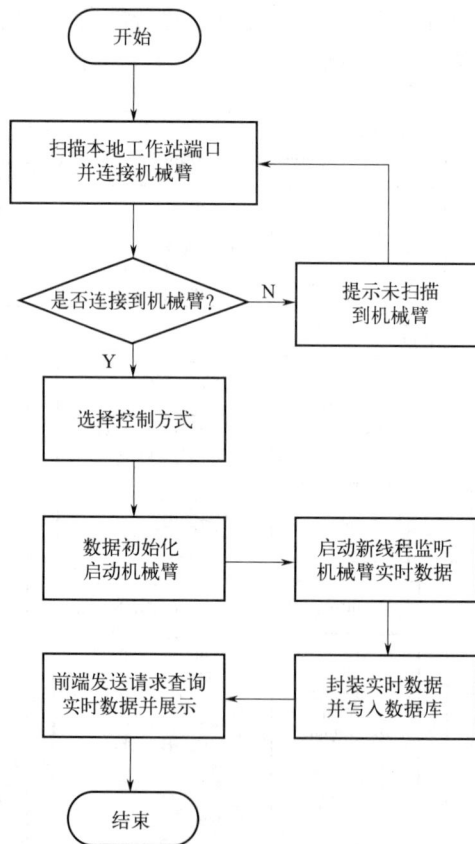

图7-20　机器人数据监控流程

在后端获取机器人实时位姿信息方面，连接机器人后，在任何控制机器人程序的入口处，都会调用获取机器人实时状态信息的函数 StartGetStatus()。该函数会新启动一个线程来监听机器人的实时位姿信息，并将这些数据传递到机器人实体类中，随后写入数据库。由于 Spring Boot 在多线程环境中为保证线程安全，会防止 Bean 的自动注入，无法导入相应的 Service 对象，因此需编写工具类获取相应的 Bean，核心代码如下：

```
public class SpringBeanUtil implements ApplicationContextAware {
    private static ApplicationContext applicationContext = null;
    public static ApplicationContext getApplicationContext( ) {
    return applicationContext;
    }
    public static <T> T getBean(Class<T> clazz) {
        return getApplicationContext( ).getBean(clazz);
        }
}
```

通过以上代码可以在控制机器人的 Controller 的线程中启动新的线程同步监听机器人的实时状态信息，使用工具类中的 getBean() 方法手动获取 Service 对象并调用其方法对实时数据进行保存、修改等操作。

本小节对机器人智能监控系统的四个主要功能模块的设计和实现进行了详尽的阐述。在各功能模块设计方面，通过 UML 类图、用例图、时序图和流程图等方式对各功能模块进行了不同角度的分析。在各功能模块的实现方面，主要通过核心代码的展示配合前文设计时使用的图例对各功能模块的具体实现进行了说明。

7.3.3　系统测试

本小节介绍系统测试环境及各功能模块的测试过程。为验证所设计和开发的系统满足云制造环境下工业机器人智能监控的需求，通过设计合理的测试用例对各项微服务功能模块进行测试，并通过非功能测试验证系统的性能。

（1）系统测试环境

本系统的测试环境如表 7-3 所示。

表7-3　系统测试环境

本地工作站	系统	Windows10、MacOS Catalina
远程服务器	系统	Cent OS Linux
软件环境	浏览器	Google Chrome 88.0.4324.150
	Web 服务器	Tomcat
	Java 运行环境	JDK 1.8
	Python 运行环境	Python 3.7
	数据库	MySQL 5.7
	流媒体服务器	Node-Media-Server
	视频推流客户端	OBS 26.0.02(64位)

远程服务器中，流媒体服务器和数据库运行情况以及系统微服务模块注册情况分别如图 7-21 和图 7-22 所示。

图7-21　流媒体服务器和数据库运行情况

图 7-22　微服务模块注册情况

（2）角色用户管理功能测试

角色用户管理功能测试采用黑盒测试方法，即不关注测试对象内部具体实现和实际工作逻辑，以预期测试结果与实际测试结果是否一致作为判断标准。在线训练功能测试、视频监控功能测试和数据监控功能测试也使用这种方法。

对角色用户管理功能模块进行测试，主要对用户登录、用户管理及角色管理三个方面进行功能测试。具体的测试用例说明如表7-4所示。

表7-4　角色用户管理测试用例说明

功能模块名称	用例说明	测试预期结果
用户登录	用户登录信息输入有误，能否登录平台	登录失败
	用户未填写验证码，能否登录平台	登录失败
	用户登录信息填写正确、完整	登录成功
用户管理	用户列表是否可以查看所有用户信息	显示所有用户信息
	新增用户能否成功	成功
	删除用户能否成功	成功
	修改用户信息能否成功	成功
角色管理	角色列表能否查看所有平台角色	显示所有角色信息
	添加角色能否成功	添加角色成功
	删除角色能否成功	删除角色成功
	修改角色信息能否成功	修改角色成功
	用户与角色绑定能否成功	用户与角色绑定成功
	不同角色用户登录系统能否执行所属权限的功能	不同角色能执行相应功能

用户登录测试主要包括两个方面：一是校验用户登录信息与数据库中存储的用户信息是否匹配；二是验证验证码是否生效。根据用户登录功能的测试用例对系统进行功能测试，测试结果均符合预期。以用户正确输入账户信息，但未正确填写验证码信息为例，此时，系统用户登录界面如图7-23所示。

用户管理功能测试主要包括对系统内所有用户进行基本的新增、删除、编辑和用户列表查询测试。根据上述测试用例对系统用户管理功能进行测试，测试结果均符合预期。其中，用户列表查询界面如图7-24所示。

图 7-23　用户登录界面

图 7-24　用户列表查询界面

图 7-25　角色管理界面

角色管理功能测试是指平台运营者对系统内所有角色进行基本的新增、删除、编辑以及角色列表查询、角色权限分配等测试。按照上述测试用例对系统角色管理功能进行测试，测试结果均符合预期。其中，角色管理界面和角色权限分配界面分别如图7-25和图7-26所示。

（3）在线训练功能测试

在线训练功能测试，主要包括算法调用、参数设定、输出结果回传并展示以及文件对象

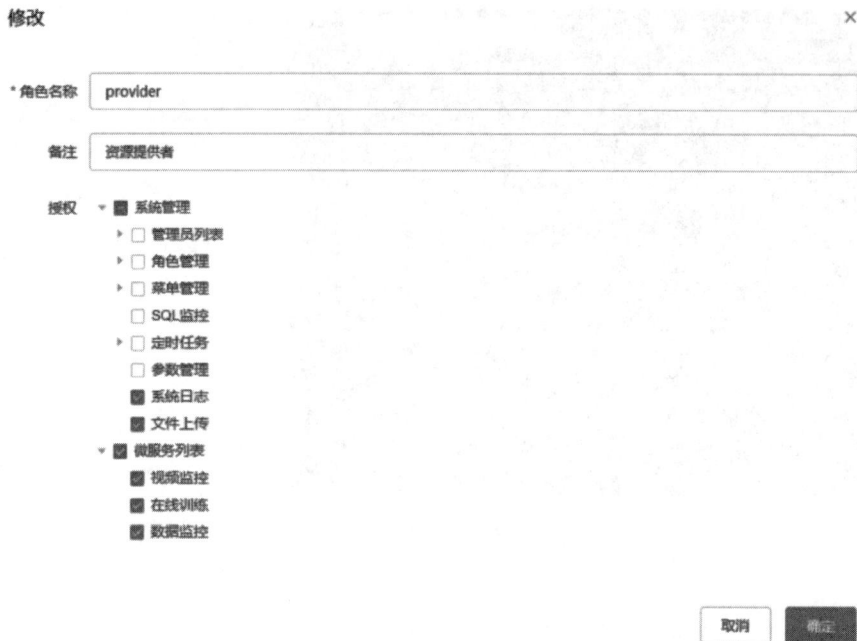

图7-26　角色权限分配界面

存储等功能测试。系统在线训练功能模块的测试用例如表7-5所示。

表7-5　在线训练测试用例说明

功能模块名称	用例说明	测试预期结果
在线训练	能否选择算法并设定参数	算法选择成功
	能否正确调用在线训练算法	算法调用成功
	能否接收算法输出结果	输出正确
	算法输出的图片能否上传	上传成功

依据上述测试用例对系统在线训练模块进行测试，测试结果均符合预期。在系统中调用工业机器人智能抓取算法，系统后端显示智能抓取算法调用成功并将 Python 程序的命令行输出传给 Java 命令行。此外，在算法训练过程中将网络输出的Q值图像及奖励值、抓取动作执行的文本成功上传至阿里云。算法调用及文件对象存储界面分别如图7-27和图7-28所示。

图7-27　智能抓取算法调用成功

在智能抓取算法训练完成后，需要通过系统测试该算法的抓取效果。将用于算法测试的程序部署到系统的在线训练模块中，测试程序所需的数据由文件对象存储服务器提供。在系统在线训练模块中调用该测试程序，待测试程序运行完成之后，将该程序绘制的抓取成功率曲线展示在系统前端界面，如图7-29所示。

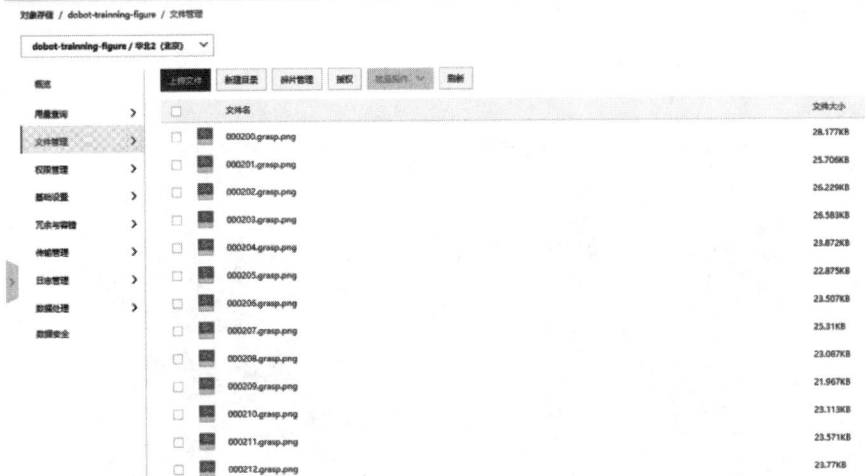

图 7-28　文件对象存储界面

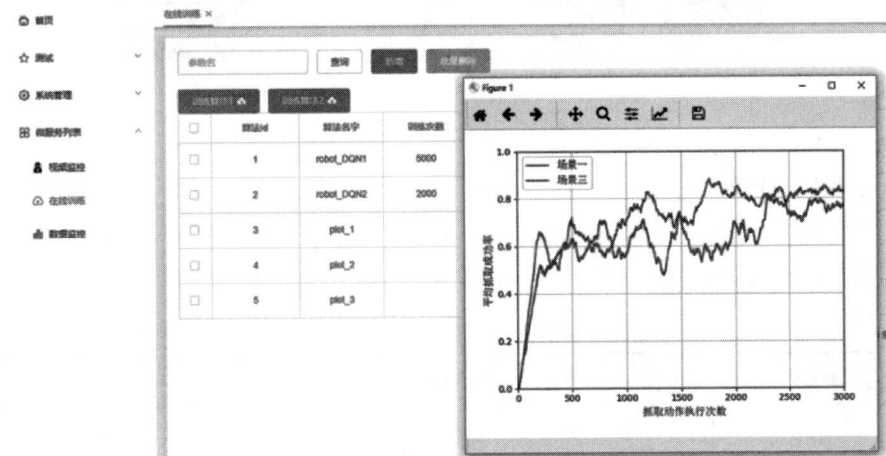

图 7-29　在线训练界面

（4）视频监控功能测试

视频监控模块将机器人实时工作画面传输到系统，并通过界面进行播放。对该功能模块进行测试的主要内容包括：①启动监控相机、推流服务器和 OBS 推流后机器人工作视频的传输测试。②系统界面中视频的启动、暂停测试。③视频传输质量测试。测试用例说明如表 7-6 所示。

表 7-6　视频监控测试用例说明

功能模块名称	用例说明	测试预期结果
视频监控	推流成功后，系统能否接收机器人实时视频	能接收到视频画面
	点击系统界面视频中的播放按键，视频能否播放	播放视频
	点击系统界面中的暂停按键，视频能否暂停播放	暂停视频
	视频传输质量	延迟 <5s，60 帧/s

图7-30所示为真实场景下的机器人执行智能抓取动作时,机器人智能监控系统中观察到的视频监控界面,与本地工作站实时推流画面相对应。其中,视频传输延迟约3s,帧率可达60帧/s,满足项目需求,测试通过。

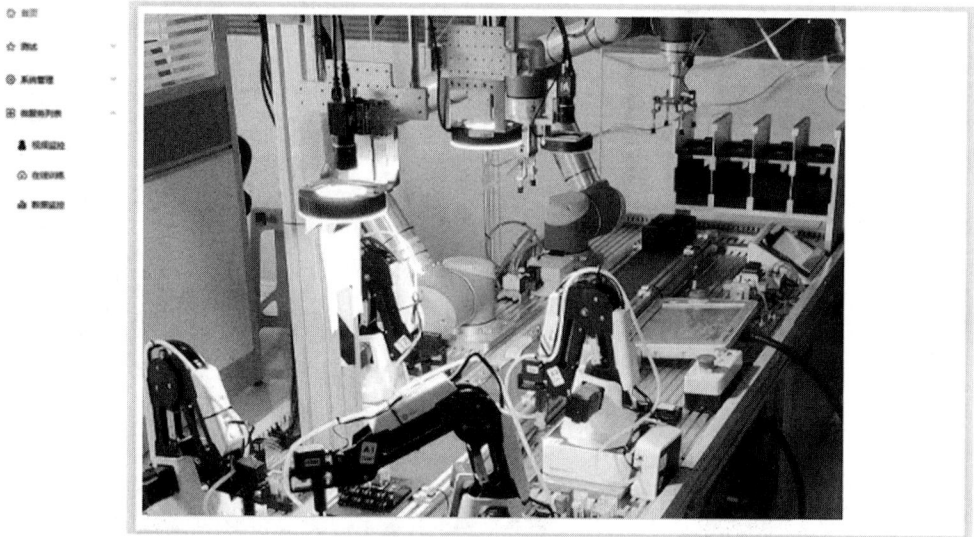

图7-30　机器人视频监控界面

（5）数据监控功能

本节对系统中的数据监控功能进行测试,包括对机器人控制、机器人实时位姿信息获取和RFID信息获取的测试。测试用例说明如表7-7所示。

表7-7　数据监控测试用例说明

功能模块名称	用例说明	测试预期结果
机器人控制	系统能否正确连接机器人	连接到机器人
	系统能否正确断开机器人	断开机器人连接
	能否进行机器人控制模式选择	控制模式选择成功
	机器人控制参数设置能否成功	控制参数设置成功
机器人实时位姿信息获取	能否获得机器人实时关节坐标信息	成功获取数据
	能否获得机器人实时笛卡儿坐标信息	成功获取数据
	能否获得机器人末端执行器信息	成功获取数据
	能否获得当前机器人信息	成功获取数据
	能否查询机器人所有历史活动信息	显示所有历史数据
RFID信息获取	上传扫描到的信息	成功获取数据
	查询历史上传信息	显示所有历史数据

依据上述测试用例表对数据监控模块进行功能测试,结果均符合预期。其中数据查询界面如图7-31和图7-32所示。

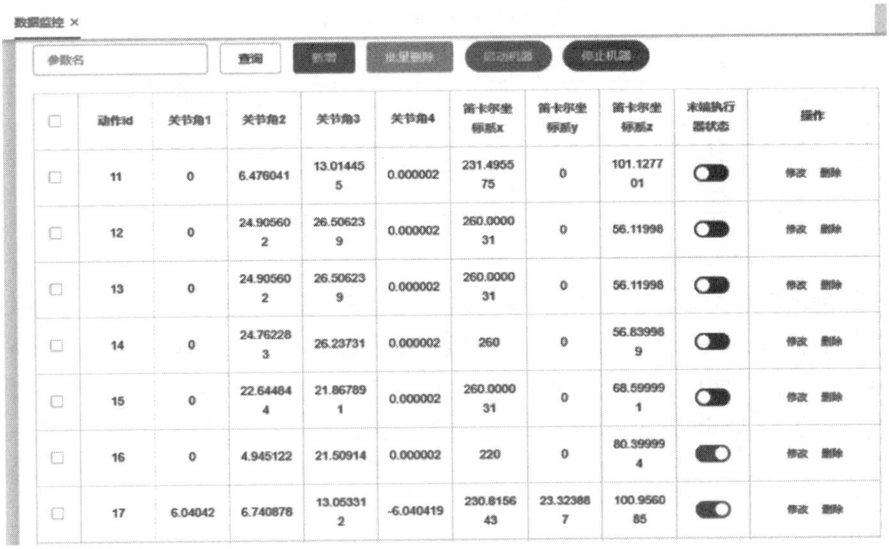

图7-31　数据查询界面-机器人

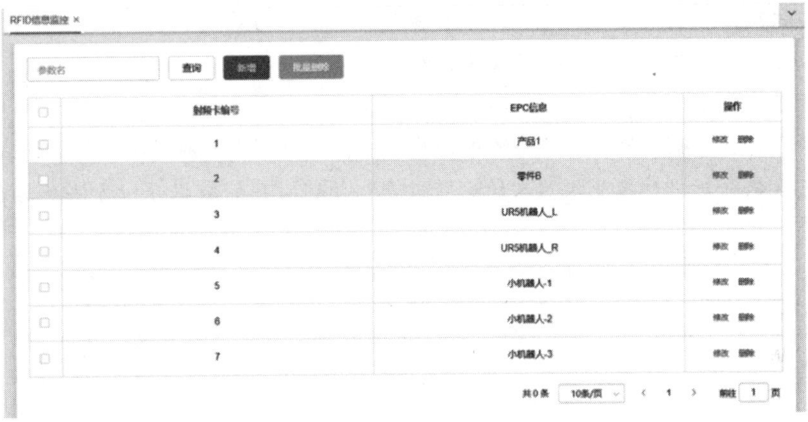

图7-32　数据查询界面-RFID

（6）系统非功能测试

对系统共进行 500 次请求，平均响应时间为 749ms，90% 的响应在 1612ms 内完成。其中，最大响应时间为 2672ms，最小响应时间为 86ms。此外，本次测试没有异常响应。

除在线训练的算法调用接口外，本节还对其他主要接口进行了响应测试，结果如表7-8所示。

表7-8　主要接口响应测试结果

接口名称	平均响应时间	最小响应时间	最大响应时间
用户查询	267ms	8ms	710ms
实时数据监控	436ms	31ms	1076ms
角色修改	375ms	16ms	807ms
在线训练	749ms	86ms	1612ms

系统非功能性测试的评价指标遵循"2/5/8"原则，如表7-9所示。

表7-9 系统性能评价指标

响应时间	评价
<2s	响应速度快
2～5s	响应速度较快
5～8s	响应速度较慢
>8s	响应速度过慢

非功能测试结果表明，系统中主要接口的平均响应时间均小于2s，满足"2/5/8"原则中响应速度快的指标。所开发的云制造工业机器人智能监控系统具有良好的响应速度、可靠性和稳定性。此外，工业机器人的实时数据监控接口响应速度快，并且视频监控模块中实时视频延迟在2～3s，视频帧率为60帧/s，一定程度上满足云制造工业机器人智能监控的实时性需求。

习题

1. 机器人的数据监控包含对＿＿＿＿＿＿＿＿的监控和对＿＿＿＿＿＿＿＿的监控。
2. 在机器人智能监控系统中，数据采集架构的三部分为＿＿＿＿＿＿＿＿、＿＿＿＿＿＿＿＿、＿＿＿＿＿＿＿＿。
3. 常见的数据传输方式有：＿＿＿＿＿＿＿＿和＿＿＿＿＿＿＿＿。
4. 简述数据存储在工业机器人监控系统中的重要性，并说明常用的数据库存储方式。
5. 如何通过数据分析提升工业机器人的运行效率？简述常用的数据分析方法及其在智能监控中的应用。

第**8**章
人机共融智能制造

8.1 人机协作概述

8.1.1 人机协作的发展历史

随着人工智能技术的发展，人们意识到完全自主型机器人的实用性还有待考究，工厂用机器人完全取代人类在短时间内来看并不现实。因此，人机协作的概念开始被更多学者关注，有关协作型机器人的研究也在逐渐增多。协作型机器人的概念可以追溯到20世纪末，通用汽车公司赞助了一个试图让人类工人与机器人共同协作并确保双方安全性的项目。在此基础上，西北大学的 Michael 和 Edward 教授给出了协作型机器人（协作机器人）的具体定义：可以与人类合作完成物体加工的机器人装置，且可以在协作区域内与人直接进行交互动作。协作机器人与人合作的形式十分多样，Muller 等人对其进行了划分，将其分为：共存、同步、合作与协同。其中，"共存"指机器人与工作人员处于同一工作空间，但互不干涉，而是相互独立地完成工作；"同步"则是指机器人与工作人员在相同的工位，但完成不同的工序；"合作"是指机器人与工作人员完成同一工作，但各自专注于自己的工作，交互程度较低；"协同"则是指机器人与工作人员合作完成同一任务，需要依靠人工智能、机器视觉等技术来实现。

在协作机器人概念提出的前后几年内，很多企业尝试推出与传统机械臂结构迥异的协作机器人。被认为是世界上第一台可商业化的协作机器人是由美国 Barret Technology 公司制造的 WAM 轻型机器人。这款机器人灵活性极高，在关节、力矩驱动方面表现出较强的稳定性能。该型号的机器人不仅能够抓取体积较大、质量较大的物体，还可以与工业抓手、臂端工具、换刀工具等配合使用。然而，在接下来的几年内，大多数协作机器人只是停留在研究阶段，未能在生产中得到广泛应用。随后，欧盟在2005年启动 Small and Medium Enterprises（中小型企业）计划，推动了协作机器人的快速发展。该计划由欧盟 FP6（Framework Programmer 6, 第六框架计划）项目资助，旨在防止本土工业产业向劳动力成本较低的国家外流。这项计划试图通过机器人技术增强欧盟各国的工业竞争力，减少劳动力外包，并将工作机会留在欧盟各国，同时降低用工成本。协作机器人在市场上的大规模应用，正是从这一阶段开始的。

常见的协作机器人品牌包括：UR 系列、KUKA、Baxter、ABB YuMi、JAKA 等。目前，最为常见的协作机器人是由 Universal Robots（优傲机器人）公司开发的 UR 系列机器人。该公司自2005年成立以来，一直专注于协作机器人的开发。其首款协作机器人UR5于2009年首次推出，一经亮相便得到了诸多工厂的青睐。随后，2012年发布UR10，2015年发布UR3，分别适用于不同的工作场景。UR系列机器人如图8-1所示。相比其他品牌的机器人，该系列机器人具有高性价比、操作简便和高度灵活等优势，因此在众多人机协作的生产领域得到了广泛应用。UR系列机器人最为业内推崇的特点是其出色的灵活性。该系列机器人不仅重量轻巧，还可以由员工在现场快速编程，执行多种任务。其优点还包括：编程简单、部署灵活、安装便捷、安全可靠以及拥有业内最短的投资回报期等。因此，UR系列机器人在市场上占据了明显的优势。

图8-1　UR系列机器人

另一款常见的协作机器人是KUKA系列。库卡(KUKA)机器人有限公司也是世界领先的工业机器人制造商之一，在1898年于德国奥格斯堡成立。2013年，KUKA与DLR联合推出了名为LBR iiwa的七轴轻型灵敏机器人，如图8-2所示。该型号机器人的结构采用铝制材料设计，自身重量较轻，且因其超薄设计而具有高度灵活性，工作时无须设置安全屏障。目前，LBR iiwa推出了两种型号：LBR iiwa7和LBR iiwa14。LBR iiwa7的有效载荷为7kg，自重24kg，臂展800mm；LBR iiwa14的有效载荷为14kg，自重接近30kg，臂展达到820mm。两款机器人显然适用于不同的应用场景，二者均外接KUKA自主研发的smart PAD控制器，支持人工拖动示教。LBR iiwa系列目前广泛应用于电子、医药、精密仪器等行业，在人机协作领域受到越来越多的关注。

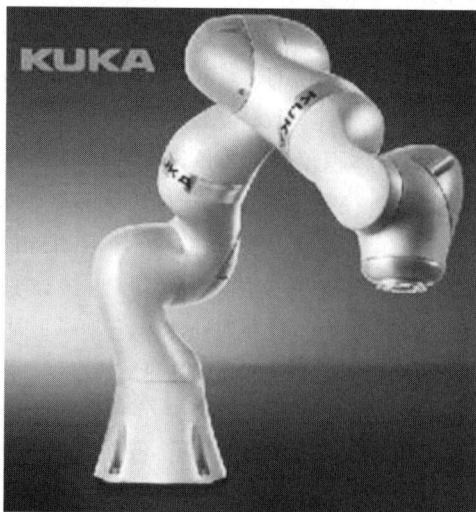

图8-2　KUKA LBR iiwa机器人

国外协作机器人的起源比国内早，但近年来，国内也加紧了协作机器人的研发。遨博、达明、大族等公司已陆续推出了一系列可应用于工业化生产的协作机器人。尽管与国外的顶尖技术相比，国内仍存在一定差距，但随着我国在该领域的投入不断加大，未来也将涌现出更多优秀的国产协作机器人。

8.1.2 人机协作的优点

传统的工业机器人具有高精度、高效率、可靠性好等优点，已广泛应用于汽车装配、电子元器件、塑料橡胶制品等行业。然而，它们在工业生产过程中仍不能完全替代人类工人，即使是在自动化程度最高的汽车制造行业，仍有约20%的装配任务需要由人类手动完成。这主要是由于机器人技术面临一些难以解决的问题，包括对环境的认知能力不够、缺乏灵活性，以及在精细操作或复杂环境下难以单独完成任务。即使在人工智能高速发展的今天，这些问题在短期内仍难以解决。而人机协作为解决这些问题提供了新的途径。

人机协作，顾名思义，就是让机器人与人在同一生产线上协同工作，结合人类的决策与机器人的高效工作。它兼具人工与机器人的优势：一方面，机器人能够提供长时间的工作、更快的速度、更高的强度和精度；另一方面，人类则具备出色的运动感知能力和环境适应性。这种协作方式不仅能够将人类从重复性高、强度大的工作之中解放出来，还能完成机器人难以处理的复杂、灵活的工作。协作机器人除了继承传统工业机器人高精度和高重复性等特征外，还具备以下优势。

① 灵活性和适应性强：协作机器人集成度高，能够快速部署并适应环境变化。其部署或更换工作场景只需几小时或者几天，而传统工业机器人可能需要数周甚至数月的安装和调试。此外，协作机器人通常支持手动示教，工人可以直接控制机器人动作，从而使整个生产流程更加灵活。因此，相比于传统制造系统，人机协作制造系统在产品定制和灵活生产方面更有前景。

② 安全性高：在人机协作制造系统中，保障人身安全是首要要求。许多研究专注于机器人与人类交互的安全性，并取得了大量实用性的成果，确保了协作过程中的安全性。

③ 成本较低：协作机器人的目的在于协助人类，因此一般不需要过高的负载能力和移动速度，造价为传统的工业机器人的一半甚至更低。

④ 应用场景广泛：协作机器人可在生产线上与人类共同工作，适应各种非结构化、柔性化的应用场景。人类负责灵活、复杂的任务，而机器人则处理重复性高、较为繁重的工作。这种分工极大拓展了协作机器人的应用范围，使其能够应对更多复杂的任务。

8.1.3 人机协作关键技术

传统工业机器人通常依赖固定程序运行，缺乏应对生产过程实时问题的灵活性，这在需要灵活性的人机协作中是一个明显的缺陷。人机协作对机器人的自主运动能力有着较高的要求，需要从外界环境中收集足够的信息支持决策，这主要依赖人机协作感知识别技术和认知决策技术。

（1）人机协作感知识别技术
一个高效的人机协作系统需要理解人的意图，并协助人类完成任务。为此，研究人员致力于让机器人拥有类似人类"大脑"的能力。人类获取的环境信息中超过80%依赖视觉，而机器人同样需要强大的视觉系统来处理环境信息。近年来，计算机视觉技术广泛应用于工业机器人领域，如零件识别与定位、产品检验、移动导航等。随着卷积神经网络和循环神经网络的发展，计算机视觉的应用领域进一步拓展，在目标识别、跟踪和动作检测等方面表现出显著效果。可以说，视觉系统是机器人控制系统中的核心组成部分。

另一个关键是人体行为识别。在人机协作中，机器人必须时刻了解人类的位置信息。与静态或周期性运动目标不同，人类的位置和姿态不断变化。然而，人类在工作时的动作是有限且重复的，可以通过建模来简化识别。现有的人体动作识别技术已能够识别与任务相关的动作，通过统计模型对人类行为进行建模与预测。这些预测可以作为协作机器人运动规划的基础，从而使机器人能够根据预测的人类意图配合人类工作。通过结合机器学习技术，机器人可以根据人体行为的识别和预测，规划自身的运动以避免碰撞，提高协作效率。

（2）人机协作认知决策技术

在人机协同任务中，合理分配工作以提升生产效率至关重要。人类操作者擅长灵巧操作、推理和问题解决，而协作机器人则能提供快速、精确的体力工作。但协作机器人在认知互动和灵活性上存在较大局限，因此，需要为协作机器人赋予一定的认知能力，以理解人类操作员的意图。认知能力不仅要考虑操作人员的行为，还要结合机器人系统本身，认知层次的人机交互设计是成功的协作环境中的关键因素。尽管目前的技术不足以让机器人完全自主化，但已经足够让机器人与人类协作完成大多数任务。

此外，人机协作还可以结合其他先进技术进一步提升智能化水平。例如，数字孪生技术通过在虚拟空间中对机器人进行仿真，更好地实现人机融合；大数据技术利用统计和概率方法挖掘数据中的价值，帮助机器人学习并理解人类行为。这些技术都为人机协作的智能化和数字化发展提供支持。

8.1.4　人机协作的市场与未来展望

传统的工业生产线为了保证安全，往往将人与机器人的工作空间严格分隔开。而协作机器人的出现改变了这一格局，通过多种方式减少安全事故，使人类与机器人能够在同一空间中并肩工作。协作机器人填补了手动装配与全自动装配之间的空白，推动了生产模式的变革。尽管有人希望实现完全自主的机器人生产，但以目前的人工智能发展水平来看，这种场景在短期内还难以实现，或许需要几十年的技术积累。而人机协作作为固定编程机器人与未来完全自主机器人之间的过渡，在现阶段有着更广泛的应用场景。

随着工业4.0时代的到来，全球制造企业正面临转型挑战。工业4.0强调以人为本的自动化生产能力，即从独立的自动化生产向人与自动化设备共生的生产模式转变。工业机器人的最终目标并非取代人类，而是与人类共存，帮助提高人类的工作效率和生产技能。虽然许多领域仍需要人类操作，但通过机器人优化生产流程或实现局部自动化，已经成为智能工厂提高生产效率的主要方式。协作机器人则进一步发挥了人与机器各自的优势，为生产线带来更多解决方案，成为工业机器人的研究与推广的主要方向。人机协作的新型工作模式已经在多个应用场景中得到实验验证，并展现出巨大的发展潜力。工业4.0的技术革新和生产模式改进为人机协作开辟了更广阔的应用空间，未来的生产将更加灵活，企业能够在大规模生产中兼顾个性化需求。然而，这也对人机协作提出了更高的要求，不仅要实现更紧密的合作，还要确保生产过程中的安全性。随着技术的不断进步，人机协作不仅将持续提升生产效率和质量，还将在推动未来机器人自主生产的过程中积累宝贵经验，引领工业生产迈向全新的时代。

8.2 人机协作感知识别技术

在人机协作中，机器人与人类处于同一工作空间，机器人需要通过感知识别技术与环境和人类交互，以保证协作过程的自然、平滑，并确保系统的安全和高效运行。感知识别技术是机器人与环境、人类之间的桥梁，各种传感器采集的数据可以帮助机器人了解周围环境，确定自身位置，并感知人类的动作。因此，感知识别技术是人机协作中的关键技术之一，直接影响系统的运行效果。

8.2.1 环境感知与自主定位

机器人首先要感知并构建其周围的环境。通过传感器（如激光雷达、视觉传感器等）获取环境信息，这些数据会被传输至主机，构建出局部环境地图，并确定机器人在其中的位姿。SLAM（simultaneous localization and mapping，同步定位与建图）是常用的技术，它同时完成定位与地图构建，两者相辅相成：定位依赖准确的地图，建图则依赖可靠的定位技术。根据传感器的不同，SLAM可分为基于激光雷达的激光SLAM和基于相机的视觉SLAM。

激光SLAM技术相对成熟，可分为2D和3D两类。2D激光SLAM常用于室内导航，如扫地机器人；而3D激光SLAM通过点云实现工厂环境中的地图重建。激光SLAM的优势是定位精度高，但是成本较高，并且容易受环境干扰影响。常用的算法有：Gmapping算法，使用粒子滤波器将过程分为定位与建图两部分；LOAM（lidar odometry and mapping，激光雷达测距与建图）算法，采用双线程设计，将高频率、低精确度的里程计和低频率、高精度的点云相结合；LeGO-LOAM算法，在LOAM的基础上加入了后端模块，优化了地图参数。

视觉SLAM通过摄像头获取图像来实现定位与建图，分为单目、双目和多目视觉SLAM，其中单目视觉SLAM最为常见。视觉SLAM适用于纹理丰富的动态环境，但易受光线影响，若图像模糊，特征点提取会变得不准确，导致定位精度下降。视觉SLAM由视觉前端、视觉后端和回环检测组成：前端通过图像信息估计相机的运动初值，采用间接法（基于特征点）或直接法（基于灰度信息）获取位姿变化信息；后端则进行参数优化，提升整体精度；回环检测通过场景识别，避免定位漂移。

在传统视觉SLAM的基础上还发展出了语义SLAM。通过卷积神经网络（CNN）提取图像的深层次特征，再通过循环神经网络（RNN）进行数据关联和位姿估计。这种结合深度学习的技术大大提升了定位和建图的准确性，显著改善了机器人在复杂环境中的自主感知能力。

8.2.2 人体动作识别技术

人体动作识别技术自20世纪90年代起逐渐兴起，到21世纪初迎来了研究热潮，许多学者发表了重要的成果。早期，大部分人体动作识别方法通过传感器采集图像或从视频库中提取帧，使用相关算法来检测目标动作、提取运动特征并进行行为识别和分类等。随着技术的发展，动作识别方法不断丰富，目前主要分为模板匹配方法和机器学习方法。模板匹配方法通过将采集的人体动作数据存储为模板，并将后续的动作序列与这些模板进行对比，匹配相似的动作模板来识别动作。而机器学习方法则通过学习大量人体动作样本，自动识别并分类动作，无须对每个动作进行详细描述。相比模板匹配，机器学习方法具有更强的扩展性和更高的识别精度，尤其是在近几年随着机器学习技术的发展，其应用变得越来越广泛。

人体动作图像的采集通常通过微软Kinect相机或动作捕捉设备来实现。Kinect是一种三维深度相机，可以精准追踪视野内的人体动作，且不受外界光线影响。Kinect将人体的关节和骨骼划分为多个部分，并捕捉关节和骨骼位置的变化。这些数据为人体动作识别提供了可靠的信息。

微软为Kinect建立了大型的动作捕捉数据库。当Kinect采集到人体的深度信息后，系统会自动从数据库中进行人体姿态的采样。接着，Kinect会生成大量不同形状和大小的人体合成图像，并通过训练深度随机决策森林分类器对这些图像进行分类。该分类器能够处理成千上万的训练图像，避免过拟合，同时利用三维图像的特性确保计算效率。此外，分类器通过GPU（图形处理单元）并行处理每个像素的空间模式，大幅提升分类速度。最后，通过三维联合提议的均值偏移算法推断每个像素的空间模式，逐帧处理图像中的身体形状和姿态，确保分类准确性，即便是在身体被遮挡或部分裁剪的情况下。

当Kinect获取到深度图像后，首先通过深度信息将人体从背景中分割出来，并利用图像处理技术获取人体轮廓。然后，系统通过均值平移找到人体部位的概率质心，并假设人体的关节位置。最后，结合时间连续性和骨骼训练数据的先验知识，系统将假设的关节映射到实际骨骼关节上，并对其进行拟合，如图8-3所示。

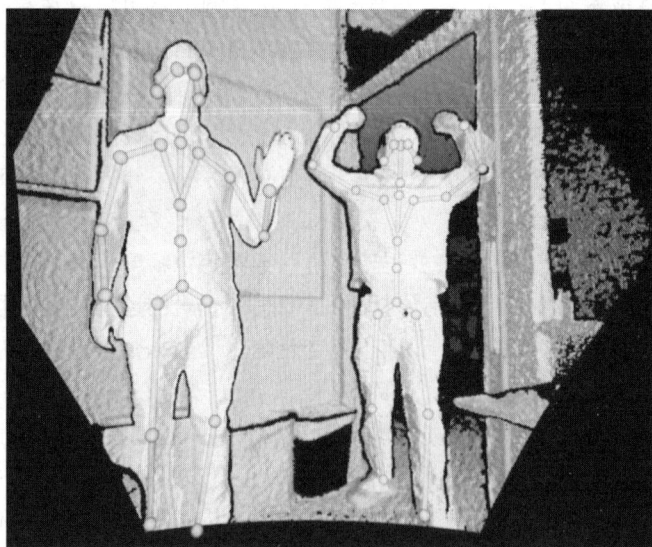

图8-3　使用Kinect识别人体骨骼

使用Kinect相机获取的人体骨骼图像，主要有两个方面的应用：人体行为识别和数字人（digital human, DH）模型构建。人体行为识别是当前研究的重点方向，尤其在人机协作中，能够帮助机器人理解人类意图，这对于实现有效的人机交互具有重大意义。具体方法是首先在空间中构建一个三维坐标系，机器人、人类及工作环境的所有动作和位移均基于该坐标系进行。然而，由于人的关节在空间中不同位置时会发生旋转、平移和缩放的变化，传统的固定坐标系难以保持对相同动作的一致性，因此，将坐标系的原点直接设在人体骨骼关节点上，可以有效解决这一问题。

Kinect相机获取的深度图像经处理后，可以提取到人体骨骼关节点的三维坐标。一个完整的动作由人体不同姿态的连续变化构成。通过将这些关节点的三维坐标序列存入数据库，并借助特征提取技术，可以对动作进行分类，从而缩小不同人体动作识别的差异。为了进一步提升识别准确性，遗传算法和神经网络被用于优化姿态识别。将需要识别的姿态特征输入训练好的神经网络，便能输出准确的识别结果。

与人体行为识别相关的另一个应用方向是构建数字人模型，虽然目前相关研究还不广泛，但是这项技术在构建人机协作的数字孪生场景中具有重要作用。数字孪生技术通过虚拟仿真与实际工作场景的结合，带来了人机协作效率和安全性的显著提升。在虚拟空间中模拟人机交互，不仅可以进行远程监控，还能预测人类行为并帮助机器人做出预判和调整，这对提高生产效率和保障安全性具有重要意义。研究人员开发的基于数字孪生的人机协作系统中，DH模型发挥了核心作用。该系统不仅包含虚拟机器人模块，还包括生产管理模块。DH模型通过动作捕捉技术结合人体工程学构建而成，采用一个有48个自由度的连接结构和随关节角度变化的可变形皮肤表面，能够在虚拟空间中真实反映工人的行为和姿态，并用于人体运动的实时分析和运动学评估，例如拾取动作的检测及关节扭矩的分析，研究人员通过日本人体维度数据库中的数据，推算出DH模型的各节点的属性，以准确反映工人的身高和体重。为采集人体信息，DH模型使用了基于标记的光学运动捕捉技术，安装在人体上的三维标记通过多台摄像机捕获，记录人体在不同位置的动态变化。该系统已经在工厂的零件挑选场景中进行了测试，验证了其在运动分析方面的准确性。然而，当前的系统尚未完全体现出人与机器人之间的交互，这也是未来研究的重点。但该信息收集和建模方法具有很高的借鉴价值，可以在后续研究中进一步拓展。

8.2.3 人机协作工作空间的划分与安全性

在人机协作中，机器人和人类共处于同一工作空间，因此必须采取有效的安全措施，避免机器人在移动过程中与人发生碰撞事故。传统的做法是通过物理分离将人类和机器人划分在不同的工作区域，以减少接触风险。然而，这种方法存在明显的局限性。首先，物理隔离降低了人机互动的灵活性，很多协同工作无法顺利完成，进而影响生产效率并增加运营成本。其次，在某些突发情况下，如人员误入机器人工作空间，物理分离措施无法迅速反应，无法及时避免潜在的危险。因此，现代人机协作需要引入传感器等智能技术，动态监测工作空间并做出相应的调整，以提升安全性。

为防止碰撞事故，常用方法是利用视觉传感器和距离传感器采集工作环境的信息，并根据这些数据实时调整机器人的行为。其中一种有效的技术是虚拟阻抗控制。该技术基于视觉或距离传感器计算出虚拟的阻力，这个虚拟阻力输入机器人的阻抗控制器中，进而调节机器人的动力，实现更为柔顺和安全的运动。这种技术可以在机器人工作时避免与人类或障碍物发生实际接触。

安装位置对传感器功能效果有着重要影响，传感器的安装位置可以分为两类：

① 一种是固定位置传感器，这类传感器安装在工作场景中的固定位置，例如天花板上

的监控摄像头，通过图像处理技术实时监测人和机器人在工作空间中的位置变化。此外，射频定位系统与固定焦电传感器的结合，也能够精准定位人员和机器人的位置，达到高精度的空间监测效果。上一节提到的微软Kinect传感器也可以用于计算人机之间的距离，确保机器人能够及时规避运动，从而避免潜在的碰撞。

② 为了克服固定传感器可能存在的遮挡问题，另一种方法是直接将传感器安装在机器人上。例如，激光测距仪因其体积小、重量轻，常被安装在机器人的末端或其他关键位置，能够实时测量人与机器人的距离，即便是在视觉盲区内也能精确检测。然而，机器人上安装多个传感器会增加硬件成本和计算负担，可能会对机器人的运行效率产生一定影响。

虽然传感器技术显著提升了人机协作中的安全性，但单纯依靠传感器仍然存在一定的局限性。传感器可能会受到环境干扰、遮挡或检测精度的影响，特别是在复杂的工业环境中，单一传感器系统可能无法应对所有突发情况。因此，传感器监控技术通常需要与其他安全机制（如紧急停机系统、智能预测模型等）结合使用，以提供多层次的安全保障。人机协作工作空间划分的核心在于保障人员安全。随着技术的不断发展，未来人机协作的工作环境将更加智能化，多种传感器和安全措施的综合应用将进一步提升系统的可靠性和安全性。

8.2.4 人机协作情境感知技术

传统的基于传感器的安全系统，通过检测人类操作员与机器人之间的距离来控制机器人的动作。当两者距离过近时，机器人便会停止移动。这种频繁的停止与启动会大幅降低装配效率，因此，近年来出现了基于情境感知的无碰撞人机协作系统，旨在提高协作效率和安全性。

情境感知是人机协作领域的一项新兴技术，不仅通过设计合理的工作流程保障安全，还可实现对工作环境中信息的实时感知，尤其是对人类操作员位置信息的全面掌握。情境感知不仅要求机器人了解当前的环境，还要求能够预测人类操作员的下一步动作，以实现无缝协作。在人机协作制造系统中，人类操作员能凭借常识和观察自然地感知周围环境，而机器人则需要通过传感器和智能推理系统来获得类似的能力。如果机器人能够像人类一样理解环境，不仅能提升协作效率，还能确保操作过程中的安全性。情境感知让机器人能够在装配线上与人类并肩工作，而不必频繁停止或引发其他干扰。

基于情境感知的无碰撞人机协作系统包括多个关键模块，如碰撞传感模块、路径规划模块、实时人机协作接口和情境感知的人体姿态识别模块。碰撞传感模块收集和跟踪人类操作员、移动的物体和机器人位置信息。如果检测到潜在的碰撞风险，系统会立即触发碰撞预警。人体姿态识别模块可以监控和识别人类操作员的动作姿态，结合已知的装配操作序列，当检测到特定姿态时，系统会生成新的机器人执行指令，并将其分配给机器人控制器。路径规划模块能够识别工作环境中的障碍物，并规划机器人行进的最佳路径，避开障碍物和人类操作员，确保无碰撞作业。

基于情境感知的无碰撞人机协作系统的优势不仅体现在路径规划与避障能力上，还可以通过识别人类操作员的装配姿态，低成本地解析姿态信息，从而提高装配效率。通过人体骨骼模型识别和信息融合，系统甚至能够预测操作员的下一步动作，为机器人提供足够的信息以做出安全反应。

总之，情境感知技术为人机协作中的安全性和效率提供了革命性的提升，使机器人能够更加智能地与人类共存于同一工作空间。通过集成传感、路径规划和姿态识别等多种技术，情境感知系统为未来的智能制造奠定了基础。

8.2.5　多传感器融合技术

随着工作场景日益复杂，对机器人自主性的要求不断提升。单一传感器因其信息采集范围有限且对传感器的质量和精确度有较高要求，难以满足现代工厂的需求。为应对这一挑战，越来越多的工厂环境开始采用多种类型的传感器，以便全面采集多维度数据来支持机器人的高效运行。然而，如果只对各传感器的数据进行单独分析，不仅会加重数据处理的负担，还可能忽视不同数据源之间的潜在关联性。正是这种潜在的关联，尤其在机器学习方法中，往往至关重要。因此，对多传感器数据进行联合分析成为必然选择。

多传感器融合技术是解决上述问题的有效方法。该概念于1973年在美国声呐信号处理系统开发时首次提出，定义为从多个传感器获取信息后，通过多角度观察这些信息的内在联系，寻找数据之间的规律性。多传感器采集的数据往往繁杂和冗余，并包含大量不确定性因素，给后续处理带来挑战。通过信息融合，系统可以剔除无用或错误信息，保留有价值的数据并进行综合分析，利用数据间的关联性减少不确定性，从而获得更加准确的处理结果。这一技术为智能信息处理提供了新的研究方向。

多传感器融合的核心问题在于如何有效整合多种类型的数据，从中提取有用的信息和数据间的相关性。近年来，信息融合方法成为研究热点，主要分为两大类：基于概率统计的方法和基于机器学习的方法。基于概率统计的方法通常用于处理随机且不确定的信息，通过统计学手段揭示数据与目标对象之间的相关性。这种方法不依赖大规模的数据存储，可实时、动态地融合低层次的传感器数据，适合有明确物理和数学模型的场景。然而，由于该方法对模型的精度要求较高，其应用范围相对有限。基于机器学习的方法不需要明确的模型框架。它通过对大量数据进行分类、学习和提取特征，能够更好地处理复杂且不确定的信息。这种方法对多样化和复杂的数据有更强的适应性，但目前其在稳定性和泛化性方面仍存在一定的局限。随着学习算法的发展，基于机器学习的方法有望成为未来信息融合的主流解决方案。

8.3　人机协作认知决策技术

为了实现人机协作，机器人需要具备自主运动、感知、分类和理解环境的能力。这些功能通常无法通过预设的程序来完全实现，而是要求机器人像初生婴儿一样，通过持续探索环境来逐步学习和掌握各种技能。值得注意的是，"理解环境"不仅仅是对环境和事件进行简单分类，而是要深入理解事件的因果关系，即每一个动作或行为可能带来的后果。为了获取这种认知，机器人必须不断尝试新事物并接受犯错，这种探索过程不仅拓宽了机器人的认知边界，还为其提供了更多了解世界的机会。

上一节提到的感知识别技术为机器人提供了获取外部环境信息的手段，但如何有效理解这些信息并做出合适的反应，则需要通过学习建立认知决策功能。在人机协作的情景中，认知决策并非单靠机器人或人类独自完成，而应当是一个人机融合的过程。割裂人类和机器人单独进行决策，难以实现二者的最佳性能。因此，深入研究人机融合的决策机制，是合理分配工作任务和优化人机交互的关键。

科学合理的分工是智能人机决策系统的核心，也是人机协作的主要目标之一。在一个多智能体系统中，机器人和人类可以分别发挥各自的优势。机器人擅长高精度、重复性强且繁重的任务，而人类则负责高层次的领导决策和创新性工作。这种分工能够最大化人机系统的资源利用率，并提高工作效率和灵活性。在这一框架下，智能化成为人机协作的基本特征。机器人不仅要具备智能化的自主决策能力，还应能够自然地融入工作环境，与人类协同工作。

8.3.1 认知决策模型

如果把感知技术比作人类的感官（如眼睛、鼻子等），那么认知决策则相当于人类的大脑。当人类通过眼睛看到一个苹果时，视觉信息被传递到大脑，大脑会立即对这一信息进行处理，得出"这是一个苹果"的结论，这个过程就是认知。而后，大脑根据接收到的外部信息、身体状况，以及过去的经验（如苹果是否有毒）综合考虑，选择是吃掉苹果还是忽略它，这就是决策的过程。对于机器人而言，它的认知与决策过程虽然与人类类似，但远未达到人类的水平。人类的认知与决策不能简单地理解为输入输出的过程，而是综合自身的记忆、感觉、价值观等给出的结论，有时甚至会做出不符合自身或群体利益的决策。对于机器人来说，这种复杂性无法通过编程来完全模拟。然而，在人机协作中，过分担忧机器人的决策能力是不必要的。大多数复杂的决策仍由人类来完成，机器人只需要具备基础的认知决策能力，即能够识别外部环境和人类行为，并结合自身状态做出相应反应即可。

研究人脑的认知过程，可以发现人的认知控制行为具有层次化结构，主要包含三层结构：最上层为决策层，提供判断、推理等高层次的神经控制活动；中间层负责上下层之间的指令和信息的传递，主要完成组织与协调的工作；底层是神经中枢，提供反射性行为控制并与外界沟通。对于机器人而言，感知系统通过传感器获取外部信息并反馈到系统中，底层的信息传递通常由通信系统完成，而高层的决策则依赖于机器人的认知系统。在人机协作系统中，可以把系统的认知过程分为输入、处理和输出三个阶段。首先，机器人通过传感器获取来自环境和人类的输入信息；接着，对这些信息进行特征提取并分类处理；最后，根据处理结果做出决策，并输出指令给执行机构。人和机器都是认知主体，它们共同构成了一个群体智能系统。因此，在设计人机协作模式时，需要考虑人、机、环境三者之间的相互影响。这意味着要从人类的认知属性（如感知、理解、决策推理）和机器的计算属性出发，研究二者在认知处理和决策中的差异性，以促进人机共融的实现。

机器人的决策系统将在8.3.2节详细讨论，而为机器人建立认知系统的关键在于认知计算。认知计算是指通过模拟人脑的方式来分析数据的一种技术，它能够随着数据的变化进行学习，并通过交互方式不断积累知识。这种计算不仅限于处理特定规则下的数据，还旨在应对不确定的现实问题。认知计算通过挖掘非结构化数据中的潜在关系，帮助系统做出更为准确的决策。当然认知计算的目的并不是用计算机取代人类的思维，而是使它成为人们识别和处理大规模数据的有效辅助工具。换句话说，认知计算不是"代替我们思考"，而是为了"增进我们的智慧"。认知计算系统可以自主学习、独立思考，模拟和学习人类的认知能力，并在未来有可能在某些领域超越人类认知能力，为人类决策提供更多建议。

认知计算系统通常有四种基本的计算能力，包括辅助能力、理解能力、策略与决策能力以及领悟与探索能力，如图8-4所示。为了使认知计算系统能够从大量数据中提取和学习有用的模式或关系，其对计算机的数据存储和处理能力提出了较高要求。通常，认知计算会结合机器学习、神经网络、大数据存储与管理以及分布式计算等技术，以实现类人脑的自主学习和认知处理功能。

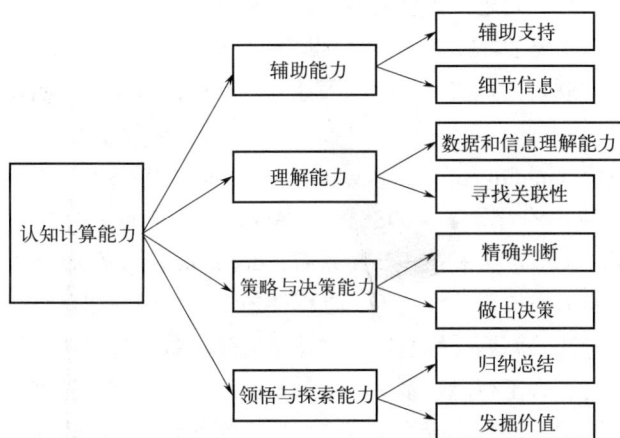

图8-4 认知计算能力图

8.3.2 机器学习与智能决策

从本质上来讲，决策是决策者对决策对象或方案的一种分析、对比和选择的过程，并对决策对象或方案进行分类、分级或排序。智能机器根据其面临的外界环境和任务，自主地做出行为决策以达到其目的的行为称之为智能决策。由于人工智能和智能决策之间存在着紧密联系，智能决策问题已经成为人工智能研究领域的核心问题之一。研究智能决策的目的，不仅是让机器自主地做出决策，更希望它们在一些复杂或者危险场景下，借助智能技术完成即使是人类专家也难以有效完成的决策。

对于计算机而言，其决策过程主要是由数据来驱动的，通过对相关数据的分析，挖掘出隐含的特征与偏好关系，并基于此对决策对象进行分类排序，最终做出选择。智能决策可以分为两种类型：基于大数据的智能决策和基于强化学习的智能决策。基于大数据分析的决策，通过从大量的历史数据中提取有价值的信息，将其转换为较为精练的评价指标，智能体基于这些评价指标进行决策。这种方法的优势在于能够快速从大量数据中提炼出规律，适用于需要处理海量数据的场景。基于强化学习的智能决策，通过一部分数据进行训练，结合神经网络技术，不断调整参数，增强机器的自主学习能力。在这一过程中，机器通过不断试错，逐步学会在面对不确定性时做出最优选择。这种方法能够应对复杂、动态变化的环境，具有较强的适应性和灵活性。

（1）基于大数据的智能决策

从静态决策到动态决策、从单人决策到群体决策、从基于小规模数据分析的决策到基于大数据知识发现的决策，决策理论与方法已经发生了巨大的变化，基于大数据的智能决策逐渐成为新时代决策应用及研究的新生力量。大数据智能决策就是用智能计算方法对大数据进行智能化分析与处理，从中抽取结构化的知识，进而对问题进行求解或对未来做出最优判断的过程。该过程需要满足大数据决策在不确定性、动态性、全局性以及关联性上的分析需求。在面向大数据的决策应用中，关联分析为问题假设的初步分析以及正确数据选择提供必要的判定与依据，它既是一个重要前提也是一种必要的分析手段；不确定性是大数据决策的显著特征，同时也是大数据智能决策研究的重点与难点；大数据决策的动态性决定了大数据知识动态演化的重要性，如何有效利用数据的增量性同样是大数据智能决策研究的关键点；大数据决策追求的全局性，要求大数据智能决策能够将多源信息进行融合与协同以消除信息孤岛。需要指出的是，大数据的关联性、不确定性、动态性和全局性不是相互独立的因素，四者之间存在着潜在的联系，在实际应用中可能并发存在，但从研究的角度很难将上述四种因素的分析同时讨论。

智能决策支持系统（intelligent decision support system，IDSS）是智能决策分析方法的载体，特别是在大数据应用的背景下，IDSS的发展成为研究焦点。智能决策支持系统是人工智能（artificial intelligence，AI）和决策支持系统（decision supporting system，DSS）的结合，应用专家系统技术，将人类的描述性知识、过程性知识、推理性知识整合到系统中，通过逻辑推理帮助解决复杂的决策问题。智能决策支持系统应具备大数据的分析处理能力，通过综合运用互联网、云平台和人工智能技术，将大数据的采集、存储、管理、分析、共享和可视化等一系列知识发现技术与现有的智能决策支持技术深度融合。构建形成基于大数据的智能决策支持系统是智能决策应用领域的发展方向，未来基于大数据的决策支持系统有望具备海量数据汇聚融合能力、快速感知和认知能力、强大的分析与推理能力以及自适应与自优化能力，可以实现复杂业务的自动识别、判断，并做出前沿性和实时性的决策支持。

现阶段的人工智能技术与机器学习方法对于大数据的处理以及知识的获取，主要处于对事物的感知层面，如特征提取、模式识别、预测、回归和聚类等，它们在实质上都是对事物的分类认知。然而分类仅是人类的一种低层次认知，其功能本质在于对事物的区分、辨别与归类。单纯依靠对事物的分类还不足以构成一项完整的决策。决策是任务和需求驱动的问题求解过程，需要在分类认知的基础上，继续赋予研究对象以价值尺度认知或功能偏好认知，并最终做出选择。让机器拥有意识和理解能力才是人工智能最根本的目标，在这方面，人工智能刚走出了决策认知的第一步（即分类认知），而偏好认知还多依赖于人的参与。在实际应用中，只有不断提高对大数据快速的、全面的认知能力，才能实现高效及时的大数据智能决策。

（2）基于强化学习的智能决策

强化学习可以持续地学习任何具有明确奖励（award）、动作（action）和状态（state）的任务。只要具备足够的计算能力和时间，强化学习智能体便能通过环境反馈，学习出一系列动作序列或"策略"，以实现奖励的最大化。尽管强化学习的有效性已被充分验证，但智能体所生成的策略往往与人类行为存在较大差异。尤其在需要人机协作的场景中，智能体执行的操作会令人类感到困惑，并且人类行为对机器人而言也缺少规律性和可预测性。由此，强化学习难以直接应用于需各方参与者协同规划和分工的场景。如何弥合机器智能与人类之间的行为差距是人工智能正面对的一个重要挑战。因此，研究人员正在致力于开发能适应其他智能体和人类行为习惯的强化学习系统。

强化学习训练智能体的方法非常多，其中最常见的方法包括左右互搏（self-play，SP）法、群体参与（population play，PP）法和行为克隆（behavioral cloning play，BCP）法。SP通过让智能体与其自身副本对战，优化其策略以最大化奖励，然而该方法易导致智能体过拟合自身的游戏风格，缺乏与其他玩家合作的能力。PP方法则引入了多种具有不同参数和结构的队友模型。尽管在与真人玩家合作的竞技游戏中，PP方法要明显地优于SP方法，但其依然缺乏应对"共同收益"场景下的多样性问题的能力。"共同收益"指玩家必须具备协同解决问题的能力，并根据环境变化去调整合作策略。BCP通过使用真人玩家的数据来训练智能体，使其行为更接近人类模式，能够更灵活地适应真人玩家的行为。然而，BCP的挑战在于获取高质量的人类数据，尤其是在需要大规模数据训练的情况下，人类数据采集的工作量巨大且难以实现。

最近的研究表明，在没有人类数据的情况下，使用无模型强化学习也可以让智能体达到人类水平。这就引出了一个问题：在缺少人类数据的情况下，能否用无模型RL（强化学习）训练出能够与人类合作的智能体？对此DeepMind提出了强化学习FCP（fictitious co-play，虚拟合作）方法，其目的就是在无须依赖人工生成数据的情况下，创建可与具有不同风格和技能水平玩家协作的智能体。研究者认为，训练出一个足够强大且适应性强的智能体，其关键在于让其接触到不同的训练伙伴。因此，研究者训练了多个SP智能体，只改变它们的随机种子来进行神经网络的初始化。FCP与其他训练方法的对比图如图8-5所示。FCP方法通过保存智能体在训练过程中的"检查点"，模拟不同的技能水平，并让智能体与这些不同状态的伙伴进行合作。最后在实验中进行了验证，结果表明，FCP在推广到新智能体和人类伙伴方面都优于BCP，并且人类更倾向于选择与FCP合作而不是BCP。同时FCP方法避免了收集人类数据进行训练的成本和潜在的隐私问题，同时选择人类作为伙伴训练时获得了更好的结果。

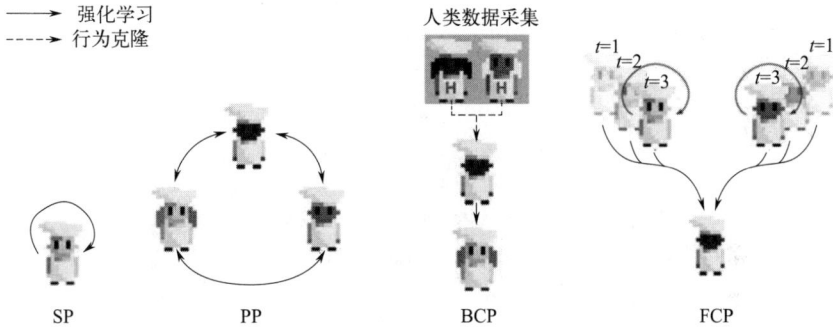

图8-5　强化学习训练智能体的四种方法

在智能决策领域，深度强化学习（deep reinforcement learning, DRL）将强化学习与深度学习结合，进一步提升了强化学习的性能。DRL引起人们广泛的关注始于2015年，DeepMind开发的AlphaGo程序在围棋对局中击败人类职业选手樊麾，而后又于2016年击败世界顶尖棋手李在石，证明DRL在决策方面的巨大潜力。自此，DRL已经在自动驾驶、机器人控制和智能语音等领域取得广泛的应用。常见的DRL算法包括Double DQN、DDPG、A3C和PPO等，这些算法推动了智能体从单智能体决策向多智能体决策的演变。以著名RTS（即时战略）游戏《星际争霸2》为例，游戏中涉及多个单位的生产、建造和进攻决策，且在与多名玩家对战时需要综合考虑多方互动，成为MADRL（multi-agent deep reinforcement learning，多智能体深度强化学习）算法研究的理想平台。DRL在人机协作领域也有很多相关的研究，例如基于DRL的人机协作驾驶，能够在驾驶员行为存在风险时通过策略建议避免事故；在人机协作装配中，将装配过程的任务分配形式转变为强化学习的决策过程，能够为复杂环境中的人机协作提供合理的装配流程等。不过DRL的学习效果完全依赖于环境的奖励作为反馈，在稀疏奖励环境中很难学习到有效的策略。此外，还存在采样效率低、泛化能力不强，以及易陷入局部最优等缺点。因此，如何提高 DRL 在复杂决策场景中的表现，仍然是一个亟待解决的研究课题。

8.3.3 情感认知

即便是在科幻电影中，让机器人产生感情似乎也是一个很魔幻的问题。是否拥有情感，是现在人类与机器人的最大区别。虽然现在的智能机器基本上都具备了理性思维和逻辑判断推理能力，但是它们还不能理解情感，更不具有独立的情感能力。而在现实之中，随着人工智能的不断进步，人们意识到让机器人具备情感理解与表达能力，或许能在人机协作中发挥出意想不到的效果。

由于实际情感具有复杂性与抽象性，在建立机器人认知情感交互模型前，需要对用户交互输入内容进行情感识别与量化，并将其转换为计算机可识别可处理的情感状态向量。目前应用最广泛的模型是激活度-效价空间理论，该理论将情感状态描述为一个多维的笛卡儿空间中的坐标点，状态空间中的每个维度对应着情感的一个心理学属性，维度上数值的大小反映了情感特征的强弱程度，如图 8-6 所示。该空间的情感描述能力涵盖了所有情感，换句话说，即现实中存在的情感状态与空间中的坐标点存在一一映射关系。该模型具备广泛的适应性，能够对情感的相似性和差异性进行量化分析，并通过计算不同情感状态之间的距离来描述情感之间的过渡和变化过程。借助这一理论，机器人可以在情感空间中识别和定位情感状态，实现情感在交互中的自然过渡。

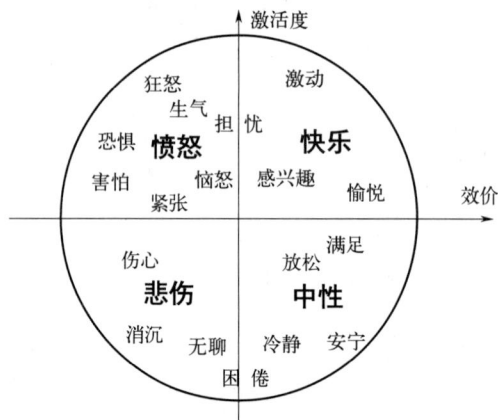

图 8-6　激活度-效价空间

为了探索情感在生命体中所起到的作用，以此来增强机器人对于人类交互的适应性，有关人工情绪的研究也开始出现。人工情绪（artificial emotion）是一种利用信息科学的手段来模拟人类情绪过程，进而对人类的情绪进行识别和理解的研究领域。通俗地说，人工情绪研究的目标就是将人类情绪数据化和模型化。目前人工情绪的主要研究方向包括情感计算、人工心理学和感性工学等。情感计算是人工情绪研究中的重要领域，关注情感的识别与表达，致力于赋予机器一定的情感行为和情感决策能力。这一领域将计算科学与认知科学相结合，探索人与计算机交互中的情感特征，推动人机情感交互的实现。

情感计算的关键在于情感识别，面部表情编码系统(FACS)为机器通过人脸识别来判断人类情绪提供理论支撑。通过采集面部图像，机器能够提取关键的面部肌肉点位，并将这些点位的变化与数字化的面部表情编码系统进行比对，从而判断人类的情感状态。不同表情实际上是面部关键点位置变化的反映，如相对位置、距离和角度的变化，通过精准提取这些信息，机器可以提高情感识别的准确度。然而，人类的情感认知是多模态的，仅靠面部表情识别难以全面理解人类的情感。未来的机器人要真正理解情感，必须结合声音、图像、文本等多维信息，实现更为综合的情感分析。

情感计算的难点在于人类情感的个体差异性。不同的人在面对同一情感刺激时的反应会因文化背景、性格、经历等因素的不同而有所差异。人类经过数十万年的进化形成了复杂的情感体系，完全让机器掌握这些情感并不可能一蹴而就。因此，情感计算需要依赖大数据和机器学习等技术，持续进行创新与突破。随着人类与机器人长期共存的未来逐渐成为现实，人机情感交互可以促进人与机器之间的和谐共处。以情感计算为基础的人工智能，有望为人类社会生活带来深刻的变革，推动人机协作的进一步发展。

8.4 人机协作安全问题

在机器人技术和智能制造的快速发展下，工业机器人在生产领域已经获得了大量的应用，尤其是在替代人类完成周期性、危险或恶劣环境下的任务方面表现突出。在传统的工业机器人制造模式中，机器人工作空间通常被固定在某一特定区域（如围栏内），这种封闭工作空间虽然能确保安全，却缺乏人与机器的互动性。然而，当封闭空间无法实现或机器人与人类的互动至关重要时，安全问题就会更加突出。

人机协作也因其具备较高的灵活性和自动化水平而获得了许多研究人员的关注。通过将机器人的高精度、抗疲劳性与人类的灵活性相结合，人机协作能够显著提升生产系统的智能化与柔性化水平。人机协作强调人类和机器人在同一时空中共同工作，因此安全成为首要考虑的问题。为了确保安全。国际标准化组织(International Organization for Standardization, ISO)早在2011年就发布了适用于传统工业机器人的标准ISO 10218-1：2011和ISO 10218-2：2011，分别规定了机器人本体设计制造的安全标准和系统集成、安装、功能测试等标准。考虑到协作机器人的特殊安全要求，ISO又发布了标准ISO 10566：2016来对ISO 10218：2011进行补充。

针对协作机器人的安全性问题，安全标准ISO/TS 15066：2016中定义了四种类型的安全协作准则（图8-7），并规定在人机协作中必须包含四种安全协作准则中的一个或多个准则。限于篇幅，在这里我们只给出这四种安全协作准则的基础描述，有兴趣的读者可以查阅标准的具体内容来获得更多相关信息。

（1）安全级监控停止

如果在协同工作空间中没有操作者，机器人可以进行非协作操作。当操作者处于协同工作空间中时，安全级监控停止功能激活并且机器人运动停止，允许操作者进入协同工作空间。只有在操作者退出协同工作空间后，机器人才能自动恢复运行，无须额外的干预。

（2）手动引导

操作人员使用手动操作设备向机器人系统发送运动命令。在操作人员被允许进入协同工作空间并执行手工引导任务之前，机器人会首先进行安全级监控停止，确保其运动受控。用于手动引导的机器人系统可以配备额外的功能，如力放大、虚拟安全区或跟踪技术。另外出

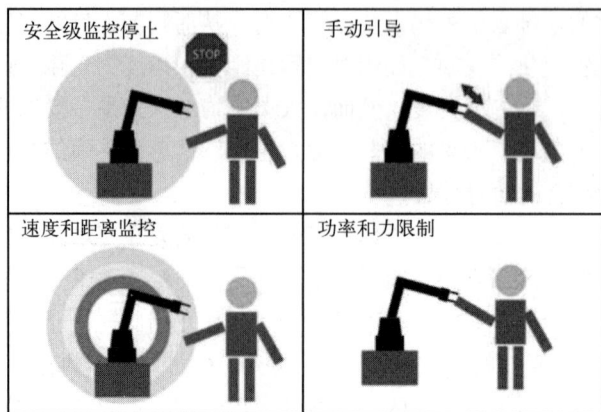

图8-7　安全协作准则

于安全考虑，标准要求在手动引导装置附近应配备三位置开关及急停装置。

（3）速度和距离监控

在这种操作方法中，机器人系统和操作者可以在协同工作空间中同时移动，系统通过始终保持操作者和机器人之间的最小保护距离来降低风险。在机器人运动过程中，机器人系统与操作者的距离不会低于保护距离。当分离距离减小到保护距离以下时，机器人系统就会停止运行。当操作者离开机器人系统时，机器人系统可以按照要求自动恢复运动。此时，机器人的速度与保护距离是相关联的，速度越低，保护距离就越短。

（4）功率和力限制

在协作过程中，机器人与操作员之间的物理接触可能有意或无意地发生。通过机器人的固有安全手段（例如功率和力限制）或通过与安全相关的控制系统，将与机器人系统相关的危险保持在风险评估期间确定的阈值以下，从而实现风险降低。

上述四种安全协作准则由ISO定义，用以保障人机协作中的安全性。在实际生产中，前三种准则主要通过传感器对环境信息进行实时监控，属于事前预防措施，目的是尽可能避免人与机器人的碰撞。然而，在实际的生产环境中，完全避免碰撞是不现实的，因此还需要将碰撞纳入考虑范围。第四种安全协作准则则通过限制机器人系统的功率和力，来确保当发生碰撞时，操作员可以获得必要的保护。

为了进一步减少功率和力带来的风险，可以采取以下措施：

① 增大协作机器人与人的接触面积；

② 在机器人手臂上增加能量吸收装置，降低机械碰撞力对人的冲击；

③ 减轻机器人手臂的重量。

除此之外，使用柔性材料或柔性结构设计机器人也是减少碰撞伤害的有效途径。协作机器人与人作业过程中可能产生的碰撞有两种接触方式：静态接触（如操作者被卡住或压在机器人中无法移动）和动态接触（如机器人短暂碰撞操作者）。静态接触的限值通常是动态接触限值的2倍，标准对这两种接触方式均有详细规定。

技术规范将人体分为29个部位进行测试，测试内容包括静态及动态的压力、压强，并给出了人体对机械碰撞的可接受程度的限值。在 ISO/TS 15066标准中，采用了尺寸为1.4cm×1.4cm的测试仪器对机械力开展了测试试验。基于取得的静态及动态的压力、压强限值，根据协作机器人运动部件的重量，ISO/TS 15066标准给出了末端执行器的速度要求，如表8-1所示。

表 8-1　ISO/TS 15066 中基于身体模型的瞬态接触限速

身体区域	机器人有效质量函数下的速度限制(基于每平方厘米的最大压力值)/(mm/s)					
	1N/cm²	2N/cm²	5N/cm²	10N/cm²	15N/cm²	20N/cm²
手/手指	2400	2200	2000	2000	2000	1900
小臂	2200	1800	1500	1400	1400	1300
大臂	2400	1900	1500	1400	1300	1300
腹部	2900	2100	1400	1000	870	780
骨盆	2700	1900	1300	930	800	720
大腿	2000	1400	920	670	560	500
小腿	1700	1200	800	580	490	440
肩膀	1700	1200	790	590	490	450
脸颊	1500	1100	700	520	440	400

碰撞过程默认为非弹性碰撞，即相对动能完全被人体吸收，模型始终处于静止状态。标准中强调，该测试方法所得到的测试结果很大程度上依赖于所使用的测试仪器，因此测试的一致性和精度有待提高。在短暂接触期间，部分动能可以被人体吸收。因此，当身体的一部分不是刚性固定时，与动态接触相比，它可以承受更大的力而不会受到严重伤害。这种情况适用于人体的大部分部位，尤其是四肢和躯干，唯有头部由于其特殊的生理构造，需格外注意保护，承受力的上限也较低。

8.5　人机协作应用案例

对于许多应用场景，完全自动化的系统不仅成本高昂，还需要深厚的编程知识，因此难以推广。人机协作(HRC)是实现半自动化的一种方法，将安全易用的协作机器人与操作人员共享作业空间，充分发挥各自的长处，实现分工协同。这种方法特别适合应对传统工业机器人难以胜任的低成本、高效率、柔性化和复杂作业自动化的挑战。

近年来，伴随市场需求日益加大和资本政策的大力扶持，工业机器人已步入高速发展阶段，各种机器人可以胜任越来越多的工作岗位。对于许多公司来说，人机协作有望在工业4.0中发挥越来越重要的作用。随着人工智能的不断发展，机器人将会变得更加智能，并在各行业中承担更多任务，成为人类的重要助手和工具。尽管这一进程漫长且充满挑战，但我们坚信，人机协作是未来发展的必然趋势。

8.5.1　航空制造业

航空航天领域的发展水平是反映国家科技实力和综合国力的重要标志。由于技术难度和高风险，飞机生产中的装配过程高度复杂，自动化程度较低。技术挑战包括生产批量小、产品尺寸大和复杂的连接过程等，特别是有限的工作空间使得全自动化非常困难。因此，许多飞机结构的装配工作依然需要依赖专家的手工操作。工人们常常在狭小、噪声大、振动和气味恶劣的环境中进行作业，严重影响了工作效率。在此背景下，协作机器人成为解决这一问题的有效手段。

在飞机结构的组装中，整个机体被分为若干部分，如图8-8所示，驾驶舱位于第11/12段，机身由第13至18段组成，而第19段则封闭了乘客舱，并装有水平和垂直尾翼。压力舱壁通过大量铆钉连接安装到机筒（飞机后部）的箱形组件中。铆钉线位于压力舱壁和机筒之间的重叠区域。

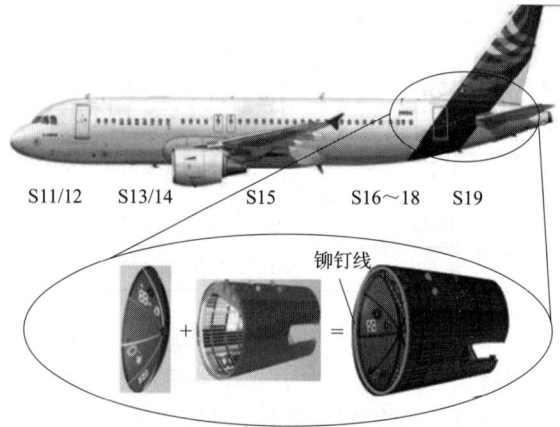

图8-8 飞机各段结构

工人在狭窄的工作空间中使用铆钉锤和托具来进行铆接工作，通常需要长达3～4h，面对高噪声、振动等不利的工作条件，工作效率显著下降，且人体工程学问题十分严重。

为了提高铆接质量，改善工人工作条件，ZeMA公司提出采用一台协作机器人代替位于下部机身位置的工人，以半自动方式进行人机协作铆接。该人机协作系统（图8-9）主要解决大尺寸工件、小尺寸作业空间的问题，改善工人的劳动条件，提高铆接质量，并能追溯铆接过程，保证人机自然交互。运行模式和流程是人机协作系统成功应用的关键。ZeMA公司采用UR10协作机器人，并开发了一套集成的智能辅助装配作业软件系统，支持操作员在操作现场非常直观地进行系统的设置、操作和定制编程，大大提高了生产效率。该过程共分为以下6个主要阶段。

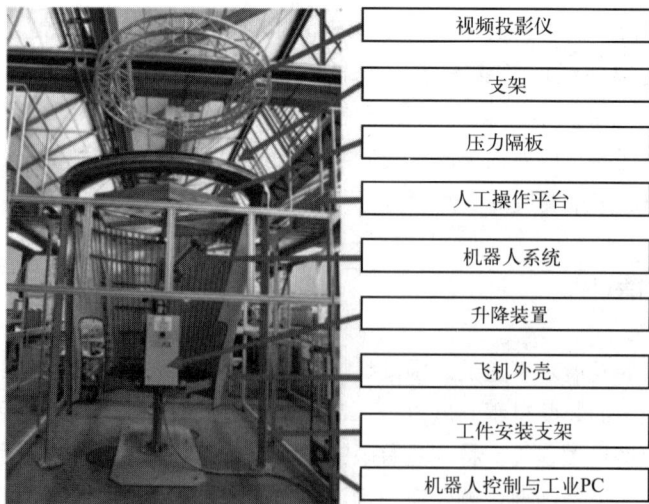

图8-9 ZeMA开发的A320第19机身段人机协作系统

① 作业任务规划。分析整个铆接过程，并根据人和机器人的特点进行合理的任务划分，将灵活性强、难度大的任务分配给人，其他繁重的重复性工作由机器人完成。

② 生成虚拟产品模型。在CAD环境下，依据装配对象的三维数模并通过二次开发生成虚拟产品模型，它包含了铆接工艺和人机任务分配信息以及机器人铆接位姿数据等。如果虚拟产品模型有问题，也可用现场的相机拍照识别后确定铆接位置。

③ 系统配置和在线调整。如果虚拟产品模型给出的铆接位置与实际产品有偏差，就通过坐标变换对工件坐标系进行在线调整，以保证操作的准确性和安全性。

④ 人机交互。系统配置好后，操作人员可通过图形化的人机交互界面方便地编辑、修改和确认各个铆接位置。

⑤ 仿真分析。仿真验证机器人轨迹规划结果的正确性和安全性，优化作业路径。

⑥ 铆接操作。机器人执行铆接任务，操作员实时监控铆接过程中机器人施加的力和力矩信息。

由于位于机筒内部的操作员承受了很高的物理负荷，因此使用HRC系统执行此任务能够有效减轻操作员的压力并提升工作效率。系统通过已安装的投影仪，将相关信息投射到压力隔板上，帮助操作员精准执行任务。为便于将机器人提升到工作区域，设计了一种集成旋转关节臂的升降装置。该装置通过棱柱形和旋转驱动器使机器人能够灵活地在工作空间内定位。升降装置不仅能够将机器人送达指定工作区域，操作员也可以使用该装置更方便地进行装配作业，确保良好的可操作性。

机身试件立式安装在外部支架上，升降装置将机器人送到指定的工作空间内，操作员利用该装置到达预定的工作位置，并根据投影仪给出的装配指令进行装配作业。这种人机协作半自动化装配作业系统具有很好的灵活性，能适应不同的作业要求，成本低，而且能显著地提高作业质量并改善操作员的作业条件。更为重要的是，当机器人出现故障时，可立即切换成全人工操作，保证连续的装配生产。

8.5.2 自动化工厂

自动化工厂的案例来源于位于瑞典的沃尔沃汽车公司(VCC)。质量平衡系统(MBS)作为汽车发动机的关键单元，在这里用于演示人机协作解决方案的能力。MBS主要由一个MBS底部、一个MBS顶部和两根连杆组成，如图8-10所示。MBS底部和顶部均具有相互匹配的机械加工表面。在将它们组装在一起之前，工人需要检查加工表面。具有齿轮啮合的杆1和

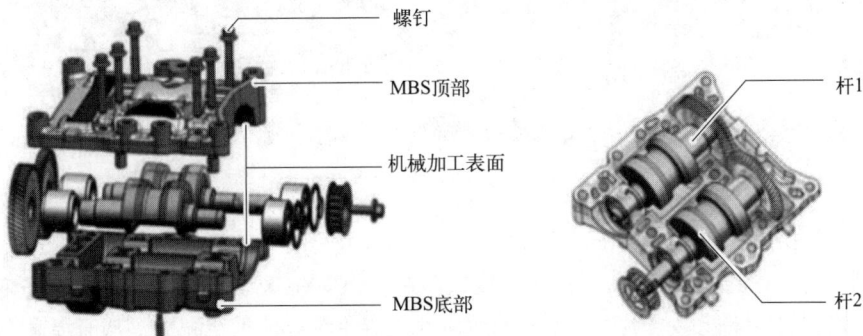

螺钉
MBS顶部
机械加工表面
MBS底部

杆1
杆2

图8-10 MBS装配示意图

杆2位于MBS内部。通过螺钉将MBS顶部和底部组装在一起。由于组件较重，长时间的装配工作会增加工人的身体负荷，因此使用机器人协助操作是必然的选择。

传统MBS装配中存在以下问题。

① 产量变化带来的挑战。随着产品定制需求的增加，生产量不断波动，制造环境也随之动态变化。制造资源配置若过于固定，难以适应这些不断变化的需求。

② 机器人编程复杂性。目前，机器人是基于固定程序进行操作的，无法根据不同的工作条件自适应调整其行为，导致编程工作量过大且缺乏灵活性。

③ 工作环境缺乏吸引力。在传统的装配方案中，大部分繁重且重复的工作都由人工完成，长时间工作会影响工人的注意力和效率。

该自动化工厂的布局和物理安装情况如图8-11、图8-12所示。工人1站在工作站1前，通过工人识别系统被检测到，机器人则协助工人完成MBS的装配。系统配备防撞功能，确保工人安全。当工人靠近时，机器人会移开避免碰撞，而非完全停止工作。

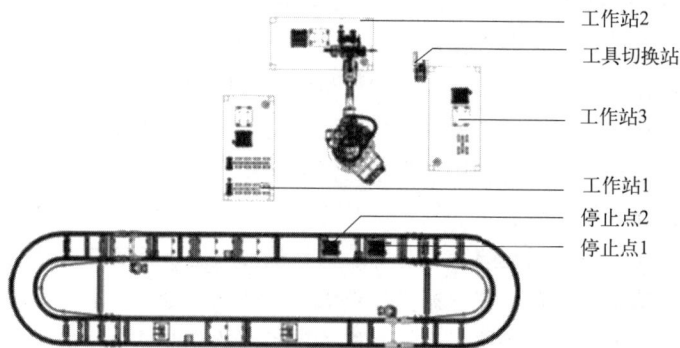

图8-11　平面布局

图8-12　物理安装位置

使用人机协作解决方案存在以下优势。

① 改变产量的竞争适应性。由于大规模定制，汽车生产已转变为小批量、多变种的生产模式。该解决方案能够增强生产系统的适应性，避免频繁地重新配置，从而提高竞争力。

② 值得信赖的人机协作环境。在传统的制造环境中，人类与机器人通常处于严格隔离

的区域。然而，该解决方案展示了工业机器人如何通过状态感知，与人类工人共同工作，既保证了人类的安全与舒适感，又能够充分发挥机器人的作用。

③ 可持续的工作环境。在人机协作场景下，机器人负责大部分繁重且重复性的任务，减轻了人类的工作负担。这为年轻人创造了更具吸引力、更加符合人体工程学的工作环境，有助于提升工作满意度和保障长期健康。

两种MBS装配方案对比见表8-2。

表8-2 两种MBS装配方案对比

项目	传统装配方案	人机协作方案
加工方式	手动加工	半自动化加工
规划和调度	固定	动态
安全场景	刚性	柔性
控制方式	传统机器人控制	自适应机器人控制

8.5.3 物流仓储

协作机器人被广泛应用于多个商业领域和工业流程，使各种服务提供商有能力满足不断增长的市场需求。随着协作机器人的技术不断发展和工业4.0的推动，供应链管理和仓储操作的效率也在不断提高。

协作机器人被设计为能够在人类工作环境中与工人协作，无论是仓库还是配送中心，它们都可以执行多样化的任务，显著降低工人受伤的风险。通过人工智能技术，协作机器人可以按照编程高效、准确地运行。

在物流和仓储行业，协作机器人在执行自动化的任务时，通过操作的可靠性为长期价值提供保障。这意味着任何公司都有能力释放部分劳动力资源，从而有效地将人力等资源投入增值活动中，如数据分析、战略规划、质量控制和保证，或做出重要的业务决策。行业内各种仓储机器人可分为集装箱装卸机器人、码垛机器人、打包机器人、拣选机器人、拖运机器人、仓储管理机器人六大类。借助仓库中的协作机器人，物流公司可以实现更高的拣选和码垛效率，同时减少工作场所中员工的伤害风险。

2012年3月，为了使配送中心尽可能高效，电商巨头亚马逊以7.75亿美元收购了自动化物流提供商Kiva的机器人仓储业务，并几乎立即将其整合进公司内部，开启了仓储自动化进程。在亚马逊公布的所有机器人中，最亮眼的是Proteus（图8-13）。这款机器人属于亚马逊Kiva货架运输机器人系列，它足够智能、安全，可以从高度结构化的环境过渡到中等结构化的环境，这对任何移动机器人来说都是一个巨大的挑战。

Proteus是亚马逊自称的第一个"完全自主"的移动机器人。从以往的经验来看，将机器人技术安全地融入与人类共存的物理空间中颇具挑战。与此前机器人在工作时需要与人类员工保持一定距离不同，Proteus机器人应用了"先进的安全、感知和导航技术"，可安全地在人群中穿梭、工作，而无须被限制在特定区域。Proteus不只是自动运行的代表，更强调了"人机交互"。这款机器人的"眼睛"设计简约实用，与传感器和灯条相配合，使机器人的"前脸"显得颇为可爱。机器人前方投射的绿灯是为了与人类交互而设计的，这是一种有效的方式，让人类知道机器人处于活动状态。当有人踏入光束时，机器人会停止移动，并在

图8-13　Proteus全自动仓库机器人

人离开后恢复。

　　这种移动机器人（自主小车）虽然没有配备机械臂，但它们可以将货架或箱子送到员工处进行拣选和包装，而分拣是一项需要大量人力的物流环节。库柏特自主研发的全新机器人高速柔性抓取解决方案CGrasp，提供了多种机器人视觉算法，并可根据物品种类自适应选择最优算法，能覆盖海量物品。针对分拣（图8-14）、拆垛等不同场景，CGrasp提供多种相适应的高速智能手爪。其中，在电商平台订单分拣上运用的二指吸盘手为融合了吸盘和柔性手指的智能末端夹具，柔性手指可以对物品进行辅助夹紧，提高抓取的可靠性。夹具配备了真空压力传感器及气压缓冲装置，通过压力检测反馈实现抓取的闭环控制，同时也可以保护被抓取物品。

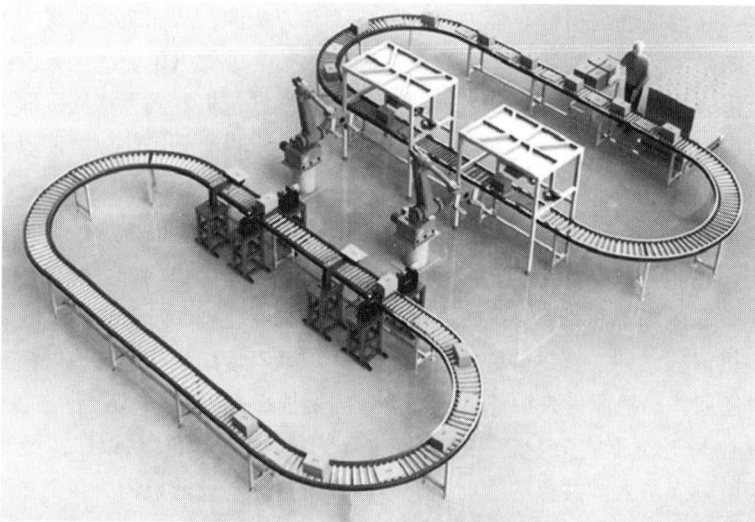

图8-14　快递分拣示意图

　　这款机器人为物流、医药、食品、消费类电子、汽车零部件和实验室等多个行业提供高速准确的操作工艺，如分拣、拾取、放置等。在操作过程中，作业人员只需将物品简单摆放在传送带或料框中，视觉系统便能判断出物品的种类和位置，并通过高速的COMATRIX相机将信息传递给机器人大脑——CobotSys操作系统，机器人便可完成定位拾取，大幅降低上料过程的辅助人力需求，节约长期运营成本，提升盈利能力。

习题

1. 分析协作机器人相比于传统的工业机器人有哪些优势。
2. 概括一下人机协作的优点。
3. 总结人机协作的感知技术，并说明为什么使用多传感器融合技术。
4. 分别阐述机器人认知系统与决策系统的建立过程。
5. 人机协作安全协作准则有几种？它们具体是什么内容？
6. 怎样采取措施进行人与机器人碰撞的事后控制，以减小损失或伤害？

第 9 章

云机器人

9.1 云机器人概述

云机器人就是云计算与机器人学的结合。就像其他网络终端一样，机器人本身不需要存储所有资料信息，或具备超强的计算能力。它们只需要对云端提出需求，云端便会响应并提供所需服务。

在2010年的Humanoids会议上，卡耐基梅隆大学的James Kuffner教授提出了"云机器人"的概念，引起了广泛的讨论。许多与会专家对云机器人持乐观态度，认为它可能是机器人学领域的下一个重大突破。

云机器人作为机器人学领域的一个新兴概念，其重要意义在于借助互联网与云计算，帮助机器人相互学习和知识共享，解决单个机器自我学习的局限性。云机器人的核心是机器人本身，而云计算则提供了技术支持。为了更准确地理解云机器人，需要正确把握云计算在其中的应用。这里的"云"是指能够自我维护和管理的虚拟计算资源，通常包括存储资源、计算服务器、宽带资源等。云计算通过集中管理所有资源，为机器人提供服务，实现大规模机器人的智能化。

随着人工智能技术的进一步发展与优化，机器人正在逐渐实现智能化；云端大脑与边缘计算的增强提升了机器人性能，使机器人从云机器人发展为云边端一体化机器人。未来，云机器人中的云端大脑将分布在从云到端的各个位置，充分利用边缘计算去提供性价比更高的服务，有效整合完成任务所需的知识和常识，实现规模化部署。机器人除了具有感知能力以实现智能协作外，还具有理解和决策的能力，以达到自主服务的水平。在不确定的情况下，它可能需要远程人员提供支持或进行决策辅助，但在大多数情况下能够自主完成任务。

要实现这一目标，还需要结合人工智能技术和5G技术等关键技术，在提高机器人本体感知能力的同时，提升个性化自然交互能力，实现机器人向云机器人的转变。

9.2 云机器人关键技术

云机器人融合了云计算、人工智能、5G通信、大数据和工业互联网等前沿技术，为机器人提供了一个智能的云端大脑。这不仅能够增强单个机器人的能力，还能让世界各地、拥有不同技能的机器人打破地域限制，实现相互合作和信息共享，从而完成更复杂的任务。下面将从三个方面探讨云机器人的关键技术：5G通信技术、"云-边-端"技术、人工智能技术。

9.2.1 5G通信技术

随着5G通信技术的发展，作为信息交互频繁与通信量大的场景，智能制造领域无疑是5G技术大展拳脚的地方。工业机器人作为智能制造的关键要素，5G的应用必然会对其产生深远影响。

5G的传输速率相较于4G有了全面提升，峰值速率最高可达20Gb/s。对网络速度要求较高的业务，如安防机器人终端传输超大容量的图片和视频文件，4G网络的速度无法满足其需求，用户还是需要依靠昂贵的本地设备进行处理。而在5G网络覆盖下则可以实现更无损、更高效的传输。

5G通信技术在工业机器人中的应用，使得机器人在传输数据方面拥有了超高的传输速度和低延迟，5G带来的无线连接技术与云端技术，将极大提升工业机器人智能化生产的灵活性和成本效益。根据云机器人的定义，机器人不需要存储大量数据或具有超强的计算能力，只需实时地将数据传输到远端的云平台，并在有需求时向云端发起请求。机器人与云端的交互要求实时性，5G通信技术的高传输速度和低延迟为这一过程提供了强大支持。5G具有高速率、低延迟（低时延）和云智能的特性，其在数据收集、存储、处理、连接等方面的优势，将为机器人行业带来革命性的变化。

5G通信技术及其云化统一架构为云端实现机器人实时控制提供了可能，因此，机器人技术将在以下几个方面迎来重大变革。

① 高效数据传输。当前5G的下行峰值速率可达20Gb/s，是千兆级4G网络速率的20倍，这将大幅提升机器人在接收信息和任务指令时的效率。云机器人的远程操作与现场机器人相比最大的不同就是控制指令执行的实时性。现场操作不需要长距离地传输，指令几乎可以实时执行，而云机器人则依赖于高效的数据传输和低延迟的控制执行。5G的低延迟特性能够确保远程操作的指令传输时间仅为1～2ms，与现场操作几乎没有差别。这种快速响应能力是云机器人高效运行的关键。

② 更强的抗干扰性与多设备连接。传统的Wi-Fi通信方式容易受到干扰，且在切换和覆盖范围方面存在局限性。随着5G的普及，工厂中的eLTE技术应运而生，凭借5G的强抗干扰能力，工厂内的设备连接将变得更加稳定。同时，5G还能够将联网设备的连接数提升10到100倍，覆盖范围更广，极大提升了机器人应用中的数据分析能力。这不仅提升了工厂的生产效率，还显著降低了网络通信的成本，使机器人应用更加灵活、多元化。

③ 机器人云化。机器人云化指利用云计算将机器人的计算任务转移到云端执行。5G凭借其高带宽和低时延的优势，使得机器人云化成为可能，并提升了数据传输的安全性。在部署应用机器人时，云端可以作为管理平台，远程控制多个机器人，从而实现更高效的资源管理和操作协调。借助云端计算能力，机器人可以处理更复杂的任务，同时减少对本地硬件的依赖，提升整体系统的灵活性和安全性。

5G在智能机器人中的应用场景如下。

① 5G模组赋能AGV机器人。AGV（automated guided vehicle，自动导引车），是随着工

厂自动化和计算机集成制造系统技术逐步发展，以及柔性制造系统和自动化立体仓库的广泛应用而催生的产物，如图9-1所示。作为智能仓储和智能工厂中不可或缺的自动化搬运工具，AGV大幅提高了制造型企业的生产效率，降低了成本，已广泛应用于港口、机场、停车场等场景。

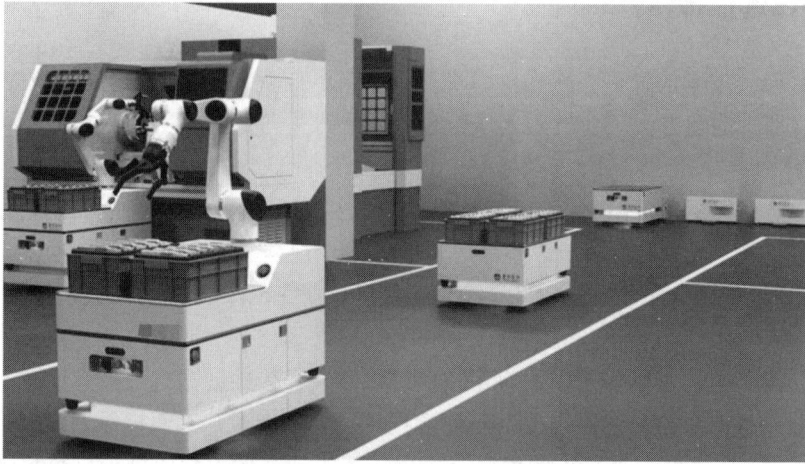

图9-1　AGV机器人在智能仓库分拣

AGV由于需在不同地点间移动，因此对稳定的无线通信网络和快速的AP（接入点）切换有很高要求，以确保其高效、稳定地工作。5G网络凭借其强大的移动性管理、无缝覆盖和服务质量保障，提供了AGV所需的可靠通信环境。通过5G网络切片技术，可以根据不同的工业场景创建专用的工业网络，确保生产数据的安全性和可靠性，这显著提升了5G在垂直行业中的应用潜力。

AGV应用系统可以部署在边缘云上，降低本地计算负载，满足低时延要求，并有效管理工厂的工业应用。这样不仅降低了AGV设备的复杂性，还提高了系统的稳定性。借助边缘云强大的计算能力，AGV能够对测试数据进行深入分析，并整合来自其他制造系统的数据，实现从产品制造到测试的闭环管理，进而提升智能制造的效率。

② 采摘机器人远程控制系统设计。该系统（图9-2）通过应用云平台和5G无线通信技术，实现了对采摘机器人的远程控制。其核心在于远程控制系统的设计，重点是数据监控中心的功能与操作。

数据监控中心作为系统的中枢，负责在Hadoop云计算平台（云平台）、移动客户端和采摘机器人之间传递指令并共享数据。数据监控中心不仅保存采摘机器人的实时状态信息，还将应用服务器的指令和控制参数发送给机器人，驱动其运行。Hadoop云计算平台用于存储机器人数据和进行运动控制计算，确保远程操作的稳定性与准确性。移动客户端允许终端用户实时监控并控制采摘机器人，机器人的传感器则实时监测设备状态和执行运动控制指令，并将这些数据反馈给数据监控中心。借助5G的低时延和高可靠性，这一系统能够实现更精准的远程控制，并提升采摘机器人的操作效率和灵活性。

9.2.2 "云-边-端"技术

2010年提出的云机器人概念引入了"云端大脑"，使机器人能够结合云计算、云存储及

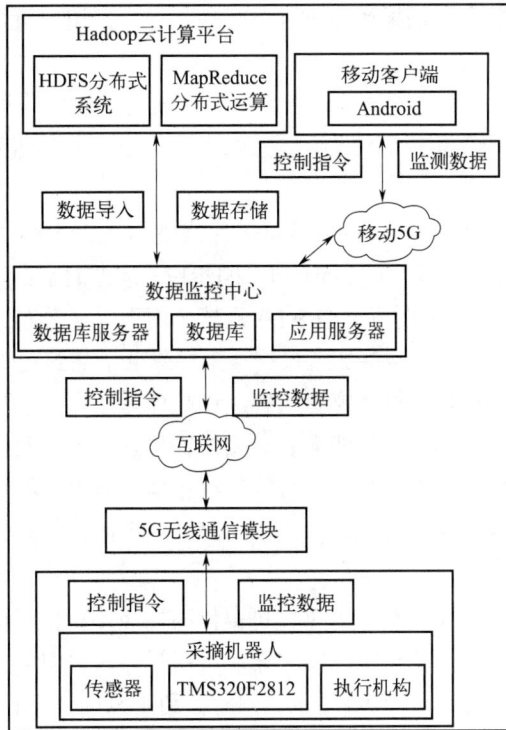

图 9-2　采摘机器人远程控制系统总体框架图

其他云技术，从而拥有融合基础设施和共享服务的诸多优点。相比于独立运行的机器人，连接云端大脑的机器人具有以下四大核心优势：

① 提供海量的存储空间，使机器人能够利用大数据技术进行复杂任务；

② 提供强大的计算能力，使机器人在数据分析、动态规划、视觉处理等大量计算任务中更加高效；

③ 实现机器人之间的知识共享，每个机器人都将知识和数据上传到云端，也可以从云端获取数据；

④ 促进人机协作的发展，通过结合人类分析经验，帮助机器人更加智能地处理任务和数据。

如图 9-3 所示，机器人即服务（Robot-as-a-Service, RaaS）是一种将云计算、人工智能、机器人学、虚拟现实和自动化相结合的全新商业模式，它是继"软件即服务（SaaS）""平台即服务（PaaS）"和"基础设施即服务（IaaS）"之后的创新服务模式。企业可以通过租借机器人服务，以低成本、灵活的方式完成各种任务。

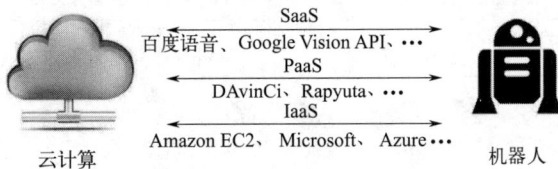

图 9-3　云计算与机器人融合

在 RaaS 租用模型中，一个常见元素是云机器人。Ready 公司为客户提供了远程监控机器人系统或连接控制器其他系统的能力。用户还可以将程序保存和备份到云中，并将其从一个机器人部署到另一个机器人。如果操作过程中丢失了程序，用户可以从云端恢复并在几分钟内重新启动。

物联网（IoT）的快速发展产生了大量数据，这推动了边缘计算的崛起。边缘计算通过在靠近设备的地方部署计算和存储资源，减少了设备与云端的流量传输，降低了传输时延，并提高了网络可靠性。

对于需要低时延的业务场景，5G技术可确保终端与数据中心之间的低时延。当前测试表明，5G设备与基站之间的时延可达4ms，使用URLLC（低时延高可靠通信）模式时可降至1ms以下，显著优于4G的20ms时延。在5G中，核心网引入了分布式网关，网关可以下沉到基站附近，边缘服务器与分布式网关的直接连接大幅降低了端到端的网络时延。

在机器人领域，引入边缘计算能够有效解决终端计算能力受限和云端计算的实时响应问题，增强机器人云端大脑的实时响应能力。边缘计算与云计算的融合，突破了边缘端的存储能力和计算能力限制，提高了人工智能算法的训练和推理能力，缩短了训练时间。机器人智能可以通过云端训练并在边缘进行部署，实现实时的多机协作、知识图谱提取、理解和决策等智能提升。

通过"云-边-端"一体化架构，云平台可提供高性能计算和知识存储，边缘设备负责数据处理和计算支持，机器人终端则完成实时操作与控制。该架构可在大规模机器人应用场景中实现更经济、有效地部署，如图9-4所示。同时，利用5G通信和互联网技术将机器人无缝连接，使生产制造更加扁平化、定制化、智能化，实现数据共享、敏捷互联、应用云化和智能决策，促进机器人在工业控制、物流追踪和柔性制造等应用场景的通用智能化，有利于制造业的转型升级以及智能制造的发展。

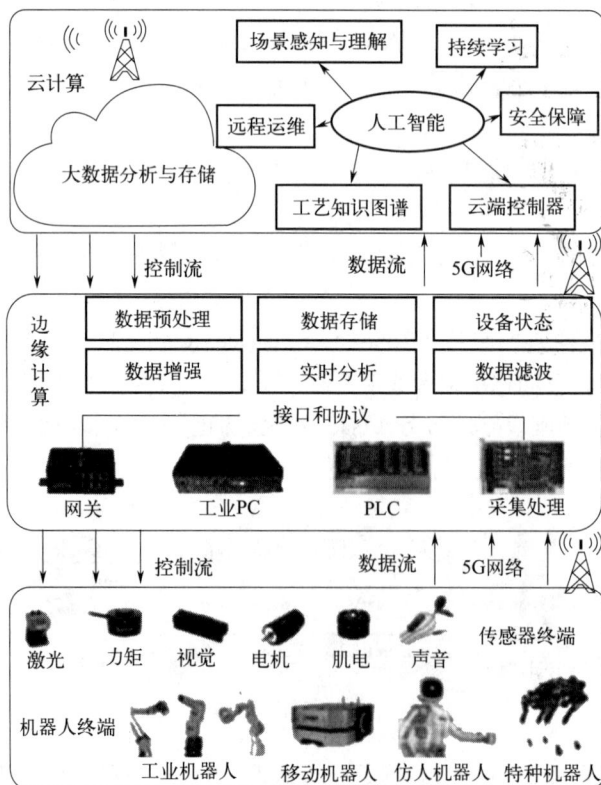

图9-4 云机器人中的"云-边-端"一体化架构

云、边、端三者的关系，类似于人类的大脑、神经系统和四肢。为了让物理世界更加智能，"云-边-端"一体化架构从"云"这个大脑开始，将软硬件资源整合，并根据应用需求，将调度职能层层前移，直达"物理世界"的每一个角落。在机器人领域中，云、边、端三部分发挥着如下重要作用。

① 云平台。云平台汇集了机器人通过多种传感器收集的信息，并进行分析处理和安全备份。云端（云平台）整合了边缘端及机器人终端的软硬件资源，并将其虚拟化，针对机器人在不同场景下的存储及算力需求，云平台可以按需进行高效、及时、低成本的协调与调度。此外，云端的负载均衡功能，扩展了网络设备和服务器的带宽，增强了网络数据处理能力，为机器人的海量信息交互提供支持。对于大批量、分散式的机器人远程集中管理，云端的统一调度更便于机器人间的数据共享及高效协同工作。云平台可以接入各类主流机器人和智能制造设备，为工厂提供统一的监控和运维服务，节省运营成本，使工业机器人的使用更加稳定、安全。

② 边缘节点。传统的集中式"云-端"架构难以应对IoT设备海量数据的增长。边缘节点将计算和存储能力分散部署在靠近机器人的位置，通过缩短数据传输链路，提升响应速度。边缘节点与云端的结合，通过协同训练不断完善知识图谱，提升机器人智能化水平和决策能力。

③ 机器人终端。在"云-边-端"一体化架构中，机器人本体的硬件结构将得到简化。机器人不再需要配置性能高、能耗大的计算和存储设备。机器人终端主要负责感知外部环境，并通过边缘节点进行数据处理。与传统的"云-端"架构不同，在靠近机器人终端的边缘节点赋能下，机器人能够更有效地处理即时性交互场景。例如：在导航机器人的咨询服务应用中，机器人可以将消费者的问询信息实时传递到边缘节点，通过对边缘端数据库的信息检索，快速匹配出最优答案，再反馈给机器人终端呈现。机器人在"云-边-端"一体化架构下，信息交互不再只依赖云端响应，边缘端的引入大大减少了延迟的问题，企业也可以在不增加本体软硬件资源负担的情况下，大幅提升产品的计算能力。

基于云、边、端三者的协同功能，可以构建一个为机器人提供多种服务的云-边-端一体化运营平台。在这个平台中，服务机器人本体充当服务的执行者，而实际功能则根据具体需求，在机器人终端计算、边缘计算和云计算之间无缝分布和协同运作。类似于智能手机上的APP，机器人系统的核心关注点在于实现高性价比的多模态感知融合、自适应交互和实时安全计算。

① 多模态感知融合：为了支持机器人在移动、避障、交互和操作中的各类任务，机器人系统需要装备多种传感器（如摄像头、麦克风阵列、激光雷达、超声波传感器等）。环境中的外部传感器也可以弥补机器人的物理感知局限性。为了确保任务的有效执行，大部分数据需在时间同步的基础上进行处理，并调用不同复杂度的算法模块（如SLAM、图像处理、人和物体识别等）。机器人硬件与边缘计算的协同至关重要，它们需要共同支持多传感器的数据同步和计算加速。为此，系统应采用异构计算平台，灵活结合CPU、FPGA（现场可编程门阵列）和DSA（领域专用加速器）等计算单元。对于没有强实时性要求的任务（如行为识别、场景识别等），则可以由云计算来完成。

② 自适应交互：为了支持机器人提供个性化服务并具备持续学习能力，系统需要将感知模块的输出与知识图谱结合，充分理解环境并逐步积累知识。常规的实时数据可以存储在云端，而与地域或个性化服务相关的数据则可以存储在边缘端或机器人终端。无论数据存储

在哪个部分，机器人系统都需要一个统一的调用接口，并确保实时通信的可靠性。

③ 实时安全计算：未来的服务机器人将面临大量实时响应的应用场景（如语音交互、协同操作等），因此边缘服务器上必须部署相应的加速硬件。同时，机器人需要处理大量涉及用户隐私的数据（如视频、图像、语音等）。为了保障用户隐私，"云-边-端"一体化架构需要建立数据的安全传输与存储机制，并严格限定数据的物理访问范围。对于具备物理操作能力的机器人，必须建立独立的安全监测机制，确保即便系统受到远程攻击，机器人也不会造成物理损害。

2021年3月31日，埃夫特智能装备股份有限公司与阿里云计算有限公司签订框架合作协议，双方将打造行业内首个"云-边-端"一体化智能机器人云平台，让更多工厂用上机器人。

埃夫特与阿里云的合作，旨在解决工厂小批量混线生产的问题，为中小企业提供更为友好的智能化解决方案，推动产业升级。立足安徽，辐射全国，埃夫特希望通过这一平台，让更多企业能够轻松使用机器人技术，降低成本并提升生产效率。

根据协议，双方将集合国产自研机器人技术、机器视觉、云计算和人工智能技术，将阿里云工业大脑作为埃夫特智能机器人云平台的技术底座。云平台可降低工程师编程与算法应用的门槛，提高机器人的自主性和智能化水平，满足小批量混线生产的"柔性要求"，并在一定程度上弥补中小工厂工艺工程师的不足。

9.2.3　人工智能技术

随着知识图谱、大数据、深度强化学习等新兴人工智能技术的发展，这些技术与机器人系统的融合推动了机器人智能化的进程。新兴人工智能技术与机器人系统的融合正是目前研究的热点。

知识图谱（knowledge graph）作为人工智能领域的重要技术，最早由谷歌在2012年提出。它是一个结构化的语义知识库，旨在以符号的形式描述物理世界中的概念及其相互关系，其核心结构是"实体-关系-实体"的三元组模型，以及实体的属性-值对。通过这种网状结构，知识图谱将相关实体进行关联，从而构建全面的知识网络。在全球范围内，知识图谱技术受到了广泛关注。著名的人工智能专家、图灵奖获得者杰夫·辛顿（Geoff Hinton）在加入谷歌时曾表示，要构建一个全球共享的知识图谱。阿里研究院也在其2019年发布的十大技术趋势中强调了知识图谱的重要性，认为这是人工智能迈向下一个阶段的关键路径。

在工业制造领域，知识图谱也已初步展现其潜力。研究者尝试将知识图谱应用于知识驱动的代码生成，以降低制造系统动态重构的难度并增强制造过程的柔性化。例如，知识驱动的查询系统可以通过知识图谱辅助自动化生成代码，提高制造效率和灵活性。目前，云机器人技术在工业机器人智能制造领域成为研究热点，基于知识图谱的机器人制造能力服务组合能够有效整合和优化工业机器人制造资源。知识图谱技术通过集成和共享机器人特征知识和关联知识，提升了任务解析、服务匹配和组合优化的能力。

与传统的百科知识类的知识图谱不同，机器人应用的知识图谱有如下需求。

① 动态和个性化的知识。机器人需要深入理解其所在环境及其服务对象，不仅要了解当前情况，还要能记录和学习历史数据（例如，机器人经常执行的动作、物体的位置等）。这些动态信息是通用知识图谱所无法提供的，必须通过机器人在实际环境中实时获取和更

新。通过对用户的观察，机器人可以学习用户的喜好和行为模式，从而提供更加个性化的服务。

② 与感知和决策紧密结合。知识图谱需要与机器人的感知、决策系统深度融合，帮助实现更高级的持续学习能力。与传统的独立运作方式不同，机器人知识图谱通过感知系统获取信息，并在场景理解的基础上进行存储和模式挖掘（如时间和空间的相关性）。这些知识又可以反过来为感知算法提供上下文信息，从而实现自适应的感知与决策。

在"云-边-端"一体化架构下，知识图谱将分别存储在机器人端、边缘端和云端。为了确保知识的统一调用，系统需要提供标准化的接口。此外，出于协同学习和实时处理的需求，知识图谱及相关数据、模型等信息可以在不同层级之间进行共享，并通过冗余备份机制提升系统的实时性与可靠性。

除了知识图谱外，工业大数据也是云机器人技术中的关键组成部分。在智能工厂中，工业机器人通过数据挖掘技术处理大量实时生成的数据，从而对自身运行状态和工作环境进行性能评估。工业机器人的健康评估能够实时反映其性能状况，确保生产流程的稳定和高效。然而，随着数据规模的持续增长，数据分析的准确性也面临更大的挑战。工业大数据的来源广泛且类型复杂，其多样性、复杂性和异构性对数据管理提出了严峻的要求。

目前，在大数据的平台架构中主要分为批处理和流处理两种，现有的大数据批处理系统有Hadoop，大数据流处理系统主要有Storm和Spark等。它们的共同特点是分布式大数据处理框架，能够以高效、可靠、可伸缩的方式对大数据进行处理，具有高可靠性、高扩展性、高容错性和低成本等特点。

工业机器人和云计算的应用离不开数据的感知采集和大数据驱动。通过云计算技术，可以对采集到的大量数据进行有效存储和处理。同时，边缘计算与云计算的结合进一步增强了对海量数据的处理能力，使数据得以充分利用。云边协同的数据分析和挖掘能力加强了对工业机器人和生产现场的监控与优化。在现场端，数据通常由温度传感器、振动传感器和图像传感器等设备采集。数据处理方面，通常采用基于开源的分布式系统架构Hadoop，并结合MapReduce并行计算框架，以及Oracle RAC等系统构建大数据处理平台。该平台不仅能实现海量数据的分布式存储，还支持并行计算的数据分析，为工业机器人管理系统提供了高效、准确的决策支持。

随着工业机器人向智能化迈进，深度学习（deep learning）和云机器人成为推动机器人技术发展的重要支撑，尤其是近年来深度学习技术的快速发展。在实际应用中，深度学习技术主要用于语音识别和图像识别。语音识别方面，2011年，微软通过深度神经网络（deep neural networks）显著提升了语音识别技术。与传统语音识别系统相比，采用深度神经网络的语音识别系统能够将误识别率降低25%，且与传统建模方法无缝衔接。这一突破使得语音识别系统无须额外的计算资源即可显著提升识别准确率。

机器人中的语音识别技术也已应用多年。自20世纪70年代起，人类不断探索更加自然便捷的人机交互方式，从计算机时代的键盘到智能手机时代的触屏，再到如今的AI语音技术。在机器人领域，语音识别不仅能唤醒机器人，还能使机器人识别说话者，甚至在嘈杂环境中实现远场消噪和回声消除。语音识别可以通过云端进行处理，或者在离线环境中执行。而当语音转为文本后，机器人的"脑"开始进行语义理解，这涉及对话管理、内容理解以及上下文处理。为了实现更加自然的交流，机器人需要通过语音合成系统进行情感化的回答。具体的交互过程如图9-5所示。

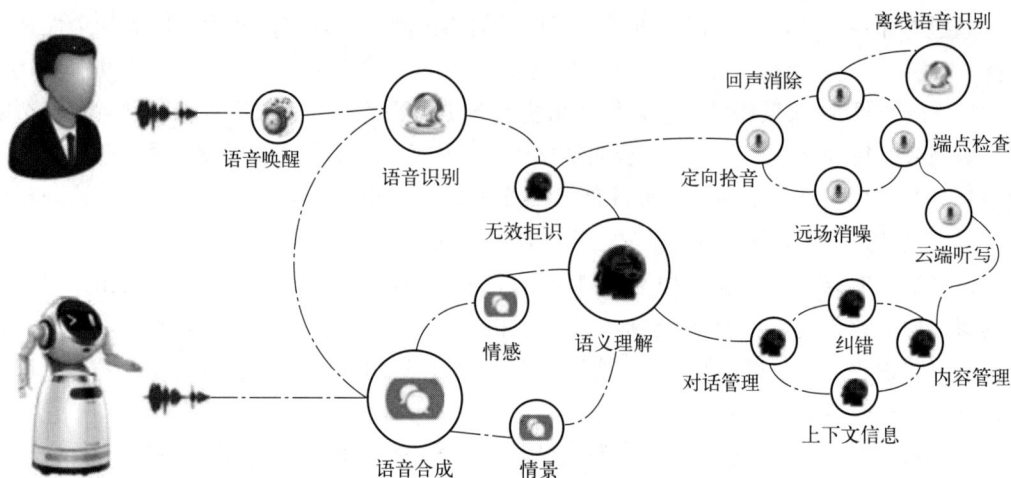

图9-5　人机语音交互过程

图像识别方面，2012年，Hinton教授及其团队通过卷积神经网络（convolutional neural networks，CNN）在图像识别领域取得了突破性进展，标志着深度学习开始取代传统的人工特征提取与机器学习组合的图像识别方法，成为主流。在智能巡检机器人中，卷积神经网络被用来分析和识别变电站监控图像，快速准确地识别异常情况并发出警报，从而提高变电站的运行可靠性。具体来说，图像识别的步骤包括：①对采集的图像进行预处理，通过与数据库采集设备进行差图像分析、相关分析，先行识别出图像中的设备信息；②将识别设备历史图像从数据库中提取，并通过卷积神经网络模型进行训练；③将当前采集的图像输入到训练完成的模型中，分析并判断设备的运行状态。

未来，5G通信技术、云计算、边缘计算、"云-边-端"协同以及人工智能中的算法将成为云机器人发展的核心支撑。在向大规模"云-边-端"一体化机器人迈进的过程中，这些技术的不断发展和深度融合将是关键所在。

9.3 云机器人系统架构

随着云机器人技术的快速发展，机器人云服务平台领域的研究也更加深入。研究的重点集中在如何提高机器人与云平台之间的实时交互水平，以及如何优化云机器人系统的整体架构。目前，国内外的研究案例相对较少，整个领域仍处于早期探索阶段。规范云机器人系统架构、统一机器人与云平台的接口，将更多类型的机器人整合到云平台中，丰富平台的服务类型，不仅能够使研究人员更加专注于算法开发，还能加速机器人行业的发展。

为了兼容市面上大多数工业机器人操作系统，机器人云平台将不同机器人的数据统一管理，实现更高效的运营。这种平台化管理方式，使得多个品牌和型号的工业机器人能够在一个系统中协同工作，提高了工业生产的灵活性与效率。

机器人云平台有以下特点。

（1）高科技

机器人云平台兼容多种品牌和型号的工业机器人操作系统，支持远程监控、故障诊断、数据分析、工艺优化和云端维护。它不需要大幅改动现有的工业机器人软硬件，通过新增软硬件设备，即可实现对机器人的高效管理。此外，平台拥有强大的计算能力，能够部署复杂算法进行训练，拓展机器人的功能。

（2）高稳定

云平台支持各类主流机器人和智能制造设备的接入，提供统一的监控与维护服务。通过云平台的集中管理，工厂可以降低运营成本，提升机器人系统的稳定性，使其在长时间运行中保持高效可靠。

（3）高效性

机器人云平台能够实时监控机器人的状态，将传统上需事后处理的问题转变为事前预防、事中反馈和事后归档。这种预防性维护使得工业机器人运作更加标准化和高效化，帮助企业应对人工成本上升的挑战。

（4）高扩展性

机器人云平台可以将生产过程中采集的数据信息以及机器人的内部状态反馈给生产厂商，以便进行进一步优化。通过云端的持续改进，机器人可以更加精准地满足生产需求，并根据用户使用习惯进行个性化优化。

机器人云平台主要由机器人本体和云平台两大主体构成。两者的结合带来了诸多优势，尤其是在机器人优化设计和功能增强方面。对于机器人制造商和用户而言，云服务不仅能够通过数据分析和挖掘技术推送个性化的使用建议，还能提供远程数据监测和控制功能。云平台的资源虚拟化技术也是其一大亮点。通过硬件虚拟化，平台可以将多个计算机的物理资源进行抽象和整合，从而提高资源利用率并增强系统灵活性。

目前，大多数机器人系统都是基于ROS（机器人操作系统）开发的，基于ROS的机器人云平台服务架构如图9-6所示。

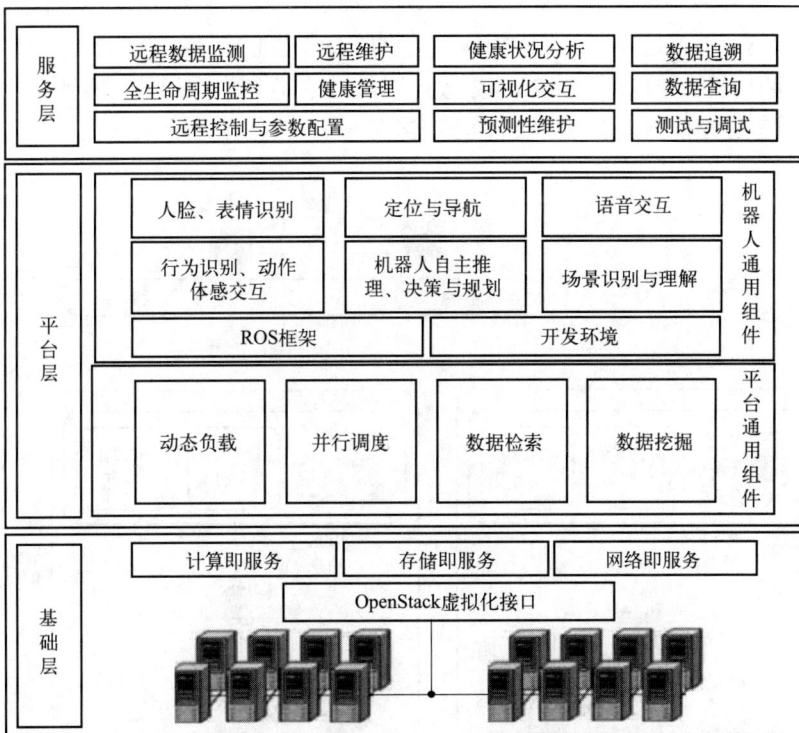

图9-6 基于ROS机器人的云平台服务架构

基础层为云平台提供物理硬件资源，主要包括存储设备、服务器、计算资源和网络资源等。在该层中，服务器、存储设备和网络资源通过OpenStack等开源云平台管理系统进行虚拟化整合，实现资源的动态分配、灵活使用以及高度扩展性。基础层能够为上层提供三类核心服务：计算即服务、存储即服务和网络即服务。

计算即服务，与云计算的服务模式基本相同，主要是整合基础层的计算资源为上层的云平台应用提供服务；存储即服务，是基础层为云平台提供持久化数据存储的服务，通常根据云中数据存储的结构化、半结构化和非结构化需求进行存储；网络即服务，将网络资源虚拟化为服务，为云平台上层的应用提供网络支持。通过OpenStack的虚拟化技术，提供灵活的动态网络服务，如虚拟IP地址、负载均衡以及虚拟局域网等功能。

平台层为开发者提供一个集成环境，便于中间件的开发，并为服务层提供应用服务。根据中间件的功能，平台层可分为平台通用组件和机器人通用组件。平台通用组件围绕平台软件的核心功能，提供动态负载、并行调度、数据检索、数据挖掘等组件，确保平台的高效运作。机器人通用组件基于ROS（机器人操作系统），该层封装了机器人的底层硬件，并提供了丰富的接口，使得机器人开发者可以在其上构建应用程序。平台层目前支持基于ROS的多种机器人功能组件，如人脸识别、定位与导航、行为识别、场景识别与理解等，极大地提高了开发效率。

服务层位于云平台的最顶层，它将资源虚拟化为服务，通过软件即服务（SaaS）的形式为用户提供功能。服务提供商可以将应用程序部署在云平台上，用户只需接入互联网，通过C/S（客户端/服务器）或B/S（浏览器/服务器）架构即可使用应用服务。此外，机器人用户也可以将机器人接入云平台，使用云平台提供的服务，如数据查询、测试与调试、可视化交互、远程控制与参数配置等。

此外，目前较为主流的是基于M2M/M2C模型的系统架构和UNR-PF平台架构，随着机器人的发展，这两种架构各有欠缺。根据目前机器人的应用需求和关键技术，研究者提出一种云机器人平台的层次化架构，该架构分为三个层次，分别为全局云、本地云、机器人层。该架构清晰鲜明，功能划分明确，如图9-7所示。

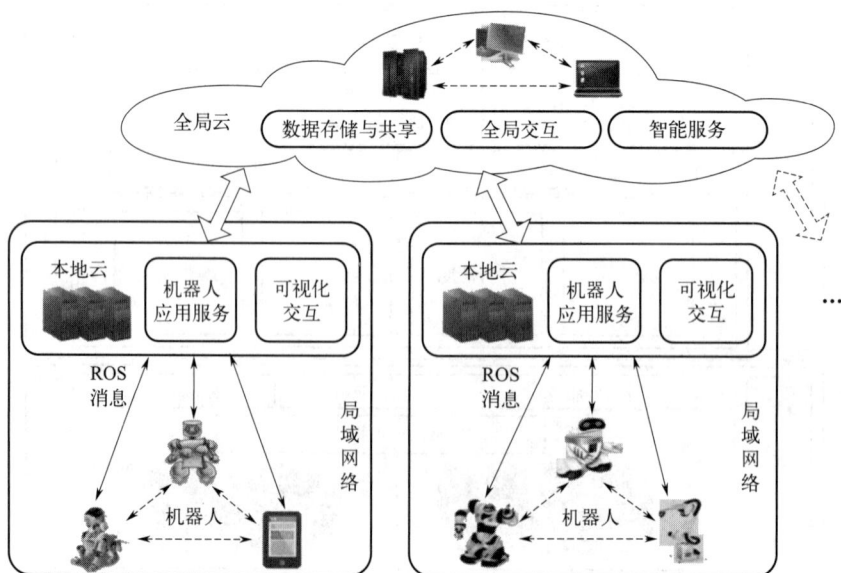

图9-7　基于ROS的云机器人平台的总体架构

全局云以云计算技术为基础，充分发挥其计算能力与功能优势，支持为本地机器人提供服务。在传统的云机器人架构中，大量计算任务通常被放置在云端进行处理，这需要频繁地将数据在本地和云端之间传输，从而导致较高的带宽负载和延迟。然而，随着边缘计算的引入，本地云（或称边缘云）逐渐承担了更多的计算和存储任务。通过在本地云中结合边缘计算技术，可以将对实时性、安全性要求较高的数据在本地处理，减轻全局云的压力，同时提高系统的响应速度和安全性。这种架构将传统云模式划分为全局云和本地云（边缘云）两部分，分别处理不同类型的任务。

全局云主要负责数据存储与共享、全局交互和智能服务。全局云适用于需要大规模计算的任务，例如机器人训练、模型优化等。全局云存储分布式机器人采集的重要数据，如图像信息、地理位置信息及机器人行为信息等。全局交互为开发者和用户提供了一个交流和访问平台，支持终端设备与本地云的双向交互，实现数据的上传与反馈。此外，智能服务部分通过全局云部署基于人工智能的应用，协助机器人完成更复杂的任务和指令。

本地云又可以称为边缘云，本地云结合了边缘计算的特点，向上与全局云进行数据交互，向下负责机器人控制指令的下发和数据采集。由于边缘计算具备强大的计算与存储能力，本地云能够就近处理任务，有效减少延迟，提升实时性。这一分工使得本地云可以承担部分全局云的任务，降低带宽压力，同时也减少了部署成本。此外，本地云中，所有机器人的应用服务都是以组件的形式存在，每个服务组件只响应自己需求的机器人请求。传统的文本交互和简单的可视化交互已经无法满足开发者和用户的需求，本地云根据ROS的可视化组件，为开发者和用户提供一种灵活的、界面友好的可视化交互页面，方便开发者开发机器人应用，用户了解和控制机器人的状态。

机器人层是云架构的最终执行节点，包含各种类型的机器人及其传感器和通信协议管理。机器人层主要负责从本地云和全局云接收指令并执行任务，同时将数据回传至上层。智能设备（如手机）可以接入机器人层，对机器人进行实时监控和管理。这种设计确保了用户和设备能够通过便捷的接口控制机器人，实现高效的人机交互。

基于现有的云机器人平台架构，研究者不断探索新的技术融合方式，例如将微服务容器技术应用于云平台，以提高系统的灵活性和可扩展性。此外，研究人员还探讨了深度强化学习在云机器人平台中的应用前景，这有助于机器人在动态环境中进行更智能的决策和任务执行。通过不断优化全局云、本地云和机器人层的协同工作机制，云机器人平台将逐步满足更多复杂场景的应用需求，为未来的机器人技术创新提供有力的支持。

9.4 云机器人应用研究

随着云机器人技术和架构的逐步成熟，云机器人在多个领域开始展现出显著优势，尤其是在SLAM（同步定位与地图构建，或称同步定位与建图）、语音交互、深度强化学习控制等方面的应用逐渐深入。通过将云计算的强大能力融入机器人系统，这些应用不仅提高了机器人的效率，也拓宽了其应用场景。

9.4.1 云机器人SLAM的应用

同步定位与地图构建（SLAM）是机器人领域中的核心技术之一，同时也是一种计算密集型任务。SLAM技术的核心目标是在未知环境中，移动机器人通过传感器逐步构建环境地图的同时，对自身位置和姿态进行实时估计。这一过程中涉及大量复杂的计算和数据处理，而机器人本地资源难以有效应对这些需求。云机器人技术通过将计算和存储任务转移到云端，成为解决这一问题的突破口。其优势主要体现在以下几个方面：

① 海量存储空间：云计算提供了巨大的存储能力，能够有效存储大量地图数据，并为基于大数据的人工智能技术奠定基础。

② 强大计算能力：云端拥有强大的计算资源，能够迅速解决本地难以承担的复杂计算任务，提升SLAM的实时性与精度。

③ 信息与知识共享：云机器人能够共享策略、控制方法及输入输出数据，不同机器人之间可以通过云端共享SLAM信息，实现协同工作。

④ 有助于实现人机协作：利用云端计算和人类经验，帮助机器人更好地处理感知数据和任务，提升整体效率。

目前，研究者在云机器人架构下提出了一个SLAM服务化框架，如图9-8所示。从图中可以看出，该架构分为两部分：机器人端和云端部分。机器人端通过云端的服务定位和SLAM服务接口来实现服务调用，该服务调用是云端为机器人提供的"软件及服务"。云SLAM服务调用包可以提供的服务主要为：

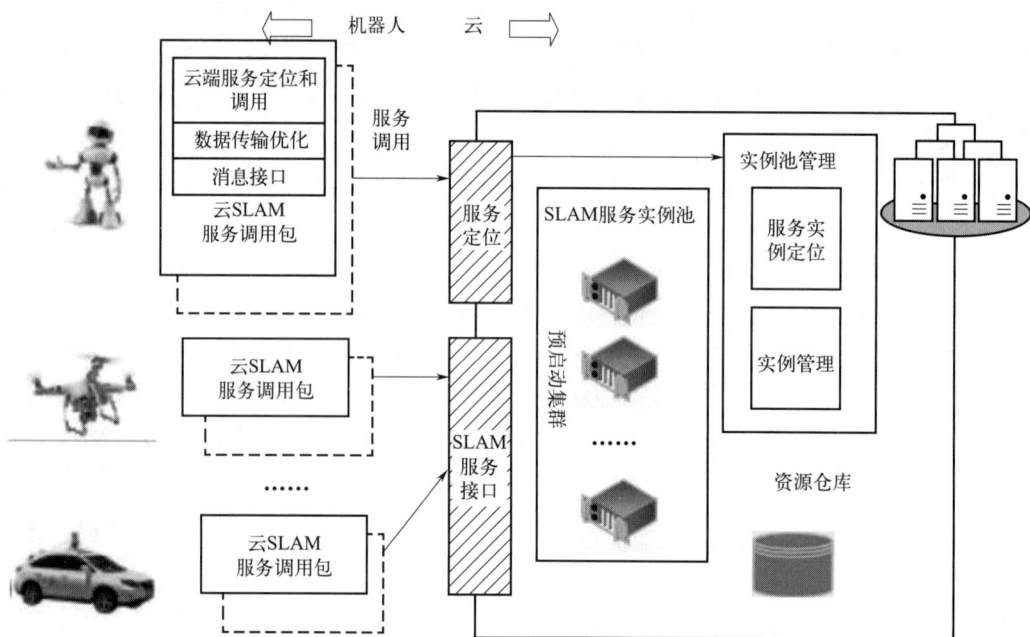

图9-8　基于云机器人架构的SLAM服务化框架

① 云端服务的定位和调用：云端对上传的数据进行处理，并将处理结果返回给机器人调用；

② 数据上传接口：提供上传感知数据的机制，允许机器人将采集的数据传送到云端进行处理；

③ SLAM过程的控制：提供启动和停止SLAM服务的方法，确保机器人可以根据需要自主启动或停止SLAM任务。

云端主要是为机器人端提供"软件即服务"，至少包括如下模块：

① 服务入口模块：接收来自机器人的请求，并将其转发至相应的SLAM执行实例；

② 实例池管理模块：负责为SLAM任务分配资源，包括从实例池中调取空闲的SLAM实例，或根据需要动态增加新的虚拟SLAM实例；

③ 服务实例池模块：配置和管理SLAM服务实例；

④ 资源仓库模块：存储各种SLAM算法的实现形式，例如不同算法实现的虚拟机镜像。

此外，借助云计算在计算能力和资源共享方面的优势，将机器人与云计算相结合，研究了基于视觉SLAM的导航实现。具体采用基于ORB❶特征的视觉SLAM算法，经过传感器信息读取、视觉里程计、后端优化、回环检测、图优化等步骤，实现室内点云地图的构建。

另外，对移动机器人中的导航算法进行了研究。移动机器人通过视觉SLAM算法得到所在环境地图后，可以进行导航后端的路径规划。路径规划问题是机器人实现自主导航的关键，路径规划算法主要分为导航地图表达、全局路径规划和局部路径规划。

常见的二维地图包括拓扑地图、栅格地图和特征点地图。拓扑地图将环境抽象为节点和连线的网络结构；栅格地图将环境分割为小单元栅格，通过栅格占有率标识障碍物和可通行区域；特征点地图则利用几何特征（如点、线、面）表达环境信息。视觉SLAM通常生成三维点云地图，但为了导航应用，需将点云地图转换为栅格地图，用于标识空间中的障碍物。

3D视觉SLAM地图（如通过Kinect深度相机生成的地图）需转换为代价地图（costmap）才能用于导航。此外，ORB SLAM生成的3D点云地图可转换为Octomap格式。Octomap采用八叉树结构存储地图，既能节省存储资源，又具备可压缩、可更新的特点，并且分辨率可调。ORB SLAM建图时还可采用关键帧定位法，对机器人的关键位姿进行记录和处理。

在构建完导航地图后，需要进行全局和局部的路径规划。全局路径规划中可以使用快速扩展随机树（rapidly-exploring random tree，RRT）算法，这是一种基于随机采样的单查询运动规划算法。RRT算法以初始点为根节点，通过随机采样添加子节点，生成扩展随机树，当子节点包含目标点后，便找到一条从初始点到目标点的路径。基本的RRT算法包含两个阶段：RRT构建阶段和路径查询阶段。此外，对于局部的路径规划，常用的算法是动态窗口法（dynamic window approach，DWA）。DWA主要是在速度空间（v, w）中采样多组速度，并模拟这些速度在一定时间内的运动轨迹，再通过一个评价函数对这些轨迹打分，最优的速度被选择出来发送给机器人底层执行。通过全局和局部的路径规划的算法可以有效保证机器人安全地通过障碍物。

大场景下的机器人SLAM效率普遍不高，多机器人协作建图存在信息交互效率低、地图精度低以及地图融合过程中存在误匹配等问题。对此相关研究提出了一种"云-边-端架构下基于图优化的多机器人协作地图构建方法"，这项研究内容包括以下三点。

① 信息交互优化。为了解决多机器人协作系统中信息交互复杂、效率低下的问题，设计了云、边缘服务器与终端机器人间的多模式通信，并通过信息订阅和发布机制简化数据流动，优化了计算任务的分配。

② 地图精度提升。通过改进子地图构建和全局地图优化算法，能将地图精度提升5%，并能修正建图失败的场景。

③ 地图融合优化。提出基于环境特征路标的多地图融合方法，有效解决了全局地图融合过程中的误匹配问题。

---

❶ "ORB"即"oriented FAST and rotated BRIEF"，是一种用于图像特征提取和描述的算法。

9.4.2　云机器人语音交互的应用

机器人的语音交互功能需要的三大主流技术是自动语音识别（ASR）、自然语言处理（NLP）、语音合成（TTS）。

自动语音识别（ASR）技术是一种将人的语音转换为文本的技术。其目标是将人类的语音中的词汇内容转换为计算机可读的输入，例如按键、二进制编码或者字符序列。简单来说，ASR技术就是将人的语言转化为计算机能够识别的文字的过程。

自然语言处理（NLP）是计算机科学和人工智能中的一个重要分支，被誉为"人工智能皇冠上的明珠"。NLP研究如何让计算机能够通过自然语言进行有效的沟通和交互，涵盖了语义理解、语言生成等多个领域。NLP的目标是让机器能够识别和理解用户的语言，做出合适的响应。NLP广泛应用于全球各个领域，在中文技术的发展中起到了至关重要的作用。通过支持多种语言和方言，NLP能够减少技术偏见，并推动技术的全面进步。

语音合成（TTS），即"文本转语音"，通过语言学和心理学技术，将文本转化为自然流畅的语音输出。TTS依靠内置芯片和神经网络技术，实时将文字转换为语音，转换速度快到可在数秒内完成。通过智能语音控制器，生成的语音自然流畅，不会有机器输出的生硬感，使听者拥有自然、舒适的聆听体验。

随着科技的进步，机器人在生产制造业及日常生活中广泛应用，具有语音交互功能的智能机器人逐渐融入日常生活。传统的键盘输入已难以满足现代人的需求，语音控制作为一种高效、便捷的交互方式，将在未来机器人发展过程中发挥重要作用。

移动机器人中的语音识别是一个关键研究领域。语音识别的过程是将接收到的语音信号进行翻译和理解，将人类语言转换为机器可理解的形式，如代码或指令。根据不同的方式，语音识别可以分为多种类型。按照说话人类别，分为特定人和非特定人的语音识别；按照词汇量，分为小词汇量、中等词汇量和大词汇量的识别。

语音识别的处理流程包括语音信号处理、特征参数提取、算法选择及优化。首先，语音信号需要进行预处理，如滤波、采样和分帧加窗等，这些步骤能够提高识别的准确性和效率。常用的特征参数提取方法包括线性预测系数（LPC）、线性预测倒谱系数（LPCC）和基于人耳特性的梅尔频率倒谱系数（MFCC）。语音识别中的常用算法有动态时间规整（dynamic time warping，DTW）以及隐马尔可夫模型（hidden Markov models，HMM）。动态时间规整算法是以动态规整的思路为基础，成功解决了不同长度的语音信号模板之间的匹配问题。隐马尔可夫模型算法在语音识别系统中有着很高的识别精度，在如今的许多产品中有着广泛的应用。

百度AI部门为打造更加自然且富有情感的语音交互系统，从语音输入输出、人机交互及硬件载体三个维度进行了深入设计和优化。他们研究了语音交互的响应时间、话术设计以及交互中的"人设"关系。图9-9展示了百度智能云人机交互实验室自主研发的情感语音交互机器人。

研究人员对基于ROS的机器人智能语音交互系统进行了深入研究，在机器人智能语音交互系统中，语音交互涉及多项关键技术，如语音唤醒、语音识别、意图识别和语音合成。语音唤醒是指在持续的语音流中实时检测特定的唤醒词，目的是将设备从休眠状态激活为运行状态。语音识别是将用户的语音转换为计算机能够处理的文字信息，这一过程在上文中已有详细说明，相关流程见图9-10。

图9-9　百度情感语音交互机器人

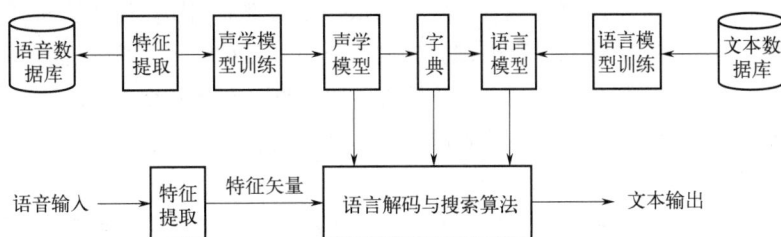

图9-10　语音识别框架

意图识别和语音合成也是智能语音交互系统的核心技术。语音合成主要通过两种方式进行：基于规则的合成和基于数据驱动的合成。常见的语音合成模型包括：共振峰合成模型、波形拼接模型、谐波加噪声模型，以及近年来发展迅速的深度神经网络（DNN）模型。这些模型通过不同的技术手段生成自然流畅的语音输出，增强了机器人语音交互的用户体验。

针对现有意图识别过程复杂且准确率较低的问题，开发了一种新的用户意图识别分类模型，以提高用户意图的识别精度。具体的意图识别流程如图9-11所示。

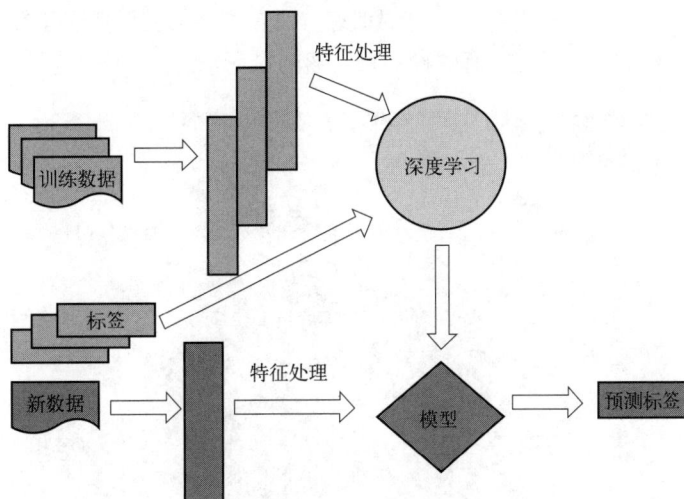

图9-11　意图识别流程

功能上，智能语音交互系统支持在线和离线语音交互，能够满足不同场景的需求。结构上，系统被划分为语音唤醒、语音识别、意图识别和语音合成四个主要模块。这些模块通过ROS的分布式架构相互融合，并通过ROS中的发布/订阅机制实现模块间通信。语音交互系统与机器人移动控制系统相结合，使得用户可以通过语音指令实现对机器人的移动控制功能。

9.4.3 云机器人深度强化学习控制的应用

深度强化学习是机器学习中的子领域，其中智能体通过与环境进行交互，观测交互结果并根据获得的回报进行学习。这种学习方式是模拟人和动物的学习过程。深度强化学习在机器人领域的应用广泛，当前热门的研究方向包括：机械臂抓取的强化学习方法、基于强化学习的机器人智能路径规划等。以下分别介绍两个相关案例的研究成果。

（1）案例一：基于强化学习和云学习的机械臂抓取方法

针对深度强化学习在机械臂抓取任务中效率低、学习难的问题，提出了一种基于强化学习和云学习的机械臂的抓取方法，从增加正向奖励、学习归纳偏置、降低任务复杂度三方面提高学习效率。在训练过程中，使用深度确定性策略梯度（deep deterministic policy gradient, DDPG）算法和稀疏奖励函数，训练机械臂完成接近、抓取、放置这三个关键抓取技能。此外，研究者还引入了后视经验回放（hindsight experience replay, HER）算法，增加正向奖励的密度，以解决稀疏奖励导致的学习效率低下问题，显著提升了策略的收敛速度和性能。

为了进一步提高效率，研究者采用了元Q学习（meta Q-learning, MQL）方法，在不同的接近任务中学习有效的归纳偏置，并将这些偏置应用于新的接近技能学习中，从而减少重新学习的时间。通过将抓取任务分解为接近、抓握和放置三个子任务，研究者降低了任务的复杂度。随后，采用异步优势Actor-Critic（asynchronous advantage Actor-Critic, A3C）算法对高层策略进行训练，用于协调各个子任务的执行顺序。

实验结果表明，分层训练（分层强化学习）方法不仅有效解决了端到端训练中不可学习的问题，还显著提高了抓取策略的成功率，尤其是在二维平面抓取任务中。最终，研究者通过分层强化学习方法实现了对六自由度机械臂的控制，使其能够从不同的方向和抓取点成功抓取物体。实验结果验证了任务分解和分层训练方法在提高机械臂抓取任务成功率和学习效率方面的有效性。机械臂的抓取过程如图9-12、图9-13所示。

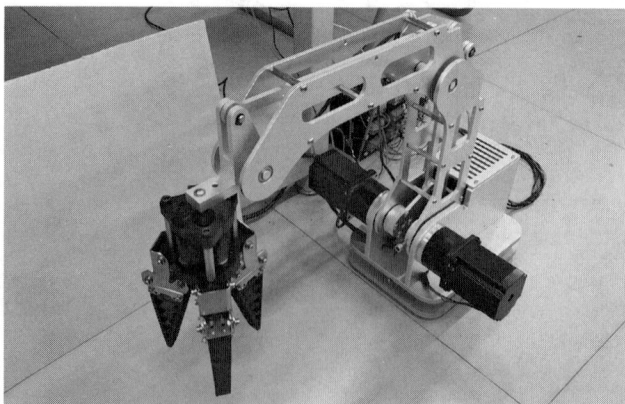

图9-12　机械臂抓取过程

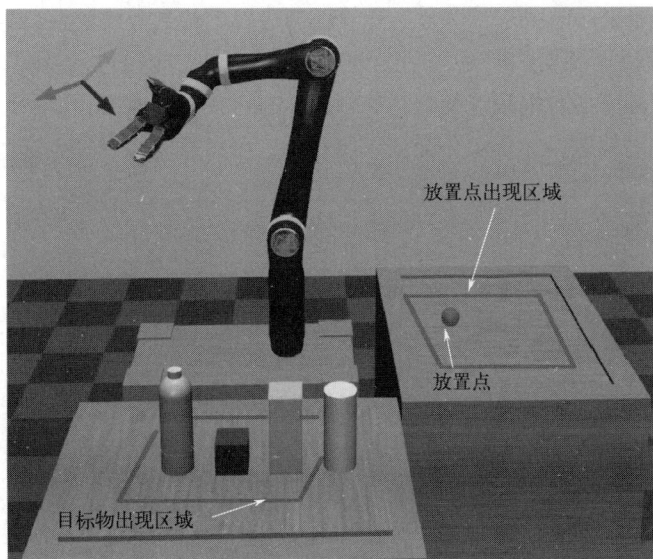

图9-13　仿真环境下机械臂的抓取过程

（2）案例二：强化学习在机器人智能路径规划中的应用研究

传统的路径规划算法大多依赖监督学习策略，不仅需要预先获取大量环境信息，还可能陷入局部最优解的问题。相比之下，强化学习算法采用无监督学习策略，机器人能够通过与环境的持续交互积累经验，从而实现自主优化路径选择。

针对移动机器人路径规划中的挑战，研究者提出并改进了三种基于深度强化学习的路径规划算法。这些算法不仅提高了路径优化效率，还有效避免了维数灾难，改善了探索与利用之间的平衡。首先，对Q-learning算法及其在路径规划中的应用进行了深入分析，提出了AMD_Q-learning（基于自适应模型发现机制的Q学习）算法。AMD_Q-learning算法使用优化后的人工势场初始化Q表，增强了移动机器人在寻优初期对环境的感知能力；采用多步长策略丰富机器人的动作集，减少了机器人的移动步数并优化了最优路径；设计具有动态调节能力的贪婪因子，使移动机器人能更好地平衡探索与利用的关系。接着，研究者分析了DQN（深度Q网络）算法及其在路径规划中的流程。在寻优环境以栅格坐标作为深度神经网络的输入时，针对基于深度神经网络的DQN算法的不足，设计了EPED3QN（基于优先经验回放和自适用贪婪因子的双决斗深度Q网络）算法：在D3QN（双决斗深度Q网络）的基础上，一方面引入优先经验回放机制对经验池中的样本重新排序，提高重要样本的采样概率，从而提高寻优效率；另一方面通过建立奖励值与贪婪因子之间的映射关系自适应调节贪婪因子，优化DQN算法中的探索与利用问题。在寻优环境以图片形式作为深度神经网络的输入时，设计了具有更强关键特征提取能力的采用多头自注意力机制的卷积神经网络，并基于该网络设计了Self-Attention-DQN（基于自注意力机制的深度Q网络）算法，在每个卷积层之后添加了批量归一化算法，统一数据分布，加快训练速度，并且使用全局平均池化代替全连接层从而减少网络参数，防止信息过载。

最后，分别在栅格环境和地图环境下进行了仿真实验。实验结果证明，相较于改进前的算法，改进后的算法具有更好的寻优路径、更高的寻优效率。

根据以上分析，可以得出结论：现阶段国内外对云机器人的研究和应用尚处于初级阶段，但云机器人结合云计算、5G和人工智能等技术，展现出广阔的发展前景和优势，具体体现在：①信息和知识库的共享；②复杂计算任务可以上传到云端处理；③庞大的数据规模为人工智能算法提供了坚实的基础；④强大的学习能力。这些优势使得云机器人在智能交通、环境监测、智能家居、娱乐以及国防等领域具有巨大的商业潜力。然而，云机器人依然面临许多亟待解决的问题，如资源分配、系统安全、可靠通信协议等，这些问题需要进一步深入研究和探索。

习题

1. 云机器人的关键技术有哪些？

2. 什么是云机器人？云机器人与传统机器人有什么不同之处？

3. 云机器人如何利用云计算和互联网连接来提供更强大的功能和服务？

4. 云机器人使用哪些技术和算法来感知环境、处理数据和执行任务？

5. 云机器人的部署和管理涉及哪些关键方面？如何解决部署和管理上的问题？

6. 云机器人如何处理大量的数据和信息？

7. 云机器人如何保护隐私和数据安全？

8. 云机器人面临哪些挑战？

9. 云机器人如何学习和提升自己的智能？

10. 云机器人在哪些领域和行业中有应用？举例说明其应用场景和优势。

11. 云机器人的未来发展趋势是什么？对未来社会和工作的影响会如何？

第10章

工业机器人数字孪生

10.1 数字孪生概述

我国工业机器人市场规模持续迅速增长，是全球第一大工业机器人应用市场。但在应用过程中仍然存在着一些问题制约了工业机器人的发展：一方面，在作业过程中出现故障，可能会造成非计划停机，影响生产的安全和效率，因此需要对机器人的整个作业过程进行实时的监控和管理，提前发现机器人的早期故障；另一方面，当前机器人的监控和管理还存在系统功能单一、可视化效果较差等问题。总体而言，目前我国绝大多数中小企业使用的国产机器人仍然存在着调试周期长、管控能力弱和维护成本高等问题。

机器人是智能制造中的重要环节之一，要提升机器人的智能化程度，就必须提升其基础性技术。在机器人服役过程中，数字孪生技术可以通过机器人物理信息空间的数据融合分析，对其进行全方位的监控和管理，实现基于现实的三维可视化呈现，能够有效地提升机器人的服务管控效率和智能化水平。数字孪生的主要过程是将物理对象在虚拟空间中建造出来，以数字化的方式创建一个在几何、物理、行为、规则上完全对应的虚拟模型，这在20世纪时是不可能完成的事情，但随着大数据和人工智能的兴起，数字孪生体的建立成为可能。目前数字孪生已经成为世界范围内各主要知名企业的优先发力焦点，甚至有些公司认为数字孪生将在一定程度上决定各企业主体在新一轮工业革命乃至未来科技中的地位。数字孪生从整体上来看不是一种单一的技术，而是多种先进技术如：物联网感知、数据传输、建模仿真、大数据、云计算、深度学习以及强化学习等技术的综合体。数字孪生主要具有2个特点：

① 数字孪生将物理世界的各类数据和各种模型之间的影响因素进行耦合，最终使数字孪生体成为物理对象的忠实映射。

② 数字孪生体可以真实地反映物理产品在全生命周期内的变化，并且不断地积累相关的知识，与物理产品共同迭代优化，完成改善工作。

工业机器人是集成机械、电子、传感器、图像处理等先进领域的产物，可以代替工人完成一些危险性高、重复性高、精度要求高的工作，是工业生产中最重要的物理设备之一，同时也在工业生产中占据着越来越重要的地位，研究工业机器人的数字孪生具有重大的现实意义。现如今不同生产车间的工业机器人种类繁多，在将其向数字化转型的过程中需要针对具体的设备研发不同的数字化接入方法，且后期的维护需要耗费大量的人力成本，同时融合了最新技术的工业机器人的控制和操作越来越复杂。为了确保工业机器人在运行状态下的工作质量，在早期研究阶段，工作人员多采用传统监测与运维方式，即对工业机器人的底层数据进行采集，同时根据采集到的数据，将实时状态信息与设备管控相结合，实现对工业机器人运行状态的监测。将数字孪生技术引入工业机器人领域，可以很好地实现不同设备统一接入数字化系统的场景，可以实现对工业机器人运行状态的跟踪和观察，同时通过OPC UA（开放平台通信统一架构）等通信协议实现对工业机器人的各类运行数据的采集和集成，从而在工业机器人的控制操作过程中发出预警并及时纠偏。在工业机器人布置到生产线之前，利用建立好的虚拟工业机器人数字孪生体进行整个运动过程的仿真，减少在实际装配时可能出现的错误。同时通过大数据分析和智能算法等，实现工业机器人的视觉识别和定位，提升工业机器人的智能化水平。通过在实体机器人上添加的传感器和目标定位以获取相关信息，采集工业机器人的工作状态和运动数据并将其映射到虚拟机器人身上，实现对工业机器人的状态监控。后续通过对已有的数据进行数据分析和挖掘，可以实现对工业机器人的故障诊断、工作状态预测以及历史状态回溯，进而对工业机器人的全生命周期进行管理。

目前在工业机器人数字孪生领域，国内外的学者都取得了一定的研究进展，在工业机器人仿真、监控及调试方面做出了大量的工作。但总体而言，目前所构建的孪生系统功能较为单一，可以对工业机器人运行中的状态数据进行监控，但无法实现更深层次的功能，如故障预警、状态回溯、分析优化等。总的来看，随着计算机算力和云储存技术的提高以及传感器技术、建模仿真技术、云计算等数字孪生相关技术的发展，目前数字孪生在诸多领域都有了一些成功的应用案例且技术发展日渐成熟，但就数字孪生技术本身而言，其发展仍处于初级阶段，大多数应用案例还停留在数字孪生的动态映射、状态监测等入门领域，还并没有充分地利用设备在运行过程中产生的种种数据。对于数字孪生整体技术而言，数字孪生体的本身并不是技术的终点，更重要的是如何通过引入数字孪生技术来为目前已有的生产规模提供宏观调度、降低维护成本、保障生产质量、提高生产效率。而工业机器人作为智能制造的主要实施设备，目前在该领域的数字孪生技术应用仍处于入门阶段，但整体实现思路和技术框架较为清晰。本章将介绍关于数字孪生机器人的相关技术和一些已经成功应用的案例。

10.2 工业机器人数字孪生系统架构

工业机器人数字孪生系统是将数字孪生技术引入复杂物理装备的典型案例，工业机器人数字孪生系统与宏观的工厂数字孪生系统不同，宏观的工厂数字孪生系统主要集中于研究宏观生产调度、原料的仓储管理、工厂生产效率等相关工作，而工业机器人数字孪生针对单个机器人单元构建数字孪生系统，更加注重对其本身的数字孪生模型构建。本节给出了一个较为全面系统的工业机器人数字孪生系统的参考架构，如图10-1所示，该架构包含物理实体层、孪生模型层、应用服务层以及数据层。

（1）物理实体层

物理实体层是工业机器人数字孪生的基础组成部分，主要包括机器人本体、电气控制柜、传感器、工控机、摄像头、PLC、路由器等设备。通过各种实体设备的相互结合，实现工业机器人的动作执行和工作过程中的数据采集。物理实体层的设备既可由与之对应的软件进行离线编程后实现控制和调度，也可由服务层的指令来进行控制。

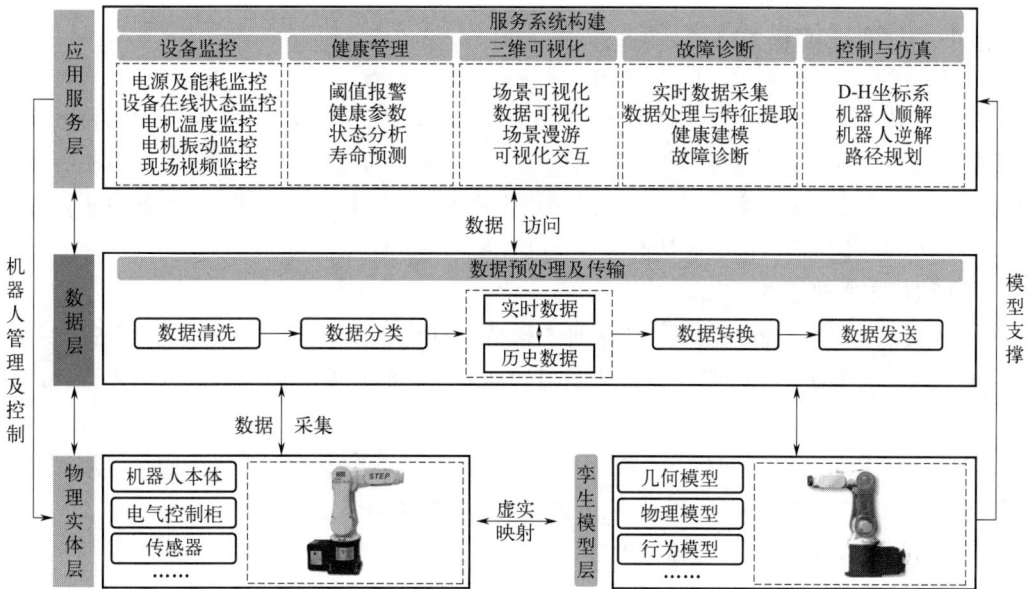

图10-1　工业机器人数字孪生系统架构

（2）孪生模型层

孪生模型层是工业机器人数字孪生系统的核心，同时也是构建难度最大的部分，孪生模型层主要由虚拟模型和孪生数据两大部分组成，其中，虚拟模型是对工业机器人生产过程的忠实映射，要求能够真实地反映生产过程中机器人、夹具及工件等物理实体的位置、行为、性能和状态等特征。虚拟模型由多种维度的模型共同融合而成，主要包括几何模型、物理模型、行为模型、规则模型，在下一节中会对其做详细介绍。孪生数据主要是指工业机器人等物理实体在工作过程中所产生的工作数据以及应用服务层反馈到虚拟模型后产生的融合衍生数据，这些数据中蕴含着丰富的价值信息和模型的状态信息，因此对其进行存储和处理是很有必要的。

（3）应用服务层

应用服务层主要是工业机器人数字孪生系统所具备的功能集合，作为数字孪生系统开发的落脚点，应用服务层应具有实际价值，主要实现对工业机器人的设备监控、控制与仿真、故障诊断、健康管理等。

（4）数据层

数据层是工业机器人数字孪生系统中的数据交互通道，其主要的作用是连接不同的层级模块，并对数据进行传输。数据层中的存储载体混合使用关系型数据库、图数据库、各类存储文件等，通过使用不同的存储载体，数据层可以实现对各种数据的有效实时存储和读取。一般来说，数据层与其他层级之间的数据交互的形式是多种多样的。当与物理实体层进行数据交互时，目前主流的交互方式是通过工业以太网、OPC UA协议，等等；而当数据层与孪生模型层和应用服务层进行数据交互时，其主要通过XML（可扩展标记语言）、SQL（结构查询语言）等方式进行。虽然交互采用的方式多种多样，但是当进行交互时都会受到数据格式和时序逻辑的双重约束，以确保交互过程顺利进行。

10.3 工业机器人数字孪生的技术基础

10.3.1 虚拟建模技术

工业机器人的虚拟模型是构成数字孪生的基础，同时也是数字孪生技术的底层部分。虚拟模型主要由几何模型、物理模型、行为模型、规则模型构成，通过对工业机器人进行虚拟建模，实现场景及数据的实时可视化，进而将机器人的实时状态进行展现，让研究人员和工作人员更好地观察机器人的实时情况。

（1）建模技术的基本要求

① 层次性。工业机器人的模型由多种子模型共同融合而成，在设计时要有清晰的层次，遵循一定的先后顺序，从而便于开发人员进行调整，同时也便于后续观测人员观察其运动情形。

② 面向对象性。模型的构建最终服务于对象，一般含有变换、渲染、驱动等属性。通过面向对象的封装、继承、多态等特性，完成对模型属性的操作。

③ 平衡性。在构建工业机器人的虚拟模型过程中，一般未经过处理的虚拟模型文件比较庞大，且加载缓慢，同时数据驱动中的数据传输与计算需要占用大量的内存，使得整个过程变得极为缓慢。因此，在实际的建模工作中，通过选择机器人的材质、处理模型的阶数等方法，优化渲染内存，从而提升整个工业机器人数字建模的效果，在保证真实效果的同时，减少计算机的负担。

④ 行为特性。在工业机器人虚拟模型的运动过程中，要遵循其在客观世界的运动规律，例如轴的转动方向、角速度的限定值等。在实际的建模过程中，应注重虚拟模型的真实感，保证各个子模型遵循相应的行为特性，从而实现虚拟模型对物理实体的真实映射。

（2）数字孪生（虚拟）模型的分类

① 几何模型。工业机器人的几何模型主要诞生于工业机器人的设计研发阶段，其主要体现了工业机器人的几何特征、整体的尺寸、内部结构、空间位姿以及组成工业机器人各个零部件之间的装配关系，几何模型的表现形式主要有三维模型、装配的干涉矩阵以及方程表达式等。几何模型是构建数字孪生模型的基石，主要实现可视化监测的目的。

当前构建几何模型的主要方式为采用 Computer Aided Design (CAD) 制图软件进行辅助设计。先将整体机器人按照关节结构进行一定的分解，将其拆分为基座、各个手腕、末端执行器等部分。然后进行进一步的零件化分解，通过 CAD 制图软件绘制出 1∶1 的零件图。然后对其进行组装，形成完整的装配体。最后通过软件将工业机器人的材质、纹理等外观信息添加到工业机器人的模型文件中，完成工业机器人几何模型的构建。

② 物理模型。工业机器人的物理模型与几何模型不同，物理模型更多地以数学方程的方式呈现出来。在工业机器人中，物理模型的主要体现形式为电磁方程、应力方程、电流效应、热传导等。由于工业机器人本身就是一个复杂的物理装备，融合了多种学科的技术，包括电磁、力场、电力电子、PLC 控制、传热学、通信等，故在构建工业机器人的物理模型时应综合考虑。数字孪生的一大特点是忠实地映射物理实体，故只有考虑多种物理模型共同作用的结果，才能构建出高保真、高精度的数字孪生模型，使得后面的仿真结果更加地接近现实。深入了解了各维度的物理模型的工作原理和数学表达式后，要考虑各个模型之间的影

响因子，比如：力场的变化会对电磁场产生什么影响，温度的变化会对应力产生什么样的影响，等等。梳理出各个组成模型之间的影响关系，并对其进行量化，得到确切的影响因子系数，从而成功地建立其多物理场的耦合模型。耦合模型的建立是数字孪生模型的最关键部分，同时也是难度最大的一部分，目前针对多领域耦合模型构建的研究少，仅在电池领域、电力领域有所研究，且研究的深度尚浅。而在复杂的物理设备，如工业机器人、数控机床等方面的研究还需进一步突破，目前可行的方式是采用多物理场联合仿真软件来进行模拟联合仿真，梳理其中的耦合特性，从而建立一个高精度的机理模型。然而从实际的应用角度出发，数字孪生的目的是实现对物理对象的全面真实刻画与描述，具有一定的目的性，比如对于工业机器人来说，可能更加注重其在工作过程中的应力变化（过大的应力会使机器人的机械结构产生损坏）、电流变化（过大的负载电流会使伺服电机产生损坏）等关键因素，所以在构建多物理场耦合的物理模型时，应从实际的目的和应用角度出发。数字孪生模型不一定要覆盖所有的维度和领域，对于一些影响作用不大的物理领域，可以根据实际需求和实际对象进行调整，适当地放弃一些非必要领域的建模和融合，从而降低在构建物理模型时的难度，缩短所消耗的时间，这样只需要构建部分领域和部分维度的模型就可以基本反映出物理模型的运行机理。

③ 行为模型。工业机器人的行为模型主要描述机器人在不同的粒度、不同的空间尺度以及不同的时间尺度下，外界的环境因素和干扰信息对机器人的实时响应情况的影响，要求能够全面、准确地描述机器人的行为特性，包括轨迹规划、工作状态、动态过程控制、扰动响应机制、性能退化等。比如随着时间的推进，机器人自身的一些功能演化行为、动态响应的行为以及工作性能的逐渐下降行为等客观世界难以描述的抽象行为。根据目前的研究来看，行为模型的构建大多还处于基本的概念阶段。因为行为模型本身是一个很抽象的概念，其表现形式也有很多种，包括但不限于有限状态机、图谱、神经网络、统计模型等。工业机器人的行为模型主要建立在机器人的测试和后期的运行维护阶段，工业机器人的行为主要包括驱动、加速、减速、传动、复位等，主要根据能力数据、环境数据等对工业机器人的动态动作进行一定的规划和指导，从而保证机器人在行为事件上保持与物理实体的一致性。创建机器人的行为模型是一个比较复杂的过程，其中涉及的问题也很多，包括工业机器人的问题模型、评估模型、决策模型等多种模型的构建，具体的创建方法包括但不限于马尔可夫链、神经网络、复杂网络、基于本体的建模方法等。

④ 规则模型。规则模型主要是指基于历史的关联数据、基于隐性的知识总结经验以及领域的标准和准则等，对模型进行一定的指导和控制。例如工业机器人的机械臂是由多个关节组成，其中父子关系是依次递减的，即靠近末端执行器的关节应为上一关节的子级，在子级发生运动时，父级应保持静止不动，而当父级发生运动时，子级应以父级为参考系，随着父级一同做相同的动作，这样的规则模型才符合客观世界的隐性规则。规则模型是随着时间的推移而不断增长的，在最初设计机器人时很难考虑全面。客观规则不断地自我学习、自我完善、自我演化，使得孪生模型能够具备评估、优化、预测的能力，并能够自我校正和分析。规则模型主要有2种表现形式：一种通过对机器人的全生命周期的数据进行深入挖掘，揭示其中隐含的规则和潜在的客观规律，在该过程中需要开发新的算法来对已知数据进行充分的挖掘，其表现形式主要为数学模型、统计模型等；另一种通过形式化来表达人的经验，使得机器人变得智能化，能够进行一定的自我决策，其主要表现形式为数学模型、知识图谱以及结构化文本等。

（3）模型的验证、校正和管理

① 模型验证。将各个模型构建好后，为了验证所构建模型的准确性和有效性，需要对模型进行验证。一般采用的模型验证方式为根据已知的输入和输出数据，将输入数据导入模型中，通过检验模型的输出与已知的输入是否一致，来判断已构建模型的准确性。模型的验证也是一个阶梯性的过程，首先对单元级的模型进行验证，从而保证模型底层的有效性。单元级模型的精准性是模型准确的根本，由于在单元级模型向后续模型的组装过程中，可能会产生一系列的误差，导致融合后的模型精度较差，因此单元级模型的高准确性会节省大量的排查时间。在工业机器人中，单元级模型通常以机器人的各个组成关节来划分，在保证单元级模型即机器人的各个关节部分为高保真性的基础上，再对组装后的整体模型进行进一步的验证。若组装后的模型验证结果满足要求，则可将模型投入实际应用中；如若不满足要求，则需对模型进行反复迭代校正，直至达到要求的精确性为止。

② 模型校正。在已经构建好的模型与物理对象存在一定的偏差时，需要用到模型校正方法，使已经构建好的模型更加逼近物理对象的实际状态和特征。模型校正主要分为2步。第一步为模型校正参数的选择，通过选择合理的校正参数，能够有效地提升模型的精度。模型校正的参数要合理选择，不同校正参数的组合对模型的校正过程会造成不同程度的影响。当然对于模型校正参数的选择，也有一定的方法和技巧——对于所选择的校正参数应与最后的目标保持紧密的关系，即二者的关联性应较强。第二步为对所选择的参数进行校正。在选择好校正参数后，需要构建目标函数，这是一个较为复杂的过程，目标函数应使得校正后的模型输出结果与物理结果尽可能地相似，基于目标函数选择合适的方法来实现模型参数的迭代优化。经过模型校正后，基本模型已经可以应用于绝大部分场景了。模型校正的方式有很多种，这里简单介绍一下基于数据驱动的模型校正方法。

基于数据驱动的模型校正方法主要是通过挖掘数据的潜在信息来拟合设备的进化性和不确定性，并对构建好的机理模型进行校正，来补充机理模型的不足之处。目前基于数据驱动的方法已经在许多行业得到了探索和应用。在机器人领域，首先对机器人的实际输入数据和输出数据进行收集和预处理，在数据集、标签、模型搭建、模型迭代更新等过程中充分发挥机器人的机理模型的引导与约束作用。同时在数据驱动模型的构建中加入硬约束，包括响应方程约束和物理约束等，进而丰富数据类型以及数据的分布形式，形成神经网络训练集与测试集。通过长短期记忆网络（LSTM）深入挖掘时间序列训练集中的数据长期特征与短期特征。将训练集输入记忆网络中，构建机器人的损失函数，通过对该损失函数最小化，来达到对神经网络模型的训练目的，同时利用构建好的测试集对模型进行测试，不断地对模型进行迭代更新。利用评价矩阵对神经网络模型的学习结果进行评价，将通过神经网络学习的结果补充到机理模型中，从而达到对机理模型的校正。

③ 模型管理。模型管理是指通过合理地对模型以及相关信息进行分类储存和管理来为用户提供一些便利的应用服务，一般主要为用户提供例如便捷查找、使用、修改数字孪生模型的服务。模型管理应具备多种功能，包括但不限于模型知识库管理、可视化展示管理、运行操作管理等。模型管理不单单服务于后期应用阶段，在模型构建的过程中，也可以对模型验证以及校正时所产生的数据进行管理，包括验证对象、验证表达式、验证结果等具体的验证信息以及校正参数、目标函数、校正结果等校正信息，通过对这些信息进行管理，方便模型在不同场景下的应用，同时为其他相关模型的构建提供技术和数据支撑。

10.3.2 孪生数据的实时采集与实时映射技术

孪生数据的采集主要是为应用服务层提供数据支撑，实时且精准的数据采集是保证工业机器人数字孪生系统运行的前提。

（1）数据的采集架构

由于工业机器人在工作过程中会产生大量的数据，为了提高采集效率，不可能对所有的数据都进行采集，这时需要我们遵循一定的规则并对需要采集的数据进行分类，从而保证所采集的数据的精准性和高效性。一般工业机器人所产生的数据主要分为静态数据和动态数据，静态数据的内容一般不会随着时间的变化而变化，其主要与机器人的基础信息的设计相关；而动态数据的内容一般随着时间的变化而发生变化，其主要是对系统的运行状态和相关物理量进行描述。在进行工业数据采集时，其架构及协议有很多种，以MTConnect协议为例，该协议建立在服务器/客户端的基础上，使得数据的传输更加地通用和标准。目前所有的MTConnect文件，都是由两大部分组成的：其中之一为头信息（header），头信息主要描述与MTConnect相关的内容，如协议的具体信息和使用时间等，主要起到指引的作用；另一大组成部分为具体描述信息，该部分主要是对设备组件、数据流、资产、错误这4大根本元素的详细描述。其中，设备组件主要是对工业设备的各个机械组成零部件的描述，数据流主要是对通过物理设备采集的动态数据的表达，资产即对物理设备信息的详细描述，错误是对当物理设备发生故障时控制器做出的指示的采集。

在确定工业机器人的具体设备类型、属性等信息（数据）后，对动态信息进行筛选并构建出采集的整体框架。静态信息主要分为基础信息、工作空间信息、属性等，工业机器人的静态信息包括但不限于设备名称、设备型号、设备编号、生产日期、自由度、最大工作半径、定位精度、重量等。动态信息包括工业机器人的全部动态参数，可分为运动数据以及其他传感器信息等，即电机信息、轴信息、程序信息、校准信息、系统故障、环境信息等。电机信息主要包括电机功率、电压、电流、频率、变频器功率、电机状态等。轴信息是机器人在工作过程中产生的核心数据，也是采集的重点所在，轴信息主要包括轴列表、轴速度、角度、角加速度、角速度、旋转速度等，在采集这些数据时应尽可能地保证其精确性。程序信息主要包括程序名称、程序开始和结束时间、执行次数等。校准信息主要包括校准通道、校准时间等信息。系统故障一般在系统无法正常工作时触发并传递，主要包括紧急停止、报警状态、警告等。环境信息主要是指工业机器人在工作过程中的周围环境变化，主要包括温度、湿度、电导率、黏度等。在采集机器人的这些信息时，很难做到对所有信息的全部采集，应根据后续的实际需要，侧重于采集某一种或几种具体数据信息。

（2）OPC UA数据采集技术

目前在工业设备中有多种数据采集协议，本节中以最常用的OPC UA协议为例来进行具体的介绍。

① OPC UA框架。OPC UA通过客户端/服务器的方式进行通信以及数据采集。OPC UA地址空间以一组用引用形式连接起来的节点来描绘其表示的信息对象，以及信息对象中的变量、属性、方法和它们之间的关系。在数据的传输过程中，数据的真实性和实时性是两大考量指标。OPC UA的客户端通过API来调用服务，与服务器进行通信并浏览地址空间，从而对数据进行读写，其通信框架结构如图10-2所示。

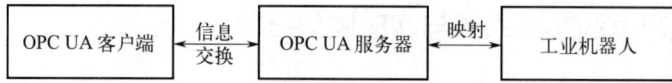

图10-2 OPC UA通信框架结构

OPC UA协议对数据的访问形式主要有3种：读、写以及订阅。读和写主要通过服务器达到对数据进行操作的目的。数据的订阅主要通过创建Session，在代码中设置扫描周期来更新状态数据，从而实现后台数据的刷新工作。OPC UA应用程序架构主要由应用程序、SDK（软件开发工具包）、通用栈三部分组成，如图10-3所示。

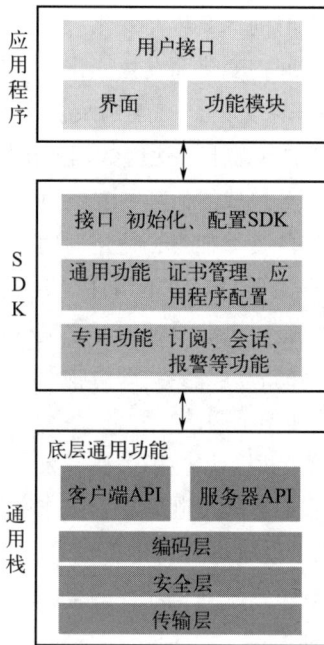

图10-3 OPC UA应用程序框架

a. 通用栈。OPC UA的通用栈位于最底层，栈内的客户端API和服务器API可以用来实现特定的功能。传输层的主要作用是用来接发数据信息；编码层的主要作用是用来将数据进行编码和解码，从而为下一层级的处理提供支持；安全层的主要作用是将上一层编码的数据信息进行加密处理，在解析时，也要再进行安全解密，从而保证在数据传输时数据的安全性。

b. SDK。SDK即software development kit，是一个软件开发工具包，其主要作用为辅助开发某一类软件的相关文档、范例以及工具等。为了鼓励开发者使用其系统和语言，目前国内的大部分SDK都是免费的。SDK主要包括三大部分，即接口、通用功能、专用功能等。

c. 应用程序。应用程序是操作者与已经构建好的程序进行交互的媒介，同时也是所有技术的集成体现，其主要包括界面和功能模块等，在数据采集上，一般通过对函数的调用来实现。

② OPC UA数据采集的实现方法。当使用OPC UA进行数据的采集工作时，主要有以下4个步骤。

a. 查找服务器。首先注册一个OPC UA服务器，然后OPC UA客户端通过调用方法去查找和发现该服务器，并获取服务器的详细描述以及在连接过程中的所有信息。

b. 连接服务器。OPC UA 的客户端首先创建安全通道，与服务器建立会话对象，随后，将安全对象、配置信息、服务器对象等信息作为参数传输到会话对象中。

c. 浏览地址空间。一般工业机器人的数据通过节点来绑定在地址空间中，每个节点对象代表一个数据项。OPC UA 数据采集程序使用浏览和读取服务来访问机器人的地址空间，从而读取数据。

d. 订阅数据。客户端先初始化一个订阅服务，并创建一个监视项，同时服务器在创建订阅后返回订阅 ID，客户端向服务器传入订阅所需的数据项，服务器开始对目标数据项进行采样并发送数据。

（3）实时映射

工业机器人的实时映射一定要在所规定范围的延迟内实现，这样才能保证映射的及时性。数字孪生系统实时映射的架构主要由 3 个层次构成，其分别为数据层、逻辑层以及交互层，具体架构如图 10-4 所示。

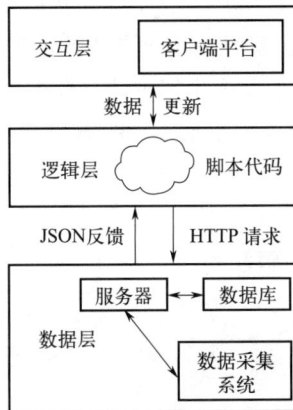

图 10-4　数字孪生系统实时映射架构

数据层是整个工业机器人数字孪生系统的底层，包括服务器、数据库和数据采集系统。数据层的具体工作流程如下：首先由数据采集系统对工业机器人在工作过程中的物理数据（角速度、转角、力等）进行采集，当采集完毕后，采集系统会将数据上传到服务器，同时服务器对采集到的数据进行统一处理，并规范其格式，然后将数据存入数据库中，完成对数据的存储工作；当服务器收到来自逻辑层的逻辑请求后，服务器对数据库进行数据查询，并根据相应的逻辑请求将搜索到的数据从数据库中调出，从而实现数据的调用。

逻辑层主要由代码构成，主要实现对数据的读取和写入功能，通过对数据的读取实现对虚拟模型的驱动以及对数据的写入，实现对数据的实时更新。

交互层即操作人员与系统进行交互的媒介，一般为数字孪生工业机器人的客户端平台。该平台可以实现对虚拟模型的三维可视化，从而监控机器人的运行状态。同时还应搭建 UI（用户界面），方便工作人员对抽象物理参数的实时观察。交互层处于三个层面当中的最上层，其接受来自逻辑层的控制，从而实现交互层的更新。

一般实现实时映射技术离不开服务器和数据库两大部分。下面将对服务器和数据库进行简要的介绍。

① 服务器。一般为了使得整个系统在工作的过程中不受网络波动和外界干扰的影响，通常会选择使用服务器来克服该问题。服务器主要在网络中用来为其他客户机提供计算和应

用服务，服务器由于具有计算高速、可靠性高、数据吞吐能力强等特点，被广泛地应用在工业领域。一般服务器可分为：数据库服务器、文件服务器、网页服务器、FTP（文件传送协议）服务器等。

② 数据库。数据库是工业机器人数字孪生系统的数据储存中心，且系统的各种数据操作均与数据库相关联。数据库的种类有很多，如MariaDB、Oracle、SQL Server等。目前主流的数据库为MySQL数据库，该数据库为一种关系型数据库，其具有数据安全性高、可用性强、可伸缩性好、稳定性强等优点，而且开源数据库源代码从软件层面保证了数据的安全性，在使用过程中无版权的限制，使用成本低。MySQL数据库主要通过SQL语句进行操作，其提供了Python、Java等多种语言的接口，能够极大地加快数字孪生的开发速度。

在储存数据时，该数据库通过算法模块将数据保存在不同的表中，而不是将所有的数据放在一起，这样的存储方式大大地提高了存储速度和数据使用的灵活性。工业机器数字孪生系统的虚拟平台通过SQL语句进行与数据库的连接。在工业机器人领域，该数据库可以生成一张数据表，以时间戳为索引，主要的数据信息包括：设备型号，设备编号，各个轴的角度，末端X、Y和Z的位置等信息。同时设定一定的数据采样频率（一般合适的采样频率为20Hz），采集完数据后，由机器人数字孪生的驱动平台进行数据读取并通过驱动算法驱动孪生模型进行运动。在储存时对实时性的要求不高的情况下，为了避免数据库频繁写入占用系统性能以及其他问题，可以将数据在内存中收集暂存，每达到50条数据时写入数据库一次。

10.3.3　远程运维和状态检测技术

远程运维技术和状态检测技术支撑着数字孪生的服务层，同时产生大量机器人的工作数据，可进一步挖掘其中的潜在价值。

（1）远程运维技术

目前，机器人设备在维护方面主要存在如下问题。

① 目前只有很少一部分工业机器人接入了网络，大多数仍处于离线状态，故工程师需要以亲临现场的方式来对故障的设备进行检查。同时目前设备的状态检测参数种类还不够丰富，对于突发性故障的预警作用还不够明显。

② 目前现有的设备状态信息大多数只能以数据的形式存储在计算机中，只是在机器人工作的过程中把产生的数据储存起来，日后并未加以利用，其主要原因是目前新一代的数据处理技术还不完善，故导致整体的数据利用率较低。

③ 目前的数据主要以文本文档（TXT）的格式进行储存，这种储存格式的数据信息很难直观地帮助工程师对设备状态进行管理。

数字孪生的远程运维技术相比于传统的维修方式，集成了新一代的通信和数据处理技术，通过将数字孪生完整系统引入工业机器人领域，可大幅度提高制造效率。在工业机器人的作业过程中，通过先进传感技术将工业机器人的角速度、角度、温度、效率的等状态信息以高速低延迟的通信手段上传到数据库，再将数据进行汇总；然后利用机器学习或强化学习等新一代数据处理技术对数据进行挖掘、智能化分析和高效决策；最后通过软件或其他手段将数据统计结果和预测性结果进行可视化显示，使得原来抽象的内容可视化，对潜在的风险进行智能化预测。

根据不同的工况，设备的远程运维大概有两种分类方法：其中一种方法是根据故障发生的时间对维护（运维）进行分类，另一种方法是根据维护的策略对维护进行分类。当根据故障发生的时间对运维进行分类时，一般可分为故障运维和预测性维护两种情形。故障运维在现实的生活中是非常常见的，一般是指在故障发生后，通过采用技术手段对机器人进行一定的维修，这种运维方式是很被动的，即只有机器发生故障时才会对其进行维护，在平时并不会考虑机器故障的问题，是一种比较原始的运维方式。此外，故障运维一般适用于当设备发生故障时，停机对于整个车间的生产效率的影响不会太大的情况，同时设备的停机不会造成生产事故的情况。这种运维方式虽然能够发挥出机器人的全部使用寿命且在检修时可以做到物尽其用，但是一般在工厂环境中，上述的场景很少存在。工厂的运行模式是事先确定好的，有着严格的生产指标，如果发生故障进行维修，就一定会打乱生产规划，从而影响生产，而且对于一些稀缺的零部件损坏，可能会耽误大量的时间进行停机维护，造成巨大的损失。

随着企业生产线的不断进步和升级，传统的故障运维已经不能够满足企业的生产需要，而这时企业迫切需求一种全新的运维方式，即预测性维护。预测性维护所针对的是物理设备（即机器人），在真正发生故障之前，通过对机器人进行预测性维护来保证机器人在工作过程中不会发生故障，避免因停工而对工厂造成的巨额损失。该类型的运维是一种具有目的性、计划性的维护方式。由于预测性维护是一种提前避免故障的运维方式，故维护人员不需要亲临现场，便可以达到远程维护设备的效果。预测性维护主要有以下两种方法。

① 基于模型的远程运维方法。该方法主要是根据物理设备的内部工作原理以及各方面的耦合信息，建立一个独特的数学模型。与数字孪生模型层的模型不同，该模型反映了设备性能退化的物理规律，通过深入地挖掘这些退化规律，从而得出该物理设备的独特数学模型。对边界条件进行设定以及系统的输入参数进行设定，然后对数学模型进行求解和仿真，得到计算的结果。通过该数学模型的仿真计算结果，可以深入地了解设备的物理性能退化的根本原因和内在属性，并对未来的发展趋势进行有根据性的预测。基于模型的远程运维方法可以在不收集大量的数据的情况下，清楚地表述出系统的故障逻辑和退化趋势，但也十分需要领域专家的支持来建立物理设备的数学模型。现如今很多物理设备模型建立得比较片面，无法应用到实际中去，大多数忽略了众多的影响因素，使模型仅在假设条件下成立，因此在未来建立一个精确的、多维度的数学模型将会大幅度地提高预测性维护的精度。

② 基于数据驱动的远程运维方法。与基于模型的远程运维方法不同，基于数据驱动的远程运维方法是以数据为核心内容，从物理设备中收集状态监测数据，并不需要对物理设备建立精确的、能够反映性能退化的数学模型。常用的基于数据驱动的远程运维方法有很多种，主要包括但不限于：神经网络、向量机、自回归模型等。该方法需要从上传到数据库中的数据中提取特征，通过大数据的挖掘和深入分析，挖掘出其内在的性能退化规律和健康信息，同时建立产品故障结构树，从而实现对物理设备的评判和未来状态的预测。在对知识进行深入挖掘的同时，将设备的状态趋势和数字孪生相融合，利用好物理设备的历史运行数据、故障信息，在虚拟空间中对设备未来的运行趋势进行精确地刻画和预警，并为设备的更新换代提供技术支撑。同时，可以借助神经网络算法对数据进行自我学习，以使得设备性能和数据相适应。该方法的一大缺点是缺少通用性，即算法模型没有考虑到设备的差异性，对于不同类型的物理设备，无法采用无差别的数据处理方法，故其适应性较差，每当面对不同的设备时，可能要重新进行设计。

以上提到的两种运维方法都存在着不同程度的缺陷，比如运维模型的准确性、数据驱动算法的适应性以及结果的精确度问题，这些单一的方法很难满足设备更高精度和可靠性的要求。故未来的发展方向可以考虑采用融合型的运维方法，对多种方法的内部缺点进行互补，并充分利用各个方法之间的优点，有效地避免单一方法的局限性，从而获得更加精确的结果。但根据目前的相关技术发展状况来看，如何构建复杂装备的数字化模型并保持忠实性，以及如何充分挖掘数据的潜在价值并成功加以利用，仍是亟待解决的技术问题，未来对于物理设备的远程运维问题仍有很长的路要走。

（2）状态检测技术

状态检测主要是根据采集的数据以及工业机器人的控制指令下达情况来实现的，在搭建好工业机器人的数字孪生模型并实现数据映射后，可以监控工业机器人的状态。同时也可以利用传感器得到的数据与计算得出的理论运动数据来进行对比，实现对工业机器人状态的检测，根据不同的检测结果，对相应的故障采取具体的解决办法。

① 虚拟模型状态监控。所谓的虚拟模型状态监控，简单来说就是让虚拟模型跟随实体机器人做出相同的动作，从而通过观察虚拟模型实现对物理实体状态的监控。通过将传感器数据和目标数据传输给虚拟模型并驱动其运动，完成对工业机器人工作状态的监控，并实时显示工业机器人的状态信息。状态监控主要由虚拟机器人运动、物理参数可视化两大部分构成，其中物理参数可视化是在监控的过程中对工业机器人的真实状态数据进行显示，通过前端技术或相应的软件实现UI的搭建，UI的主要显示内容可以为工业机器人末端执行器的真实位置与理论位置的坐标、各个轴的物理参数以及环境参数等，这样在状态信息界面可以得到工业机器人的工作状态。但是在数据传输的过程中，目标数据的采集频率与运动数据的频率可能并不会保持一致，这可能会导致很大的延迟性以及状态的滞后性等问题，故在进行数据传输之前，必须进行数据的同步。同时在获取到同步数据后，还要进行判断是否需要将数据信息发送到客户端中，如果一直向客户端发送消息，而客户端有时无法及时地对这些消息加以利用并产生堆积，那么状态监控无法及时地获取当前数据的情况。所以进行状态监控时，客户端需发送一个请求信号，服务器接收到该信号后才开始进行消息的发送。为了保证系统的正常运行，消息可以封装为JSON消息，JSON作为一种轻量级的数据传输格式，可以在多种语言之间进行数据交换。JSON易于阅读和编码，且它是JavaScript规范的子集，能被支持JavaScript的浏览器所解析。

② 故障检测。在搭建好物理设备的状态检测模块后，可以将传感器数据与物理设备运动的理论数据进行对比，根据二者对比的情况来进行判断物理设备是否在运动过程中发生了故障。一般的机器故障主要分为渐变故障和突发故障两大类，在诊断难度上，突发故障的诊断相对来说更直观也更容易追溯问题的所在。突发故障一般是由外部的突发状况引起的，工作人员可以通过将传感器的数据与工业机器人的理论数据加以比较，从而判断其不一致性，进而找到故障的所在。而渐变故障的诊断难度相对来说会大一些，工作人员需要根据经验或知识来进行预测，也可以根据大量的历史数据来进行深入的分析。通过建立故障诊断模型，将当前的时间节点作为输入，根据故障诊断模型的输出来预测故障的发生。

在机器人领域，以工业上应用最为广泛的关节机器人为例，其可以看作是一个开式链结构，一端固定，另一端具有多个自由度。一般工业机器人的外壳等固定部分不会发生损坏，故主要将机器人分为动力系统和机械系统两大部分。动力系统的故障主要由电机产生，比如电机短路、电机过载等。而机械系统的核心部件为轴承，轴承的故障主要为轴承点蚀、轴承磨损、轴承达到疲劳极限等，值得注意的是，轴承的故障可能会进一步导致电机产生故障，从而造成严重的后果，因此需要特别重视。针对电机故障，可以给机器人加装振动传感器、温度传感器等外部元件来进行检测。针对轴承，目前的主流诊断方式是对轴承的振动情况进行检测，因为大多数轴承的故障都会导致轴承的振动信号发生较大变化。近几年随着人们的研究逐渐深入，基于轴承的振动检测方法已经十分成熟，可以从振动信息中提取出大多数类型的轴承故障信息。

目前基于模型的单一故障诊断方法会造成适应性较差的问题，而数字孪生模型由于具有实时映射性，故可以提高故障诊断的准确性，同时也可以模拟多种状态下的数据，为预测算法提供初始的数据集。应注意机器人的真实故障数据标定不明显，且真实故障往往不是单一的故障，可能由单一故障引发连续故障。通过修改数字孪生模型的参数来主动为虚拟模型添加故障，从而模拟出某些故障模式下的故障数据，将这些故障数据进行保存，作为后续故障诊断算法的数据集，用于训练神经网络。目前突发故障诊断和渐变故障预测的算法有很多，突发故障诊断的算法主要包括卷积神经网络、支持向量机等，渐变故障预测的算法主要包括线性回归、循环神经网络等，故障诊断的流程如图10-5所示。

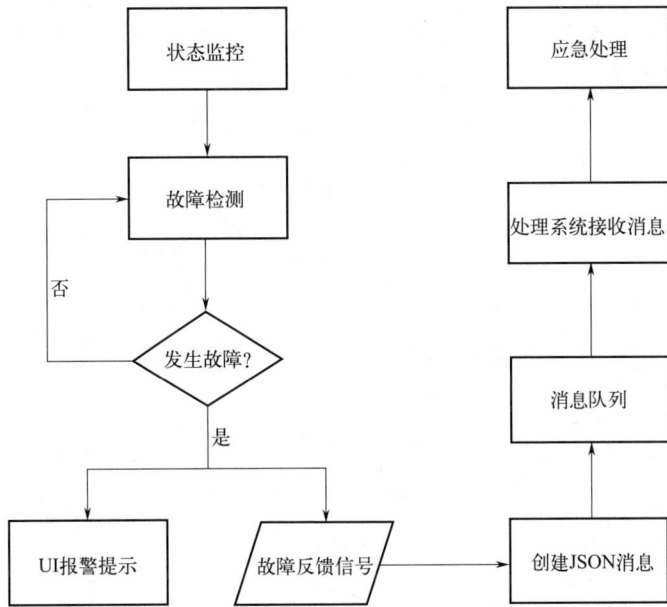

图10-5 故障诊断流程

10.3.4 虚实交互与仿真预测技术

虚实交互与仿真预测技术同样是数字孪生的服务层中的关键技术，主要是对虚拟模型和物理实体之间进行交互，并利用虚拟模型的动态仿真来不断优化和改进物理实体。

（1）虚实交互技术

数字孪生机器人的虚拟模型主要包括：描述生产要素的形状、位置、关系的三维几何模型，描述机器人内在物理属性和运行参数的物理模型，描述机器人组成部分之间的行为模型，以及具备仿真推演能力的规则模型。达到虚实交互主要是依靠这四类模型的实时运转和相互关联，同时这四类模型的运转又依赖于虚拟模型驱动模块对数据的有效解析和融合。通过机器人的实时数据和模型数据实现虚拟模型在几何外形和内在属性方面与物理实体的忠实映射，并通过历史信息和实时信息推动规则模型的自我进化和自我学习。

虚实交互技术不仅仅是数据之间的相互通信，而且实现了物理世界的实体（物理实体）与虚拟世界中的数字孪生模型（虚拟模型）之间的相互控制，即虚实互控。实现虚实互控的前提一定是建立在实现物理实体与虚拟模型之间的相互映射的基础之上的，通过搭建映射机制来完成二者在运动过程中状态数据的双向传输和流动，进而实现虚拟模型与物理实体之间的相互控制。当物理实体控制虚拟模型时，在物理空间（世界）中产生的运行数据通过通信协议进行传输并通过映射机制转化为虚拟世界中虚拟模型对应的运动数据，对于特定的数据会涉及对数据的封装和拆解过程。当虚拟模型接收到这些运动数据后，通过解析将其转化为运动控制数据，虚拟模型通过这些运动数据实现物理实体对虚拟模型的控制作用。而当虚拟模型控制物理实体时，先将虚拟模型运行时的状态数据和控制数据通过通信协议和映射机制传输并转化为物理世界中相应的数据，控制器通过对这些数据进行解析来完成对物理实体的控制。

工业机器人的虚实交互框架（图10-6）主要由物理数据模型、数字描述模型、可视化模型三部分组成。物理数据模型主要实现对底层机器人的制造数据的集成、归纳、分类等，将实体数据转化为可支持虚拟空间模型运动的显示数据，并对数据进行统一描述。可视化模型通过三维开发软件将抽象的参数转化为可视化的信息。数字描述模型从采集到的数据中挖掘出深入的知识和关联规则，实现了机器的可读性。

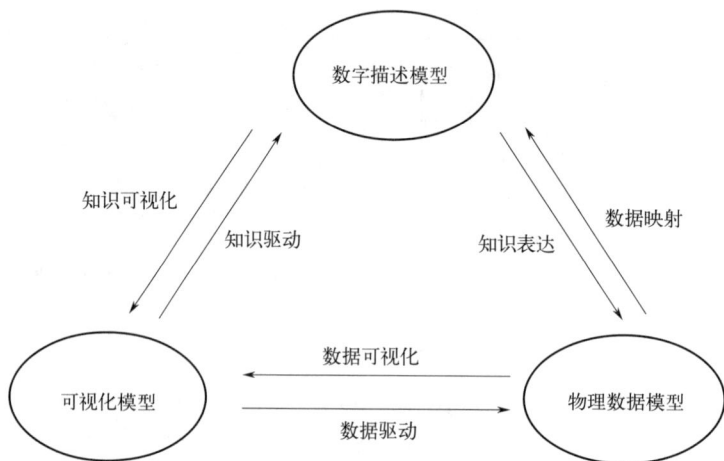

图10-6　数字孪生系统虚实交互框架

① 交互的机制。

a. 物理数据模型与数字描述模型交互。将从物理环境中采集到的真实数据通过网络等通信手段进行传输并集成到物理数据模型中。而数字描述模型是对物理数据本体的描述和表达，因此二者之间存在着相应的映射关系。根据映射机制，可以将映射主要分为三种：直接映射、计算映射以及推理映射。通过这种映射机制，可以对数字描述模型中的本体属性进行实时更新，实现虚实交互。

b. 数字描述模型和可视化模型交互。数字描述模型包括机器人的数字特征，同时实现对机器人加工能力的知识表达和可读性。可视化模型主要实现了抽象的虚拟物体和参数的可视化。从数字描述模型到可视化模型的开发，是数字孪生系统中虚实交互的进一步表达和完善，通过数字描述模型和可视化模型交互，工作人员可以更好地对机器人进行管控。

c. 物理数据模型与可视化模型交互。可视化模型的映射动作需要数据进行驱动，而需要的数据即来自物理数据模型，通过可视化模型直观的显示，可以提高工作人员与数字孪生系统之间的交互效率。同时利用可视化模型可以降低生产成本，并得出最优的加工方案，且产生的数据也可以驱使物理数据模型内部进行更新和存入数据库中，后续工作人员可以直接在数据库中进行查询，进而加快生产任务的进行。

② 虚实交互步骤。

a. 运动规划和控制。通过机器人示教器给定的路径进行识别解析，将得出的运动参数进行运算，并将运算得出的关节角度值传输到数据层，准备驱动虚拟机器人运动。

b. 数据驱动。当获取到关节角度的数据后，将数据解析为可以驱动虚拟模型的数据类型，并驱动虚拟的工业机器人进行随动运行，使虚拟机器人保持与物理实体的同步。

c. 反馈控制。该步骤主要通过人机交互界面下达对虚拟机器人的控制指令，在驱动虚拟机器人的同时，通过传输网络将指令信息下发给实体机器人的控制系统，使得实体机器人同步运动，达到虚控实的效果，这种反馈控制便于操作人员对机器人的远程控制。

（2）仿真预测技术

数字孪生的仿真预测技术主要通过控制虚拟机器人进行物理实体（设备）在作业过程中的加工预演，根据仿真的运行结果来进一步调整设备的具体信息，例如设备参数、控制算法等，使物理设备在实际运作中避免出现仿真过程中的错误，从而降低研发成本，提高研发效率。传统的仿真预测技术是通过硬件或软件对物理对象进行抽象的表示，在建模的过程中忽略一些具体的细节以及在计算机上难以实现的部分，仅使仿真模型能够反映出仿真对象的主要特征，并通过为模型添加约束条件等限制来驱动虚拟的仿真模型运行。其得到的仿真结果由于刻意忽略了一些难以描述的细节特征，故与物理世界真实的结果之间必然存在着一定的偏差，这些偏差可能随着时间的推进而逐渐变大，最后导致仿真模型完全失去参考价值。而将数字孪生技术引入后，主要通过实测、模拟、数据分析等手段进行实时感知、预测物理实体的下一步状态，并通过优化算法得出的优化指令来调节物理对象的实体行为。由于数字孪生中的仿真预测采用的是经由数据库传来的物理对象的真实数据，尽管仍存在一些细节因素无法掌握，但在精准度上已经有了很大的提升，且传统的仿真技术只是一种创造与操作的技术，其只是数字孪生系统闭环中的一个环节，数字孪生中的仿真预测可以运用数据的连续采集和智能分析，预测维修的最佳时间节点，为设备更新提供参考依据，故通过使用数字孪生中的仿真预测技术可以对物理实体进行迭代的更新和改进。

目前工业机器人领域的状态预测方法仍主要为离线仿真，这种方法只能在特定的输入条件下输出仿真结果，且仿真时刻与实际系统运行时刻之间存在着一定的时间差，其功能有明显的滞后性。同时目前还有一种基于大数据的预测方法，但该方法对于机器人本身的数据量有一定的要求，且该预测方法主要为纯数据预测，与模型的相关度较低，不便于人们直接观察，目前还是一种较为理想化的预测方法。将数字孪生技术引入机器人的仿真预测中，可以实现实时、持续、瞬态的仿真和预测。

对于如何通过搭建好的工业机器人数字孪生系统来实现对工业机器人的仿真预测，首先建立工业机器人系统的仿真输入参数，根据映射条件生成相对应的仿真样本变量，同时在系统中构建出循环扫描函数并将机器人当前的运行状态标记为仿真的初始状态；随后根据之前输入的仿真样本变量，以事件调度法来推进系统仿真程序的一步一步执行，而所谓的事件调度法可以理解为将要仿真的事件列入将来事件表（future event list，FEL）中，待其在仿真系统中执行完毕后，再将其从将来事件表中移除，然后根据实时输入的数据将新产生的将来事件添加入其中，依次循环，直至结束，通过这种操作方法能够保证所有的事件按正确的事件发生次序来进行仿真推进；在瞬态仿真进行的同时，将经过仿真程序计算得出的运行结果输出到数字孪生的UI上，从而实现对工业机器人的仿真预测。

10.4 工业机器人的数字孪生开发手段

10.4.1 三维开发平台选择

构建工业机器人几何模型的软件有很多种，常用的软件有Inventor、Pro/E、SolidWorks、Fusion 360、CATIA等。Inventor是美国Autodesk公司推出的一款三维可视化实体模拟软件。该软件集多种功能于一体，是一款适用于设计流程的理想工具和满足设计需求的专用工具。Pro/E是由Parametric Technology Corporation（PTC）公司研发的一款三维建模软件，其作为当今世界机械CAD（计算机辅助设计）/CAE（计算机辅助工程）/CAM（计算机辅助制造）领域的新标准而得到业界的认可和推广，目前其应用领域越来越广泛。SolidWorks是世界上第一款基于Windows开发的三维CAD系统，在机械工程建模领域应用十分广泛。考虑到后续与其他软件交互过程中的模型处理和软件的操作难度，SolidWorks是一个更佳的选择，该软件具有强大的功能以及丰富的组件，并且上手容易，对于新手比较友好。SolidWorks可以动态地展示装配体中所有零部件的装配情况，并自身配备动力元件，对装配体模型进行虚拟驱动来制作动画和演示效果。同时该软件还可以对整个装配体进行动态的干涉检查和间隙监测，从而在软件端发现一些可以避免的问题。

在SolidWorks软件中，主要采用网格建模的方式建立几何模型，这种模型的数据结构比较简单。但是模型结构的压缩比不是很大，其中存在着大量的数据集，在后期的工作中会降低CPU的处理速度，对计算机的性能和内存造成了极大的影响，降低了工作人员的体验性。因此，必须对其进行简化处理来提高整体的显示效果。从SolidWorks中导出的STEP格式具有零件的几何特征，可以通过该格式进行后续的操作。

模型简化处理软件一般选用3D Max。3D Max是Discreet公司开发的一款3D建模和渲染制作软件。由于其强大的模型构建和渲染能力，以及对于几何模型的贴图和材质添加能力，被广泛地应用在游戏、动画、影视以及工业领域。该软件对于硬件系统的要求相对较低，且制作流程简洁高效，操作简便，有利于初学者的学习和使用。随着该软件的火爆，基于该软件诞生了许多功能强大的插件，其中一个插件为Polygon Cruncher，该插件可以自由地定义三维模型的几何面数，达到对模型进行简化的效果。对于工业机器人的几何模型，在该软件中的具体操作流程如下。

① 将几何模型以STEP的格式导入3D Max中，同时要携带其属性信息；

② 对导入的模型进行分析，判断其是否存在冗余的顶点或线条，将多余的顶点和线条逐一删除；

③ 使用Polygon Cruncher插件对几何模型进行优化处理，尽量减少模型的多边形数量，同时在高优化比的情况下不损失细节，如果其三维模型较为复杂，则应大量减少其网格数；

④ 根据工业机器人的实际材料属性和图片特征，在软件中对其进行贴图操作，3D Max里为用户提供了非常丰富的材料库，且材质的赋予工作十分简便；

⑤ 将模型以.fbx的格式导出，在导出的过程中，要设置主要参数，例如几何尺寸、比例

因子、坐标轴等。

将几何模型调试好后，需要将其导入开发工具中实现数字孪生，常用的开发工具主要有Blender、Unity 3D等软件，Unity 3D是由美国Unity Technologies公司开发的一款实时3D互动内容创作和运营平台。其主要应用场合为各种三维动画、游戏的开发，目前有多种火爆游戏由Unity 3D引擎开发。在Unity 3D中完成的项目可在多种平台发布，包括但不限于Windows、Linux、Android等。Unity 3D为用户提供了良好的开发环境，其社区平台可以进行开发者之间的学习交流。在Unity商城中储存着海量的资源，包括模型、例子、源码、插件、教程等等，这极大地帮助开发人员提升了开发效率。

由于Unity 3D平台具有极其出色的三维可视化效果和容易上手的编辑模式，开发者可以通过搭建物理引擎和编程实现接近于现实的仿真环境。在现有的数字孪生应用案例中，大多数都是通过Unity 3D这款开发工具来实现物理实体的数字孪生，Unity 3D具有以下优势。

① 通用性。Unity 3D的编辑器可以支持多种系统平台，如Windows、MacOS X和Linux等。开发完产品以后，程序包可以用执行文件格式单独导出，发布至Windows、Mac、Android、WebPlayer等常用平台，具有良好的通用性，可节省大量的开发时间，提高开发效率。在工业机器人数字孪生系统开发完成以后，可将其移植到移动端或Web端，作为运动仿真和状态检测的终端。

② 兼容性。Unity 3D引擎具有良好的兼容性，体现在两个方面。在模型方面，不但可以自身建立简单的三维模型，还可以支持大部分的三维建模软件和动画制作工具，例如3D Max、SolidWorks以及C4D等软件。利用Unity 3D进行产品开发时，只需要将模型、声音、贴图、动画等资源导入即可，可以减少大量底层资源的开发工作。在编程方面，Unity 3D支持C#与JavaScript两种脚本语言，为不同开发者提供了选择，同时还提供了大量开发工具的API，提高了开发效率。在开发工业机器人数字孪生系统时，可导入已经建立的工业机器人的三维模型，并通过C#结合各种功能的API来进行系统开发，提高开发效率。

③ 真实性。在现实中有很多物理属性，包括刚体、重力以及各个类别之间的碰撞等物理属性。碰撞在虚拟运动仿真环境下尤为重要，能反映出物体的运动与其他物体是否发生干涉。通过对这些物理属性的设置，可以真实反映工业机器人的工作状态。此外，构建高精度的机器人孪生体，需要对机器人的许多物理属性进行仿真分析，包括温度、电磁、应力应变等。以下介绍几款多物理场仿真技术软件。

a. ANSYS 是一款功能最全面的通用结构力学仿真分析软件，其包括线性/非线性、静力学、隐式动力学、显式动力学、多刚体/刚柔混合动力学、多体动力学、复合材料、疲劳、优化分析等在内的所有结构分析功能。它可为多种类型的机械设计问题提供一系列完整的单元行为、材料模型和方程式求解器。此外，还提供热分析、声学分析、压电分析以及热-结构、电-热、磁-结构、电-热-结构等多物理耦合功能。

b. COMSOL 是一款大型的高级数值仿真软件，广泛应用于各个领域的科学研究以及工程计算，模拟科学和工程领域的各种物理过程。COMSOL是以有限元法为基础，通过求解偏微分方程（单场）或偏微分方程组（多场）来实现真实物理现象的仿真，用数学方法求解真实世界的物理现象。

c. Abaqus 前处理模块包括丰富的单元、材料模型类型，可以高精度地实现包括金属、橡胶、高分子材料、复合材料、钢筋混凝土、可压缩超弹性泡沫材料以及土壤和岩石等地质材料的工程仿真计算。

d. XFlow流体仿真软件是具有革命性的新一代CFD（计算流体力学）软件。基于格子玻尔兹曼方法，突破了传统网格方法的瓶颈，可以有效求解几何域中涉及运动机构、自由表面、流固耦合等复杂的计算流体动力学问题。

e. CST Studio Suite是一款高性能三维电磁分析软件包，用于设计、分析和优化电磁（EM）组件和系统。

f. Simpack是专家级机电系统运动学/动力学仿真分析软件，利用Simpack软件，可以描述并预测复杂机械系统的运动学及动力学性能，分析系统的振动特性、受力状况以及零部件的运动位移、速度、加速度等。

10.4.2　通信传输框架设计

Socket 被称为"套接字"，是网络上服务器端与客户端之间进行双向通信的端点。利用Socket，可以方便地传输信息。Socket有两种套接字方式：一个是基于TCP（传输控制协议）的Socket通信（流式Socket），另一个则是基于UDP（用户数据报协议）的Socket通信（数据报式Socket）。二者的比较如表10-1所示。

表10-1　套接字方式比较

类型	流式 Socket	数据报式 Socket
使用的传输协议	TCP	UDP
通信特点	有连接	无连接
	可靠传输	不可靠传输
	面向字节流	面向数据报
	可移植性好	可移植性差

基于TCP的Socket通信能够提供可靠交付的服务，传输数据无差错、不丢失、不重复，并且能够按序到达。Socket一般采用的模式是 C/S 模式，即客户端/服务器（client/server）模式。基于TCP的Socket通信流程如图10-7所示。

由于Unity 3D支持的C#编程语言，可支持Socket（套接字）的编程，以PC为服务器端，机器人控制器为客户端，利用基于TCP的Socket实现二者的通信。根据上述通信框架，在机器人端和PC端分别进行编程，使二者完成通信，实现数据的双向传输，并对传输的数据进行数据类型的转换以驱动物理机器人和虚拟机器人运动，最终实现虚实同步，具体流程如图10-8所示。

PC 端在与实体机器人进行通信时，采用TCP/IP协议与实体机器人的控制柜通过网线进行连接，调用接口函数，将机器人实例化并输入设备的 IP 地址和端口号。然后调用ConnectRobot() 判断机器人是否连接，并在Unity 3D的输出控制台进行结果的显示。

10.5　工业机器人的数字孪生开发案例

（1）案例概况

数字孪生技术快速发展，其本质是充分利用物理模型、传感器更新、运行历史等数据，

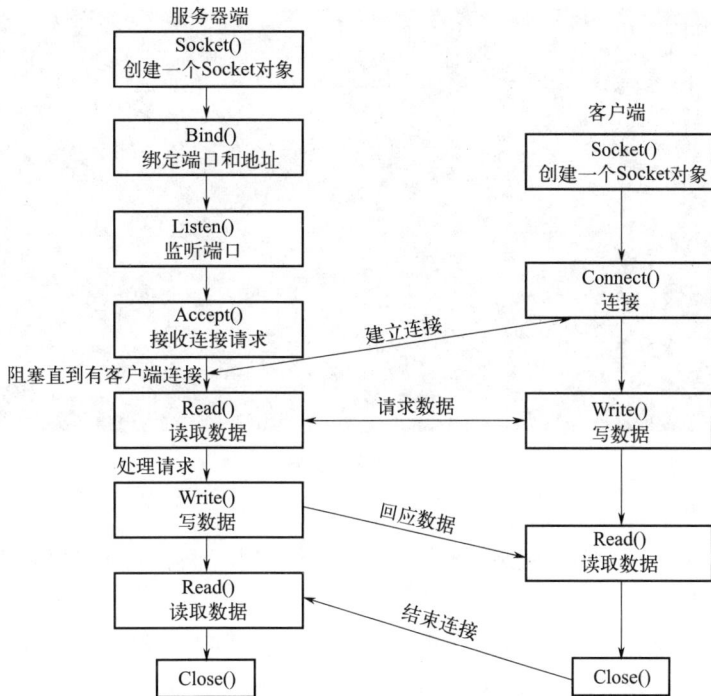

图 10-7　基于 TCP 的 Socket 通信流程

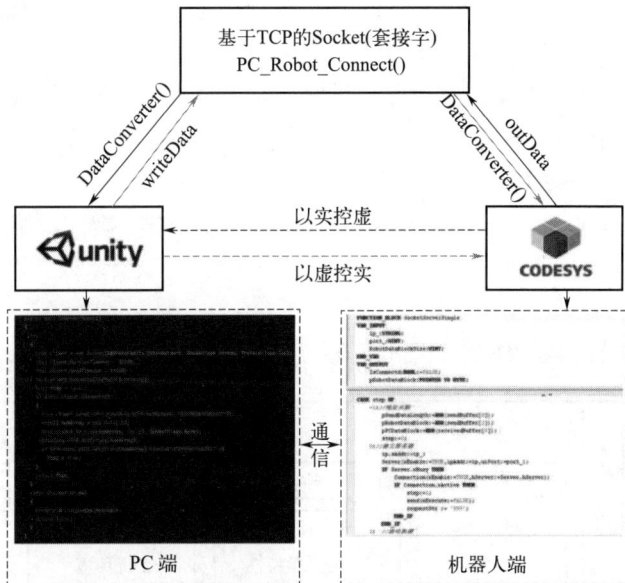

图 10-8　虚实通信与交互流程

集成多学科、多物理量、多尺度、多概率的仿真过程，在虚拟空间中完成映射，从而反映相对应的实体装备的全生命周期过程。

本案例以工业机器人为研究对象，构建了工业机器人高保真数字孪生系统，实现了虚实交互、运动学仿真、状态监控、数据可视化、有限元分析等功能，并基于系统实现了对工业机器人状态、运行参数、仿真参数及零件应力的智能监控。系统主界面如图 10-9 所示。

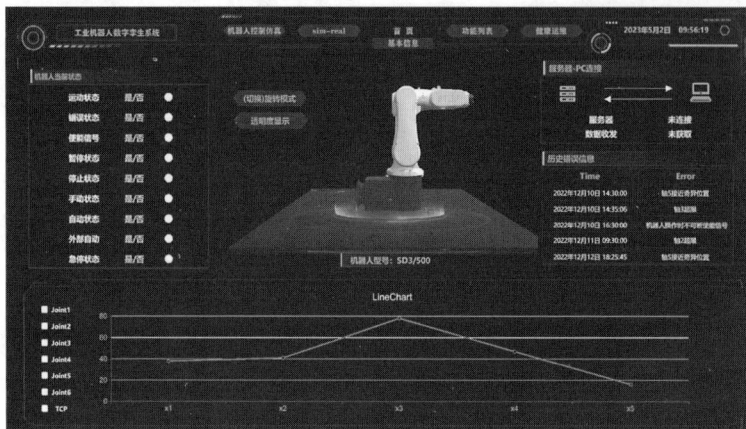

图 10-9　系统主界面

（2）需求分析

从工业机器人各种功能和应用服务的角度来进行需求分析，工业机器人高保真模型主要由以下4个模型组成。

① 高保真几何模型。为实现物理机器人内部重要零部件、整体以及同步运行时机器人自身行为变化的可视化监控，需要构建高保真几何模型来反映物理机器人的机械参数、空间位姿、内部重要零部件、关节间的父子级关系、关节最大工作空间及速度等信息。

② 高保真物理模型。为实现机器人的故障诊断、有限元分析、健康运维等功能，分析机器人工作时的内部状态，需要构建高保真物理模型来进行力学特性分析、电磁特性分析、热力学特性分析、运动学原理分析、动力学原理分析等。

③ 高保真行为模型。以高保真物理模型为基础，为实现工业机器人的动态规划和自动化运行，并支持人机协作和多机协作，需要构建高保真行为模型来反映工作过程中的轨迹规划、动态功能和展现零件性能退化过程等。

④ 高保真规则模型。为实现对工业机器人的预测性维护、智能决策及行为优化，需要构建高保真规则模型来描述历史经验、专家知识和行业标准以及以数据挖掘和数据分析为技术手段得到的经验。

工业机器人高保真模型的描述如图10-10所示。

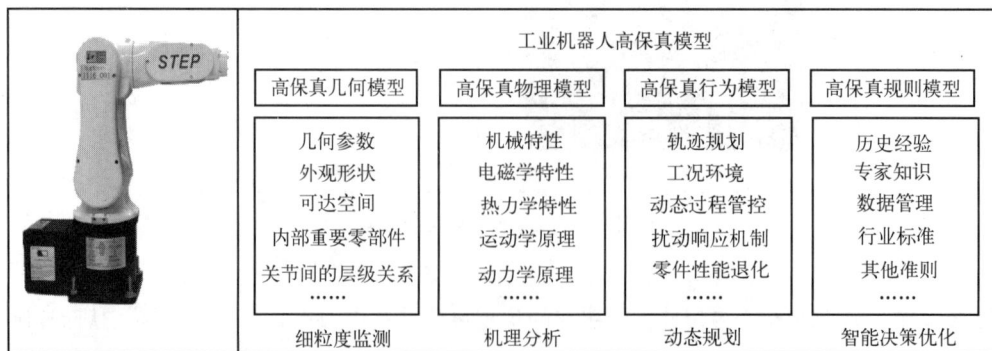

图 10-10　工业机器人高保真模型

本案例所设计的工业机器人高保真数字孪生系统基于物理机器人与虚拟机器人间的虚实交互，进行状态监控和控制学仿真等。因此，高保真数字孪生系统需要具备以下功能。

① 虚拟机器人与物理机器人具有映射性。虚拟机器人的尺寸、关节间的父子级关系均要与物理机器人保持一致。虚拟机器人能够透明显示物理机器人的零部件。

② 实现物理机器人与虚拟机器人的虚实通信和交互功能。通过实现机器人端与 PC 的通信，来实现物理机器人与虚拟机器人的双向交互控制。

③ 实现虚拟机器人的控制学仿真功能。使用 D-H 法分析工业机器人，推导正逆运动学公式，实现虚拟机器人仿真运动和点对点的轨迹规划。

④ 实现对物理机器人的状态监控功能。在运动过程中，实时读取机器人的运行状态，读取机器人运动过程中每个关节的角度、速度、加速度、力矩等。

⑤ 实现机器人零部件的有限元分析功能。显示机器人零部件在实际工作中应力的情况及对应图例和数值。

⑥ 实现健康运维功能。系统能够以规定的格式导出 PDF 诊断报告，以供查看并做出决策。

⑦ 系统具有数据和场景的可视化界面，用于对采集的数据及运动仿真的可视化。

为保证工业机器人高保真数字孪生系统在工业机器人的实际应用中能够保持稳定和可靠的服务，系统的设计与开发需遵循以下原则。

① 可靠性、稳定性。该原则包括数据的可靠性与系统稳定运行两个方面。要保证在物理机器人与虚拟机器人同步运动的过程中，数据的获取、处理及保存具有可靠性。要保证在正常情况下，系统能够稳定地运行。

② 高保真性。基于工业机器人高保真模型的需求分析，需要在构建模型时，保证物理机器人与虚拟机器人相互映射时误差小，保真度高。

③ 高效性。该原则需要保证工业机器人高保真数字孪生系统能够实时采集、处理并可视化数据，需要保证在数据实时更新的情况下，虚拟机器人的状态高效更新。

④ 扩展性。为满足工业机器人在不同工作环境下的功能需求，工业机器人高保真数字孪生系统应具备扩展性，不同的功能模块应相对独立，以便后续的功能添加。

（3）系统架构

工业机器人高保真数字孪生系统架构包含逻辑架构和功能架构。

从物理、虚拟及虚实交互三个维度构建逻辑架构，如图 10-11 所示。通过机器人本体（物理机器人）上安装的传感器进行数据采集，将数据传输到虚拟机器人，驱动虚拟机器人运动实现以实控虚；通过设置虚拟机器人的运动参数，进行仿真运行，将仿真数据传输到物理机器人，驱动物理机器人运动实现以虚控实。在完成虚实交互的基础上，对获取到的角度、速度、加速度、扭矩、温度、振动信号等关键运行参数，进行处理转换，然后进行数据挖掘分析，实现状态监测、故障诊断等功能，实现的结果将以信息传递的方式反馈给机器人，为后续的预测性维护提供依据。

以工业机器人高保真模型为基础，从设备层、传输层、数字孪生层、应用服务层及行业层五个层面提出了功能架构，如图 10-12 所示。

① 设备层。设备层是构建虚拟模型的基础，包括机器人、控制柜、示教器、传感器等部件。使用示教器对机器人进行操作，采用不同类型的传感器对运动过程中的数据进行采集，传输到数字孪生层，进行驱动分析。

② 传输层。传输层包括采用局域网、互联网、物联网、设备云等方式的网络传输及 TCP/IP、OPC UA、Modbus、WLAN Protocol 等通信协议。使用通信协议，将采集到的数据经过读取、转换、处理等操作，在云端进行储存，方便后续的调用。

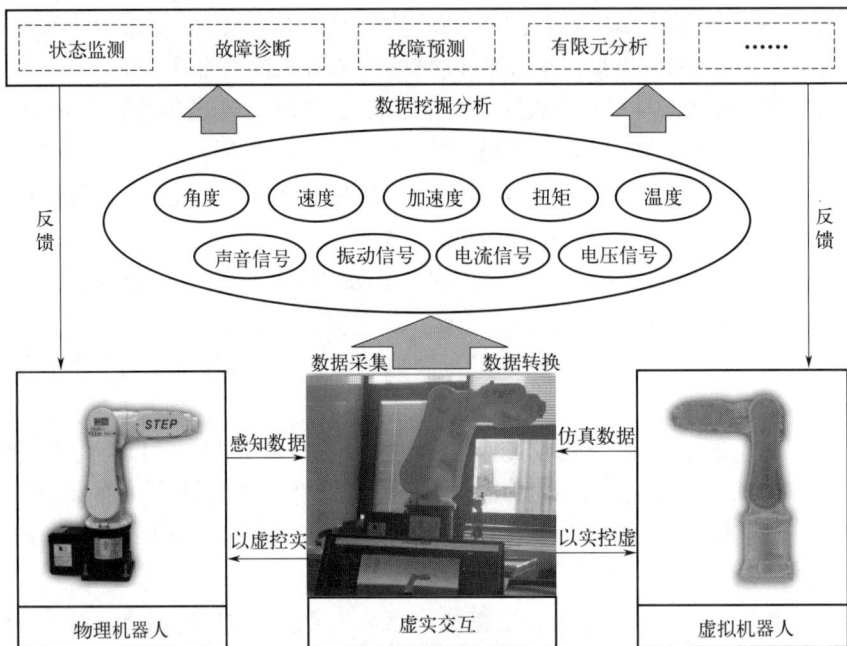

图 10-11 工业机器人高保真数字孪生系统逻辑架构

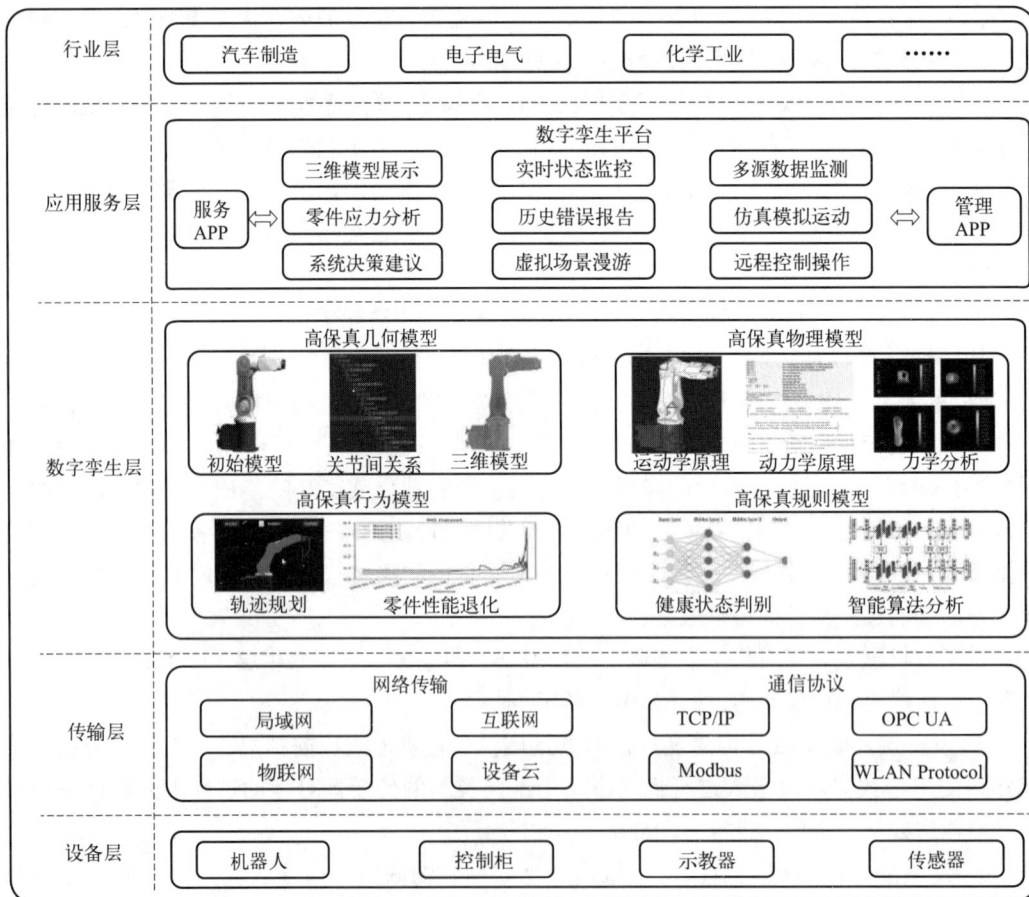

图 10-12 工业机器人高保真数字孪生系统功能架构

③ 数字孪生层。通过获取机器人实体的几何参数（如尺寸、位置关系等），在可视化平台中建立机器人的三维模型，通过对机器人实体进行分析，确定自由度并建立关节旋转轴间的父子级关系，通过获取内部零部件的参数，显示重要零部件，实现几何模型的高保真；通过对机器人进行运动学原理、力学等知识的分析，实现物理模型的高保真；通过对机器人进行轨迹规划，完成机器人的动态规划、自动化运行和人机协作等，并展现机器人内部重要零件的性能退化过程，进行细粒度监控，实现行为模型的高保真；通过关注机器人内部重要零部件在运行过程中，应力、温度等数据的变化，采用智能的算法，结合历史经验，对机器人的健康状态、故障类型做出判断，保证机器人的平稳运行，实现规则模型的高保真。

④ 应用服务层。选取合适的可视化平台，搭建工业机器人数字孪生体，实现机器人的三维模型展示，并可更改透明度，可视化模型内部的零部件，保证高保真模型的细粒度；实现实时状态监控，以便对机器人做出决策，并提出建议；保存以往运动过程中角度、速度、扭矩等数据，实现历史数据的绘制，观察其中变化，做相应的处理与分析；在操作实体之前，可首先对虚拟机器人进行仿真模拟运动，进行机器人的可达性检测、碰撞检测和干涉检测，提高物理机器人的工作安全性和工作效率；记录操作过程中的错误，生成报告，为后续的故障诊断提供基础数据支持；对零部件进行有限元分析，实时展示关键零部件的不同节点的应力，为改进机器人的结构设计提供理论依据；实现对机器人的远程操控。此外，设计开发方便外部人员操控的前端服务 APP 和后台人员操作监控的后端管理 APP。

⑤ 行业层。行业层是工业机器人数字孪生与不同行业的深度融合，集成不同行业的功能需求，实现行业中工业机器人的智能化应用。

（4）系统开发方法

本案例基于 Unity 3D 开发 SD3/500 六轴工业机器人的高保真数字孪生系统，首先对系统的开发平台 Unity 3D 进行介绍；然后描述如何构建机器人高保真的数字孪生模型，说明如何实现虚拟机器人和物理机器人的交互与运动及数据可视化；其次基于 MATLAB 采用改进 D-H 法对工业机器人进行建模和运动学分析，并迁移至 Unity 3D 实现虚拟机器人的运动学仿真；再对机器人的零部件如何实现有限元分析进行描述；最后介绍工业领域中常用的异常检测方法。

① 开发平台。选用 Unity 3D 作为开发平台搭建工业机器人高保真数字孪生系统。Unity 3D 又称 Unity，是由 Unity Technologies 开发的一个专业游戏引擎，能够使开发者轻松搭建三维视频游戏、可视化建筑、实时三维动画等。

② 高保真模型构建。虚拟模型要能够忠实地反映物理实体的几何尺寸、外部和内部结构等特征，因此可从制造商中获取机器人的三维模型。若无法获取，则需自行构建三维模型。通过三维建模软件来建立机器人虚拟模型，由于三维建模软件中创建的三维模型导出的装配体，无法直接导入 Unity 3D，因此需要先导入 3D Max 中进行模型编辑、优化等处理，再导出可直接导入 Unity 3D 的 .fbx 文件。

PiXYZ 插件很好地解决了建模软件导出的格式无法直接导入 Unity 3D 的问题。PiXYZ 包含多项功能，它可以将 AutoCAD、SolidWorks 等建模软件的文件格式直接导入 Unity 3D 引擎中，在使用 PiXYZ 的过程中可以利用它进行模型的绑定复原，并且对三维模型进行进一步的操作。它包含了生成层次细分模型、预制件功能、设置自动生成 UV 及控制导入形式等功能。改进后的插件导入模型的速度比以往更快，曲面细分算法将模型进行更好的处理，达到导入的最高质量并可以进行网格修复和代理网格等功能。

但由于使用插件后，导入的模型在关节旋转中的逻辑关系不准确，因此需要根据各个部件的旋转轴之间的父子级关系重新构建，获得高保真的机器人的虚拟模型，并将其作为预制体进行保存，使后续的操作更为便捷。

③ 运动学仿真。工业机器人主要通过各关节的运动来控制末端执行器完成各种任务，为了实现运动学仿真，需要对工业机器人进行运动学分析。以 SD3/500 机器人为研究对象，采用 D-H 法，对机器人进行数学建模，根据理论公式计算出机器人各关节的齐次变换矩阵，在此基础上，进行机器人正逆运动学分析。最后将公式迁移至 Unity 平台，使用 C# 语言进行编程来控制各关节的旋转，实现运动学仿真。

SD3/500 机器人本体轻巧，腕关节操作灵活，具有体积小、重量轻、运转速度快、重复定位精度高等特性。其机械参数和各关节的运动参数分别如表 10-2 和表 10-3 所示。

表 10-2　机械参数

参数	参数值
型号	SD3/500
自由度	6
本体质量/kg	28
额定手腕负载/kg	3
最大工作半径/mm	500
重复定位精度/mm	±0.02

表 10-3　各关节运动参数

关节	J1	J2	J3	J4	J5	J6
最大工作速度	370(°)/s	370(°)/s	430(°)/s	300(°)/s	460(°)/s	600(°)/s
最大动作范围	±170°	±110°	+40°～ −220°	±185°	±125°	±360°

以 SD3/500 六自由度工业机器人为研究对象，首先建立坐标系，如图 10-13 所示。

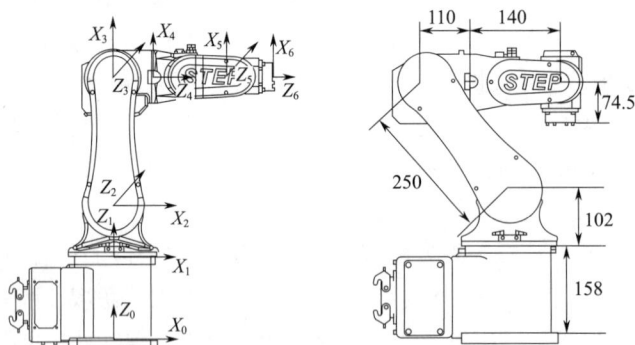

图 10-13　坐标系建立

机器人的 D-H 参数如表 10-4 所示。

表 10-4　机器人 D-H 参数

关节	α_{i-1}	a_{i-1}/cm	θ_i	d_i/cm
J1	0°	0	θ_1	158
J2	−90°	0	θ_2	102
J3	0°	250	$\theta_3 - 90°$	0
J4	−90°	0	θ_4	110

关节	α_{i-1}	a_{i-1} /cm	θ_i	d_i /cm
J5	90°	0	θ_5	140
J6	−90°	74.5	θ_6	0

注：α_{i-1} 表示关节轴 $i-1$ 和关节轴 i 之间的夹角；a_{i-1} 表示关节轴 $i-1$ 和关节轴 i 之间的公垂线的长度；θ_i 表示两相邻连杆绕公共轴线旋转的夹角；d_i 表示关节轴 i 上的连杆偏距。

机器人的正运动学分析是已知所有连杆长度和各关节角度，求解机器人末端相对于基座参考坐标系的位姿，表示从关节空间到工作空间的映射。根据 D-H 参数表分别求出各连杆的变换矩阵 $^0_1\boldsymbol{T}, ^1_2\boldsymbol{T}, ^2_3\boldsymbol{T}, ^3_4\boldsymbol{T}, ^4_5\boldsymbol{T}, ^5_6\boldsymbol{T}$。

$$^0_1\boldsymbol{T} = \begin{bmatrix} \cos\theta_1 & -\sin\theta_1 & 0 & 0 \\ -\sin\theta_1 & -\cos\theta_1 & 0 & 0 \\ 0 & 0 & -1 & 15.8 \\ 0 & 0 & 0 & 1 \end{bmatrix}, \quad ^1_2\boldsymbol{T} = \begin{bmatrix} \cos\theta_2 & -\sin\theta_2 & 0 & 0 \\ 0 & 0 & -1 & 0 \\ \sin\theta_2 & \cos\theta_2 & 0 & -10.2 \\ 0 & 0 & 0 & 1 \end{bmatrix}$$

$$^2_3\boldsymbol{T} = \begin{bmatrix} \cos\theta_3 & -\sin\theta_3 & 0 & 0 \\ \sin\theta_3 & \cos\theta_3 & 0 & -25.0 \\ 0 & 0 & 1 & 0 \\ 0 & 0 & 0 & 1 \end{bmatrix}, \quad ^3_4\boldsymbol{T} = \begin{bmatrix} 0 & 0 & -1 & 0 \\ -\cos\theta_4 & \sin\theta_4 & 0 & 0 \\ \sin\theta_4 & \cos\theta_4 & 0 & 0 \\ 0 & 0 & 0 & 1 \end{bmatrix}$$

$$^4_5\boldsymbol{T} = \begin{bmatrix} -\sin\theta_5 & -\cos\theta_5 & 0 & 0 \\ 0 & 0 & 1 & 0 \\ -\cos\theta_5 & \sin\theta_5 & 0 & -25.0 \\ 0 & 0 & 0 & 1 \end{bmatrix}, \quad ^5_6\boldsymbol{T} = \begin{bmatrix} 0 & 0 & -1 & 7.45 \\ -\cos\theta_6 & \sin\theta_6 & 0 & 0 \\ \sin\theta_6 & \cos\theta_6 & 0 & 0 \\ 0 & 0 & 0 & 1 \end{bmatrix} \quad (10\text{-}1)$$

对正运动学方程进行求解，得出 6 个连杆坐标变换矩阵的乘积

$$^0_6\boldsymbol{T} = {}^0_1\boldsymbol{T}\,{}^1_2\boldsymbol{T}\,{}^2_3\boldsymbol{T}\,{}^3_4\boldsymbol{T}\,{}^4_5\boldsymbol{T}\,{}^5_6\boldsymbol{T} = \begin{bmatrix} n_x & o_x & a_x & p_x \\ n_y & o_y & a_y & p_y \\ n_z & o_z & a_z & p_z \\ 0 & 0 & 0 & 1 \end{bmatrix} \quad (10\text{-}2)$$

$$\begin{cases} n_x = -c6[-s5c1c23 - c5(c4c1s23 + s1s4)] \\ n_y = c6[-s5s1c23 + c5(c1s4 - c4s1s23)] + s6(c1c4 + s4s1s23) \\ n_z = -c6(s23s5 - c23c4c5) - c23s4s6 \\ o_x = s6[-s5c1c23 - c5(c4c1s23 + s1s4)] - c6(s4c1s23 - c4s1) \\ o_y = c6(c1c4 + s4s1s23) - s6(-s5s1c23) - s6c5(c1s4 - c4s1s23) \\ o_z = s6(s23s5 - c23c4c5) - c23c6s4 \\ a_x = -c5c1c23 + s5(c4c1s23 + s1s4) \\ a_y = s5(c1s4 - c4s1s23) + c5s1s23 \\ a_z = s23c5 + c23c4c5 \\ p_x = 25c1s2 + 7.45c5c1c23 - 7.45s5(c4c1s23 + s1s4) + 25c1c23 \\ p_y = -7.45c5s1c23 - 25s1s2 - 7.45s5(c1s4 - c4s1s23) - 25s1c23 \\ p_z = 25c2 - 25s23 + 3.725\sin(\theta_4 - \theta_5)c23 - 3.725c23s45 - 7.45s23c5 + 26 \end{cases} \quad (10\text{-}3)$$

式中，c_1为$\cos\theta_1$，其余以此类推；s_1为$\sin\theta_1$，其余以此类推。

机器人逆运动学求解指的是已知机器人末端的期望位姿，求解各个关节旋转角度。目前，逆运动学的求解方法主要有解析法、数值迭代法、几何法、神经网络算法及遗传算法等，这里使用解析法求得各关节的旋转角度。

$$t_1 = \cos\theta_1\sin\theta_2 - \frac{7.45a_x + p_z}{25}, t_2 = -\sin\theta_1\sin\theta_2 - \frac{7.45a_y + p_y}{25}$$

$$t_3 = \cos\theta_2 + \frac{26}{25} - \frac{7.45a_z + p_z}{25}, t_4 = -a_z n_x + a_x n_z$$

$$t_5 = a_z o_x - a_x o_z, t_6 = -a_y n_y + a_y n_z, t_7 = a_z o_y - a_y o_z \quad (10\text{-}4)$$

$$t_8 = t_4(a_z t_2 - a_y t_3), t_9 = t_5(a_z t_2 - a_y t_3), t_{10} = t_6(a_z t_1 - a_x t_3)$$

$$t_{11} = t_7(a_z t_1 - a_x t_3)$$

$$\begin{cases} \theta_1 = \arctan(-7.45a_y - p_y, 7.45a_x + p_x) \\[2mm] \theta_2 + \theta_3 = \arccos\dfrac{\sqrt{t_1^2 + t_2^2}}{2} - \arctan(t_2 - t_1) \\[2mm] \theta_2 = \arcsin[t_1 - \cos(\theta_2 + \theta_3)] \\[2mm] \theta_4 = \arcsin\dfrac{a_y\cos\theta_1 + a_x\sin\theta_1}{\sin\theta_5} \\[2mm] \theta_5 = \arcsin\dfrac{a_z t_1 - a_x t_3}{t_4\cos\theta_6 + t_5\sin\theta_6} \\[2mm] \theta_6 = \arctan(t_{10} - t_8, t_9 - t_{11}) \end{cases} \quad (10\text{-}5)$$

④ 有限元分析。高保真作为数字孪生中重要的特征，也是准确预测维护的重要基础，其不仅能够在几何结构上还原物理对象，还能实现对物理对象运行机理的展示，如工业机器人内部电气设备运行状态、关键机械部件的应力等。目前对机器人的所有零件建立一个具有多物理场、多尺度、多态的DT（数字孪生）模型是不现实的，因为在仿真和运行过程中会消耗巨大的能量和时间，而且收效甚微。因此，为实现机器人数字孪生高保真的性能，监测和预测一些关键部件的状态，如电机、同步带、轴承、减速器、关节连接件等，这些关键部件的变形和退化将影响执行性能和剩余使用寿命。孪生平台还需要能够显示出关键部件的实时形状和性能数据，有利于预测维护、损伤防护、设计优化等。机器人实时性能预测分为四个步骤："仿真实验设计""有限元分析与模型降阶""代理模型生成"和"数据融合与可视化"。整体流程如图10-14所示。

在机器人实际工作当中，每个电机的角度、速度、加速度和扭矩都是影响机器人结构性能的参数，因此我们需要获取这些参数作为样本。最基本的抽样方法称为全析因设计。该方法固定抽取每个维度的输入变量或特征，然后对提取的所有值组合进行采样。仿真实验采用LHS（拉丁超立方采样）方法动态选取样本，即对实时电机数据（如角度、速度、加速度和扭矩）进行采样，得到工况数据。

有限元分析步骤如下：首先对机器人三维模型进行处理，删除复杂的曲面和细节部分，以便后续网格划分，减少计算量；然后在有限元仿真软件中选择瞬态结构分析系统，将处理后的模型导入几何结构中；接着在工程数据中选取需要的材质，对机器人零部件赋予相应的材料属性，使模型中的所有参数与实际参数相同；接下来对外壳、线缆等零件进行刚性设置，使之不参与有限元分析；然后选择合适的网格尺寸和类型，对关键零部件进行网格划

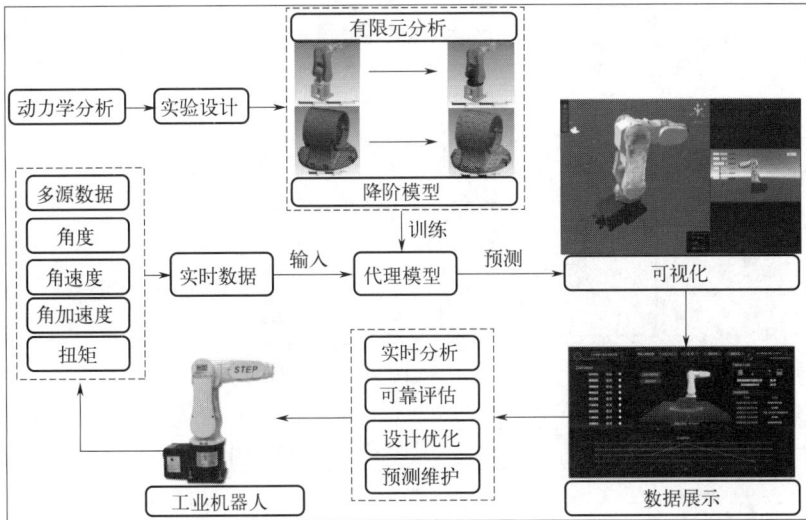

图 10-14　工业机器人实时性能预测流程

分，设置工业机器人关节的连接和接触；最后将采样得到的工况数据作为有限元分析的参数，进行仿真计算。

通常有限元仿真计算得到的数据量大，网格细致，不利于实时分析，需要进行降阶处理。减缩模型（reduced order model）是通过数据驱动的方法或者经验分解的方法对原始的物理系统进行降阶或减缩，降低对高维信息描述的复杂度，继而加快对物理场或信号的求解和预测。这种方法不仅展现出了良好的效果，同时也具备一定的可解释性。降阶得到的数据样本能在精度损失的允许范围内，极大地减少节点数和单元数。

传统的代理模型是通过直接构造输入参数和输出的映射关系形成的。传统的代理模型有多项式响应面（PRS）、支持向量回归（SVR）、径向基模型［插值：RBF（径向基函数）；函数逼近：RBNN（径向基神经网络）］、基于树的模型、高斯过程回归（GPR）、克里金法等。通过选取的降阶后的样本数据来训练代理模型，并通过实时数据驱动代理模型对机器人关键零部件的性能进行预测。

最后，为了在数字空间中全面直观地展示机器人关键零部件的结构性能，利用 Unity 3D 渲染引擎和图表对获得的所有数据进行演示与分析，实现对机器人关键部件的实时状态监控，有利于设计优化、预测维护、寿命预测等。

⑤ 异常检测。异常检测指的是在数据中发现存在不符合预期行为的问题。在工业领域中，异常检测主要分为两个方面：一个是在机械部件中的异常检测，例如电机；另一个则是在物理结构上的异常检测。机械部件异常检测技术是监测工况下工业部件的表现，采集到的数据是时序性质的，由于在部件未损坏的情况下，数据很容易获取到，因此可以应用半监督技术。物理结构异常检测技术是试图检测从结构中收集的数据中的变化。随着时间的推移，正常的数据和训练的模型通常是静态的，数据之间可能具有空间相关性。采用异常检测技术分析数据，能够使工作人员及时发现问题并采取预防措施。工业领域的两方面的异常检测方法如图 10-15 所示。

（5）工业机器人高保真数字孪生系统实现

根据系统开发方法介绍，开发了基于 Unity 3D 的工业机器人高保真数字孪生系统。将系统按界面与功能模块进行系统性划分，如图 10-16 所示。

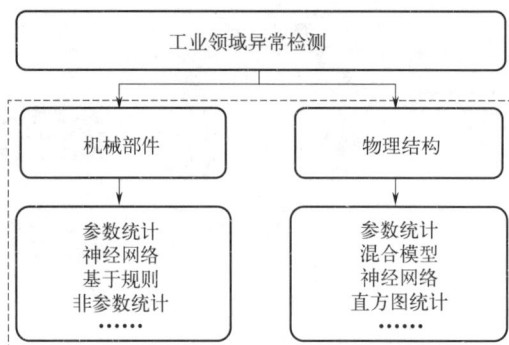

图 10-15　工业领域常用异常检测方法

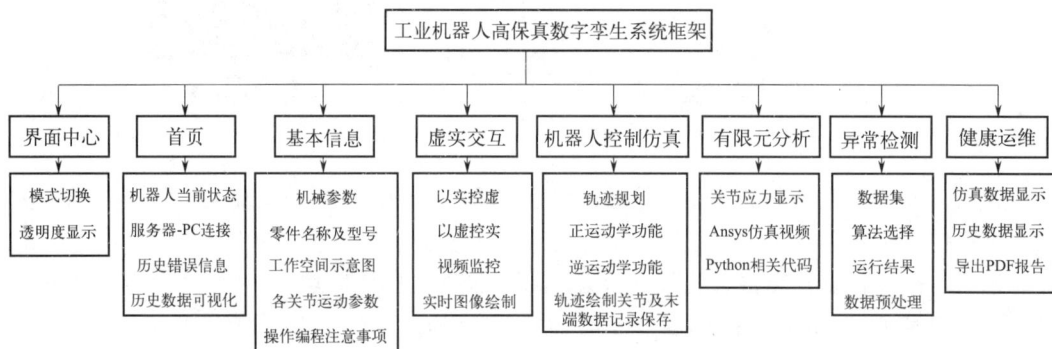

图 10-16　系统界面及功能模块

在界面中心放置的是虚拟机器人,实现了机器人漫游模式查看和机器人本身旋转模式查看,切换时会跳出提示框提示操作;实现了机器人透明显示,可查看内部结构,并可通过拖动滑块确定透明程度,如图 10-17 所示。

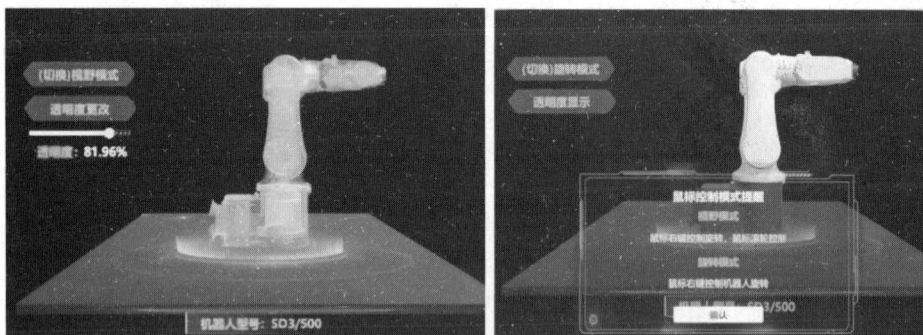

图 10-17　界面中心

首页界面如图 10-18 所示,其中包含服务器 -PC 连接模块、机器人当前状态模块、历史数据可视化模块、历史错误信息模块。

基本信息界面展示了机器人的静态信息,如图 10-19 所示。

虚实交互界面包括以实控虚模块、以虚控实模块、视频监控模块和实时图像绘制模块,如图 10-20 所示。

机器人的运动学仿真功能体现在机器人控制仿真界面的模块中,包括正逆运动学功能模块、轨迹规划模块、轨迹绘制模块和关节及末端数据记录保存模块,如图 10-21 所示。

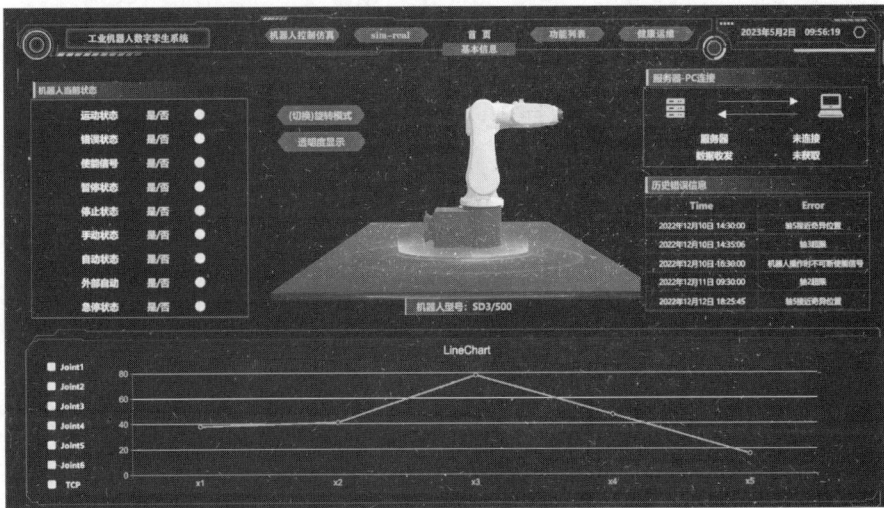

图 10-18　系统首页界面

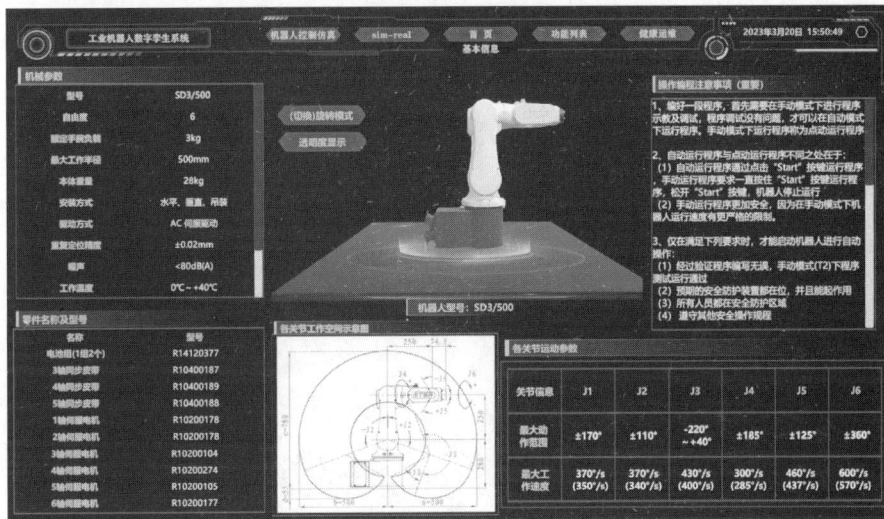

图 10-19　基本信息界面

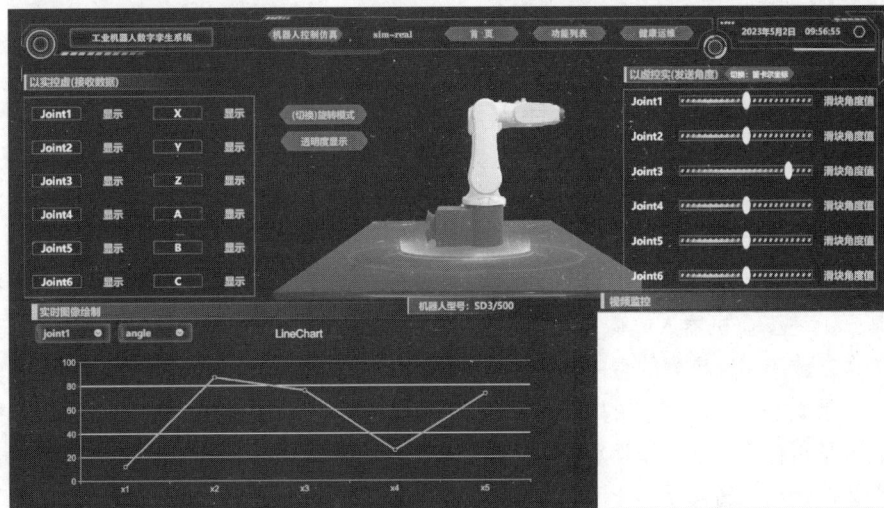

图 10-20　虚实交互界面

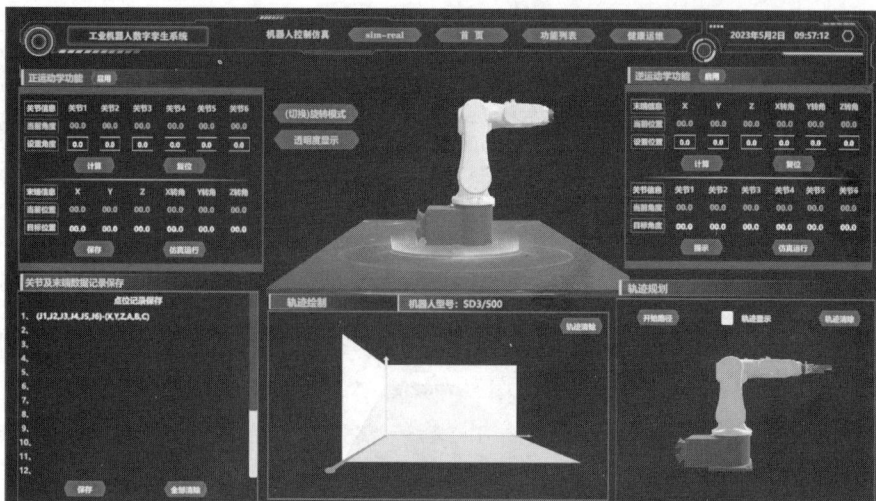

图 10-21　机器人控制仿真界面

有限元分析界面包含 Python 相关代码模块、Ansys 仿真视频模块和关节应力显示模块，如图 10-22 所示。

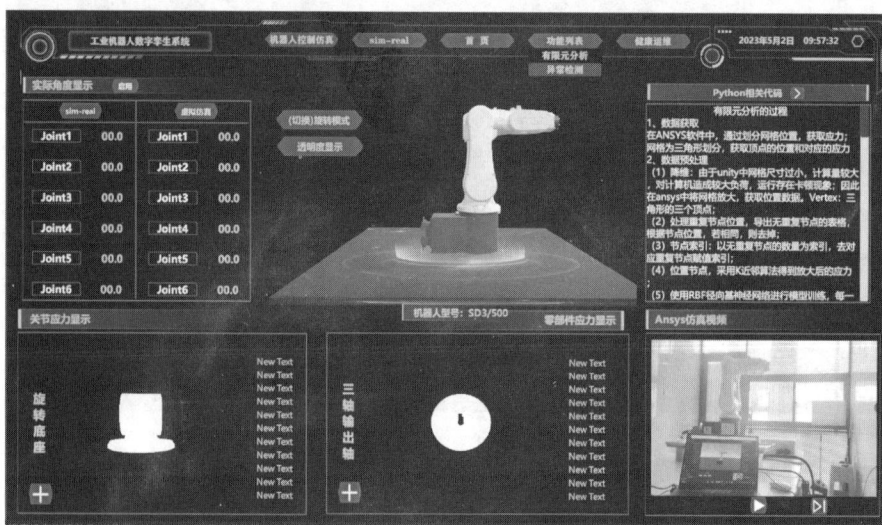

图 10-22　有限元分析界面

健康运维界面包含历史数据显示模块、仿真数据显示模块、导出 PDF 报告模块，如图 10-23 所示。

（6）智能监控

对工业机器人实现智能监控是为了能随时了解机器人自身的情况，并对其工作状况进行分析。基于上述工业机器人高保真数字孪生系统，此处展示对工业机器人状态、运行参数、运动学仿真参数和零件应力的智能监控。

在系统首页界面中，监控的状态共有 9 种：机器人是否正常运动（运动状态）；操作物理机器人时是否操作错误（错误状态）；使机器人运动前是否使用使能信号（使能信号）；机器人是否暂停运动（暂停状态）；机器人是否停止运动（停止状态）；操作机器人使用哪种模式，如手动（手动状态）、自动（自动状态）、外部自动（外部自动状态）；机器人是否处于

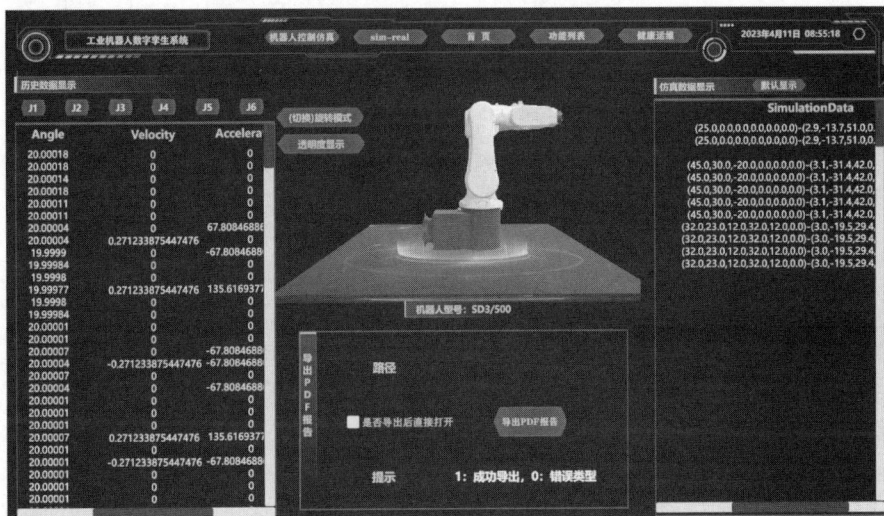

图 10-23　健康运维界面

急停状态（急停状态）。当操作时处于某种状态，在界面中会显示"是"，并且指示灯会变成绿色，默认是白色。如图 10-24 所示。

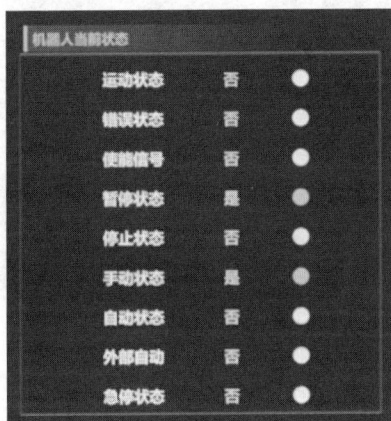

图 10-24　机器人状态检测

对工业机器人历史运行参数的监控体现在系统首页界面的历史数据可视化模块，所监控的参数为 6 个关节的角度、速度、加速度和扭矩及末端位置。若想要查看被监控的关节或末端位置，勾选即可显示数据的变化，如图 10-25 所示。

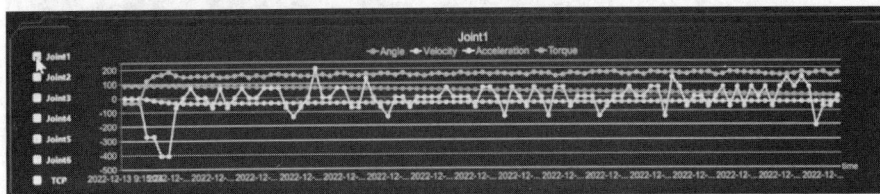

图 10-25　工业机器人历史运行参数监控

在系统虚实交互界面可以监控工业机器人实时运行参数。在界面的以虚控实模块中，拖动 6 个关节角度的滑块，来控制物理机器人和虚拟机器人同步运动，并将运动过程中角度的变化值和末端位置的变化值，传输给界面进行实时显示，实现了对于数据值的监控，如图10-26所示。

图10-26　工业机器人实时运行参数值监控

此外6个关节的角度、速度、加速度和扭矩及末端位置也可以实时可视化。通过下拉菜单进行关节或末端位置的选择，在虚实交互过程中，将会实时显示并更新数据，如图10-27所示。

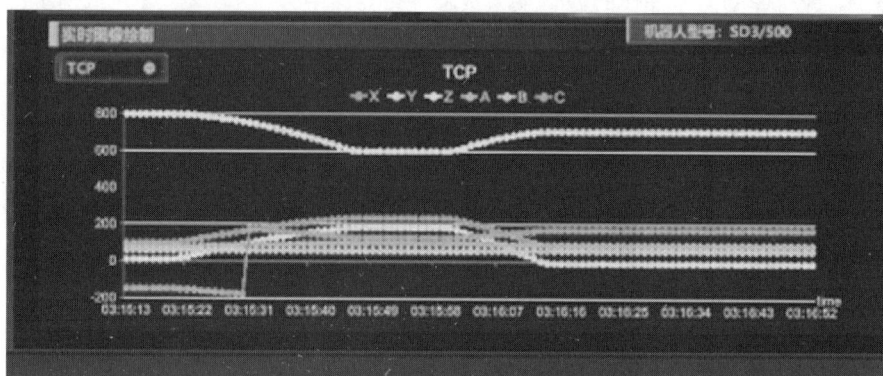

图10-27　工业机器人实时运行参数可视化监控

机器人控制仿真界面可以对机器人仿真参数实现监控。对机器人进行正逆运动学仿真的同时，能够显示机器人运动过程的当前角度和当前位置，实现对机器人仿真参数的智能监控，如图10-28和图10-29所示。

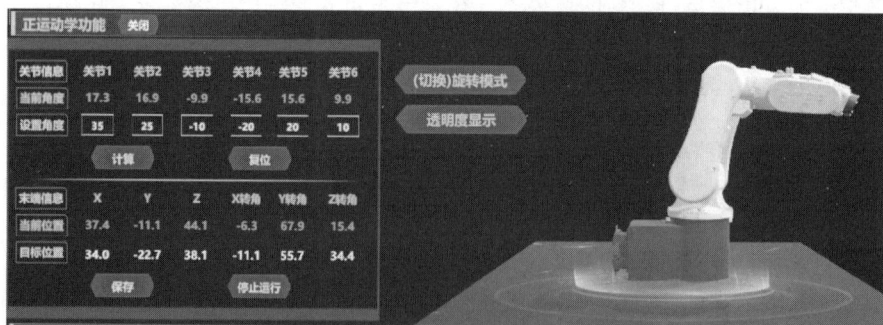

图10-28　工业机器人正运动学仿真参数监控

在有限元分析界面的关节应力显示模块中，可以实时监控机器人关节零部件应力，如图10-30所示。

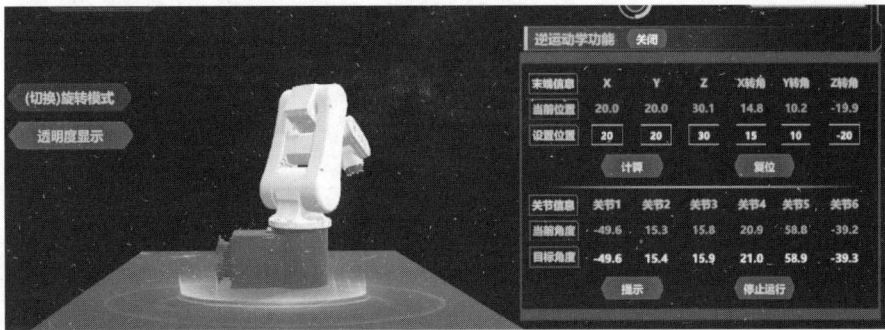

图10-29　工业机器人逆运动学仿真参数监控

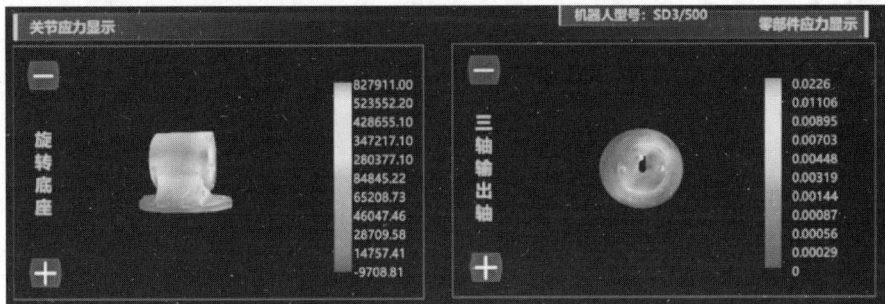

图10-30　工业机器人零部件应力监控

习题

1. 什么是工业机器人数字孪生？简要说明其工作原理。
2. 数字孪生如何在工业机器人的设计和维护过程中发挥作用？
3. 数字孪生如何在工业机器人的故障诊断和维修中发挥作用？
4. 列举至少三个工业领域中应用工业机器人数字孪生的实际案例。

第11章

智能工业机器人未来展望

11.1　智能工业机器人技术的发展趋势

随着技术的迅速发展，工业机器人将变得越来越智能化，成为推动工业生产和社会发展的重要力量。未来工业机器人将朝着自主化、协作化、仿人化、云化和数字化的方向发展。

（1）自主化

未来工业机器人将具有感知、处理、决策、执行等模块，能够像人一样自主独立活动和处理问题，具备"信息深度自感知、智慧优化自决策、精准控制自执行"等功能特征。

在工业机器人领域，自主学习和进化算法可以使机器人更加智能，能够适应不断变化的环境。自主学习是指机器人能够从与环境的交互中获取知识和经验，从而不断改进其性能和能力。自主学习的目标是使机器人能够适应新的任务、环境和情境，而无须人为干预。自主学习的方法有强化学习、迁移学习、增量学习等。进化算法是一类受生物进化理论启发的优化算法，它模拟了自然界的进化过程，通过逐代选择、交叉和变异来优化问题的解。在工业机器人领域，进化算法可以用于优化机器人的行为、控制策略以及参数设置。常见的进化算法类型有遗传算法、粒子群优化算法、蚁群算法等等。

在工业机器人领域，自主学习和进化算法的结合可以使机器人更具适应性和智能性。例如，机器人可以通过自主学习不断改进其控制策略，然后通过进化算法来优化这些策略的参数。这种结合可以帮助机器人在复杂、动态的工业环境中更好地完成任务，同时减少了对人为编程的依赖。

工业机器人感知技术也在不断发展，以实现更强大的视觉、听觉和触觉感知，从而使机器人能够更准确地感知和理解其周围环境。此外，工业机器人也在不断提升其认知能力，以实现情感识别、上下文理解等，从而更好地与人类交互并应对复杂场景。工业机器人感知技术和认知能力的发展使其能够在复杂、多变的工作环境中更好地完成任务，并与人类操作员实现更紧密的合作，这将带来更高的生产效率、更好的产品质量以及更安全的工作环境。同时，随着技术的不断进步，可以期待机器人在感知和认知方面能力的不断提升，为工业领域带来更大的创新和价值。

工业机器人控制系统的未来发展将专注于实现更高级的运动规划、路径优化和智能决策，以应对日益复杂的生产需求。未来工业机器人的控制系统将更加智能化，自适应性和协同性更强，以适应复杂多变的生产环境。机器人将通过感知、预测和智能决策来应对不确定性，并在多重目标下实现平衡，从而提高生产效率、质量和灵活性。这些发展将推动工业机器人领域的创新和进步。

（2）协作化

未来人机协作是工业机器人领域的一个重要趋势，它将改变制造业的生产方式，实现更高效、灵活的生产流程。未来人机协作趋势包括共同工作空间的设计、安全合规性、任务分工与互补、灵活的生产流程、知识共享与技能培训、实时数据分析和决策支持，以及持续学习和自适应性等。

未来人机协作将不仅仅是机器人代替人类，而且是人类和机器人共同合作的创新方式。未来工业机器人界面将借助增强现实（AR）、虚拟现实（VR）、混合现实（MR）等技术，实现更直观、交互性更强的协作方式。这些技术将使工业机器人界面更加直观、易用，有助于人类操作员更好地与机器人合作。它们还可以减少培训时间和操作错误，提高工作效率。通过充分利用机器人的自动化和智能优势，结合人类的创造性和决策能力，生产流程将更加高效、灵活和创新。总之，人类与机器人的合作将推动制造业朝着更具竞争力和可持续性的方向发展。

（3）仿人化

自适应机器人是基于仿人化技术路线开发的，其深度融合了工业级力控、机器视觉和先进AI技术。这些机器人能够在复杂环境中以类人的方式完成多种任务，旨在通过力反馈调整和视觉引导，不断提升自身技能。

随着仿人化自适应机器人技术的不断进步，未来制造业将迎来更加灵活和高效的生产方式。这些机器人将逐步渗透到传统制造业之外的更多行业，如医疗、物流等服务领域，从而推动各行业的智能化转型。自适应机器人不仅具备类人的操作能力，还能够在复杂和不确定的环境中自主适应，显著提升生产线的适应性和效率。

随着市场对个性化产品需求的增加，生产线将向多品种、小批量的方向发展。仿人化自适应机器人的引入将有效提升产线的灵活性，降低传统生产线的高部署成本，使其能够快速切换不同工件的装配任务，优化资源配置。此外，这些机器人还可以提高生产线的兼容性和良率，降低总体拥有成本，并减少自动化系统的一次性投资、部署及后期维护成本。

（4）云化

通过引入云计算、云存储、边缘计算等技术，云-边-端融合架构下的网络化机器人拥有信息和知识共享、平衡计算负载、协同合作、独立于本体持续升级等优势。

云计算在工业机器人领域扮演着重要角色，它可以为工业机器人带来更大的灵活性、协同性和智能性。云计算在工业机器人领域的作用有数据存储与处理、计算资源共享、远程监控和控制，以及机器学习与智能等。

云机器人是指利用云计算技术来扩展机器人的能力和功能的概念。机器人可以通过与云端服务器连接，获取更大的计算能力、数据存储和算法支持，从而实现更高级的任务和功能。通过网络连接，工业机器人可以实现信息共享和协同工作，从而提高生产效率和灵活性。多台机器人可以通过共享数据和指令，进行协同操作和任务分工，实现更复杂的生产任务。

云计算和网络连接为工业机器人带来了巨大的机会，但同时也需要认真考虑安全和隐私问题。适当的安全措施和隐私保护将是实现云机器人应用的关键。

（5）数字化

工业机器人的数字化是指通过数字技术和智能化手段对工业机器人进行改造和升级，以提升其在应用过程中的灵活性、效率和智能水平。数字孪生技术为工业机器人的数字化升级提供了有效手段。数字孪生具有跨时间尺度的特性，能够打通设计、制造、运维和退役各个环节之间的信息壁垒，实现对工业机器人全生命周期过程的映射。通过将设计数据、制造数据、测试数据、运维数据等多源信息，CAD模型、CAE模型、控制模型、多领域耦合系统模型等多维模型，以及工业机器人相关的理论方法、专家经验等全要素知识进行有机融合，形成可用于支撑优化设计、智能运维等关键服务的综合模型，以实现工业机器人全生命周期的数字化智能管控。数字化不仅改变了机器人的工作方式，还对整个生产系统的运行和管理产生了深远的影响。

11.2 智能工业机器人应用的发展趋势

随着IoT、AI、传感器等技术与工业机器人技术的不断融合，机器人功能和性能将得到极大提升，将进一步推动工业机器人的应用和发展。下面对智能工业机器人的几个重要应用领域进行展望，具体如下。

（1）智能装配

随着智能制造的不断推进，装配环境和装配任务逐渐多样化，装配需求日益复杂。传统的工业机器人柔顺控制方法已无法满足装配任务的智能化、柔性化需求。智能工业机器人在装配领域的应用正迎来前所未有的变革，展现出广阔的发展前景。未来，智能工业机器人将朝着以下方向发展，深刻改变制造业的面貌：

① 增强的自主学习与适应能力。借助于深度学习、强化学习、模仿学习等先进的人工智能技术，未来应用于装配领域的机器人将具备更强的自主学习和适应能力。它们能够通过不断地学习和积累经验，优化自身的工作流程和装配策略，实现对新任务的快速适应。这意味着它们不仅能执行预设的任务，还能在遇到新的或未预期的情况时做出合理的反应。例如，在汽车制造行业中，机器人能够自动识别不同型号的车辆零部件，并迅速调整装配策略，有效提高生产效率。

② 高度的灵活性与多功能性。随着制造业向自动化、数字化和智能化方向转型升级，逐步形成了以多品种、小批量、产品定制化为主要特点的新型生产模式，产品设计更加复杂，对工业机器人智能装配提出了新的挑战。面向复杂产品的装配任务特性，如定制化程度高、结构复杂、零部件种类繁多、质量和可靠性要求严格等，要求机器人装配不仅要满足基本的装配功能，还要提高装配的灵活性、鲁棒性和智能化水平。因此，未来应用于装配领域的智能工业机器人将具备高度的灵活性与多功能性，能够应对更为复杂的装配任务。

③ 远程操作与VR/AR技术的融合。随着5G等高速网络技术的发展以及虚拟现实（VR）、增强现实（AR）技术的应用，未来的工业机器人将能够实现更加流畅、低延迟的远程操作。技术人员无须亲临现场，通过高清视频流和实时数据反馈，精确控制远端的机器人完成复杂的装配任务。虚拟现实技术为远程操作提供了更加直观和沉浸式的体验。增强现实技术可以在真实世界中叠加数字信息，为操作员提供实时的指导和支持。例如，当操作员通过AR眼镜查看装配过程时，屏幕上会显示正确的装配步骤、工具位置等信息，帮助操作员更快地完成任务。这种方式特别适用于复杂的装配任务，不仅提高了操作的准确性和效率，还减少

了培训时间和成本。

④ 集成化与模块化设计。为了更好地满足不同行业的需求，未来应用于装配领域的智能工业机器人将采用集成化和模块化的设计理念。通过集成先进的传感器、控制器和执行器，形成高度一体化的系统。模块化设计允许用户根据具体装配需求快速配置和调整机器人系统。机器人将拥有更多的可选模块，如不同的末端执行器、传感器包、移动底座等。这些模块可以像积木一样组合在一起，轻松实现功能扩展或更换。这意味着用户可以根据具体的应用场景和生产要求，轻松地添加或更换机器人的功能模块，实现快速部署和灵活调整。

（2）人机协作

智能工业机器人在人机协作领域的应用与发展是当前制造业转型升级的重要方向之一。随着技术的不断进步，未来应用于人机协作领域的机器人将具备更强的感知与认知能力，能够通过先进的传感器和机器学习算法，更准确地理解和适应复杂的工作环境。这些机器人将能够自适应地调整行为，实现与人类的无缝协作，不仅提升生产力，还将为人类创造更加安全、高效和舒适的工作环境，促进社会的可持续发展。未来应用于人机协作的机器人将拥有以下能力：

① 增强的感知与认知能力。未来应用于人机协作的机器人将配备更先进的传感器和感知技术，如视觉、力觉、触觉等，能够更准确地感知周围环境和人类的动作。通过多模态数据融合技术，结合机器学习和深度学习算法，机器人能够更准确地理解人类的意图和需求，实现更自然的交互和协作。例如，在装配线上，机器人可以通过视觉传感器识别零件的位置和姿态，自动调整抓取动作，同时避免与工人发生碰撞。

② 多模态交互能力。为了提高人机协作的效率，未来应用于人机协作领域的机器人将配备更加直观和友好的交互界面。自然语言处理、手势识别、体态识别和增强现实（AR）等技术，使得工人可以更方便地与机器人进行沟通或对其进行控制，这将极大地提高人机协作的效率和用户体验。例如，通过语音命令或手势，工人可以快速指示机器人执行特定任务，而不需要复杂的编程或操作；结合手势、语音和视觉等多种交互方式，机器人能够更准确地理解复杂的命令，实现更高效的协作。

③ 安全可靠的操作。安全始终是人机协作的核心问题。未来应用于人机协作领域的机器人将采用更多的安全设计和技术，如柔性材料、低惯量结构、力反馈传感器、紧急停止机制等。同时机器人将具备实时环境监测能力，通过高速数据处理和分析，动态调整自己的路径和动作，确保在任何情况下都能保护人类工作者的安全。此外，通过实时数据分析和故障预测技术，机器人可以提前检测潜在的安全隐患，进一步提高系统的可靠性。

（3）运行监控

工业机器人的智能监控是指通过先进的传感器、数据分析和人工智能技术对工业机器人及其工作环境进行实时监测和分析。这种监控并非简单的视频监控，而是能够收集机器人的运行数据，包括位置、速度、振动、温度、电流等信息，并通过数据分析来实现工业机器人的状态监测和异常报警。

目前，在工业机器人运行数据采集、状态分析方面，仍然存在数据全面采集难、统一管理难等问题。因此，集成智能传感、5G、多模态数据融合等技术，实现工业机器人运行状态的智能监控是重要的研究方向，这对于提高工业机器人的运行效率，保证生产的安全性和连续性尤为重要。

（4）智能运维

未来，工业机器人的智能运维将全面变革设备管理的方式，以应对其运维成本高和非计划停机频次高等挑战。通过部署高度集成的智能传感器和控制系统，以实现对机器人及其工作环境的全方位监测。这些传感器可以实时收集关键数据，包括温度、振动、电流和运行状态等，形成丰富的运行数据集，为后续的数据分析与决策提供基础。

在设备运维管理平台的构建中，基于故障知识图谱的技术将发挥重要作用。知识图谱技术将汇总历史故障数据、维修记录和设备性能指标，建立设备故障与其潜在原因之间的关联。结构化信息库不仅可以帮助工程师快速定位故障根源，还可通过模式识别实现故障预测。结合故障机理分析，系统将能够深入理解设备的工作原理与故障模式，进而制定更有效的维护策略。

此外，预测性维护技术将在降低运维成本方面发挥关键作用。通过分析设备的运行数据和历史故障记录，系统能够预测潜在故障的发生时间，从而提前制定维修计划，避免非计划停机带来的生产损失。主动维护的策略将使得设备运行更加平稳，以提高生产效率并延长设备的使用寿命。

在产品运维和增值服务领域，工业机器人将借助5G、AR/VR等前沿技术，构建高效的远程运维系统。5G网络的低延迟和高带宽特性将支持实时数据传输，使得运维人员能够即时获取设备状态，进行远程监控和故障诊断。AR/VR技术则可为运维人员提供沉浸式的培训和指导，提升故障处理的准确性和效率。通过这些技术的融合，企业能够显著提高响应速度，缩短故障恢复时间，从而增强客户满意度。

综合看来，未来的工业机器人将实现更高层次的数字化和智能化，促进设备与人之间的协同工作，在智能装配等领域发挥重要作用；同时，通过运行监控、数据分析与智能决策，工业机器人不仅能够减少运维成本，还能够优化生产过程，实现精益生产。随着技术的不断进步和应用的不断深化，有充分的理由相信，未来的工业机器人将会更加智能化、更加人性化地服务于人们的工作和生活。

11.3　促进智能工业机器人发展的措施

当前智能工业机器人领域面临的挑战包括复杂环境感知、高级运动规划与控制、人机协作与交互、智能决策与适应性，以及安全性问题等。未来智能工业机器人领域充满了创新和合作的机会，随着技术的不断发展，机器人在强大的自主能力、深度融合的技术、人机共融的创新、个性化定制与灵活生产及可持续发展等方面将会取得新的进步。

为了应对挑战并实现未来的前景，鼓励创新和合作是至关重要的。各领域的研究人员、工程师和企业应共同努力，推动技术的创新和应用，共同解决工业机器人领域的难题。跨学科的合作、知识共享和技术交流将加速工业机器人技术的进步，为制造业带来更强的竞争力。通过共同努力，可以开创智能工业机器人领域的新时代，实现更加智能、高效和创新的生产方式。

习题

1. 请从技术和应用两个角度分别简述智能工业机器人的未来发展趋势。
2. 结合本章的内容，谈一谈对智能工业机器人的认识。

参考文献

[1] 王昆仑. 我国工业机器人产业现状、竞争力及未来发展策略 [J]. 机器人技术与应用, 2024(03): 8-13.

[2] 李建军, 吴周易. 机器人使用的税收红利: 基于新质生产力视角 [J]. 管理世界, 2024, 40(06): 1-19, 30.

[3] 中国电子学会. 机器人简史 [M]. 北京: 电子工业出版社, 2015.

[4] 龚仲华, 龚晓雯. 工业机器人完全应用手册 [M]. 北京: 人民邮电出版社, 2017.

[5] 龚仲华, 龚晓雯. ABB工业机器人编程全集 [M]. 北京: 人民邮电出版社, 2018.

[6] 计时鸣, 黄希欢. 工业机器人技术的发展与应用综述 [J]. 机电工程, 2015, 32(01): 1-13.

[7] Siciliano B, Khatib O. Springer Handbook of Robotics[M]. Cham: Springer International Publishing, 2016.

[8] Wang Y, Zhao X. A digital twin dynamic migration method for industrial mobile robots[J]. Robotics and Computer-Integrated Manufacturing, 2025, 92: 102864.

[9] 李慧, 马正先, 马辰硕. 工业机器人集成系统与模块化 [M]. 北京: 化学工业出版社, 2018.

[10] Bernardo R, Sousa J M C, Gonçalves P J S. Survey on robotic systems for internal logistics[J]. Journal of Manufacturing Systems, 2022, 65: 339-350.

[11] 尹泽成. 浅论工业机器人系统的PLC控制技术研究 [J]. 中国设备工程, 2024(08): 38-40.

[12] 梁妮, 韩磊. 自适应控制算法在工业机器人系统中的应用 [J]. 电子技术, 2023, 52(10): 158-159.

[13] 孙吴松. 自动化技术在工业机器人系统中的实施探析 [J]. 佳木斯大学学报 (自然科学版), 2024, 42(04): 40-43.

[14] 刘超. 基于Matlab的机器人运动学及动力学分析 [J]. 装备制造技术, 2016(08): 36-40.

[15] Agrawal K S ,Issac K K .Optimization of Kinematics and Dynamics of Robotic Systems[M].Boca Raton:CRC Press,2014.

[16] 苏建华, 杨明浩, 王鹏. 空间机器人智能感知技术 [M]. 北京: 人民邮电出版社, 2020.

[17] 陆平, 赵培, 王志坤. 云计算基础架构及关键应用 [M]. 北京: 机械工业出版社, 2016.

[18] 施巍松, 张星洲, 王一帆, 等. 边缘计算: 现状与展望 [J]. 计算机研究与发展, 2019, 56(01): 69-89.

[19] 腾讯研究院, 中国信息通信研究院互联网法律研究中心, 腾讯AI Lab, 等. 人工智能 [M]. 北京: 中国人民大学出版社, 2017.

[20] 毛开梅, 邹星. 基于大数据聚类的搬运机器人抓取末端控制系统设计 [J]. 机械与电子, 2024, 42(01): 58-62.

[21] Li Y, Wang Q, Pan X, et al. Digital Twins for Engineering Asset Management: Synthesis, Analytical Framework, and Future Directions[J]. Engineering, 2024, 41: 261-275.

[22] 顾君忠. VR、AR和MR——挑战与机遇 [J]. 计算机应用与软件, 2018, 35(03): 1-7,14.

[23] 潘勇鑫. 基于工业互联网的数字孪生生产线应用 [J]. 内燃机与配件, 2023, (14): 91-93.

[24] Brunello A, Fabris G, Gasparetto A, et al. A survey on recent trends in robotics and artificial intelligence in the furniture industry[J]. Robotics and Computer-Integrated Manufacturing, 2025, 93: 102920.

[25] 陈华钧. 知识图谱导论 [M]. 北京: 电子工业出版社, 2021.

[26] 李长武, 周晓宇, 高苇, 等. 视觉及多传感器数据融合的关键技术研究 [J]. 自动化技术与应用, 2024, 43(04): 103-107.

[27] 徐逸凡. 多传感器融合技术在工业机器人定位精度提升中的应用 [J]. 造纸装备及材料, 2024, 53(06): 36-38.

[28] Wang B, Zhang J, Wu D. Force-vision fusion fuzzy control for robotic batch precision assembly of flexibly absorbed pegs[J]. Robotics and Computer-Integrated Manufacturing, 2025, 92: 102861.

[29] 朱子璐, 刘永奎, 张霖, 等. 基于深度强化学习的机器人轴孔装配策略仿真研究 [J]. 系统仿真学报, 2024, 36(06): 1414-1424.

[30] 黄达, 陈薇薇. 基于深度学习的工业机器人智能控制系统设计与实现 [J]. 信息记录材料, 2024, 25(07): 131-133,137.

[31] Yu C P S .Robotic Intelligence[M].Singapore City:World Scientific Publishing Company, 2019.

[32] 戴福全, 王召金. 基于阻抗控制的主从机器人装配系统设计 [J]. 制造业自动化, 2023, 45(10): 120-124.

[33] Wang Q, Liu Y, Zhu Z, et al. A phased robotic assembly policy based on a PL-LSTM-SAC algorithm[J]. Journal of Manufacturing Systems, 2025, 78: 351-369.

[34] 王小龙, 曹建福. 双臂协作机器人技术 [J]. 自动化博览, 2020(10): 66-72.

[35] 董言敏. 工业机器人在智能制造中的应用分析 [J]. 时代汽车, 2021(15): 14-15.

[36] 周斌斌, 周苏, 王赟, 等. 智能机器人技术与应用 [M]. 北京: 中国铁道出版社, 2022.

[37] 计功宝, 高龙, 王浩, 等. 工业机器人控制柜智能监控系统开发 [J]. 北京汽车, 2024(04): 39-42.

[38] 陶婕, 崔宝光. 智能制造系统的6R工业机器人仿真和监控平台建设与应用分析 [J]. 科技与创新, 2021(07): 178-179.

[39] 陈根.数字孪生[M].北京:电子工业出版社,2020.

[40] 杜广龙,张平.人机协作理论与方法[M].广州:华南理工大学出版社,2020.

[41] 杨振,艾益民.工业机器人协作应用基础[M].北京:北京理工大学出版社,2020.

[42] 陶永,魏洪兴,赵罡.协作机器人技术及应用[M].北京:机械工业出版社,2023.

[43] 黄海丰,刘培森,李擎,等.协作机器人智能控制与人机交互研究综述[J].工程科学学报,2022,44(4):780-791.

[44] 孙傲冰,姜文超,涂旭平,等.云计算、大数据与智能制造[M].武汉:华中科技大学出版社,2020.